科学出版社“十四五”普通高等教育本科规划教材

动物生物技术

（第二版）

蒋思文　郑　嵘　主编

科学出版社

北　京

内 容 简 介

本书全面介绍了动物生物技术，内容涉及动物生物技术的概念、原理及动物的基因工程、细胞工程和胚胎工程。涵盖转基因动物技术、动物分子育种技术、动物疾病分子诊断技术、基因工程疫苗、动物营养生物技术等。全书共分为九章，每章后附有小结和思考题。

本书可作为高等院校生物技术、动物科学和动物医学专业的本科教材，也可作为相关专业本科生、研究生和教师的参考书。

图书在版编目（CIP）数据

动物生物技术/蒋思文，郑嵘主编．—2版．—北京：科学出版社，2023.6

科学出版社“十四五”普通高等教育本科规划教材

ISBN 978-7-03-075468-4

Ⅰ．①动… Ⅱ．①蒋… ②郑… Ⅲ．①动物-生物技术-高等学校-教材 Ⅳ．①Q95

中国国家版本馆 CIP 数据核字（2023）第 074316 号

责任编辑：刘 丹 马程迪 / 责任校对：严 娜

责任印制：吴兆东 / 封面设计：金舵手世纪

科学出版社 出版

北京东黄城根北街 16 号

邮政编码：100717

http://www.sciencep.com

北京华宇信诺印刷有限公司印刷

科学出版社发行 各地新华书店经销

*

2009 年 5 月第 一 版 开本：787×1092 1/16

2023 年 6 月第 二 版 印张：18 1/2

2026 年 1 月第十九次印刷 字数：474 000

定价：69.80 元

（如有印装质量问题，我社负责调换）

前　言

党的二十大报告强调，教育、科技、人才是全面建设社会主义现代化国家的基础性、战略性支撑。必须坚持科技是第一生产力、人才是第一资源、创新是第一动力，深入实施科教兴国战略、人才强国战略、创新驱动发展战略，开辟发展新领域新赛道，不断塑造发展新动能新优势。生物技术随着生命科学的飞速发展不断革故鼎新。基因的定点编辑、体细胞克隆猴的诞生、癌症的分子诊疗、3D 打印制造的“人耳”组织、疫苗的快速研发等具有鲜明的时代性和先进性。动物生物技术是生物技术的重要组成部分。《动物生物技术》为科学出版社“十四五”普通高等教育本科规划教材，以本科人才培养目标为导向，为适应素质教育和创新能力培养的要求，培养和造就高素质的畜牧科技人才编写。本书本着科学性、先进性和系统性的原则，主要涉及动物基因工程、动物细胞工程、动物胚胎工程等领域，涵盖转基因动物技术、动物分子育种技术、动物疾病分子诊断技术、动物营养生物技术等技术体系，致力于畜禽遗传资源的保护、遗传育种的研究、饲料资源的开发、动物疫病的诊断及防治等。编者在本书编写过程中，广泛收集资料，并借鉴国内外同类教材的优点，使本书展现学科的研究进展和研究成果，体现教学改革的精神，以适应生物技术和动物科学及相关专业教学的需要。

本书编者大部分来自全国各地的农业大学，从事了多年的动物生物技术教学工作，具有丰富的教学经验，在不断总结各自的教学实践的基础上完成了本书的编写工作。全书共分为九章：第一章由蒋思文和任竹青编写；第二章由徐德全、刘敏编写；第三章由郑嵘和黄涛编写；第四章由徐日福、秦宁及任竹青编写；第五章由刘忠华、宋军及罗明久编写；第六章由吴珍芳、顾婷、洪林君、郑振宇及王喜宏编写；第七章由赵艳红和柴进编写；第八章由罗启慧和黎璐编写；第九章由周荣艳、魏宏逵及彭健编写。

在本书编写工作中，科学出版社、华中农业大学教务处、华中农业大学动物科学技术学院和动物医学院有关领导对本书的编写工作给予了关心和支持，谨此表示衷心的感谢。此外，本书参考和引用了许多文献的有关内容，在此谨向原作者表示诚挚的谢意。

本书可作为综合性大学、农业院校等相关专业本科生、研究生的教材或教学参考书，也可供相关专业教师及科研人员参考。由于编者水平有限，书中难免有疏漏之处，恳请广大读者批评指正，我们不胜感激。

编　者

2023 年 5 月

《动物生物技术》（第二版）
编写委员会

主　编　蒋思文　郑　嵘
副主编　刘忠华　徐日福　吴珍芳
　　　　王喜宏　赵艳红
编　者（按姓氏笔画排序）
　　　　王喜宏（西北农林科技大学）
　　　　任竹青（华中农业大学）
　　　　刘　敏（华中农业大学）
　　　　刘忠华（东北农业大学）
　　　　吴珍芳（华南农业大学）
　　　　宋　军（东北农业大学）
　　　　周荣艳（河北农业大学）
　　　　罗启慧（四川农业大学）
　　　　罗明久（山东农业大学）
　　　　郑　嵘（华中农业大学）
　　　　郑振宇（河南农业大学）
　　　　赵艳红（内蒙古农业大学）
　　　　洪林君（华南农业大学）
　　　　秦　宁（吉林农业大学）
　　　　顾　婷（华南农业大学）
　　　　柴　进（华中农业大学）
　　　　徐日福（吉林农业大学）
　　　　徐德全（华中农业大学）
　　　　黄　涛（石河子大学）
　　　　彭　健（华中农业大学）
　　　　蒋思文（华中农业大学）
　　　　黎　璐（华中农业大学）
　　　　魏宏逵（华中农业大学）

目　　录

第一章 绪　　论

学习要点：掌握动物生物技术的概念，了解动物生物技术的主要研究领域；了解动物生物技术的发展历程及其应用；了解动物生物技术的发展趋势。

第一节 动物生物技术概述

一、动物生物技术的概念

生物技术（biotechnology）是指人们以现代生命科学为基础，结合先进的工程技术手段和其他基础学科的科学原理，按照预先的设计改造生物体或加工生物原料，为人类生产出所需产品或达到某种目的的综合性新兴学科。先进的工程技术是指基因工程、细胞工程、发酵工程、酶工程和蛋白质工程等新技术；改造生物体是指获得优良品质的动物、植物或微生物品系；生物原料则指生物体的某一部分或生物生长过程中产生的可被利用物质，如淀粉、糖蜜、纤维素等有机物，也包括一些无机物，甚至某些矿石；为人类生产出所需产品包括粮食、医药、组织器官、食品、化工原料、能源、金属等；达到某种目的则包括疾病的预防、诊断与治疗，食品的检验，环境污染的检测与治理等。

动物生物技术是生物技术的重要组成部分，是以动物为主要研究对象，采用基因工程、细胞工程、蛋白质（酶）工程、发酵（微生物）工程等现代生物技术对动物品质和性状进行改造的生物技术，包括获得新型生物制品或饲料添加剂，培育高产、优质、抗逆的畜禽品种。

二、动物生物技术的主要研究领域

动物生物技术作为生物技术的一大组成部分，其主要研究领域包括动物基因工程、动物细胞工程、动物胚胎工程、酶工程、蛋白质工程和生物分离工程等（图 1-1）。动物生物技术是所有动物科学领域中包含范围最广泛的学科之一，它包括动物分子生物学、动物细胞生物学、动物生理学、动物免疫学、动物生物化学、遗传学等几乎所有的动物生物科学的次级学科，并以这些学科为支撑，结合了诸如物理、化学、数学、计算机、信息学等生物学领域之外的尖端基础学科，形成了一门多学科相互渗透的综合性学科。其中，又以生命科学领域的重大发现和技术的突破为基础。例如，没有细胞培养和显微技术就没有克隆动物的产生和应用；没有 DNA 双螺旋结构及 DNA 半保留复制机制的阐明，没有遗传密码的破译等重大理论的解析，就没有基因工程技术的应运而生。现代高端微电子学和计算机技术与生物技术结合并相互渗透，生物技术才得以深入

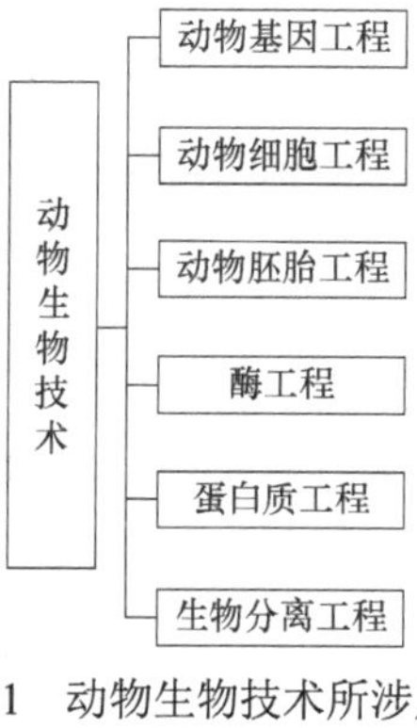

图 1-1 动物生物技术所涉及的主要领域

分子水平，以前所未有的速度向前发展和广泛应用。

（一）动物基因工程

基因工程是在分子生物学和分子遗传学综合发展基础上于 20 世纪 70 年代诞生的一门崭新的生物技术。所谓动物基因工程（animal genetic engineering）是在分子水平上对基因进行操作的复杂技术，是将外源基因通过体外重组导入动物受体细胞内，使该基因能在受体细胞内复制、转录、翻译表达的操作。它是用人为的方法将所需要的某一供体动物的遗传物质——DNA大分子提取出来，在离体条件下用适当的工具酶进行切割后，把它与作为载体的 DNA 分子连接起来，然后与载体一起导入某一更易生长、繁殖的受体细胞中，使外源物质在其中“安家落户”，进行正常的复制和表达，从而获得新物种或新产品的一种新技术。动物基因工程使人们克服了动物物种间的遗传障碍，定向培养或改造品种，以满足人类需求。

（二）动物细胞工程

动物细胞工程是根据细胞生物学及工程学原理，在体外条件下进行培养、繁殖或定向改变动物细胞内的遗传物质从而获得新型生物或特种细胞产品的一门技术。常用的技术手段包括动物细胞培养、动物细胞融合、单克隆抗体、胚胎移植、核移植等。这一技术在生物制药的研究和应用中起关键作用，目前全世界生物技术药物中使用动物细胞工程生产的已超过80%，如蛋白质、单克隆抗体、疫苗等。

（三）动物胚胎工程

动物胚胎工程是用人工方法对动物卵母细胞或胚胎进行改造的技术，包含胚胎移植、排卵控制、体外受精、胚胎性别控制、胚胎分割、胚胎冷冻、胚胎嵌合等。目前，胚胎工程已在遗传学、医学、发育生物学、动物育种学上得到广泛应用。动物胚胎工程研究始于近代，基础理论还比较薄弱，如基因组的重新编程机制尚不清楚；研究手段、技术操作、仪器设备不完善、不配套；应用效果受较多因素影响，导致性能不够稳定，如克隆出的家畜存在生活力不强等问题。所以大部分的研究目前仍然以实验室研究为主，全面应用于生产还有漫长的路要走。随着科技进步，21 世纪胚胎生物工程技术领域将是最活跃、最具有实践应用价值的内容之一，将给人类的医药卫生、家畜改良等领域带来革命性变化，特别是在药物生产和供人类移植所用器官的生产等方面，其经济效益和社会效益是难以估量的。

（四）酶工程

酶工程是指在一定的生物反应器内，利用酶的催化作用，将相应的原料转化成有用物质的技术，是将酶学理论与化工技术结合而形成的新技术。酶工程包括自然酶的开发及应用，如固定化酶、固定化细胞、多酶反应器（生物反应器）、酶传感器等。酶是细胞产生的有催化活性的蛋白质或多肽，它参与农产品加工过程中的各种化学变化。由于酶的作用具有专一性强、催化效率高、作用条件温和等特点，酶的应用不仅可增强产量，提高质量，降低原材料和能源消耗，改善劳动条件，降低成本，还可以生产出用其他方法难以得到的产品，促进新产品、新技术和新工艺迅速发展。随着现代生物技术的兴起，酶工程技术应运而生，并在制药业、食品工业和农产品加工业中显示出强大的生命力。

（五）蛋白质工程

蛋白质工程是在基因工程冲击下应运而生的。它是以蛋白质的结构及其功能为基础，通过基因修饰和基因合成对现存蛋白质加以改造，组建成新型蛋白质的现代生物技术。这种新型蛋白质必须更符合人类的需要。因此，有学者称，蛋白质工程是第二代基因工程。其基本实施目标是运用基因工程的 DNA 重组技术，将克隆后的基因编码加以改造，或者人工组装成新的基因，再将上述基因通过载体引入挑选的宿主系统内进行表达，从而产生符合人类设计需要的“突变型”蛋白质分子。这种蛋白质分子只有表达了人类需要的性状，才算是实现了蛋白质工程的目标。

（六）生物分离工程

生物分离工程（bio-separation engineering）就是从微生物发酵液、酶促反应液或动植物细胞培养液中将需要的目标产物提取、浓缩、纯化及成品化的一门工程学科，是动物生物技术产业化必不可少的技术环节。生物分离工程与动物基因工程、动物细胞工程、动物胚胎工程、酶工程和蛋白质工程有着密切的联系，这些工程的产物往往混合在细胞、细胞外代谢物、细胞内代谢物、残存的培养基和一些其他成分之中，只有将其提取、分离和纯化后才能得到可用的最终产品。生物产品对于其生物活性、分子大小、纯度和稳定性等性质要求严格，生物分离工程的质量往往决定了生产过程的成败。因此，合理可行的生物分离工程不仅可以极大地降低产品生产成本，更可以提高生物产品的质量。生物分离工程的进步程度对于保持和提高各国在生物技术领域的经济竞争力至关重要。

三、动物生物技术安全性与伦理问题

动物生物技术安全性问题主要在食品和环境领域。从食品安全性角度，主要是动物生物技术产品的营养成分是否有缺陷、是否有毒性、是否导致过敏性；经遗传工程修饰的基因片段导入可能引发基因突变或改变代谢途径等，以及重组疫苗进入动物体是否存在致癌、致畸和致突变的可能性和由此给食用此种动物的消费者健康产生影响等问题。从环境安全性角度，主要是动物生物技术在改造生物体的同时对生态环境的影响，包括转基因动物对农业和生态环境的影响，非目标生物漂移的可能性，是否存在致使其他生物产生畸变或灭绝影响等问题，以及对生态系统和生物多样性的影响等。因此，研究人员开展动物生物技术的研究时必须充分认识到可能对食品安全、生态环境和生物多样性的影响。习近平在中央全面深化改革委员会第十二次会议上指出，要从保护人民健康、保障国家安全、维护国家长治久安的高度，把生物安全纳入国家安全体系，系统规划国家生物安全风险防控和治理体系建设，全面提高国家生物安全治理能力。《中华人民共和国生物安全法》（简称《生物安全法》）于 2021 年 4 月 15 日起施行，为国家生物安全治理能力建设提供了有力支撑。

（一）动物生物技术的不确定性存在安全风险和伦理问题

新兴的技术都存在一定的不确定性，任何人都无法准确预测技术发展的走向。例如，病原体的研究可以用于制药、开发新的疫苗，也可以用于制造生物武器，后者就具有很大的风险。随着动物生物技术的快速发展，生命体系合成对象已从原核生物发展到酵母、畜禽和人等真核生物。动物生物技术的发展维度很广，随着其技术手段的多元化，不可预测的范围也正逐渐扩大，相关的生物安全风险主要包括：基因编辑微生物在环境中的释放可能会对粮食供应和其他生物种群产生不利的影响；制造新式“生物武器”或其他恶意使用的风险等。生物安全之外还有严重的伦理挑战，不仅引发了对“生命”概念及“生命”尊严的争议，还引发了诸如合成生物实体的“道德地位”、合成生物学技术对生物“进化”的干预、新物种的挑战等方面的争议。这些问题不加以解决，将严重制约动物生物技术的发展。

（二）安全风险和伦理问题的应对策略

1．加快生物安全立法　要以《生物安全法》为基础，加快生物安全立法进程，加强其他配套法律法规的修订工作；尽快出台各部门的相关条例，健全生物安全法律法规体系，为生物安全管理提供更有力的法律支撑，实现依法防控、治理生物安全。明确研究和技术创新的边界，进一步清晰什么可为，什么不可为，确保动物生物技术在安全可控的基础上发展。

2．建立健全风险评估和伦理审查机制　对于具有可预见风险的两用性技术，必须审慎评估其必要性和紧迫性，以及如何执行强制性的安全措施；审慎考虑如何对该技术进行强制认证；对于两用性技术研究成果的发表和传播，还须格外注意如何平衡公共知识的可及性与安全性，以确保相关知识与技术不被滥用等。同时，加强对科研人员和相关工作人员的生物安全和科技伦理教育，构建一套系统的伦理培训和教育机制，以树立科研人员的伦理意识和责任感，营造负责任开展动物生物技术创新的研究环境。另外，还须完善监管程序和机制，建立安全管理责任制度。

3．构建和发展舆论沟通渠道与机制　在研发的初始阶段就要考虑一定程度的公众参与和信息的公开化、透明化。为此，必须加强动物生物技术的科学普及工作，通过各种形式搭建与公众对话的平台，一方面使公众了解和全面认识生物技术对社会的影响，另一方面也要深入开展公众对生物技术的可接受性或社会可期待性的社会调查。培养公众的风险防范意识，注重与公众的沟通和信息交流，广泛征集和听取社会大众的不同意见。

4．加强多学科协同，推动全球治理　在研发和治理过程中需要确保不同学科背景之间的协同和参与，促进自然科学、工程技术科学、人文社会科学的结合，注重跨学科研究人员的团结协作，推动各利益相关方共同构建风险评估、有效沟通与敏捷治理机制；尤其是有必要利用人工智能、大数据等技术，开展风险应急的预模拟和多方协同治理的预研、预判。生物安全是全人类所共同面临的问题和挑战，因此有必要与其他国家积极共享相关的监管和治理信息，从人类命运共同体的角度来考虑合成生物学的发展，积极开展国际合作，争取在治理方面与国际社会步调一致。充分利用各种国际信息和资源，构建有效的全球治理平台和伦理治理框架。

第二节　动物生物技术发展历程及趋势

一、动物生物技术的发展历程

19 世纪近代生物学的三项伟大科学成就“细胞学说、达尔文生物进化论和孟德尔遗传定律”，为生物技术的发展奠定了重要理论基础。1944 年 Avery 等阐明了 DNA 是遗传信息的携带者；1953 年 Watson 和 Crick 提出了 DNA 的双螺旋结构模型，阐明了 DNA 的半保留复制模式，从而开辟了分子生物学研究的新纪元。由于一切生命活动都是由包括酶和非酶蛋白质行使其功能的结果，所以遗传信息与蛋白质的关系成了研究生命活动的关键问题。1961 年 Khorana 和 Nirenberg 破译了遗传密码，揭开了 DNA 编码的遗传信息是如何传递给蛋白质的这一秘密。基于上述基础理论的发展，1972 年 Berg 首先实现了 DNA 体外重组技术，标志着生物技术的核心技术——基因工程技术的诞生。它向人们提供了一种全新的技术手段，使人们可按照意愿在试管内切割 DNA、分离基因并经重组后导入其他生物或细胞，用于改造农作物或畜牧品种；也可导入细菌这种简单的生物体，由细菌生产大量有用的蛋白质，或作为药物，或作为疫苗；也可直接导入人体内进行基因治疗。20 世纪 80 年代以来，以生物技术等高新技术为中心的全球科技革命浪潮对世界生产力的发展、人类创造力的发挥产生了巨大的影响，在国际经济、社会、文化、政治、军事等各方面引起了深刻的变革，生物技术及其产业已成为国际竞争的焦点。由于高等动物的复杂性，动物生物技术较微生物和植物生物技术起步晚，但随着现代生物技术的发展，动物生物技术已经成为其不可或缺乃至占据主导地位的重要部分。表 1-1 列出了近 100 年生物技术发展史上的重大事件，其中大多数事件与动物生物技术相关。

表 1-1 近 100 年生物技术发展史上的重大事件

年份	事件
1928	A. Fleming 发现青霉素
1943	青霉素大规模工业化生产
1944	O. T. Avery 等用实验证明 DNA 是遗传物质
1953	J. D. Watson 和 F. H. C. Crick 发现 DNA 双螺旋结构
1961～1966	破译遗传密码
1970	分离出第一个Ⅱ类限制性内切酶
1972	DNA 体外重组技术建立
1975	G. J. F. Kohler 和 C. Milstein 建立杂交瘤技术
1976	DNA 测序技术诞生
1978	第一次生产出基因工程胰岛素
1980	美国最高法院裁定基因工程产品可获专利
1980	第一家生物技术类公司在纳斯达克上市
1981	第一只转基因动物（小鼠）诞生
1982	DNA 重组技术生产的家畜疫苗首次在欧洲上市
1983	人工染色体首次成功合成
1985	基因指纹技术首次作为证据亮相法庭
1986	第一个转基因作物获批准田间试验
1986	第一个 DNA 重组人体疫苗（乙肝疫苗）研制成功
1988	PCR 技术问世
1989	转基因抗虫棉获批准田间试验
1990	美国批准第一个体细胞基因治疗试验

续表

年份	事件
1990	人类基因组计划正式启动
1990	第一个转基因动物（鲑鱼）获批准养殖
1993	生物工程产业组织（BIO）成立
1994	转基因保鲜番茄在美国上市
1997	英国培养出第一只克隆羊“多莉”
1998	人体胚胎干细胞系建立
2000	人类基因组工作框架图完成
2000	启动中国、丹麦家猪基因组测序计划
2001	重要粮食作物——水稻基因图谱在中国完成
2003	人类基因组测序工作完成
2003	美国启动奶牛基因组测序研究
2003	红原鸡基因框架图谱，乌鸡、肉鸡、蛋鸡与红原鸡 4 种不同鸡种之间的遗传差异图谱绘制完成
2004	首张狗基因测序草图绘制完成
2007	猪基因组测序结果公布
2007	首次绘出狗的基因组序列草图
2008	大熊猫“晶晶”基因组框架图绘制完成
2008	日本科学家成功克隆冷冻 16 年的死亡老鼠
2009	我国成功培育抗蓝耳病转基因猪
2009	用于生产抗凝血药物的转基因羊在美国上市
2010	人造卵巢制造成功
2011	CRISPR 基因编辑技术问世
2012	猪基因组的序列图谱与初步功能注释完成
2012	两倍生长速度的转基因鲑鱼上市
2015	用于生产药物的转基因鸡在美国上市
2016	中央一号文件强调加强农业转基因技术研发
2017	美国食品药品监督管理局（FDA）批准了仅有的两个 CAR-T 细胞疗法商业产品上市
2018	构建世界首例体细胞克隆猴
2020	美国 FDA 批准转基因猪上市
2020	猪全基因组 CRISPR/Cas9 敲除文库技术的高通量功能基因筛选平台建立
2021	猪基因组调控元件精细图谱绘制成功
2022	转基因猪心脏成功移植人体

1981 年第一只转基因动物（小鼠）的研究成功，标志着动物生物技术研究的开始。动物转基因技术是将外源基因移入动物细胞并整合到基因组中，从而使其得以表达。自从 Bergand Eckardt（1970）创立 DNA 重组技术、Jaenisch 和 Mintz（1974）首次利用反转录

病毒感染胚胎的方法进行动物转基因以来，动物转基因技术得到不断完善和发展。利用反转录病毒介导、显微注射、电穿孔、脂质体介导、精子载体等转基因方法，制备了小鼠、大鼠、兔、猪、绵羊、山羊、鸡、蛙、鱼类等多种转基因动物。21 世纪初，动物转基因的方法和转基因的内涵又有了新进展，包括通过简便的性腺注射介导的转基因、转入 RNA 干扰基因、基因打靶结合克隆的定点整合转基因和基因的条件表达转基因技术等。新一代基因编辑技术的问世，特别是 CRISPR/Cas9 技术，使转基因动物的研究迈上了新的台阶。CRISPR 技术极大地缩短了构建基因编辑小鼠的时间，从 2～3 年缩短到了 1～3 个月。2009 年，用于生产抗凝血药物的转基因山羊获批上市。2012 年，美国食品药品监督管理局（FDA）批准转基因鲑鱼上市，这是世界上首个可食用的转基因动物。转基因鲑鱼融合了两种鱼类基因，生长速度是普通鲑鱼的两倍，生长周期从 30 个月缩短到 16～18 个月。2015 年，美国 FDA 还批准了一种转基因鸡，可以在鸡蛋中制造一种药物。2022 年，转基因猪（GalSafe 猪）获批上市，GalSafe 猪因不含“α-半乳糖”，不仅可以为过敏者提供安全食用的肉类，还可以用于为过敏者生产药物，如血液稀释剂肝素。此外，随着科技的发展，科学家也正在研究将猪器官移植在人类身上，猪心脏和肾脏已经作为异种器官供体成功移植人体，转基因的组织和器官将解决接受异种移植患者的免疫排斥问题，这是生物技术的巨大创新和进步。

动物生物反应器是 20 世纪 90 年代初期发展起来的一种高效生产活性功能蛋白的生物技术。2021 年全球生物反应器市场规模已达到 93.7 亿元，预计 2028 年将达到 142.9 亿元。自从 1987 年美国科学家 Gordon 等首次利用小鼠乳腺生产出人类医用蛋白质 t-PA 之后，生物反应器就立即引起科学界和企业界的巨大关注。大量的风险资金开始投向动物生物反应器的开发，一批以生物反应器作为技术支柱的新型制药公司也纷纷建立起来。关于我国农业生物技术研究和产业化现状，根据《2021 年中国生命科学与生物技术发展报告》，我国的动物生物技术正在迅猛发展之中。在动物体细胞克隆领域，体细胞克隆山羊、奶牛均已获得成功，建立在动物克隆技术基础上的新型转基因动物技术平台已经基本建立。中国农业大学于 2002 年 4 月获得了我国体细胞克隆黄牛——红系冀南黄牛。2002 年在中国科学院遗传与发育生物学研究所的主持下，相继诞生了 4 只携带有医用蛋白的转基因体细胞克隆奶山羊。2017 年，中国科学院上海神经科学研究所利用体细胞核移植技术，在国际上首次实现非人灵长类动物的体细胞克隆，两只克隆猴“中中”“华华”分别于 2017 年 11 月 27 日及 12 月 5 日诞生。克隆猴的成功是全球生命科学界的一项具有里程碑意义的成果。如果能在此基础上更进一步，通过各种工具猴的开发让猕猴成为符合科学家预期、能对多种基因缺陷疾病进行模拟的完美实验动物，这将是一项足以改变人类未来的重大成就。2020 年，中国首例体细胞克隆马诞生，并具备产业级克隆能力。我国的转基因鱼已进入控制性生产，中国科学家培育出的三倍体鱼湘云鲫（鲤）已推广至全国 23 个省（自治区、直辖市），中试期间共生产湘云鲫（鲤）鱼苗 1.9 亿尾和复花鱼种 3580 万尾，获纯利 457 万元。我国已经开发了幼畜腹泻基因工程疫苗、口蹄疫基因工程疫苗、马立克氏病疫苗、鸡传染性喉支气管炎与痘病疫苗、禽流感痘病毒载体疫苗及猪伪狂犬病基因缺失疫苗等。上海生物工程研究中心开发的幼畜腹泻基因工程疫苗 K88、K99，已经完成中试研究和大规模试验。复旦大学生命科学学院和上海市农业科学院等单位研制的口蹄疫基因工程疫苗属中国首创。华中农业大学研制的伪狂犬病基因缺失疫苗已在生产中大量应用，极大地保障和促进了养猪业的健康发展。

二、动物生物技术的发展趋势

（一）动物生物技术在人类疾病治疗及医药开发方面的发展趋势

分子育种、药物基因组学、干细胞技术将使医学的治疗过程更加人性化。分子育种技术将促进发展高灵敏性的产品，这些药品能够更准确地满足患者的需要；以药物基因组学为基础的治疗技术将会提高治疗的准确性，利用这些药品可对具体患者进行针对性的治疗；结合了反转录病毒治疗的胚胎干细胞治疗技术可以产生新的器官和组织，可以逐渐替代老化或患病的器官，甚至可以减慢或阻止分子老化。目前，生物技术产品将开始离开实验室进入大规模的商品化生产。

1．基因工程药物　今后用于治疗的基因工程药物将具有高度的专一性，可以用于部分患者的治疗。人类基因组计划的完成将大大促进分子病理学和分子药理学的发展，也将为医药学的发展创造前所未有的机遇。基因诊断、基因治疗、器官再生与移植将越来越多地得到充分应用，一些重大疾病的攻克将使生物技术在人类疾病治疗方面出现突破性进展。将基因工程技术、酶工程技术用于制药业，会生产出安全、高效的基因疫苗。克隆技术的发展将可能导致生长快、抗病力强的转基因动物诞生，也可用转基因动物生产重要的药物，建成生物工厂，为人类提供移植用的动物器官、组织和细胞。目前，随着438种基因治疗药物的发展，基因治疗产品的发展比任何时候都快。有18个以上独立技术平台正在有效地应用于研究人类疾病；不断出现的分子水平的产品可以满足消费者的需要。

2．动物生物技术医药产品　动物生物技术的发展使得人们能够利用动物细胞作为生物反应器来生产医用药物蛋白，并为开发可用于工业化生产的、稳定有效的哺乳动物细胞表达系统而进行不懈努力。用动物乳腺生产医用蛋白和其他高附加值产品已初步形成产业。第一批用于制作动物乳腺生物反应器的目标基因几乎都为血源性医用。第二代产品包括抗体、激素、受体、细胞因子、疫苗、组织修复物、营养药物、食品等，几乎覆盖了单位价值较高的所有蛋白质产品。动物生物技术改造了传统制药工业，利用基因工程导入一种新的基因或对已有基因进行改造，从而改变生物代谢途径。利用现代生物技术可以改良抗生素、氨基酸、维生素发酵生产菌种，改变抗生素组分，改进现有药物生产工艺并提高产量，改进新药筛选方法和产生新的化合物等。

3．改变疾病治疗策略　生物科技的发展改变了以往“治病吃药”的治疗策略，利用基因工程在心脏中培育新的血管；利用干细胞创造新的器官，甚至可以通过调整细胞老化的原始基因代码，从而延缓人的衰老过程，延长人的自然寿命；最新的CarT疗法（CAR-T治疗）即嵌合抗原受体T细胞免疫疗法，可以有效地治疗恶性血液病和恶性肿瘤；利用畜禽作为器官供体进行异种器官移植，已成为现实；基因重组产品可帮助除去死亡皮肤，通过注射可以治疗瘢疮损伤，加速创伤愈合。仅仅治疗疾病不是最终目的，今后修饰人体基因组将成为常规方法，不仅修饰一个人的基因组，而且要修饰生殖细胞，这样其遗传改良就可能传给下一代；神经科学领域的突破进展，必将促进全人类智力的充分开发利用，将促进脑和神经系统疾病的治疗，人类期待已久的“记忆移植”也将成为可能。

（二）动物生物技术在农业领域的发展趋势

生物技术在畜牧业上的应用前景广阔，对畜牧业的发展起着越来越重要的作用。但我国动物生物技术的研究起步晚，主要是以跟踪西方发达国家的科研成果为主，在基础研究方面力度不大，也不够深入。因此，动物生物技术的发展趋势是充分利用我国的优势和国外先进生物技术，并进一步提高动物生物技术研究水平，加快开发和推广其应用的步伐，用高新生物技术来推动我国畜牧业的发展。

1．农业动物基因组研究　基因组研究是动物生物技术研究的基础，特别是对我国特有的动物资源的重要经济性状的分子解析，是利用生物技术改良和创造新品种的关键。基因组研究将重点应用于中国猪、鸡、牛、羊等动物基因组测序、作图与定位；动物功能基因组学及其比较研究；农业动物重要经济性状的分子解析；农业动物杂种优势利用的遗传基础与杂种优势预测。

2．畜禽优质、高产、高效分子育种技术　分子育种与常规育种相比已逐渐体现其优势，可以缩短育种时间，克服有性杂交的限制，使基因交流的范围无限扩大，可将来自细菌、病毒、远缘动物、植物、人类甚至人工合成的基因导入动物中，其应用前景十分广泛。而且，分子育种将在未来持续增加动物产品和改善质量、提高效益中发挥愈来愈重要的作用，特别是基因组选择（或分子标记辅助选择）可以使新品种的培育时间大大缩短，品种的总体生产性能提高 10%～20%。今后将开展基因组选择育种技术、畜禽遗传多样性保护的分子检测技术和动物遗传资源保存的生物技术研究。

3．动物转基因及体细胞克隆技术　动物转基因及体细胞克隆技术的突破性进展，对动物发育过程中基因表达的调控及发育生物学、遗传学等相关学科的发展产生了深远的影响，为加速动物育种的进程、提高转基因动物育种效率和拯救濒危动物提供了有力的手段。经过 10 余年的努力，我国的转基因动物及体细胞克隆技术研究已取得显著的成绩，基本通过了技术跟踪阶段，今后将重点研究种质创造和转基因育种技术；转基因动物生物反应器；利用转基因动物建立抗病动物模型与组织器官移植供体技术；濒危动物和高产优秀个体的体细胞克隆技术。

4．动物胚胎生物工程技术　动物胚胎生物工程技术是 20 世纪畜牧业生产中继冷冻精液之后的又一次重大变革，主要包括胚胎获取、冷冻保存、切割、移植，体外受精，细胞核移植，基因导入，性别控制等技术。目前，牛、羊的超数排卵、胚胎移植、卵细胞体外培养和受精技术已经成熟，猪卵细胞培养和受精方法也基本成熟，今后将重点开展胚胎的显微操作技术、细胞核移植、显微授精技术、性别控制和胚胎生物工程技术的程序化、标准化及产业化。

5．重大畜禽疫病的分子生物学与诊断技术　目前，畜禽疫病已经成为影响我国畜牧业生产和产品安全的主要因素之一，其中流行面广、危害严重，或局部发生但潜在危险性较大的有 38 种，造成了巨大的经济损失。2019 年中国工程院院士李德发在猪业论坛上表示："据推算，国内非洲猪瘟的直接损失有一万亿，这还不算产业链的上游和下游。"应用现代分子生物学、免疫学、病毒学技术，开展我国重大畜禽疫病的分子病原学、分子流行病学与免疫机理研究；重大畜禽疫病病原的大分子结构与功能研究；重大畜禽疫病的分子诊断、监测技术及其试剂盒研发将成为今后该领域的研究重点。

6．新型兽用药物研发生物技术　生物技术医药产品是现代生物技术最活跃的领域，其中基因工程疫苗、活性蛋白、多肽基因工程药物和诊断试剂是研发的热点。未来 10 年兽用生物技术产品的发展将更加迅速，将涉及重要畜禽疫病标记疫苗的研发；兽用基因工程抗生素、多肽药物及饲料添加剂的研究和畜禽重大疫病基因工程抗体的研究。

7．动物生物技术的产业化　动物生物技术的产业化是农业生物技术大规模地从潜在生产力向现实生产力转化的过程，是将动物生物技术的科技成果在畜牧业和水产业的推广和应用，融合现代高新技术而形成的一种新兴产业。动物生物技术产业的专业化、规模化、市场化是我国畜牧业和水产业实施可持续发展战略的重要手段，必将极大地带动和促进我国农业和农村经济的快速发展。

我国动物生物技术产品的产业化才刚刚开始，动物生物技术产业具有高技术、高收益、高投入、高风险、区域性和研发周期长等特点，发展动物生物技术产业要以有利于形成自主创新能力和自主知识产权为目标，坚持走市场化、国际化的道路，坚持自主开发与国际合作相结合，注重短期项目与长期项目的结合，充分发挥动物生物技术在畜牧业生产领域的渗透和扩散作用，提升传统畜牧业生产的技术含量，增强竞争能力，促进畜牧业可持续发展。

（三）动物生物技术在环境保护与污染治理中的发展趋势

当前，我国各行各业正在快速发展。但是，工业生产、畜牧养殖和人类生活都会产生大量污染物，加剧环境污染，破坏生态平衡。动物生物技术正在成为保护环境、建设环保工程的重要策略。

1．利用动物生物技术培育新型环保畜禽　通过转基因技术、胚胎工程技术和分子育种技术提高动物的生产性能是畜禽育种研究的共同目标。生长速度和饲料转化率是最为重要的指标。畜禽的生产性能提高后，养殖周期会缩短，饲料消耗降低，所排出的氨氮等代谢废物减少，极大地缓解了畜禽养殖废弃物导致的环境污染问题。构建转基因“环保”动物模型，提高畜禽对饲料中氨氮的利用率，降低污染；建立除磷模型动物，清除污水中的磷污染，为畜牧业节能减排做出巨大贡献。

2．利用动物生物技术进行污染治理和资源化利用　为有效治理污染和进行资源化利用，需要加大环保力度，不断开发、改进和完善污染物处理和利用方式，动物生物技术是重要的技术手段之一。对气体污染，通过微生物法过滤和净化废气、消除异味，节约大量人力物力；废弃物常以固液混合态存在，需要首先进行固液相分离，然后对其分别进行处理。黑水虻养殖是目前商业化程度最高的模式之一，其幼虫通过对废弃物的转化，使废弃物得到了有效利用，避免了因废弃物直接排放对环境造成负担。除此之外，虫体及其转化后的残留物都拥有可观的利用价值，其体内蛋白质含量可达 32%～58%、脂肪含量可达 15%～39%，多种氨基酸的含量与鱼粉相似，可以加工成蛋白饲料来喂养动物，作为鱼粉和豆粕等饲料的替代物，真正实现了绿色循环发展。生物技术在实际中的应用见图 1-2。

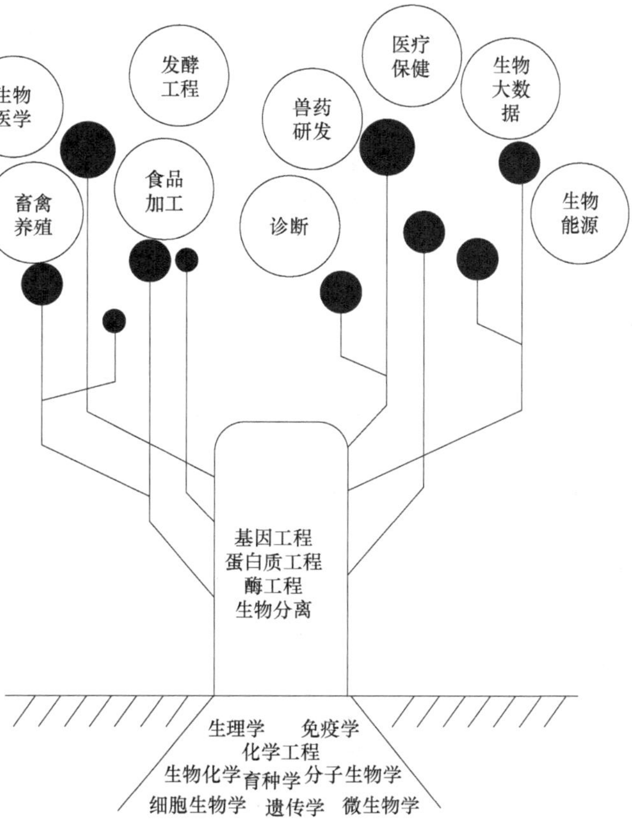

图 1-2 生物技术树

第三节 中国动物生物技术的发展与面临的问题

如果过去是信息时代的话，那么 21 世纪必将成为生物技术时代，生物技术产业将以空前的速度发展和膨胀。当今生物技术爆发出的能量正在显著地推动农业、医药、信息、工程和工业工艺向更加高效和环保的方向发展，生物技术产业即将走向成熟和集约化大生产，所以对生物技术发展进行趋势预测将会对科研和生产产生积极的影响。

动物生物技术辐射面广，动物生物技术通过基因组学、转基因和克隆等手段在改善动物身体状况、提高动物产量、促进人类健康应用和保护濒危动物方面日趋重要。基于生物技术的快速诊断与治疗技术的不断提高，保证家畜、家禽健康的各种生物技术疫苗得以研发出来，有望使动物传染病和人畜共患传染病得到有效控制。对动物发病机理的分子识别有助于了解疾病传播途径。用较少的饲料得到较多产出如牛奶、鸡蛋、肉食和羊毛等是畜牧研究的努力方向，在肉用动物方面还要增加瘦肉含量。胚胎移植、克隆技术和动物基因组已有多年积累，今后在加强整体认识基础上，上述目标有望得到实质性进展。对各种动物疾病机理的分子认识和开发高蛋白营养等功能饲料，有助于提高动物饲养效率和促进人类健康事业。宠物的健康与长寿在发达国家有数百亿美元的市场，宠物疫苗和药品将满足宠物饲养的各种需求。异体移植、药物试验和动物基因组测序与动物生物技术密切相关。动物生物技术在保护濒危动物和生物多样性方面有积极意义，通过研究真菌、昆虫对珍稀植物的侵扰机理可以有效保护这些濒危植物。水生生物技术开始起步，在分子生物学和基因工程基础上鱼类等水生生物的生理机制得到了进一步认识，提高产量、抗病和抗环境条件的应用目标日趋清晰。耐低氧、耐低温的鱼基因有望得到应用。人类对海洋生物认识相对不足，海洋生物中的天然活性物质是医药生物技术的重要源泉。高通量成像系统、基因组学、蛋白质组学和分子育种的相互促进将有助于动物生物技术产业以空前的速度发展和膨胀。

一、我国动物生物技术的发展

动物生物技术具有巨大的潜能和效益，世界各国都非常重视其发展。我国对现代生物技术发展同样高度重视，并做出了巨大的努力。经过几十年的发展，我国动物生物技术产业取得了快速发展，为经济建设和社会发展做出了重要贡献，总体水平已经在发展中国家中处于领先地位。目前，动物生物技术已经广泛用于农业、医药、环保等重要领域，对提高人类健康、提高农牧业产量和改善生态发挥着重要的作用。

（一）动物生物技术与畜禽遗传资源保护

畜禽种质资源是生物多样性的重要组成部分，是未来不可预见的重要基因资源，也是畜禽品种改良的重要战略资源。畜禽遗传资源保存的目的是更好地开发和利用它的优良性状。大多数畜禽遗传资源是由农业生产中的畜群和禽群来保持的，即猪、牛、禽等以活畜禽保存为主。采用生物技术保存畜禽品种资源主要有以下两种途径：一是利用胚胎和生殖细胞的冷冻技术，进行静态保种；二是利用分子生物技术建立畜禽的基因组文库。通过生物技术可以保存畜禽优良品种的性状，保护濒临灭绝的动物。目前，许多发达国家已建有家畜冷冻精子库和胚胎库。利用生物技术可简化良种引进方法，使胚胎移植与胚胎冷冻技术相结合，良种的引进可简化为冷冻胚胎的引进，不仅运输方便、检疫程序简单、成本低廉，而且后代对引种地生态环境适应性和抗病力也得到增强。基因库技术结合体细胞克隆技术，可实现地方品种遗传资源保护，以及地方品种遗传材料的长期保存和活体恢复，构建起了更加完整的遗传资源保护技术体系。从育种技术层面上讲，体细胞冻存和克隆技术还可以大量复制特别优良的个体，从而加快遗传改良进展，对在重大疫情形势下保护地方种质资源和现实生产都具有重大意义。

（二）动物生物技术在遗传育种中的应用

随着现代生物技术的出现和各种分子生物学技术的应用，动物育种技术已开始从群体水平进入分子水平，即分子育种的时代。分子育种包括分子标记辅助选种和转基因育种等。与传统的育种方法相比，生物技术育种存在很多优势。首先利用它可以打破物种界限，突破亲缘关系的限制，培育出自然界和常规育种难以产生、具有特别优良性状的动物品种。这些优良性状表现为生长快、产量高、回报率好、抗病性强等特点。例如，Pinkert 等在 1978 年用转基因技术获得了 8 头可表达牛生长激素的转基因猪，这种猪体型大、日增重快、饲料转化率高。在动物选种中，对遗传力低和限性性状，以及度量昂贵和表型值早期难以度量的性状，采用标记辅助选择（MAS），则可提高选择的有效性和遗传改进量。MAS 是通过对遗传标记的选择，间接实现对控制某性状的 QTL 的选择，从而达到对性状进行选择的目的；或者通过遗传标记来预测个体基因型或育种值。运用生物技术还可培育出抗病品种，增强其对病害和内、外寄生虫的抗性，从而避免家畜患病给畜牧生产带来的经济损失。在新品种培育方面，除了提高原有生产性能以外，现在已培育出许多具有特殊性能的转基因动物，如含有菠菜中 *FAD12* 基因的转基因猪，其不饱和脂肪酸比普通猪高 20%，而 *fat-1* 转基因动物产品乳、肉中含有多不饱和脂肪酸，因而可以降低多种相关疾病的发生率，这些转基因动物的获得为发展保健动物开辟了新的方向。

（三）利用生物技术开发饲料资源

利用现代生物技术开发饲料资源，可以提高饲料的利用率，降低生产成本，节省饲料，从而解决我国饲料资源不足的问题。在充分利用绿色饲料、秸秆饲料的同时，利用基因工程技术改善饲料作物的品质；利用细胞工程技术生产动物用营养物质，如单细胞蛋白硒酵母等；利用基因工程、酶工程和发酵工程生产饲料酶制剂、益生素和氨基酸，促进畜禽生长，改善产品品质，减少环境污染，处理饲料中有毒有害物质。无污染、无残留、无副作用、无耐药性、抗疾病、促生产的环保型生物饲料添加剂的开发和使用将促进畜牧业的可持续发展。

（四）利用转基因技术提高畜禽生产性能及加强环境保护

通过转基因技术提高动物的生产性能是转基因动物研究的共同目标。国内外科学家已培育出多种转生长激素基因猪，其生长速度和饲料转化率都表现出显著的增长效应。含有人生长激素的转基因猪，其生长速度比对照组提高 15%，饲料利用率提高 21%。中国农业大学科学家培育出的转基因猪，其生长速度比对照组提高 40%。新西兰科学家等培育出的 *IGF-1* 转基因绵羊，子代的产毛量比非转基因半同胞的产毛量提高了 6.2%。澳大利亚、英国等科学家培育出的高产毛性能的转基因羊已带来显著的经济效益。转基因环保动物也能够提高饲料中有机磷、氮利用率，降低畜禽粪便中磷、氮对环境造成的污染。中国农业大学科研团队建立的除磷模型动物，对磷污染的清除能力达到了世界先进水平，这些环保品种将为畜牧业在节能减排方面做出巨大贡献。

（五）生物技术在动物疫病防治中的作用

生物技术在动物疾病诊断、预防和治疗方面已发挥越来越重要的作用。近年来，应用分子生物学技术，从分子水平检测与分析若干疾病发生的原因，追溯疫病发展过程；对感染的病原微生物进行鉴别、分类及筛选有效的治疗药物等。建立分子诊断技术，如酶联免疫吸附试验和 DNA 诊断技术。研制新型基因工程疫苗，如基因工程亚单位苗、基因工程活载体苗、合成肽苗和抗独特型抗体疫苗等。这些疾病的防治技术将推动畜牧业的快速和稳定发展。

（六）动物生物技术在人类疾病治疗中的作用

畜禽作为一种重要的模式动物，具有其他模式动物无法比拟的优点。特别是猪，在器官大小、解剖、生理、新陈代谢、神经生物学和基因组等方面和人类具有很高的相似性，从而能够更加精确地模拟许多人类疾病的表型。同时猪产仔量多、后代生长快，因此仅需要较低的维持成本，且不容易引发伦理问题。基于此，猪在构建人类疾病模型、生产人类药用蛋白和器官移植等方面有着巨大的应用空间。为了缓解器官供应不足的现状，解决猪器官移植风险的难题，近年来研究人员应用基因编辑技术做出了巨大的努力，使得猪器官移植迈上了新的台阶。在多组不同转基因背景的“猪器官”移植（受体为非人类灵长类动物）研究中，异种移植物存活时间最长被延至 945d。2010 年，中国农业科学院成功培育出敲除猪体细胞中 α-1,3 半乳糖苷转移酶（GGTA）基因的五指山小型猪，为我国利用动物器官进行外科手术移植奠定了基础。2022 年，通过基因编辑技术将猪内源性反转录病毒基因和 3 个能够引起人免疫排斥的基因敲除，并嵌入了 6 个人类基因，改造后的转基因猪心脏成功移植人体正常工作。虽然通过转基因动物为人类提供临床所需器官还需要解决许多问题，但是将目前遇到的难题逐步攻克之后利用转基因克隆技术则会获得充足的动物器官用于人的心脏、肾脏、肝脏、角膜等各种器官移植中，以解决人类器官移植的难题。

二、面临的问题

经过十几年的艰苦努力，我国动物生物技术的研究开发和产业化取得了显著进展。目前我国转基因鱼、畜禽动物及正在研究的转基因生物已达 30 余种，马传染性贫血活疫苗、转基因鱼、畜禽胚胎工程等已达到国际先进水平。家畜胚胎工程研究进展较快，猪、牛、兔、绵羊、山羊等家畜的胚胎移植均获得了成功。在动物诊断技术研究方面也取得了一些成绩，如猪产仔基因数诊断技术、DNA 标记的发现与分离等。在转基因动物研究方面，已获得转生长激素基因的绵羊、猪和兔等。此外，我国首例转基因试管牛于 1999 年问世。就存在问题而言，我国动物生物技术产业在研究水平、创新能力、投资强度、产业规模、产业市场竞争能力和市场份额上与发达国家相比差距明显。我国在利用动植物生物反应器生产药物方面的研究也远远滞后于发达国家。我国利用转基因动物研制的药物有人凝血因子、人血清白蛋白和人营养蛋白，且均处于研究或试制阶段。

（一）创新性有待提高

我国动物生物技术发展面临的突出问题是技术储备不足和创新能力不够及拥有自主知识产权的品种少，模仿跟踪多、自主创新少，大部分产品为国外的仿制品，缺乏国际竞争力，在生产过程中有可能造成知识侵权和专利侵权问题。同时，侵权问题也制约了某些技术的发展，资金、人力和物力存在巨大浪费。创新是生物技术发展的灵魂和立足点，由于机制、资金、认识等问题，国内创新性成果很少，在国际上获得的专利为数不多，国际竞争性弱，而创新是生物技术发展的灵魂和立足点，因此必须加强具有自主知识产权的创新性成果的产出。

（二）支撑产业有待加强

动物生物技术的发展，伴随着科研、工业相关仪器装置的进步。新仪器、新装备不仅可以极大地增加研究人员发现的机会和加快研究开发速度，也能够加快新技术产业化、商业化的步伐。我国生物技术支撑产业和服务薄弱，大部分研究开发用的仪器设备、试剂都依赖进口，高昂的价格、漫长的货期让研究者望而却步。部分研究成果缺乏充分的工业、商业配套，无法完成成果转化，这些状况都极大地制约了动物生物技术的发展。因此，增加科研投入，研发新型仪器和装备是促进生物技术发展的基础。

（三）上下游衔接亟待解决

在我国目前动物生物技术发展中，上下游衔接不畅的问题非常严重。有三种突出表现：一是在生物制药等领域，科研开发实力强劲，但转化不足，下游商业化、工厂化步伐缓慢，生物分离技术薄弱，缺乏支撑产业，仪器设备显著不足并高度依赖进口；二是在轻工业、食品加工等领域，工商业配套强，但上游研发不足（如菌种改良、基因工程菌、基因工程畜禽）；三是某些领域产学研脱节，过度强调基础研究，虽然部分研究成果意义重大，但与实际生产缺乏有效联系。这实际反映了我国动物生物技术及其产业发展不够系统，市场化、社会化程度不高的现状。因此，加强科技成果转化是实现生物技术产业化的前提。

（四）生物安全性研究有待加强

动物生物技术带来巨大好处的同时，也存在滥用和误用的风险，不断发展的生物技术有可能给哲学、伦理、法律等领域带来巨大冲击。全世界已有相当多的转基因生物释放到环境中，其安全问题受到国内外的广泛关注。实验室研究通常缺乏长效观察，而一些转基因产品的安全性可能要通过几十年才能暴露并准确评估。因此，应加强生物技术安全性问题研究，并逐步建立健全生物技术安全性管理体系，以及时监测和评估可能引起的安全风险。

小 结

本章介绍了动物生物技术的概念和主要的研究领域；从动物生物技术的发展历程出发，阐述了动物生物技术的应用；介绍了动物生物技术在人类疾病治疗、药物的开发和农业应用中的发展趋势。

思 考 题

1. 名词解释：动物生物技术、动物基因工程、动物细胞工程、动物胚胎工程、酶工程、蛋白质工程。
2. 简述动物生物技术的主要应用。
3. 简述动物生物技术在农业领域的发展趋势。

第二章　分子生物学基础

学习要点：了解 SV40、腺病毒、HIV、λ 噬菌体、大肠杆菌等的基因组特点，以及 DNA 重组与损伤修复的常见类型，掌握原核和真核生物基因的结构，DNA 复制、转录、翻译与加工及基因表达调控的基本过程。

第一节　基因组与基因结构

一、基因组的概念

基因组（genome）是一种生物染色体内全部遗传物质的总和，包括构成基因和基因之间区域的所有 DNA。不同生物的基因组大小及复杂性不同。生物的复杂性与基因组内的基因数量有关。进化程度越高，基因组越复杂。原核生物和真核生物的基因组在复杂性和基因组织特异性上都有很大差异。真核细胞常为二倍体（diploid），所以其基因组是指细胞中单套染色体上的 DNA 序列。我们人类体细胞有 46 条/23 对染色体，其实就是 2 套染色体，1 套有 23 条，那么这 23 条染色体上所有的 DNA 序列就是人类的基因组。

另外，细胞线粒体中还有一套线粒体基因组。相对于线粒体基因组，细胞核内的基因组称为核基因组。

二、病毒和原核生物基因组

（一）病毒基因组的一般特点及几种病毒的基因组

1．病毒基因组的一般特点

（1）结构简单，无细胞结构，基因组很小，但不同的病毒之间基因组相差也甚大。例如，乙肝病毒 DNA 只有 3kb 大小，所含信息量也较小，只能编码 4 种蛋白质，而痘病毒的基因组有 300kb 之大，可以编码几百种蛋白质，不但为病毒复制所涉及的酶类编码，甚至为核苷酸代谢的酶类编码，因此痘病毒对宿主的依赖性较乙肝病毒小得多。

（2）病毒基因组可以由 DNA 组成，也可以由 RNA 组成，每种病毒颗粒中只含有一种核酸，或为 DNA 或为 RNA，两者一般不共存于同一病毒颗粒中。组成病毒基因组的 DNA 和 RNA 可以是单链的，也可以是双链的；可以是闭环分子，也可以是线性分子。例如，乳头瘤病毒是一种闭环的双链 DNA 病毒，而腺病毒的基因组则是线性的双链 DNA，脊髓灰质炎病毒是一种单链的 RNA 病毒，而呼肠孤病毒的基因组是双链的 RNA 分子。一般来说，大多数 DNA 病毒的基因组是双链 DNA 分子，而大多数 RNA 病毒的基因组是单链 RNA 分子。

（3）基因组的大部分是用来编码蛋白质的，并常常有基因重叠现象。只有非常小的一部分不被翻译，如 Φ×174 的非编码区只占 217/5375。不翻译的 DNA 序列通常是基因表达的控制序列。

（4）由调控元件和转录元件组成，功能上相关的蛋白质的基因或 rRNA 的基因往往丛集在基因组的一个或几个特定的部位，形成一个功能单位或转录单元。转录元件可转录成为多顺反子 mRNA，然后再加工成各种蛋白质的模板 mRNA。

2. SV40 病毒的基因组　SV40（simian vacuolating virus 40/simian virus 40）是猴空泡病毒 40、猿猴病毒 40 或猴病毒 40 的缩写，是在人类和猴子中都发现的致瘤病毒，同时它也是第一个完成基因组 DNA 全序列分析的动物病毒。

SV40 病毒的外壳是二十面对称体的球状颗粒，中心包含着一条 5243bp 的环形双链病毒基因组 DNA。与其他病毒不同，SV40 DNA 同除 H1 之外的所有寄主细胞组蛋白（H4、H2a、H2b 和 H3）相结合。这些组蛋白使病毒 DNA 分子紧缩成真核染色质所特有的念珠状核小体，称为微型染色体（minichromosome）。感染之后的 SV40 基因组，输送到细胞核内进行转录和复制。SV40 病毒基因组表达的时间顺序是相当严格的，据此可将其区分为早期表达区（发生在 DNA 复制之前）和晚期表达区（发生在 DNA 复制之后）。围绕在 SV40 DNA 复制起点周围约 400bp 的 DNA 区段，是十分引人注意的。现在已经弄清紧挨这个起点的 DNA 序列，是调节早期和晚期初级转录本合成的控制信号。早期转录本的合成，就是由位于这个区段内的由一对 72 个核苷酸序列串联而成的强化因子（最早发现的增强子）序列激活的。

外源基因可以融合在 SV40 DNA 的早期转录区段内，而 SV40 的增强子又能够有效地激活 SV40 早期转录单位的转录活性。此外，SV40 增强子还可以增强由细胞启动子启动的基因转录。所以，SV40 的启动子和增强子被广泛地用于真核生物基因表达性载体的构建。

3. 腺病毒基因组　腺病毒是一种无外壳的线性双链 DNA 病毒，基因组长约 36kb，由蛋白Ⅶ和一种称为 mu 的小蛋白紧密地环绕在其周围，起到类组蛋白样的作用。另一种蛋白Ⅴ将这种 DNA-蛋白质复合物连接起来，并通过蛋白Ⅵ与病毒衣壳连接在一起。在两条链的 5′端各以共价键结合着一个被称为 DNA 末端蛋白（pTP）复合物（DNA-TPC）的特化结构，与腺病毒复制密切相关。另外，腺病毒基因组的两端各有一段 100bp 的末端反向重复序列（ITR），是复制的起始位点。在左端 ITR 的 3′端有一段长约 300bp 的包装信号（ψ），介导腺病毒基因组包装入病毒衣壳。对腺病毒而言，只有包括两端的 ITR 和包装信号（ψ）的约 0.5kb 序列是顺式作用元件，也就是说必须由腺病毒载体自身携带，而其他的 30 余种蛋白质都可以通过辅助病毒（或细胞）反式补足。

腺病毒载体系统可广泛用于人类及非人类蛋白的表达。腺病毒可感染一系列哺乳动物细胞，因此在大多数哺乳动物细胞和组织中均可用来表达重组蛋白。相对于脂质体转染，腺病毒基因组进入细胞核是一个非常高效的过程，一般可以达到 40%，前者虽然进入细胞质的效率与后者相当，但 DNA 进入细胞核的效率却只有前者的 1/1000。

而且，腺病毒能感染除了一些抗腺病毒感染的淋巴瘤细胞外的几乎所有的细胞类型。而反转录病毒只能感染增殖性细胞，DNA 转染必须使细胞处于持续培养状态，不能在非增殖细胞中进行。因此，腺病毒是研究原代非增殖细胞基因表达的最佳系统，它可以使转化细胞和原代细胞中得到的结果直接进行对比。

另外，腺病毒在除了卵细胞以外几乎所有已知细胞中都不整合到染色体中，因此不会干扰其他的宿主基因。在卵细胞中整合单拷贝病毒则是产生具有特定特征的转基因动物的一个较好的系统。而反转录病毒可随机整合到宿主染色体，导致基因失活或激活癌基因。

4. 反转录病毒 HIV 的基因组　反转录病毒（retrovirus）是需在反转录酶的作用下首先将 RNA 转变为 cDNA，再在 DNA 复制、转录、翻译等蛋白酶作用下扩增的一类 RNA 病毒。反转录病毒的基本结构见图 2-1。

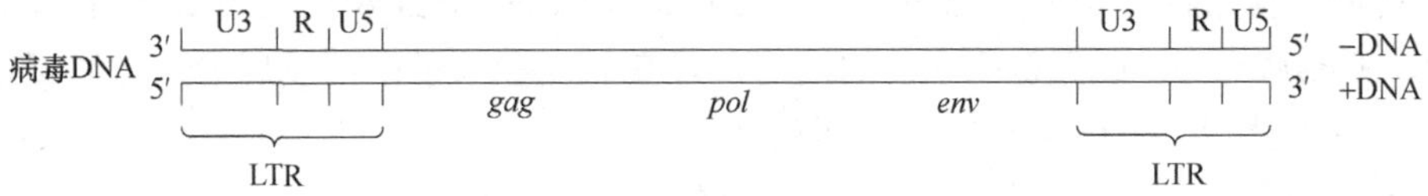

图 2-1　反转录病毒的基本结构

根据生物学的分类，反转录病毒可以分为 7 属，在这些病毒当中我们最熟悉的是人类免疫缺陷病毒（human immunodeficiency virus，HIV）。HIV 在病毒“大家族”中的定位是反转录病毒科慢病毒属中的人类免疫缺陷病毒组，有 HIV-1 和 HIV-2 两型，大部分是 HIV-1。由于反转录酶缺乏校正修复功能，因而 HIV 的变异频率非常高，目前 HIV-1 可分为 M、N 和 O 三个进化组，两个进化组之间序列的异质性超过 45%。

HIV 基因组为单股正链 RNA 二倍体，每条 RNA 链长约 9.8kb，两条链的 5′端借氢键形成二聚体。与其他反转录病毒相同，HIV 的基因结构从 5′端到 3′端依次为 5′-LTR-*gag*-*pol*-*env*-3′-LTR（图 2-1）。5′端有帽子结构 m^7G（5′）ppp（5′）GmpNp，3′端有 polyA 序列。除 3 个编码结构蛋白的基因 *gag*（编码病毒的核心蛋白）、*pol*（编码病毒复制所需要的反转录酶和整合酶等）、*env*（编码病毒包膜蛋白）外，HIV 还有较其他反转录病毒更多的调节基因（regulatory gene）和附加基因（accessory gene），目前已发现至少 7 种：*tat*、*rev*、*nef*、*vpr*、*vpu*、*vpx* 和 *vif*。HIV 的基因编码区域有许多重叠，大多数基因不含内含子，最大限度地利用了有限的编码序列。

HIV 基因组两端的长末端重复序列（long terminal repeat，LTR）不编码病毒产物，对于病毒基因表达的起始和调节至关重要，其上有许多细胞转录因子的结合位点，由 U3、R、U5 三个亚区组成，U3 区约 450bp，含有大多数顺式作用元件，是细胞转录因子的结合位点。每个 LTR 的中心区含有 100bp 的 R（重复序列），转录起始于 R 区的第一个碱基，到 R 的最后一个碱基后，立即进行多腺苷酸化（polyadenylation）。U5 区含有 180bp，含有 Tat 结合位点和 HIV 包装序列。

反转录病毒的许多特点使其成为基因转移载体的上佳选择。最重要的一点是它可以有效地整合入靶细胞基因组并稳定持久地表达所带的外源基因。病毒基因组以转座的方式整合，其基因组不会发生重排，因此所携带的外源基因也不会改变。而另一类整合载体——腺相关病毒，以同源重组的方式整合，整合过程中病毒基因组发生重排，可能会影响到外源基因的结构与功能。

理想的基因治疗载体应有三大特点：具有感染终末分化细胞的能力、高的转导效率和持续且可控制的基因表达。反转录病毒虽具有后面两个优点，但不能感染非分裂细胞如肌肉、大脑、肺及肝组织中的这些可以作为基因治疗靶细胞的重要细胞。由于反转录病毒的复制特点，它感染细胞时，细胞分裂需处于 DNA 合成阶段。因此有人尝试使用组织损伤或部分切除来诱导靶细胞分裂。例如，肝脏部分切除可以极大地提高反转录病毒在肝内的转导效率。

常用的反转录病毒载体从小鼠白血病病毒（murine leukemia virus，MLV）改造而来，虽可使目的基因整合至靶细胞基因组实现稳定表达，但只能转导分裂细胞，目前主要用于基因治疗的离体方案；腺病毒载体既能转导分裂细胞，也可转导静止细胞，转导效率也较高，但目的基因不整合至靶细胞基因组，仅能短暂表达，而且腺病毒本身某些抗原的表达可引起人体免疫反应，阻止其重复转导；其他一些病毒载体如腺相关病毒（adeno-associated virus，AAV）载体、单纯疱疹病毒（herpes simplex virus，HSV）载体也因各种原因不能令人满意。

理想的病毒载体能同时提供高效的基因转移、长期稳定的基因表达及生物安全性。近年来，一些研究者把目光投向了以Ⅰ型人类免疫缺陷病毒（HIV-1）为代表的慢病毒。研究表明，以 HIV-1 为基础构建的这类慢病毒载体具有可感染非分裂细胞、目的基因整合至靶细胞基因组长期表达、免疫反应小等优点，适于体内基因治疗，因此有望成为理想的基因转移载体。

HIV-1 载体系统由两部分组成，即包装成分和载体成分。包装成分由 HIV-1 基因组去除了包装、反转录和整合所需的顺式作用元件而构建，能够反式提供产生病毒颗粒所必需的蛋白质；载体成分则与包装成分互补，即含有包装、反转录和整合所需的 HIV 顺式作用元件，同时具有异源启动子控制下的多克隆位点及在此位点插入的目的基因。为降低两种成分同源重组恢复成野生型病毒的可能，需尽量减少二者的同源性，如将包装成分上 5′-LTR 换成巨细胞病毒（cytomegalo virus，CMV）即刻早期启动子、3′-LTR 换成 SV40 polyA 等。包装成分通常被分开构建到两个质粒上，一个质粒表达 Gag 和 Pol 蛋白，另一个质粒表达 Env 蛋白，其目的也是降低恢复成野生型病毒的可能。

5. λ 噬菌体基因组　噬菌体（bacteriophage，phage）是感染细菌、真菌、放线菌或螺旋体等微生物的病毒的总称，因部分能引起宿主菌的裂解，故称为噬菌体。噬菌体具有病毒的一些特性：个体微小，可以通过细菌滤器；没有完整的细胞结构，主要由蛋白质构成的衣壳和包含于其中的核酸组成；只能在活的微生物细胞内复制增殖，是一种专性细胞内寄生的微生物。

噬菌体的核酸为 DNA 或 RNA，并由此将噬菌体分成 DNA 噬菌体和 RNA 噬菌体两大类。大多数 DNA 噬菌体的 DNA 为线状双链，但一些微小 DNA 噬菌体的 DNA 为环状单链。多数 RNA 噬菌体的 RNA 为线状单链，少数为线状双链，且分成几个节段。

λ 噬菌体是迄今为止研究得最为详尽的一种大肠杆菌双链线状 DNA 噬菌体。其基因组由 48 502 对碱基组成，相对分子质量为 3.2×10^7，全长约 17μm，整个基因组分为 5 个区域：头部基因、尾部基因、调控（免疫）区、复制控制区、晚期基因调控区。基因组两端各有一条 12 个核苷酸（5′-GGGCGGCGACCT-3′）组成的彼此完全互补的 5′单链突出序列，即通常所说的黏性末端（cohesive-end site）。当 λ 噬菌体 DNA 进入宿主细胞后，其两端互补单链通过碱基配对形成环状 DNA 分子，而后在宿主细胞的 DNA 连接酶和促旋酶（gyrase）作用下，将相邻的 5′-P 和 3′-OH 基团封闭起来，并进一步超螺旋化，形成封闭的环状 DNA 分子，充当转录的模板。此时，λ 噬菌体可选择进入裂解生长状态（lytic growth），大量复制并组装成子代 λ 噬菌体颗粒，导致宿主细胞裂解。经过 40～45min 的生长循环，释放出约 100 个感染性噬菌体颗粒（每个细胞）；或者进入溶原状态（lysogenic state），将 λ 噬菌体基因组 DNA 通过位点专一性重组整合到宿主的染色体 DNA 中，并随宿主的繁殖传给子代细胞。

已经定位的λ噬菌体基因至少有61个，其中一半左右参与了噬菌体生命周期的活动，我们称这类基因为λ噬菌体的必要基因；另一部分基因，当它们被外源基因取代之后，并不影响噬菌体的生命功能，我们称这类基因为λ噬菌体的非必要基因。由外源基因取代非必要基因所形成的重组DNA，可以随着寄主大肠杆菌细胞一起复制和增殖，而且在其溶原周期中，它们的DNA是整合在大肠杆菌的染色体DNA上，成为大肠杆菌的一个组成部分，这是λ噬菌体赖以发展作为基因克隆载体的一种重要特性。

（二）原核生物基因组的特点及大肠杆菌的基因组

1. 原核生物基因组的特点

（1）无核膜，染色体经高度折叠、盘绕聚集在一起，形成一个较为致密的区域，称为类核（nucleoid）。

（2）一般无核小体结构，不和蛋白质固定结合。

（3）基因组较小，DNA含量低，具有可移动的DNA序列；绝大部分序列用于编码蛋白质，非功能区少；有一部分非编码DNA具有重要功能，如复制原点（origin of replication），另一些基因间区域可能涉及和DNA包装蛋白的相互作用。

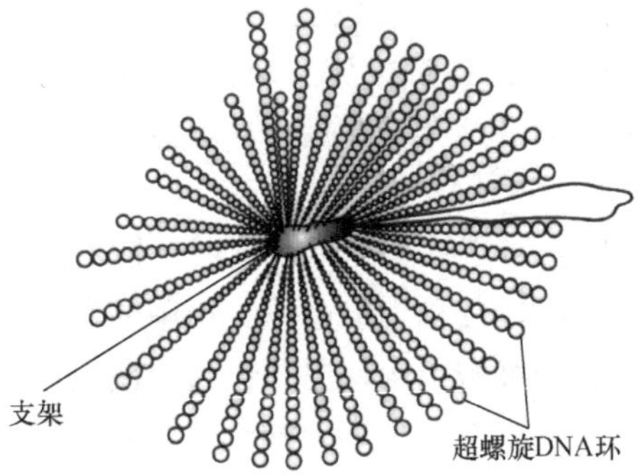

图2-2　大肠杆菌类核结构

（4）功能相关基因一起转录，形成一个功能转录单位，可以转录形成含有多个蛋白质分子的一个mRNA单元（多顺反子）。

（5）重复序列少，多为单拷贝，出现重叠基因。

2. 大肠杆菌基因组　大肠杆菌基因组为环状DNA分子，包含4 639 221个碱基对，3000～4000个基因，在细胞中以紧密缠绕成的较致密的不规则小体形式存在于细胞中，该小体称为类核。类核由支架（scafford）和向四周伸出的100个DNA环组成，支架是含RNA和蛋白质的复合结构，四周的每个环就是一个独立的功能区，长40kb，每个功能区的末端保持超螺旋状态（图2-2）。

三、真核生物基因组

（1）有细胞核和核膜，是进行复制与转录的场所，在细胞质中进行翻译。

（2）基因组较大，高等真核生物为5×10^8～10^{10}bp（人类3286Mb）；还存在细胞器DNA，如线粒体和叶绿体的DNA，为双链环状，可自主复制。有的真核细胞中也存在质粒，如酵母和植物。

（3）DNA与蛋白质结合形成多条线性染色体（核小体），多复制起点（ori），每个复制子的长度较小。

（4）编码蛋白质基因多数为单拷贝，rRNA和tRNA基因为多拷贝，大部分基因含有内含子，存在大量非编码序列（占90%），并存在一些可移动的DNA序列。

（5）一个结构基因经过转录和翻译生成一个mRNA分子和一条多肽链（单顺反子），属于复杂调控模式。

（6）有大量低、中、高重复序列，重复次数可达百万次以上。

四、原核和真核生物基因的结构

（一）原核生物基因的结构

原核生物的基因结构多数以操纵子形式存在，即完成同类功能的多个基因聚集在一起，处于同一个启动子的调控之下，下游同时具有一个终止子。两个基因之间存在长度不等的间隔序列。在距转录起始点－35bp 和－10bp（转录起始点上游的核苷酸序列为“－”，下游的核苷酸序列为“＋”）附近的序列都有 RNA 聚合酶识别的信号。RNA 聚合酶先与－35bp 附近的序列（称为 Sextama 框，TTGACA）结合，然后才与－10bp 附近的序列（称为 Pribnow 框，TATAAT）结合。RNA 聚合酶一旦与－10bp 附近序列结合，就立即从识别位点上解离下来，DNA 双链解开，转录开始。除启动子外，往往还有一些调控转录的其他因子，如调节基因和操纵基因。原核生物基因转录终止之前有一段回文序列结构，称为终止子，它特殊的碱基排列顺序能够阻碍 RNA 聚合酶的移动，并使其从 DNA 模板链上脱离下来。

（二）真核生物基因的结构

20 世纪 70 年代不连续基因的发现说明真核生物基因的内部结构要比原核生物基因复杂得多。基因不连续性在真核细胞中是一个普遍现象。真核生物蛋白质、rRNA 和 tRNA 的基因都可以是不连续的或者说是断裂的。一个断裂基因能够含有若干段编码序列，这些可以编码的序列称为外显子。在两个外显子之间被一段不编码的间隔序列隔开，这些间隔序列称为内含子。每个断裂基因在第一个和最后一个外显子的外侧各有一段非编码区，有人称其为侧翼序列。在侧翼序列上有一系列调控序列，主要包括启动子、增强子、终止子等（图 2-3）。

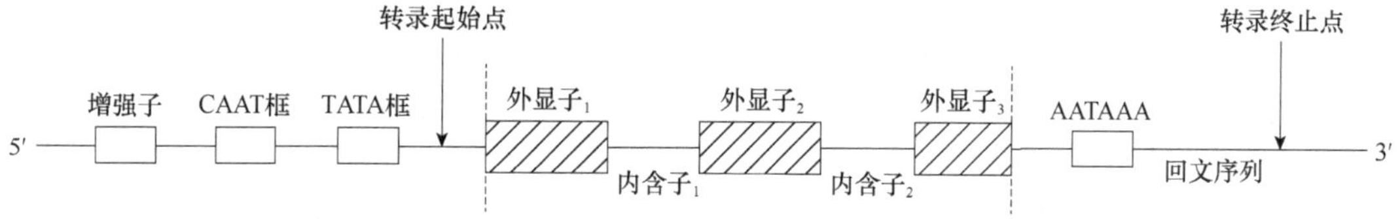

图 2-3　真核细胞基因结构示意图

1．启动子　主要包括以下两个序列：①在 5′端转录起始点上游 20～30 个核苷酸的地方，有 TATA 框（又称为 Hogness 框或 Goldberg-Hogness 框）。TATA 框是一个短的核苷酸序列，其碱基序列为 TATAAAA。TATA 框是启动子中的一个序列，它是 RNA 聚合酶的重要接触点，它能够使酶准确地识别转录的起始点并开始转录。当 TATA 框中的碱基序列有所改变时，mRNA 的转录就会从不正常的位置开始。②在 5′端转录起始点上游 70～80 个核苷酸的地方，有 CAAT 框（又称 CCAAT 框）。CAAT 框是启动子中另一个短的核苷酸序列，其碱基序列为 GGC/TCAATCT。CAAT 框是 RNA 聚合酶的另一个结合点，它的作用还不很肯定，但一般认为它控制着转录的起始频率，而不影响转录的起始点。当这段序列被改变后，mRNA 的形成量会明显减少。

2．增强子　在 5′端转录起始点上游约 100 个核苷酸以外的位置，有些序列可以起到增强转录活性的作用，它能使转录活性增强上百倍，因此被称为增强子。它的位置往往不固定，可存在于启动子上游或下游，对启动子来说它们正向排列和反向排列均有效，对异源的基因也起到增强作用。当这些序列不存在时，可大大降低转录水平。研究表明，增强子通常有组织特异性，这是因为不同细胞核有不同的特异因子与增强子结合，从而对不同组织、器官的基因表达有不同的调控作用。例如，人类胰岛素基因5′端上游约250个核苷酸处有一组织特异性增强子。在胰岛素β细胞中有一种特异蛋白因子，可以作用于这个区域以增强胰岛素基因的转录。在其他组织细胞中没有这种蛋白因子，所以也就没有此作用，这就是为什么胰岛素基因只有在胰岛素β细胞中才能很好表达。

3．终止子　在3′端终止密码子的下游有一个核苷酸序列为AATAAA，这一序列可能对mRNA的加尾（mRNA尾部添加多聚A）有重要作用。这个序列的下游是一个反向重复序列。这个序列经转录后可形成一个发卡结构。发卡结构阻碍了RNA聚合酶的移动。发卡结构末尾的一串U与转录模板DNA中的一串A之间，因形成的氢键结合力较弱，使mRNA与DNA杂交部分的结合不稳定，mRNA就会从模板上脱落下来。同时，RNA聚合酶也从DNA上解离下来，转录终止。AATAAA序列和它下游的反向重复序列合称为终止子，是转录终止的信号。

第二节　DNA的复制

一、DNA复制的基本特征

1．半保留复制　DNA在复制时，以亲代DNA的每一股作模板，合成完全相同的两个双链子代DNA，每个子代DNA中都含有一股亲代DNA链，这种现象称为DNA的半保留复制。DNA以半保留方式进行复制，是在1958年由M. Meselson和F. Stahl所完成的实验证明的。

2．有一定的复制起点　DNA在复制时，需在特定的位点起始，这是一些具有特定核苷酸排列顺序的片段，即复制起点（ori）。在原核生物中，复制起点通常为一个，是单复制子结构，而在真核生物中则为多个，可以从这些复制起点同时进行复制，是多复制子结构。

3．需要引物　DNA聚合酶必须以一段具有3′端自由羟基（3′-OH）的RNA作为引物，才能开始聚合子代DNA链。

4．双向复制　DNA复制时，以复制起点为中心，向两个方向进行复制，形成两个复制叉。但在低等生物中，也可进行单向复制。

5．半不连续复制　DNA的双螺旋结构中的两条链是反向平行的，当复制开始解链时，亲代DNA分子中一条母链的方向为5′→3′，另一条母链的方向为3′→5′。DNA聚合酶只能催化5′→3′合成方向。在以3′→5′方向的母链为模板时，复制合成出一条5′→3′方向的前导链（leading strand）。前导链的前进方向与复制叉的行进方向一致，前导链的合成是连续进行的。而另一条母链仍以3′→5′方向作为模板，复制合成一条5′→3′方向的后随链（lagging strand），因此后随链合成方向是与复制叉的行进方向相反的。后随链的合成是不连续进行的，先合成许多片段，即冈崎片段（Okazaki fragment），最后各段再连接成为一条长链。由于前导链的合成是连续进行的，而后随链的合成是不连续进行的，所以从总体上看DNA的复制是半不连续复制。

二、DNA 复制的机制

（一）病毒和原核生物 DNA 的复制

1．环状 DNA 的复制

1）大肠杆菌染色体 DNA 复制（θ 型复制）及酶类　大肠杆菌复制起始区（oriC）长 245bp（+22～+267bp）。当复制开始时，DnaA 单体首先结合到 oriC 上 4 个含 9bp 的重复序列上。然后 20～40 个 DnaA 单体结合到 oriC 上形成一个核心。在 DnaA 蛋白的作用下位于 oriC 右侧的 3 个含 13bp 的重复序列开始解链形成开放复合体。蛋白质 DnaB 和 DnaC 等以聚集体的形式与开放复合体偶联，形成一个复合物。DnaB 提供解旋酶活性，使 DNA 解旋形成复制叉。

在大肠杆菌的复制叉中，由拓扑异构酶解螺旋，并使解旋产生的正超螺旋恢复成负超螺旋，由解旋酶切开氢键，打开双链，然后单链结合蛋白（SSB）结合在单链上，使其稳定，暂不复性。复制叉上两条单链分别为模板，以 5′→3′方向合成新链，链的合成方向和复制叉移动方向相同的是前导链，相反的是后随链。前导链由 DNA 聚合酶Ⅲ在最初的 RNA 引物的 3′-OH 一直连续延伸，直到完成。而在后随链上合成甚为复杂。由 PriA、PriB、PriC、DnaB、DnaC、DnaT 及引发酶结合形成引发体（primosome），合成 2～5nt 的引物 RNA，DNA 聚合酶Ⅲ在引物 RNA-3′-OH 上加入 dNTP 合成 1～2kb 的冈崎片段。然后由 DNA 聚合酶Ⅰ用 5′→3′外切酶活性切除引物，再从冈崎片段的 3′端合成短片段 DNA，填补空缺，相邻两片段之间的缺刻由连接酶封闭，完成半不连续复制（图 2-4）。

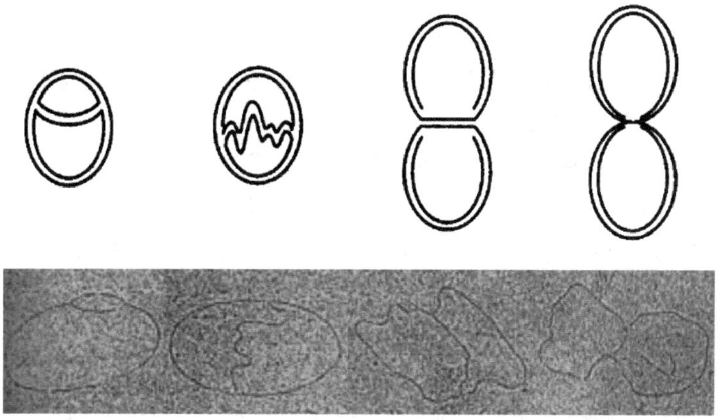

图 2-4　大肠杆菌的 θ 型复制（引自 Cairns，1963）

大肠杆菌的两个复制叉分别向两边展开进行双向复制，表现出“θ”结构，因此对大肠杆菌半保留复制的方式也称为 θ 型复制。大肠杆菌染色体 DNA 为环状 DNA 分子，两个复制叉最终会合，会合点就是复制终止点，一般位于 oriC 的相对处。在会合点两侧约 100kb 处，各有一个终止区，即 terE、terD、terA 或 terF、terB、terC，分别是向一个方向移动的复制叉的终止点。每个复制叉必须越过另一个复制叉的终止点才能到达自己的终止点。每个 ter 序列都含有一个 23bp 的共同序列。Tus 蛋白能识别和结合于终止点的 23bp 序列。结合后的 Tus 蛋白具有反解链酶的活性，以阻止 DnaB 的解链作用，从而抑制复制叉的前进。最后，在 DNA 拓扑异构酶Ⅳ等的作用下，复制叉停止运动，复制体解体。

大肠杆菌染色体 DNA 复制所需酶类如下。

（1）DNA 解链酶（DNA helicase）。DNA 解链酶能通过水解 ATP 获得能量来解开双链 DNA。大肠杆菌Ⅱ型和Ⅲ型 DNA 解链酶可以沿后随链模板的 5′→3′方向并随复制叉的前进而移动；另一种解链酶（Rep 蛋白）沿前导链模板的 3′→5′方向移动。Rep 蛋白和大肠杆菌Ⅱ型和Ⅲ型 DNA 解链酶分别在 DNA 的两条母链上协同作用，以解开双链 DNA。

（2）DNA 拓扑异构酶（DNA topoisomerase）。大多数天然状态下的 DNA 分子都具有适度的负超螺旋，可以形成部分单链结构，有利于蛋白质与 DNA 的结合。在复制过程中，随着 DNA 的解旋，双螺旋的盘绕数 *T* 减少，而超螺旋 *W* 增加，使正超螺旋增加，未解链部分的缠绕更加紧密，形成的压力使解链不能继续进行。拓扑异构酶能够消除解链造成的正超螺旋的堆积，消除阻碍解链进行的这种压力，使复制得以延伸。

（3）引发酶。在复制开始时须有一段 RNA 作为引物，这段引物在合成后并不与模板分离，而是以氢键与模板结合。这种引物即由一种独特的 RNA 聚合酶引发酶所合成。在大肠杆菌中这种酶是一条单链，相对分子质量为 60 000，每个细胞中有 50～100 个分子。它们是由 *dnaG* 基因所编码的。该酶单独存在时是相当不活泼的，只有与有关蛋白质结合成一个复合物时才有活性。

（4）DNA 聚合酶。现已在大肠杆菌中发现 DNA 聚合酶Ⅰ、DNA 聚合酶Ⅱ、DNA 聚合酶Ⅲ、DNA 聚合酶Ⅳ和 DNA 聚合酶Ⅴ，都与 DNA 链的延长有关。DNA 聚合酶Ⅰ是 1956 年由 Arthur Komberg 在 *E. coli* 中首先发现，是一种多功能酶，有三个不同的活性中心：①5′→3′聚合酶活性催化 DNA 链的延伸，主要用于填补 DNA 上的空隙或是切除 RNA 引物后留下的空隙；②3′→5′外切酶活性能识别和切除 DNA 3′端在聚合作用中错误配对的核苷酸，起到校读作用；③5′→3′外切酶活性主要用于切除 5′引物或受损伤的 DNA。此酶缺陷的突变株仍能生存，表明 DNA 聚合酶Ⅰ不是 DNA 复制的主要聚合酶。DNA 聚合酶Ⅱ是一种多酶复合体，有 5′→3′聚合酶活性中心和 3′→5′外切酶活性中心，但没有 5′→3′外切酶活性中心。其催化 5′→3′方向合成反应的活性只有 DNA 聚合酶Ⅰ的 5%。因该酶缺陷的 *E. coli* 突变株的 DNA 复制都正常，所以也不是 DNA 复制的主要聚合酶，可能是在 DNA 的损伤修复中起到一定的作用。DNA 聚合酶Ⅲ也是一种多酶复合体，全酶由 α、β、γ、δ、δ'、ε、θ、τ、χ 和 ψ 共 10 种亚基构成，其中 α、ε 和 θ 亚基构成全酶的核心。α 亚基含 5′→3′聚合酶活性中心，ε 亚基含 3′→5′外切酶活性中心，θ 亚基可能起装配作用，其他亚基各有不同作用。DNA 聚合酶Ⅲ活性最高，在 DNA 复制链的延长上起着主导作用，是催化 DNA 复制合成的主要酶。DNA 聚合酶Ⅳ和Ⅴ发现于 1999 年，主要参与 DNA 修复。

2）滚环复制及酶类　　滚环复制，又叫 σ 复制，是许多病毒、细菌因子及真核生物中基因放大的基础。例如，λ、*Φ*×174、T4 等噬菌体，F 因子，以及爪蟾卵母细胞的 rRNA 基因等的 DNA 都以这种方式进行复制（图 2-5）。

在以这种机制进行的复制中，亲代双链 DNA 的一条链在 DNA 复制起点处被切开，其 5′端游离出来。这样，DNA 聚合酶Ⅲ便可以将脱氧核糖核苷酸聚合在 3′-OH 端。当复制向前进行时，亲代 DNA 上被切断的 5′端继续游离下来，并且很快被单链结合蛋白（SSB）所结合。因为 5′端从环上向下解链的同时伴有环状双链 DNA 环绕其轴不断地旋转，而且以 3′-OH 端为引物的 DNA 生长链则不断地以另一条环状 DNA 链为模板向前延伸，因而称为滚环复制。由于只有一条 DNA 链是完整的，因而在 DNA 解链时不会产生拓扑学上的问题，

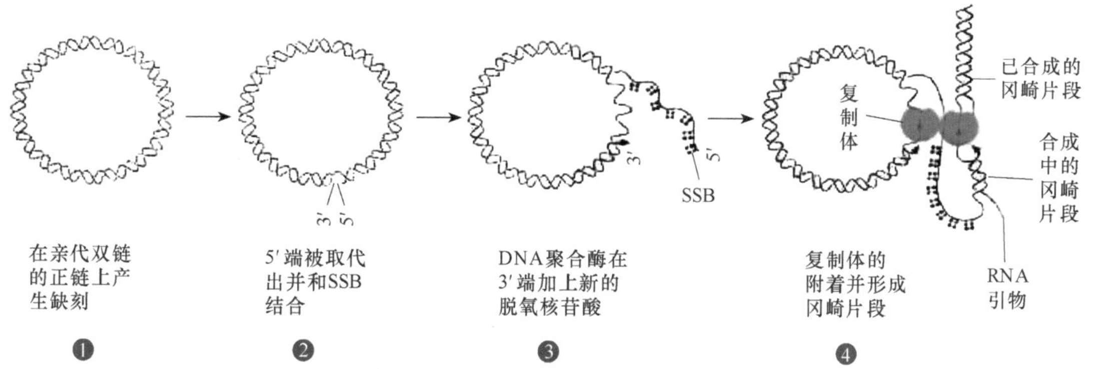

图 2-5　滚环复制的复制体模型（引自 Russell，1992）

即未解链的双螺旋区不会产生超螺旋。当 5′端从环上解下来后不久，即与单链结合蛋白结合，以后可移动的引发体便在其上形成，以引发 RNA 引物的合成，然后由 DNA 聚合酶III催化合成冈崎片段。这个过程与前述的 DNA 后随链的合成一样。最后由 DNA 聚合酶 I 切除 RNA 引物，并填充间隙构成完整的 DNA 链。5′端之所以能从环上不断解链，主要是由于 DNA 聚合酶III及引发体构成的复制体中的促旋酶不停地向前移动。在这种复制方式中，DNA 的延伸可以一直进行下去，产生的 DNA 链可以是亲代 DNA 单位长度的许多倍。这么长的 DNA 链是如何转变为单位长度的 DNA 分子的，尚不清楚。可能是由特异的内切酶切开产生单位长度的子代 DNA。这些 DNA 可自身环绕，或保持线性分子状态。

2．线状 DNA 的复制　线状 DNA 的复制的起始有两种类型，一种是从中间起始，如 T7，另一种是从末端起始，如腺病毒。

1）T7 噬菌体 DNA 的复制及酶类　T7 噬菌体是线状 DNA 噬菌体，整个基因组有 39 936bp，在标明的 41 个基因中，已鉴定 34 个基因的产物，确定了 26 个基因的功能。在基因组的近左端约 17%处，有长 184bp 的区域，其中包括两个长 23bp 的启动子，序列不完全相同，但同源性很高。另外还邻接一个长 61bp 的 AT 丰富区。在两个启动子之间有一 RNaseIII的切点；在 AT 丰富区中有 7 个短的回文序列 TTAA。

T7 复制时 φ1.1 A 和 φ1.1 B 两个启动子中任一个启动都可以起到转录激活的作用，在邻接的 AT 丰富区打开双链，并为前导链的合成提供引物。在 AT 丰富区 DNA Pol 以 RNA 3′-OH 为起点继续合成 DNA 前导链。AT 丰富区形成开放复合体后，基因 4 的产物就结合在一条单链上，水解三磷酸核苷，为复制提供能量，并起到解旋酶活性，沿 5′→3′方向解开双链。在 AT 丰富区遇到 5′-TGGTC-3′时，激发引发酶活性，合成短片段 pppACCC 或 pppACCA 的 RNA 作为后随链的引物。

Gp5（由基因 *gp5* 编码）是 T7 噬菌体的 DNA 聚合酶。T7 噬菌体使用大肠杆菌的内源性硫氧还蛋白，作为噬菌体 DNA 复制过程中的滑动夹。滑动夹的作用是将聚合酶固定在 DNA 上，从而提高合成速度。

2）腺病毒 DNA 的复制及酶类　腺病毒全长 35 937bp，是一种较大的线性 dsDNA，两端各有 103～162bp、富含 AT 并且第一个核苷酸对为 CG 的反向重复（IR）序列，其中各包含 50bp 的复制起点。DNA 的复制按单链置换式（single strand displacement）先后从两个末端起

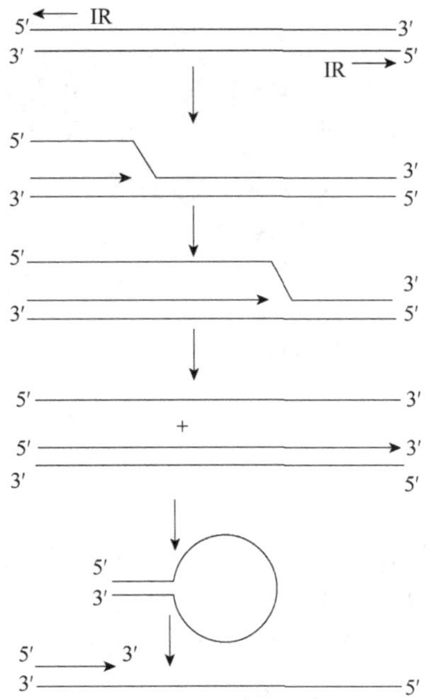

图 2-6　腺病毒 DNA 的复制
（仿 Lewin，1997）

始。一种 80kDa 的末端结合前体蛋白（pre-terminal binding protein，pTP）被剪接为成熟的 50kDa 的末端结合蛋白（TP）后，与单链结合蛋白（SSB）一起结合病毒 DNA 分子的末端，完成末端解链过程。末端结合前体蛋白（pTP）的羧基端丝氨酸（Ser）以磷酸二酯键的连接方式与游离的 dCTP 结合形成 pTP-Ser-dCMP，随后与游离单链 DNA 末端的 G 以三氢键配对形成 CG 碱基对，并以 dCMP 为 DNA 聚合酶提供合成 DNA 的 3′-OH 端。在完成一条子代 DNA 分子复制后，被置换的另一条 DNA 分子以其 IR 序列配对形成“锅柄式”的发卡状结构，锅柄处的部分双链二级结构在 TP、pTP-Ser-dCMP 等因子的作用下按同样的方式完成 DNA 的复制（图 2-6）。

腺病毒复制需要有 *E2* 基因编码的三种病毒蛋白：末端结合前体蛋白（pTP）、AdV DNA 聚合酶（AdV Pol）和 DNA 结合蛋白（DBP）。pTP 是一种 80kDa 的蛋白质，可作为起始引物。pTP 结合单链 DNA（ssDNA）和双链 DNA（dsDNA），pTP 对 ssDNA 的亲和力可能起到稳定部分解开的原始 DNA 上的 AdV Pol 的作用。AdV Pol 属于 B 族（或 α 样）DNA 聚合酶，它使用蛋白质引物 pTP 启动复制。AdV Pol 除了有 5′→3′聚合酶活性功能域外，还携带一个 3′→5′外切酶功能域，对于腺病毒校对能力非常重要。DBP 是腺病毒感染时主要病毒复制蛋白，它可以保护 ssDNA 免受核酸酶的影响，提高了 AdV DNA 聚合酶的复制速率。

（二）真核生物 DNA 的复制

1．真核生物细胞核 DNA 的复制及酶类　真核生物 DNA 的复制与原核生物 DNA 的复制既有相同又有不同之处。相同之处在于它们都是半保留和半不连续复制，复制过程都有引发、延伸和终止三个阶段，要求有模板及相应功能的 DNA 聚合酶和蛋白质（如 SSB）参与等。但真核生物染色体 DNA 要比原核生物 DNA 大得多，在结构上真核基因组 DNA 构成核小体，以染色质的形式存在于细胞核中，在细胞分裂期，核内染色质经历了形态和结构的重大变化，形成高密度染色体。因此，真核和原核的 DNA 复制有很多不同。

（1）真核生物的每条染色体有多个复制起点，如酵母的 17 号染色体约有 400 个复制起点。复制起点的数目和复制单位的大小是随着细胞的特点变化而改变的，如不同生长速率的细胞和不同组织的细胞。在发育过程中，活化的细胞有更多的复制起点。例如，果蝇在胚胎发育早期，其最大染色体上有 6000 个复制叉，大约每 10kb 就有一个。因此，复制起点还受到发育阶段和细胞周期时相的控制。

（2）在真核生物的基因组中，并非所有的复制子都同时进行 DNA 复制，而是有一定的起始时间顺序。不同类型的细胞复制起始的顺序也不同，现在尚不清楚控制复制早迟的分子机制。放射自显影研究的结果表明一段 DNA 上的三个复制子总是在不同的时间开始复制。

当两个相邻的复制叉延伸，融合后染色体就变成了两条染色单体。在一般情况下随着一组复制起点的同步激活，染色体 DNA 片段开始复制。

（3）真核生物染色体在全部复制完成之前，各个复制起点不能开始新一轮的复制，也就是每个细胞周期内复制起点只能发动一次，受到严格的控制。而在原核生物中第一轮复制尚未结束前第二轮复制又可以从 ori 区开始了，在一个细胞周期内可以连续开始新的复制事件，表现为一个复制子内套叠有多个复制叉。

（4）真核细胞含有 5 种不同的 DNA 聚合酶：α、β、γ、δ 和 ε。DNA 聚合酶 α 与引发酶共同起引发作用，在 DNA 模板上先合成 RNA 引物，再由聚合酶 α 延长 DNA 链，这种活性还要复制因子 C 参与。然后由结合在引物模板上的增殖细胞核抗原（proliferating cell nuclear antigen，PCNA）释放聚合酶 α，引入聚合酶 δ 结合到生长链 3′端，催化前导链及后随链的合成。DNA 聚合酶 β 和 ε 修复 DNA，DNA 聚合酶 γ 复制线粒体 DNA。

（5）DNA 聚合酶只能催化 DNA 从 5′→3′的方向合成，因此在真核生物染色体线性分子的复制中，当复制叉到达线性染色体末端时，前导链可以连续合成到头，而由于后随链是以一种不连续的形式合成冈崎片段，后随链 3′端引物被切除后是无法被 DNA 聚合酶所填充的。如不填补，会造成 5′端缩短的子代双链。近些年研究表明，真核生物是用端粒酶来复制染色体的末端（端粒），避免 5′端短缩的。端粒是染色体末端具有特定重复序列和蛋白质的结构，端粒酶是一种反转录酶，由酶和含重复序列的 RNA 分子组成，它以自身的 RNA 为模板，在后随链模板 DNA 的 3′-OH 端延长 DNA，再以这种延长的 DNA 为模板，继续合成后随链，以防止后随链在每次复制时被缩短。

（6）真核生物复制还需要解旋酶、SSB、DNA 拓扑异构酶和 DNA 连接酶等参与。解旋酶在复制开始时解开 DNA 螺旋。SSB 与未缠绕的 DNA 单链结合，以防止复制过程中 DNA 螺旋的重组。DNA 拓扑异构酶分为Ⅰ和Ⅱ型，DNA 拓扑异构酶Ⅰ通过在其中一条 DNA 链中产生切口，在复制过程中松弛 DNA 螺旋；DNA 拓扑异构酶Ⅱ通过在两条 DNA 链中产生切口，在螺旋中形成超螺旋，从而减轻复制过程中 DNA 螺旋上的应变。DNA 连接酶在相邻的 DNA 片段之间形成 3′,5′-磷酸二酯键。

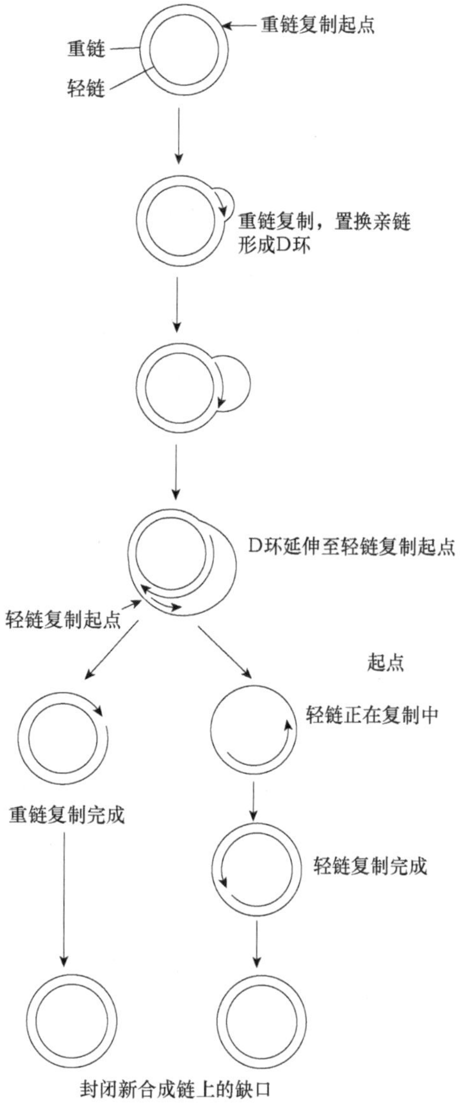

图 2-7　线粒体的 D 环复制模型
（引自 Lewin，2000）

2．真核生物细胞质 DNA 的复制（D 环复制）及酶类　线粒体和叶绿体的环状 DNA 往往以 D 环形式复制（图 2-7）。D 环复制的特点是两条链的复制不是同步的。在复制开始时，双链环状 DNA 在特定 ori 出现一个复制泡，DNA 拓扑异构酶和解旋酶将双链解链。两条亲代链中只有一条先作为合成新链的模板，由 DNA 聚合酶 γ 催化合成一条新链，并将另一条亲代链置换出来，新链与它的模板形成部分双链。这样，就出现了一条单链和一条双链组成的三元泡结构，称为置换环或 D 环。

随着被置换链的增长，D 环也逐渐膨大。当 D 环膨大到线粒体 DNA 全环的 2/3 时，另一起始点被置换出单链形式，开始合成另一条新链。因此，双链 DNA 的两条链分别有自己的 ori，两个 ori 位置分开，一前一后被激活。前后两条新链的合成方向相反，合成的起始时间不同，所以复制是不对称的。

线粒体 DNA 的 D 环结构在不同生物中有差异，有的（如海胆）只具有一个长的 D 环，有的有几个短的 D 环（如四膜虫有 6 个）。

第三节　DNA 重组与损伤修复

一、DNA 重组

DNA 重组是指由于不同 DNA 链的断裂和连接而产生的 DNA 片段的交换和重新组合，形成新的 DNA 分子的过程，交换后的片段仍然具有复制和表达的功能，是所有生物遗传的基本现象。无论是高等生物，还是细菌、病毒中都存在 DNA 重组；不只是在减数分裂中发生基因重组，在高等生物的体细胞中也发生重组；重组不只是在核基因之间发生，在叶绿体基因间、线粒体基因间也发生重组。可以说，只要有 DNA 就会有重组发生。DNA 重组的方式复杂多样，目前研究比较明确的有三类，即同源重组、位点特异性重组和转座重组。

（一）同源重组

发生在 DNA 同源序列之间的重组称为同源重组。它的发生依赖大范围的 DNA 同源序列的联会，通过链的随机断裂和再连接，在两个染色体或 DNA 分子同源序列间进行单链或双链片段的交换。通常，交换的两个节段是同源染色体的两个相应区域；当然，也可发生在非相应区域的同源片段之间，这种不对称的交换可在染色体中产生重复和缺失。在真核生物中，重组发生在减数分裂时期的同源染色体的非姐妹染色单体之间。另外，细菌及其某些低等真核生物的转化、细菌的转导、接合及某些病毒的重组等也属于这一类型。同源重组中负责 DNA 配对和重组的蛋白质因子无碱基序列的特异性，只要两条 DNA 序列相同或接近，重组就可以在此序列中的任何一点发生（当然也存在重组热点）。同源重组要求两个 DNA 分子的序列同源，同源序列既可以属于不同的 DNA 分子，也可以属于同一 DNA 分子的不同部分。同源序列本身可以完全相同，也可以有区别。同源区越长越有利，同源区太短，就难以发生重组。实验证明，如果同源序列短于 75bp，则重组频率大大降低。另外，由于重组时两个 DNA 片段必须有一个发生断裂或有一段单链缺失，因此许多 DNA 损伤因素，如紫外线（UV）照射、X 射线辐射和诱变剂等均可使重组频率增高。

同源重组可以双向交换 DNA 分子，也可以单向转移 DNA 分子，后者又被称为基因转换（gene conversion）。例如，在真核生物减数分裂过程中发生的这种重组就是一种交互重组；而在细菌中转化、接合和广泛性转导中所产生的重组子就是一个单向重组，即仅使受体发生重组，供体并未发生改变。另外，由于同源重组严格依赖分子之间的同源性，因此原核生物的同源重组通常发生在 DNA 复制过程中，而真核生物的同源重组则常见于细胞周期的 S 期之后。

同源重组需要一系列的蛋白质催化，如原核生物细胞内的 RecA、RecBCD、RecF、RecO、RecR 等，以及真核生物细胞内的 Rad51、Mre11-Rad50 等。但关于同源重组的分子机制目前尚未阐明。早期 Robin Holliday 提出了双链侵入模型，它是通过要发生重组的 2 个 DNA 分子的 2 个单链在同一部位断裂，断裂的游离末端彼此交换形成异源双链，然后 2 条杂合单链彼此连接形成 Holliday 连接体，Holliday 连接体发生重排，从而使链的彼此关系发生改变而形成不同的构象，链的构象决定了 Holliday 连接体在拆分时是否发生重组。Meselson 等将 Holliday 模型进行改进，提出了单链侵入模型，即 Meselson-Radding 模型，它不仅可以解释交互重组现象，还可以圆满地解释基因转换现象。Szostak 等提出的双链断裂修复模型更好地解释了双链断裂可以大大提高同源重组效率这一现象。此外，一些学者还提出了单链退火模型、三链 DNA 模型、RNA 介导重组模型等。

（二）位点特异性重组

发生在两段非同源 DNA 序列特异位点处的整合并共价连接称为位点特异性重组。它的发生依赖于小范围 DNA 同源序列的联会。重组也只限于在这一小范围内，重组事件只涉及特定位置的短同源区或是特定的碱基序列之间。重组时发生精确的切割、连接反应，DNA 不失去，不合成。两个 DNA 分子并不交换对等的部分，有时是一个 DNA 分子整合到另一个 DNA 分子中，因此将这种形式的重组又称为整合式重组。

位点特异性重组最典型的例子是 λ 噬菌体 DNA 通过 attP 与大肠杆菌 DNA 的 attB 的整合。在裂解周期，λ 噬菌体 DNA 是以环状分子独立存在于细菌的细胞质中；在溶原状态时，λ 噬菌体可将自身基因组插入大肠杆菌染色体的特定位点，两者 DNA 上的连接位点处有 15bp 的序列是相同的。λ 噬菌体编码的整合酶（Int）可在这些序列上形成 7bp 的突出端交错切口，并与细菌编码的整合宿主因子（IHF）一起促成这些位点与 λ 噬菌体 DNA 间的重组和 λ 噬菌体 DNA 进入宿主染色体。这种方式形成的 λ 噬菌体称为原噬菌体，随细胞分裂而稳定遗传，直至 λ 噬菌体所编码的切除酶（Xis）被激活，整个过程倒过来，整合作用发生逆转，λ 噬菌体 DNA 从整合体中释放出来，脱离细菌基因组。

如果一个 DNA 分子上两个特异位点之间发生重组，其后果有两种可能性：两个位点之间的节段或被丢失，或被颠倒。有些生物能利用这种重组倒置来控制基因的表现。因为 DNA 的一正一倒两种排列法可以相应地表现两种不同的蛋白质，细胞就可根据需要做出选择，如 Mu 噬菌体的尾蛋白即由其可倒置的 DNA 节段 gin 所控制。

（三）转座重组

这类重组实际上是某些 DNA 片段的移位。它们可以从染色体的一个位点转移到另一个位点，甚至从一条染色体转移到另一条染色体上。这种片段对新位点没有同源性或特异性要求，几乎是随机选择新位点。我们把这种 DNA 片段移位现象称为转座重组或 DNA 转座，发生转座的 DNA 片段称为转座子。第一个转座子是 20 世纪 40 年代美国遗传学家麦克林托克在玉米中发现的解离因子。现在已经证明果蝇、啤酒酵母（*Saccharomyces cerevisiae*）与大肠杆菌（*Escherichia coli*）等的染色体及多种细菌质粒上也都有不同类别的转座子存在，不但某些噬菌体 DNA 本身就是转座子，而且有些致癌的 RNA 病毒的前病毒也具有类似于细菌转座子的结构。

转座子在原核生物和真核生物中普遍存在，可分为两大类：以 DNA-DNA 方式转座的转座子和反转录转座子（retrotransposon）。第一类转座子可以通过 DNA 复制或直接切除两种方式获得可移片段，重新插入基因组 DNA 中。根据转座的自主性，这类元件又可以分为自主转座元件和非自主转座元件，前者本身能够编码转座酶而进行转座，后者则需在自主元件存在时转座，以玉米的 Ac/Ds 体系为例，Ac（activator）属于自主元件，Ds（dissociation）则是非自主元件，必须在 Ac 元件存在下才能转座。第二类转座子又称为反转录子（retroposon），是由 RNA 介导转座的转座元件，在结构和复制上与反转录病毒类似，只是没有病毒感染必需的 *env* 基因，它通过转录合成 mRNA，再反转录合成新的元件整合到基因组中完成转座。

已知的转座重组途径有两种，即复制转座和非复制转座：①复制转座即转座子在转座期间先复制一份拷贝，而后拷贝转座到新的位置，在原先的位置上仍然保留原来的转座子。在复制转座过程中，转座和切离是两个独立事件。先是由转座酶分别切割转座子的供体和受体 DNA 分子。转座子的末端与受体 DNA 分子连接，并将转座子复制一份拷贝，由此生成的中间体即共整合体，有转座子的两份拷贝。然后在转座子的两份拷贝间发生类似同源重组的反应，在解离酶的作用下，供体分子同受体分子分开，并且各带一份转座子拷贝。同时受体分子的靶位点序列也重复了一份拷贝。②非复制转座即转座子直接从原来位置上转座插入新的位置，并留在插入位置上。它有两种方式：第一种是直接从供体分子的转座子两端产生双链断裂，使整个转座子释放出来，然后在受体分子上产生的交错接口处插入。另一种是在转座子分子同受体分子之间形成一种交换结构，受体分子上产生交错的单链缺口，与酶切后产生的转座子单链游离末端连接，并在插入位点上产生正向重复序列；最后，由此生成的交换结构经产生缺口而使转座子转座在受体分子。供体 DNA 分子上留下双链断裂，结果或是供体分子被降解，或是被 DNA 修复系统识别而得到修复。非复制转座的结果是在原来的位置上丢失了转座子，而在插入位置上增加了转座子，这种转座只需转座酶的作用。

二、DNA 损伤与修复

环境和生物体内的因素都经常会使 DNA 的结构发生改变。DNA 的复制会发生碱基的配对错误；体内 DNA 会有自发性结构变化，包括 DNA 链上的碱基异构互变、脱氨基、碱基修饰、DNA 链上的碱基脱落等。外界射线（如紫外线、电离辐射）的照射等物理因素，烷化剂、亚硝酸盐、碱基类似物、修饰剂等化学因素都能损伤 DNA 的结构，变化包括有相邻嘧啶共价二聚体的形成，碱基、脱氧核糖和磷酸基团的烷基化和其他修饰，碱基脱落，DNA 单链断裂、双链断裂，DNA 链内交联、链间交联，DNA 与周围的蛋白质交联等。最后能导致 DNA 的点突变、核苷酸的缺失、插入或转位、链的断裂等，结果可能影响生物细胞的功能和遗传特性，这些改变可能会导致细胞死亡，也有机会使细胞获得新的功能或进化，也可能细胞只有 DNA 结构的遗传性改变而没有表型变化，视 DNA 结构变化的部位、类型和范围不同而异。

生物在进化过程中获得的 DNA 修复功能，对生物的生存和维持遗传的稳定性是至关重要的。对有些 DNA 的损伤，细胞能将其完全修复到原样，如可将嘧啶二聚体切开、DNA 单链断裂可重新连接、碱基缺失可再配对插入、加成的烷基可以移除、一条链上的碱基或核苷酸的错误可以切除并依赖互补链作模板而重新修复等。对 DNA 较严重的损伤，细胞可采取重组修复、SOS 修复等方式进行，以期提高细胞的存活率，但不能完全消除 DNA 的损伤，会带给细胞较高的突变率。DNA 的损伤和修复与遗传、突变、寿命、衰老、辐射效应、肿瘤发生、某些毒剂的作用及某些遗传性疾病等有密切的关系。目前对 DNA 损伤修复的认识还不透彻，研究较清楚的有光复活、切除修复、重组修复和诱导修复，后三种机制不需要光照，因此又称为暗修复。

（一）光复活

光复活作用是最早发现的一种高度专一的修复方式，其机制是由可见光（最有效波长为 400nm 左右）激活生物界广泛分布（高等哺乳动物除外）的光复活酶，专一分解由于紫外线照射而形成的嘧啶二聚体（嘧啶二聚体使双螺旋的两链间的键减弱，使 DNA 结构局部变形，严重影响照射后 DNA 的复制和转录。含有嘧啶二聚体的 DNA 链，不能作为 DNA 复制的模板，新合成的链在二聚体的对面和两旁留下了缺口）。

光复活酶已在许多生物体内发现，虽然这种修复功能普遍存在，但主要是低等生物的一种修复形式，随着生物进化地位的上升，它所起的作用随之削弱。

（二）切除修复

切除修复又称为复制前修复，即在一系列酶的作用下，将 DNA 分子中受损伤部分切除掉，并以完整的那一条链为模板，合成出切去的部分，然后使 DNA 恢复正常结构的过程。这是比较普遍的一种修复机制，它对多种损伤均能起修复作用。参与切除修复的酶主要有特异的核酸内切酶、外切酶、聚合酶和连接酶。

（三）重组修复

重组修复又称为复制后修复，受损伤的 DNA 在进行复制时，跳过损伤部位，在子代 DNA 链与损伤相对应部位出现缺口。通过分子间重组，从完整的母链上将相应的碱基序列片段移至子链的缺口处，然后再用合成的多核苷酸来补上母链的空缺，此过程即重组修复。

重组修复不能完全去除损伤，损伤的 DNA 仍然保留在亲代 DNA 链上，只是重组修复后合成的 DNA 分子是不带有损伤的，但经多次复制后，损伤就被“冲淡”了，最后终于无损于正常的生理过程，损伤也就得到了修复。

参与重组修复的酶系统包括与重组有关的主要酶类及修复合成的酶类。重组基因 *recA* 编码的蛋白质，具有交换 DNA 链的活力。recA 蛋白被认为在 DNA 重组和重组修复中均起着关键的作用。*recB* 和 *recC* 基因分别编码核酸外切酶Ⅴ的两个亚基，该酶也为重组和重组修复所必需。修复合成时需要 DNA 聚合酶和连接酶。

（四）诱导修复

诱导修复指 DNA 受到严重损伤、细胞处于危急状态时所诱导的一种 DNA 修复方式。当 DNA 两条链的损伤邻近时，损伤不能被切除修复或重组修复，这时在核酸内切酶、外切酶的作用下造成损伤处的 DNA 链空缺，再由损伤诱导产生的一整套的特殊 DNA 聚合酶——SOS 修复酶类，催化空缺部位 DNA 的合成，但这时补上去的核苷酸几乎是随机的。修复结果只是能维持基因组的完整性，提高细胞的生成率，但留下的错误较多，故又称为易错修复。

第四节　转录和加工

贮存于 DNA 的遗传信息需通过转录和翻译而得到表达。通过转录在 RNA 聚合酶催化下合成细胞内各种 RNA（mRNA、rRNA、tRNA 和具有各种特殊功能的小 RNA），转录的 RNA 产物通常还要经过一系列加工和修饰才能成为成熟的 RNA 分子。现在已经知道，原核生物和真核生物 RNA 的合成和加工遵循着共同的规律，分为起始、延伸、终止和加工四个阶段。不过，原核生物和真核生物 RNA 聚合酶的种类不同，与模板结合的特性不同，所以合成和加工过程有很多相似之处，也有很多不同之处。

一、原核生物转录和加工

（一）原核生物转录的起始、延伸、终止

原核生物转录起始的过程大致可分为四个阶段：①RNA 聚合酶非对称地结合在转录起始位点上游大约－50bp 到下游＋20bp 附近的一段 DNA 区域；②在 σ 因子的参与下，全酶与模板启动子的－35bp 序列结合，产生封闭的“酶-启动子二元复合物”；③整个酶分子向－10bp 序列转移并与之牢固结合，模板 DNA 局部变性，将 DNA 解开约 17bp，暴露反义链，形成“开放的启动子二元复合体”；④以反义链为模板，在 RNA 聚合酶 β 亚基催化下，第一个 rNTP（通常是 GTP 或 ATP，又以 GTP 更为常见）合成开始，形成酶-启动子-rNTP 三元复合体，在全酶不移动的情况下，催化形成 8～9nt 的 RNA 片段后，σ 因子脱落，并导致核心酶改变构象，丧失与启动子结合的特异性，沿 DNA 链向下游移动，使转录进入延伸阶段。

在延伸阶段，核心酶沿模板链 3′→5′方向移动，DNA 解链区（约 17bp）也随之推进。由反义链指导，按碱基互补原则获取 NTP，通过 α 磷酸基连接到 RNA 的 3′端，使 RNA 链按 5′→3′方向延伸。刚合成出来的 RNA 链与解开的 DNA 模板链之间可暂时形成一小段 RNA-DNA 杂交区。由于 RNA 聚合酶分子大，覆盖着解开的 DNA 双链和 RNA-DNA 杂化双链的一部分，形成酶-DNA-RNA 转录复合物，也形象地称为转录空泡。转录空泡两端不断发生拓扑改变，即 RNA 聚合酶的前沿不断进行解螺旋作用，后端不断进行 DNA 螺旋化，恢复原来的 DNA 双螺旋结构，同时 RNA 被置换出来（因为杂化双链间存在 dA∶rU 配对，dA∶rU 的稳定性比 dA∶dT 的小，RNA-DNA 杂化双链之间的引力比 DNA 双链弱）。

当 RNA 聚合酶沿着模板链移动到达转录终止位点时，在终止子的帮助下，聚合反应停止，RNA 链和聚合酶随之脱落，转录过程即告结束。终止子的共同特征是有一段由 7～20bp 组成的反向重复序列（回文序列）。回文序列的两个重复部分由几个不重复碱基对隔开。在启动子和终止子之间的 DNA 序列称为一个转录单位。原核生物转录终止方式有两种。

（1）非依赖 ρ 因子的转录终止，该类终止子称为强终止子或内部终止子，其特点是：①序列中有一段富含 GC 的反向重复序列；②在反向重复序列的下游有 6～8 个 AT 对，因此这段终止子转录后形成的 RNA 具有发夹结构，发夹结构的形成有助于阻止 RNA 聚合酶前进，使转录终止，而且转录产物具有与 A 互补的一串 U，因为 AU 之间氢键较弱，因而 RNA-DNA 杂交部分易于拆开，有利于 RNA 从 DNA 模板上释放出来。

（2）依赖 ρ 因子的转录终止，该类终止子称为弱终止子或 ρ 依赖性终止子，其回文结构不富含 GC 区，回文结构之后也无寡聚 U。ρ 因子是一类强碱性蛋白质，能与 RNA 结合，并使 RNA 聚合酶构象变化，停止前移，促使转录终止。同时，ρ 因子有 ATP 酶和解链酶的活性，RNA-DNA 杂化双链的短链变性，转录产物从转录复合物中释放。依赖 ρ 因子的终止子在细菌染色体中少见，而在噬菌体中广泛存在。

（二）原核生物的 RNA 加工

原核生物蛋白质基因的初级转录产物为 mRNA，一般不用加工，可以直接翻译，而且往往是边转录边翻译。只有少数多顺反子的 mRNA 需要在 RNaseIII的催化下，裂解为单独的顺反子，然后各自进行翻译。

二、真核生物转录和加工

（一）真核生物转录的起始、延伸、终止

原核生物只有一种 RNA 聚合酶，它完成细胞中所有 RNA 的合成。真核生物的转录机制更加复杂。真核细胞核内产生三种 RNA 聚合酶，分别称为 RNA 聚合酶Ⅰ、RNA 聚合酶Ⅱ、RNA 聚合酶Ⅲ，位于不同部位，且均有复杂的亚基结构，分别转录合成不同的 RNA。

RNA 聚合酶Ⅰ位于核仁中，催化前 rRNA（45S rRNA）的合成。前 rRNA 基因转录起始点上游有两个顺式作用元件，一个是跨越起始点的核心元件，另一个是在－100bp 处的上游调控元件（upstream control element，UCE）。RNA 聚合酶Ⅰ催化的转录需要两种转录因子，分别称为上游结合因子（upstream binding factor，UBF）和选择性因子 1（selective factor 1，SL1）。SL1 含有 4 个亚基，一个是 TATA 盒结合蛋白（TATA-binding protein，TBP），另 3 个是 TBP 相关因子（TBP-associated factors，TAF）。UBF 与 DNA 结合令模板 DNA 发生弯曲，使相距上百 bp 的 UCE 和核心元件靠拢，接着 SL1 和 RNA 聚合酶Ⅰ相继结合到 UBF-DNA 复合物上，完成起始复合物的组建，开始转录。

RNA 聚合酶Ⅱ位于核质中，催化各种前体 mRNA 的合成。RNA 聚合酶Ⅱ催化的转录起始需要较多的转录因子参与。根据这些转录因子的作用特点可将其大致分为两类：第一类为普遍转录因子，它们与 RNA 聚合酶Ⅱ共同组成转录起始复合物，转录才能在正确的位置上开始。普遍转录因子是由多种蛋白质分子组成的，其中包括特异结合在 TATA 盒上的蛋白

质，叫作 TATA 盒结合蛋白，还有一组复合物叫作转录因子（TF）ⅡD。TFⅡD 再与 RNA 聚合酶Ⅱ结合完成转录起始复合物的形成。除 TFⅡD 以外，在细胞核提取物中还发现 TFⅡA、TFⅡB、TFⅡE、TFⅡF、TFⅡG、TFⅡH 等，它们在转录起始复合物组装的不同阶段起作用，像 TFⅡH 就有旋转酶活性，它可利用 ATP 分解产生的能量，介导起始点双螺旋的打开，使 RNA 聚合酶得以发挥作用。第二类转录因子为组织细胞特异性转录因子或者叫作可诱导性转录因子，这些转录因子是在特异的组织细胞或是受到一些类固醇激素、生长因子或其他刺激后，开始表达某些特异蛋白质分子时，才需要的一类转录因子。

RNA 聚合酶Ⅲ催化 tRNA、5S rRNA 和许多小的核内 RNA（snRNA）的合成：①tRNA 基因转录的起始。真核生物 tRNA 的启动子有两个调控区，分别称为 A 盒和 B 盒。TFⅢC 首先结合于高亲和性的 B 盒，然后结合低亲和性的 A 盒，促使无序列特异性的 TFⅢB 结合于 A 盒的上游，最后 RNA 聚合酶Ⅲ结合，起始转录。②5S rRNA 基因转录的起始。5S rRNA 基因的转录除了需要 TFⅢB 和 TFⅢC 外，还需要 TFⅢA，首先由 TFⅢA 结合到起始位点下游 8199bp 处（C 盒），接着 TFⅢC 结合于 TFⅢA，并占据它在 tRNA 基因转录起始中的类似位置（A 盒和 B 盒）。然后，TFⅢB 和 RNA 聚合酶Ⅲ依次结合并起始转录。

真核生物转录延伸过程与原核生物大致相似，不过聚合酶的移动也靠多种转录因子的共同作用使酶的构象发生改变来实现，如在 TFⅡH 等作用下，聚合酶Ⅱ C 端丝氨酸残基的磷酸化是聚合酶向下游移动的重要因素。

真核生物转录终止的机制，目前了解尚不多，而且 3 种 RNA 聚合酶的转录终止不完全相同。RNA 聚合酶Ⅰ催化的转录有 18bp 的终止子序列，可被辅助因子识别。RNA 聚合酶Ⅱ和 RNA 聚合酶Ⅲ催化转录的终止子，可能有与原核生物不依赖 ρ 因子的终止子相似的结构和终止机制，即有富含 GC 的茎-环结构和连续的 U。另外，真核生物的转录终止，是和转录后修饰密切相关的。真核生物 mRNA 带有聚腺苷酸（polyA）尾巴的结构，是转录后才加进去的，因为在模板链上没有相应的聚胸苷酸（polydT）。转录不是在 polyA 的位置上终止，而是超出数百个乃至上千个核苷酸后才停顿。已发现，在模板链读码框架的 3′端之后，常有一组共同序列 AATAAA，再下游还有相当多的 CT 序列，这些序列称为转录终止的修饰点。转录越过修饰点后，mRNA 在修饰点处被切断，随即加入 polyA 尾及 5′端帽子结构。余下的 RNA 虽继续转录，但很快被 RNA 酶降解。

（二）真核生物的 RNA 加工

真核生物编码蛋白质的基因以单个基因为转录单位，但有内含子，需切除。信使 RNA 的原初转录产物是分子量很大的前体，在核内加工时形成大小不等的中间物，称为核内不均一 RNA（heterogeneous nuclear RNA，hnRNA）。其加工过程包括如下步骤。

1）5′端加帽子　在转录的早期（仅合成了 20～30nt）已经形成。初始转录产物 5′端的第一个核苷酸通常为三磷酸鸟苷（5′-pppGpN-），在磷酸酶催化下去除 γ-磷酸基团形成 5′-ppGpN…，经鸟苷酰转移酶催化与另一个 GTP（pppG）作用生成 GpppGpN…，在鸟嘌呤-7-甲基转移酶作用下，以 *S*-腺苷甲硫氨酸为甲基来源，生成 m^7GpppGpN…（cap0），再经 2′甲基转移酶催化，使 5′端原来的第一位，甚至第二位核苷酸的 2′-O 位甲基化，形成 m^7GpppGpmN…（cap1）或 m^7GpppGpmNm…（cap2）。不同真核生物的 mRNA 或同一生物的不同 mRNA 有不同的 5′帽子结构，起识别和稳定作用。

2）3′端加尾　除组蛋白的 mRNA 外，绝大多数真核 mRNA 的 3′端被多聚腺苷酸（polyA）化，其过程是：加 polyA 位点上游 10～35 核苷酸处有 AAUAAA 序列，下游约 50 核苷酸处有富含 GU 序列，这两处序列是剪切和加 polyA 所需的信号。首先由剪切和聚腺苷化特异因子（cleavage and polyadenylation specific factor，CPSF）结合到上游富 AAUAAA 序列，剪除刺激因子（cleavage stimulation factor，CSF）与下游富含 GU 序列作用，剪除因子（cleavage factor，CF）Ⅰ、Ⅱ相继与之结合，使其更趋稳定。在剪除之前，polyA 聚合酶结合到复合物上，使剪切后游离的 3′端能迅速进行多聚腺苷酸化，在 3′端连接上一段有 20～250 个腺苷酸的多聚腺苷酸（polyA）的“尾巴”结构。不同 mRNA 的 polyA 尾长度有很大差异。polyA 尾与通过核膜有关，还可防止核酸外切酶对 mRNA 的降解。

3）内部甲基化　除在 5′端帽子结构中有 1～3 个甲基化核苷酸外，真核生物 mRNA 分子内部也含有少量 N^6-甲基腺嘌呤，常见于 5′-UTR。N^6-甲基腺嘌呤是在 mRNA 前体剪接之前，由特异甲基化酶催化生成的，可能对 mRNA 前体的加工起识别作用。

4）mRNA 的剪接　真核生物编码 mRNA 的基因往往是断裂基因，有外显子和内含子并共同转录于初始转录产物中，须将转录产物中的内含子去除，并把外显子连接为成熟的 mRNA 分子，这个过程称为剪接（splicing）。剪接位点在外显子的 3′端与内含子的 5′端连接点（5′剪接点）及内含子 3′端与下一个外显子 5′端连接点（3′剪接点）。大多数真核生物细胞核 mRNA 前体的 3′和 5′剪接点都具有保守的结构序列，即内含子 5′端都以 GU 起始（与 U1 snRNA 互补），而其 3′端则都为 AG，称为 GU-AG 规则。另外，内含子离 3′剪接点 18～40bp 有一个 A 也往往是不变的，称为分支点。分支点附近有保守序列，如 UACUAAC（与 U2 snRNA 互补）。mRNA 剪接反应需要有核内小分子 RNA（snRNA）及上百种蛋白质的参与。首先，U1 snRNA 和 U2 snRNA 分别靠碱基互补关系结合到内含子的 5′端和分支点，然后在 U4/U6 snRNA、U5 snRNA 及一些蛋白质的参与下，通过 RNA 重排，形成有活性剪接体，并使内含子弯曲成套索状，上、下游外显子相互靠近。内含子分支点 A 的 2′-羟基攻击 5′端 G 的 5′-磷酸基，断开其与上游外显子的磷酸二酯键，并通过 AGU 自环化。这时，已被切下的上游外显子用 3′-羟基攻击内含子 3′端与下游外显子之间的 3′,5′-磷酸二酯键，使键断裂，内含子以套索的形式被剪切下来，同时，上、下游外显子连接起来。

5）RNA 编辑　基因转录产生的 mRNA 分子中，由于核苷酸的缺失、插入或置换，基因转录物的序列不与基因编码序列互补，使翻译生成的蛋白质的氨基酸组成不同于基因序列中的编码信息，这种现象称为 RNA 编辑。例如，人的载脂蛋白 B（ApoB）有两种形式，一种是肝细胞合成的分子质量为 512kDa 的 ApoB-100，参与细胞内合成的脂类的运输；另一种是在小肠细胞合成的分子质量为 240kDa 的 ApoB-48，参与以乳糜微粒形式携带食物中的脂类。这是由 mRNA 合成后在其第 2153 位密码子 CAA（谷氨酰胺）的 C 变成 U 而成 UAA（终止子），所以蛋白质合成到此密码子即终止，产生含 2152 氨基酸残基的 ApoB-48，未被编辑的 mRNA 则翻译成含 4536 氨基酸残基的 ApoB-100。由于催化胞嘧啶变成尿嘧啶的脱氨酶只存在于小肠，故 ApoB-48 只在小肠合成，所以 RNA 编辑可以看作对生物学中心法则的一个重要补充。RNA 编辑的多种形式极大地增加了 mRNA 的遗传信息容量，使得一个基因序列有可能产生几种不同的蛋白质，这可能是生物在长期进化过程中形成的、更经济有效地扩展原有遗传信息的机制。

第五节　翻　　译

蛋白质的生物合成过程是核糖体协助 tRNA 从 mRNA 读取遗传密码，用氨基酸合成蛋白质的过程，是 mRNA 序列决定蛋白质氨基酸序列的过程，或者说是把碱基语言翻译成氨基酸语言的过程，因而蛋白质的合成过程又称为翻译。真核生物 mRNA 前体经过剪接加工，在细胞质内成为成熟的 mRNA 后立即进入翻译，受到翻译的起始、延伸、终止等有关因子的调控，最后形成基因表达的蛋白质产物。而原核生物 mRNA 的翻译常常与转录偶联，边转录边翻译。因此，原核生物和真核生物的蛋白质合成过程不尽相同。

一、遗传密码

遗传密码是一组规则，又称密码子、遗传密码子、三联体密码，将 DNA 或 RNA 序列以三个核苷酸为一组的密码子转译为蛋白质的氨基酸序列，以用于蛋白质合成。它决定肽链上每一个氨基酸和各氨基酸的合成顺序，以及蛋白质合成的起始、延伸和终止。几乎所有的生物都使用同样的遗传密码，称为标准遗传密码（表 2-1）；即使是非细胞结构的病毒，它们也是使用标准遗传密码。但是也有少数生物使用一些稍微不同的遗传密码。

表 2-1　遗传密码表

第一位碱基	第二位碱基				第三位碱基
	U	C	A	G	
U	UUU（Phe/F）苯丙氨酸	UCU（Ser/S）丝氨酸	UAU（Tyr/Y）酪氨酸	UGU（Cys/C）半胱氨酸	U
	UUC（Phe/F）苯丙氨酸	UCC（Ser/S）丝氨酸	UAC（Tyr/Y）酪氨酸	UGC（Cys/C）半胱氨酸	C
	UUA（Leu/L）亮氨酸	UCA（Ser/S）丝氨酸	UAA（终止）	UGA（终止）	A
	UUG（Leu/L）亮氨酸	UCG（Ser/S）丝氨酸	UAG（终止）	UGG（Trp/W）色氨酸	G
C	CUU（Leu/L）亮氨酸	CCU（Pro/P）脯氨酸	CAU（His/H）组氨酸	CGU（Arg/R）精氨酸	U
	CUC（Leu/L）亮氨酸	CCC（Pro/P）脯氨酸	CAC（His/H）组氨酸	CGC（Arg/R）精氨酸	C
	CUA（Leu/L）亮氨酸	CCA（Pro/P）脯氨酸	CAA（Gln/Q）谷氨酰胺	CGA（Arg/R）精氨酸	A
	CUG（Leu/L）亮氨酸	CCG（Pro/P）脯氨酸	CAG（Gln/Q）谷氨酰胺	CGG（Arg/R）精氨酸	G
A	AUU（Ile/I）异亮氨酸	ACU（Thr/T）苏氨酸	AAU（Asn/N）天冬酰胺	AGU（Ser/S）丝氨酸	U
	AUC（Ile/I）异亮氨酸	ACC（Thr/T）苏氨酸	AAC（Asn/N）天冬酰胺	AGC（Ser/S）丝氨酸	C
	AUA（Ile/I）异亮氨酸	ACA（Thr/T）苏氨酸	AAA（Lys/K）赖氨酸	AGA（Arg/R）精氨酸	A
	AUG（Met/M）甲硫氨酸（起始）	ACG（Thr/T）苏氨酸	AAG（Lys/K）赖氨酸	AGG（Arg/R）精氨酸	G
G	GUU（Val/V）缬氨酸	GCU（Ala/A）丙氨酸	GAU（Asp/D）天冬氨酸	GGU（Gly/G）甘氨酸	U
	GUC（Val/V）缬氨酸	GCC（Ala/A）丙氨酸	GAC（Asp/D）天冬氨酸	GGC（Gly/G）甘氨酸	C
	GUA（Val/V）缬氨酸	GCA（Ala/A）丙氨酸	GAA（Glu/E）谷氨酸	GGA（Gly/G）甘氨酸	A
	GUG（Val/V）缬氨酸	GCG（Ala/A）丙氨酸	GAG（Glu/E）谷氨酸	GGG（Gly/G）甘氨酸	G

克里克的实验首次证明密码子由三个 DNA 碱基组成。1961 年，美国国立卫生研究院的海因里希·马太（Heinrich Matthaei）与马歇尔·沃伦·尼伦伯格（Marshall Warren Nirenberg）在无细胞系统（cell-free system）环境下，把一条只由尿嘧啶（U）组成的 RNA 转释成一条只有苯丙氨酸（Phe）的多肽，由此破解了首个密码子（UUU→Phe）。随后哈尔·葛宾·科拉纳（Har Gobind Khorana）破解了其他密码子，接着罗伯特·威廉·霍利（Robett William Holley）发现了负责转录过程的 tRNA。1968 年，科拉纳、霍利和尼伦伯格分享了诺贝尔生理学或医学奖。

遗传密码有如下基本特点。

（1）方向性：密码子是对 mRNA 分子的碱基序列而言的，它的阅读方向是与 mRNA 的合成方向或 mRNA 编码方向一致的，即从 5′端至 3′端。

（2）连续性：mRNA 的读码方向从 5′端至 3′端，两个密码子之间无任何核苷酸隔开。mRNA 链上碱基的插入、缺失和重叠，均造成移码突变。

（3）简并性：一个氨基酸具有两个或两个以上的密码子。密码子的第三位碱基改变往往不影响氨基酸翻译。

（4）摆动性：mRNA 上的密码子与转运 RNA（tRNA）上的反密码子配对辨认时，大多数情况下遵守碱基互补配对原则，但也可出现不严格配对，尤其是密码子的第三位碱基与反密码子的第一位碱基配对时常出现不严格碱基互补，这种现象称为摆动配对。

（5）通用性：蛋白质生物合成的整套密码，从原核生物到人类都通用。但已发现少数例外，如动物细胞的线粒体、植物细胞的叶绿体。

二、翻译

（一）原核生物的翻译

原核生物翻译起始首先是在起始因子 IF1 和 IF3 的作用下，加速 70S 核糖体解离成 30S 小亚基和 50S 大亚基。核糖体一旦解离后，IF3 就与 30S 小亚基紧密结合。带有 IF3 的 30S 亚基识别 mRNA 上的 SD 序列（Shine-Dalgarno sequence，又称为核糖体结合位点），SD 序列在起始密码子 AUG 的上游 8～13 个碱基处，其一致序列为 5′-AGGAGG-3′，和 30S 亚基上 16S rRNA 3′端的六核苷酸（3′-UCCUCC-5′）互补，相互结合，使下游邻接的 AUG 定位在 30S 亚基的 P 位上，产生开始的阅读框。起始密码子通常是 AUG，但在细菌中 GUG 或 UUG 有时也被用作起始密码子。然后，IF2 带着 fMet-$tRNA_f^{Met}$（IF2 能专一地识别 $tRNA_f^{Met}$，决不会与其他氨酰 tRNA 相互作用），在 GTP 供能的情况下，结合到 30S 亚基上，进入 30S 亚基的 P 位点，fMet-$tRNA_f^{Met}$ 上的反密码子与 mRNA 的起始密码子配对结合，形成 fMet-$tRNA_f^{Met}$-30S 复合物。fMet-$tRNA_f^{Met}$-30S 复合物一旦形成，IF3 即离开复合物，使 30S 和 50S 结合的部位暴露出来。50S 与 30S 结合后，IF1 离开 30S 亚基。同时，50S 亚基的结合还激活了 GTP 酶，使 GTP 水解成 GDP 和 Pi，IF2 也被解离，形成 70S 起始复合物（30S 亚基-mRNA-50S 亚基-fMet-$tRNA_f^{Met}$复合物）（图 2-8）。这时，核糖体 P 位被 fMet-$tRNA_f^{Met}$和 mRNA 上的 AUG 所占据，

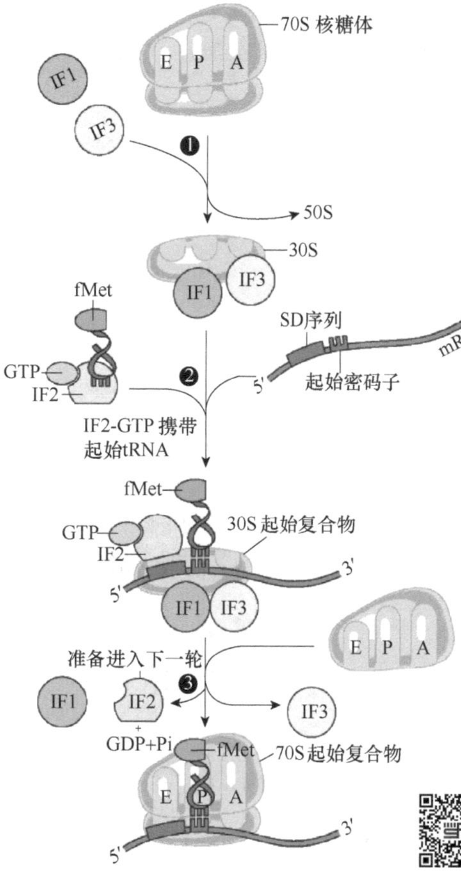

图 2-8　原核生物翻译的起始
（引自 Lewin，2000）

A 位则空着，而且 mRNA 上仅次于 AUG 的第二个三联体密码子已相应于 A 位上，有待于 mRNA 中第二个密码子所对应的氨酰 tRNA 加入，从而进入延伸阶段。一般，起始甲酰甲硫氨酸的甲酰基在肽链合成至 15～30 个氨基酸时就很快被去除。在细菌和线粒体中，甲酰基是通过一种特殊的去甲酰化酶被切除，产生一个正常的—NH_2 端。若甲硫氨酸是蛋白质 N 端的氨基酸，那么只需要这一步反应。如果所合成的蛋白质第一个氨基酸不是甲硫氨酸，在氨肽酶的作用下，甲硫氨酸也被去除，且两步反应几乎是同时进行的。

在延伸因子 Tu 和 Ts 的协同作用下，第二个氨酰 tRNA 进入核糖体的 A 位，同时一分子 GTP 水解供给能量。新进入的氨基酸的种类取决于位于 A 位 mRNA 上的密码子。在 P 位上，由 $tRNA_f^{Met}$ 携带的甲酰甲硫氨酰基（或以后形成的肽链）在肽基转移酶催化下，转移至 A 位，它的羧基与 A 位的氨酰 tRNA 的氨基形成肽键。原来的 $tRNA_f^{Met}$（或其他 tRNA）留在 P 位上。同时，GTP 分解为 Tu-GDP 和 Pi，并释放出来。原来在 P 位上的空载 $tRNA_f^{Met}$（或其他 tRNA）脱落，离开复合物。同时，在移位因子（移位酶）EF-G 和 GTP 的作用下，核糖体向 mRNA 3′端方向移动一个密码子的距离，使下一个密码子对正 A 位，原来在 A 位的已形成的肽基 tRNA 从 A 位移出，移动至 P 位，空着的 A 位为下一个密码子对应的氨酰 tRNA 的进入做好准备。以上便将肽链延长了一个氨基酸单位。上述过程每重复一次，便有一个新氨基酸（aa）进入，形成一个新的肽键，肽链延长一个氨基酸单位，即每次循环需要三个延伸因子：EF-Tu、EF-Ts、EF-G 和 2 分子的 GTP，在 mRNA 密码子指导下，肽链延伸一个氨基酸，直至达到终止密码子为止（图 2-9）。

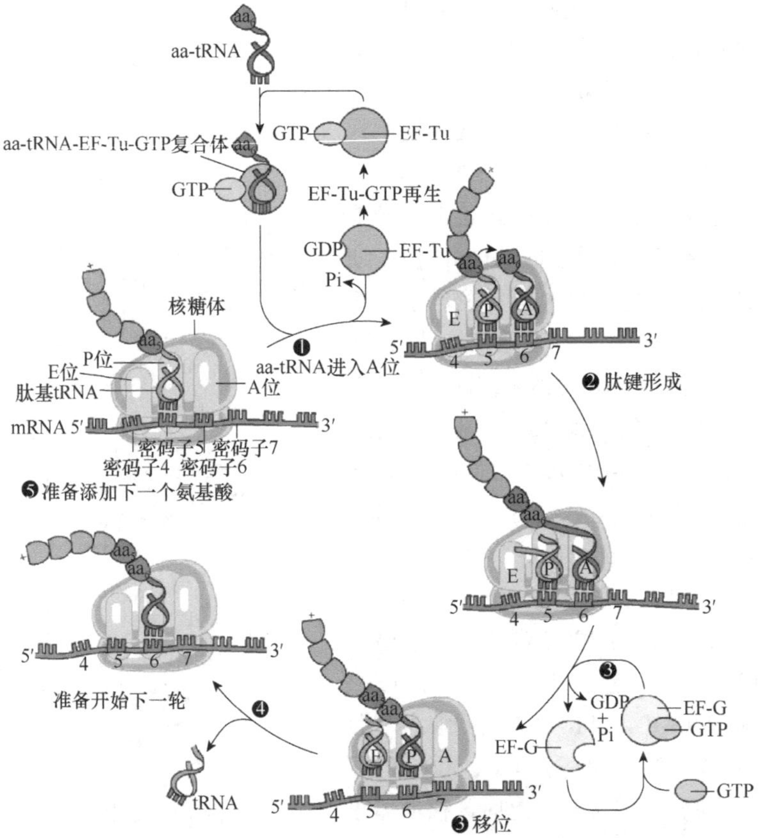

图 2-9　原核生物翻译的延伸（引自 Lewin，2000）

当核糖体移动至终止密码子 UAA、UGA 或 UAG 时，肽链延长便终止。这是因为在细胞内没有可以和这些终止密码子配对的反密码子的 tRNA。而释放因子（RF1、RF2、RF3，RF1 的作用是识别密码子 UAA 和 UAG；RF2 识别 UAA 和 UGA；RF3 在前两种释放因子不存在时，没有识别终止密码子的功能，它的作用是结合 GTP，刺激另外两个因子的活性，协助肽链释放）在 GTP 存在下能识别终止密码子并进入 A 位。当释放因子与 A 位结合后，核糖体转肽酶活性转变为水解酶活性，水解 P 位上 tRNA 与肽键之间的酯键，使多肽（即新合成的蛋白质分子）从核糖体上脱落下来。随后，在核糖核苷酸还原酶（ribonucleotide reductase，RR）的作用下，GTP 供能使 tRNA、mRNA 及 RF 均从核糖体脱落。核糖体在 IF3 及 IF1 的作用下，解离成大小亚基，投入下一条肽链的合成（图 2-10）。

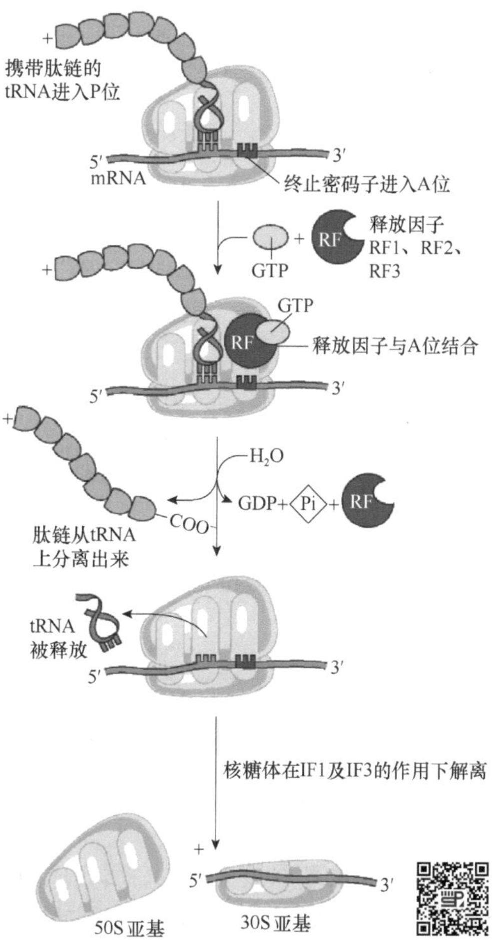

图 2-10　原核生物翻译的终止
（引自 Lewin，2000）

（二）真核生物的翻译

与原核生物一样，真核生物翻译也可分为三个阶段：起始、延伸和终止。主要过程和环节十分类似，同时它们又存在很大差别。

在真核翻译起始过程中，真核生物起始因子 eIF1、eIF3 和 eIF6 分别与 40S 小亚基和 60S 大亚基结合，促使 80S 核糖体解离成 40S 小亚基和 60S 大亚基。然后由 Met-$tRNA_i^{Met}$（不需甲酰化）、eIF2 和 GTP 形成三元复合体再结合 40S 小亚基形成前起始复合物。同时，mRNA 的帽子通过与 eIF4 的结合形成 mRNA-eIF4 复合物。然后该复合物通过 eIF4G 与 eIF3 的相互作用与前起始复合物结合，形成起始复合物。接下来，起始复合体由 eIF4A 推动沿 mRNA 向下游移动扫描。eIF4A 具有解旋酶活性，它通过水解 ATP 获得能量，将 RNA 二级结构解旋。在 $tRNA_i^{Met}$ 反密码子读到 Kozak 序列 GCC（A/G）CCAUGG 所含的起始密码子后，扫描停止。此时，Met-$tRNA_i^{Met}$ 在 40S 亚基的 P 位内与 AUG 结合，而 A 位处于空载。然后在 eIF5 的触发下，eIF2 结合的 GTP 水解，以阻止已经读到起始密码子的起始复合体继续扫描，同时使 eIF2 和 eIF3 等解离。最后 60S 核糖体大亚基与起始 tRNA、mRNA 及 40S 小亚基组成的复合体结合形成 80S 起始复合体，准备开始蛋白质的合成（图 2-11）。

真核生物肽链延长过程与原核生物相同，只是其延长因子与原核生物不同。真核生物延长因子 eEF-1α 相当于原核生物的 EF-Tu，eEF-1βγ 相当于 EF-Ts，eEF-2 相当于 EF-G。eEF-1α·GTP 携带氨酰 tRNA 进入核糖体 A 位，eEF-1βγ 催化 GDP 与 GTP 的交换，eEF-2·GTP 催化肽基 tRNA 从核糖体的 A 位向 P 位移动。

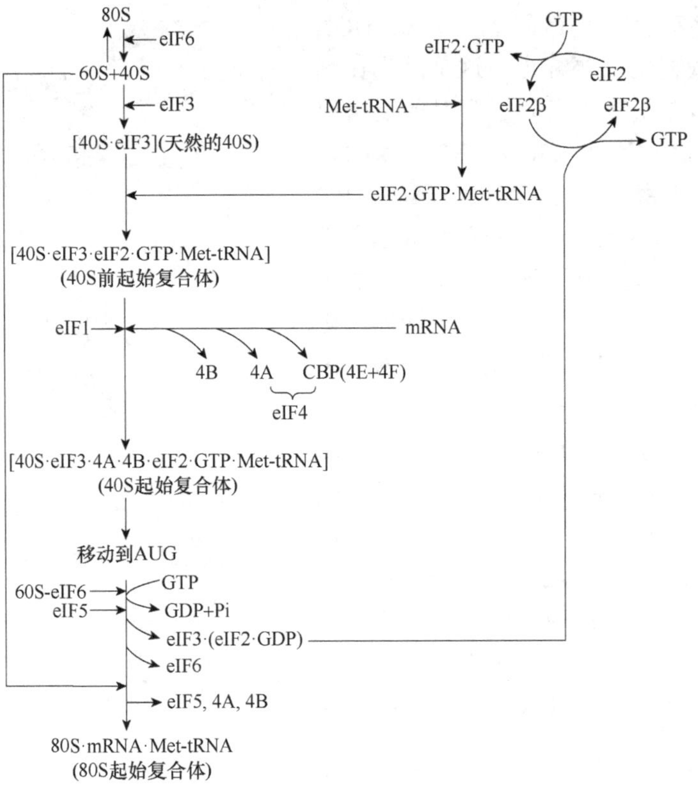

图 2-11　真核生物蛋白质合成的起始

真核生物和原核生物蛋白质合成的终止阶段基本一致，不过终止因子有差别。真核生物只有一种释放因子（eRF），此释放因子可识别 3 种终止密码子（UAA、UAG 和 UGA）。当 mRNA 上的终止密码子出现在核糖体 A 位时，无相应的 aa-tRNA 与之结合，而释放因子 eRF 在 GTP 存在条件下能识别终止密码子并进入 A 位，激活肽基转移酶，催化 P 位上的 tRNA 与肽链之间的酯键水解，使多肽（新合成的蛋白质分子）从核糖体上脱落下来。然后，GTP 水解，使 tRNA、mRNA 及 eRF 均从核糖体脱落。核糖体再解离成大小亚基，进入下一条肽链的合成。

第六节　基因表达调控

一、转录水平的表达调控

（一）操纵子模型

操纵子学说最早由法国巴斯德研究所的 F. Jacob 和 J. Monod 在 1961 年提出，开创了在分子水平上认识基因表达调控机制的新领域。操纵子（operon）是原核生物在分子水平上基因表达调控的单位，由调节基因（regulatory gene）、启动子（promoter）、操纵基因（operator）和结构基因（structural gene）等序列组成。通过调控基因编码的调节蛋白或调控其与诱导物、阻遏物协同作用，开启或关闭操纵基因，对操纵子结构基因的表达进行正、负控制。

乳糖操纵子是参与乳糖分解的一个基因群，由乳糖系统的阻遏物和操纵序列组成，使得一组与乳糖代谢相关的基因受到同步调控。在大肠杆菌的乳糖操纵子中，β-半乳糖苷酶、半乳糖苷通透酶、半乳糖苷转酰酶的结构基因以 *LacZ*（*Z*）、*LacY*（*Y*）、*LacA*（*A*）的顺序分别排列在质粒上，在 *Z* 的上游有操纵序列 *LacO*（*O*），更前面有启动子 *LacP*（*P*），这就是操纵子（乳糖操纵子）的结构模式。编码乳糖操纵系统阻遏物的调节基因 *LacI*（*I*）位于 *P* 上游的邻近位置。

乳糖操纵子的基本调控途径如图 2-12 所示。当细胞内无诱导物存在时，阻遏蛋白能够与操纵位点结合。由于操纵位点与启动子有一定程度的重叠，因此妨碍了 RNA 聚合酶在－10bp 序列上形成开放性启动子复合物。当细胞内有诱导物存在时，诱导物以极高的浓度与阻遏蛋白迅速结合，从而改变阻遏蛋白的构象，使之迅速从操纵位点上解离。这样，RNA 聚合酶就能与启动子牢固结合形成开放性启动子复合物，从而开始转录 *Z*、*Y*、*A* 结构基因。这种通过小分子结合而进行的变构控制在基因转录的调控中是很普遍的现象。但是在有葡萄糖存在的条件下，转录仍然不能进行，因为 *P* 启动子是一个弱启动子，还必须有环式腺苷酸分解代谢物激活蛋白（catabolite activator protein，cAMP-CAP）复合物才能发生转录。葡萄糖作为信号分子通过抑制腺苷酸环化酶来抑制 cAMP 的合成，从而抑制 CAP 与 cAMP 结合形成 cAMP-CAP 复合物。

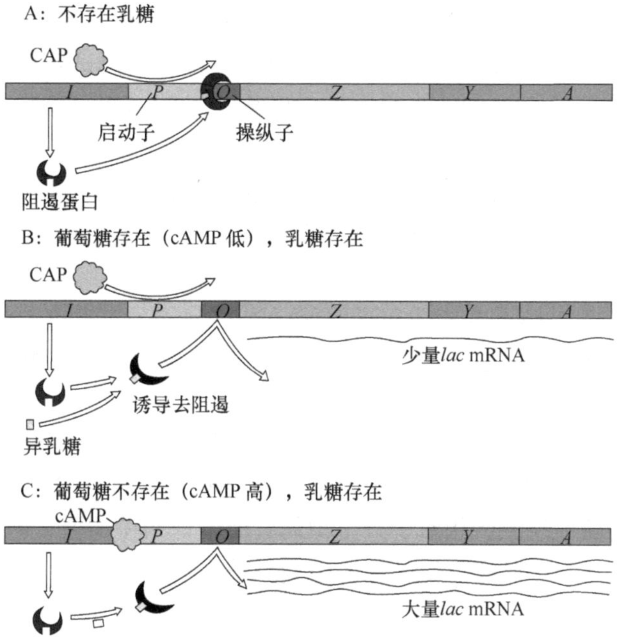

图 2-12　乳糖操纵子的调控途径

（二）弱化子调控模型

弱化子（attenuator）是在研究大肠杆菌的色氨酸操纵子（tryptophan operon）表达弱化现象中发现的，是原核生物操纵子中能显著减弱甚至终止转录作用的一段核苷酸序列，该区域转录产物能形成不同的二级结构，利用原核微生物转录与翻译的偶联机制对转录进行调节。

E. coli 的色氨酸操纵子有 5 个结构基因 *trpE*、*trpD*、*trpC*、*trpB*、*trpA*，编码三种酶，用于合成色氨酸（Trp），上游调控区由启动子（*P*）和操纵基因（*O*）组成，调节基因 *trpR* 编码阻遏蛋白。在 trp mRNA 5′端 *trpE* 基因的起始密码子前有一个长 162bp 的片段被称为前导区，其中 123～150 位碱基序列如果缺失，*trp* 基因表达可提高 6～10 倍。当 mRNA 合成起始以后，除非培养基中完全没有色氨酸，转录总是在这个区域终止，产生一个仅有 140 个核苷酸的 RNA 分子，终止 *trp* 基因转录，这就是 123～150 区序列缺失会提高 *trp* 基因表达的原因，因为转录终止发生在这一区域。并且这种终止是被调节的，这个区域就被称为弱化子（图 2-13）。

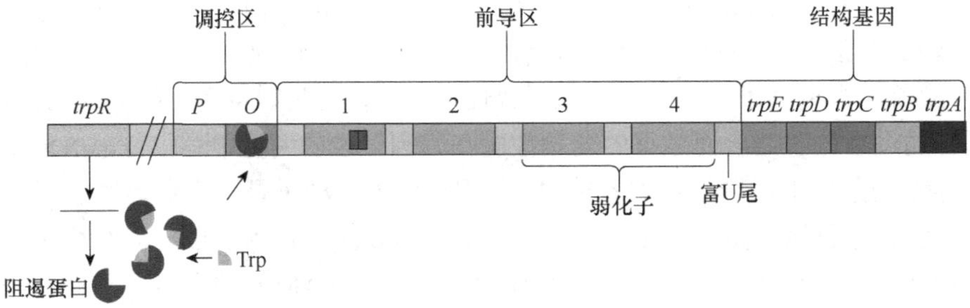

图 2-13　色氨酸操纵子

前导序列包括起始密码子和终止密码子，可产生 14 个氨基酸的前导肽，其中第 10 和第 11 位上有相邻的两个色氨酸密码子。弱化子对 RNA 聚合酶的影响，依赖于前导肽翻译中核糖体所处的位置。培养基 Trp 浓度低时，搭载 Trp 的 tRNA 就少，翻译通过两个色氨酸密码子的速度就慢。当 4 区被转录完成时，核糖体停留在两个相邻的 Trp 密码子处，2～3 区配对，不形成 3～4 区终止结构，转录继续。培养基 Trp 浓度高时，核糖体顺利通过两个相邻的 Trp 密码子，在 4 区被转录之前就到达 2 区，3～4 区配对形成茎-环终止结构，转录停止。

弱化作用的条件：①属于合成代谢操纵子；②前导序列中要有相应氨基酸的密码子；③转录和翻译必须偶联（真核生物中不存在这种调节）；④要具有 4 组配对区。

（三）严紧反应系统

严紧反应是指野生型细菌在氨基酸饥饿状态下会自动地停止 rRNA、tRNA 的转录，从而控制蛋白质合成的调节现象。相对于野生型的突变型称为松弛型，调控失灵。严紧反应系统是继操纵子之后的第二个具有广泛效应的控制系统。

（四）转座子调控

转座子有多种，原核生物中如 IS（insertion sequence，插入序列，其中具有转座酶基因）、Tn 转座子（多存在于质粒中）、转座噬菌体（可插入寄主细胞的任何位置）。转座子对基因表达的调控主要是由于：①转座子 Tn 位点的基因产生突变，从而控制斑点；②转座子本身带有抗性基因，会引起受体细胞抗性的改变；③Tn 有规律的转座引起转录水平上表达变化从而形成有规律的调节变化。例如，酵母菌结合型的改变，鞭毛相 H1↔H2 原位转变等是转座子调控的结果。

二、转录后水平的表达调控

（一）RNA 干扰

RNA 干扰（RNA interference，RNAi）是由双链 RNA（dsRNA）所引起的序列特异性基因沉默，RNAi 首先由 Fire 等发现于秀丽隐杆线虫（*Caenorhabditis elegans*）中，他们发现将 dsRNA 注入线虫体内后可抑制序列同源基因的表达，并证实这种抑制主要作用于转录之后，所以又称 RNAi 为转录后基因沉默（post transcriptional gene silencing，PTGS）。

在 RNAi 过程中一种称为 Dicer 的核酸酶负责将 dsRNA 转化为 siRNA。siRNA 形成之后，与一系列特异性蛋白结合形成 RNA 诱导沉默复合物（RNA induced interference complex，RISC），此复合物通过碱基互补配对识别靶 mRNA 并使其降解，从而导致特定基因沉默。在 RISC 中，起到靶序列识别作用的是 siRNA 的反义链，Zamore 等发现在 RNAi 过程中，首先产生的是 RISC 无活性前体，分子质量约为 250kDa，当加入 ATP 后可形成 100kDa 的活性复合体。在 ATP 存在时，依赖于 ATP 的解旋酶解开 siRNA 的双链并将其正义链与靶 mRNA 置换，mRNA 取代正义链与反义链互补，然后由活化的 RISC 在互补区的中间，距离 siRNA 反义链 3′端约 12bp 处切断靶 mRNA 序列。siRNA 反义链可作为引物，以靶 mRNA 为模板在依赖于 RNA 的 RNA 聚合酶（RNA-dependent RNA polymerase，RdRP）催化下合成新的 dsRNA，然后由 Dicer 切割产生新的 siRNA，新 siRNA 再去识别新一组 mRNA，又产生新的 siRNA，经过若干次合成切割循环，沉默信号就会不断放大。正是这种称为靶序列指导的扩增机制赋予了 RNAi 的高效性和持久性。

（二）反义 RNA

反义 RNA 是指与 mRNA 互补后，能抑制与疾病发生等直接相关基因表达的 RNA。它封闭基因表达，具有特异性强、操作简单的特点。细胞中反义 RNA 的来源有两种途径：第一种是反向转录的产物，在多数情况下，反义 RNA 是特定靶基因互补链反向转录产物，即产生 mRNA 和反义 RNA 的 DNA 是同一区段的互补链。第二种来源是不同基因的产物。例如，*OMPF* 基因是大肠杆菌的膜蛋白基因，与透性有关，其反义基因 *MICFZE* 则为另一基因。

根据反义 RNA 的作用机制可将其分为 3 类：Ⅰ类反义 RNA 直接作用于靶 mRNA 的 SD 序列和（或）部分编码区，直接抑制翻译，或与靶 mRNA 结合形成双链 RNA，从而易被 RNA 酶Ⅲ降解；Ⅱ类反义 RNA 与 mRNA 的非编码区结合，引起 mRNA 构象变化，抑制翻译；Ⅲ类反义 RNA 则直接抑制靶 mRNA 的翻译。

（三）microRNA（miRNA）

miRNA 是一类内生的、长度为 20～24 个核苷酸的小 RNA。miRNA 可以指导 RNA 诱导沉默复合物（RISC）在转录后水平下调基因的表达——mRNA 的降解或翻译抑制。采取何种沉默方式是由 mRNA 的特性所决定的。如果 mRNA 能够与 miRNA 完全互补，该 mRNA 就会被 RISC 特异地降解；如果 mRNA 不能与 miRNA 完全互补，仅在某个位点与 miRNA 互补，那么 RISC 就不会特异地降解 mRNA，只是阻止 mRNA 作为翻译的模板，使之不能合成蛋白质。在动物中，多数情况下复合物中的单链 miRNA 与 mRNA 的 3′-UTR 不完全互补配对，从而阻碍对该 mRNA 的翻译，并以此来调控基因表达，但不影响 mRNA 的稳定性。另一种主要的作用方式则与 siRNA 诱导的转录后基因沉默（PTGS）相类似，当 miRNA 与 mRNA 完全互补配对时，Ago2 蛋白可通过对 mRNA 的切割直接导致其降解，完成基因沉默调控。此外，miRNA 诱导的基因沉默还存在一些其他的方式，如 miRNA 还能通过组氨酸修饰和启动子区的 DNA 甲基化影响基因的表达；miRNA 与 5′-UTR 相互作用然后上调基因表达，由细胞质转运入核；以及近些年来发现的 miRNA 能加速 mRNA 脱腺苷酸化（accelerated mRNA deadenylation）而抑制基因表达等多种作用模式。

（四）lncRNA

长链非编码 RNA（long non-coding RNA，lncRNA）是一类长度大于 200 个核苷酸的非编码 RNA。研究表明，lncRNA 能在表观遗传、转录及转录后水平上调控基因表达，参与了 X 染色体沉默、基因组印记及染色质修饰、转录激活、转录干扰、核内运输等多种重要的调控过程。lncRNA 参与转录后调控，通过与 RNA 序列基序或结构结合，形成特定的 lncRNA 蛋白复合物（lncRNP），导致 mRNA 剪接和转录的改变；一些 lncRNA 还可直接与其他 RNA 碱基配对，随后招募参与 mRNA 降解的蛋白质，trans-lncRNA 正在成为重要的转录后调节因子；一些含有 miRNA 互补位点的 lncRNA 可以作为内源性竞争 RNA（competing endogenous RNA，ceRNA）调节基因表达，从而降低 miRNA 对 mRNA 的靶向作用。另外，大量定位在染色质上的 lncRNA 可与蛋白质相互作用，发挥促进或抑制蛋白质在目标 DNA 区域的结合活性作用；一些 lncRNA 也有可能与 DNA 产生杂交结构，从而影响染色质可接触性；一些 lncRNA 对不同核凝聚物的形成及功能发挥是必不可少的。

（五）circRNA

环状 RNA（circRNA）是一类由反向剪接形成的共价闭合单链 RNA 分子，不受 RNA 外切酶影响，表达更稳定，不易降解，其在真核细胞转录组中普遍存在。越来越多的研究揭示 circRNA 可调控剪切或转录及亲本基因的表达。一些 circRNA 分子富含 microRNA（miRNA）结合位点，在细胞中起到 miRNA 海绵（miRNA sponge）的作用，进而解除 miRNA 对其靶基因的抑制作用，提高靶基因的表达水平；一些 circRNA 与蛋白质相互作用，形成 RNA-蛋白质复合体，参与 pre-mRNA 剪接、调节核糖体成熟；一些 circRNA 的加工可能影响前体 mRNA 的可变剪接，可能导致基因表达及环化的外显子改变；一些 circRNA 依赖内部核糖体进入位点或依赖 m^6A 修饰位点，作为翻译模板，编码多肽。

三、翻译水平的表达调控

原核生物基因表达的调控主要在转录水平上进行，而真核生物转录和翻译在不同的部位发生，且不同时进行，所以除了存在转录水平的调控以外，翻译水平调控也很重要。mRNA 翻译过程可大致分为起始、肽链延伸和终止三个阶段。翻译水平的调控大都发生在起始阶段，其调控机理可概括如下。

（一）起始因子的共价修饰

翻译的起始阶段是一个颇为复杂的过程。已提纯的催化该过程进行的酶或蛋白质因子（eIF）不下 10 种。控制这些酶或蛋白质因子的活力是控制翻译的普遍机制之一。其基本的手段之一似乎是共价修饰。已证明大部分蛋白质因子可以被磷酸化，这些因子包括 eIF2、eIF3、eIF4B、eIF4E、eIF5 等，翻译的效率在某些情况下可能与部分蛋白质因子的磷酸化程度有关。

（二）起始因子的降解

一种控制酶活力的简单有效的手段是控制酶或蛋白质因子的生成与降解。脊髓灰质炎曾经造成千百万儿童残疾，现在人类已经通过注射疫苗的方法有效地控制了该病的发生。但引起该病的脊髓灰质炎病毒感染细胞致病的作用机制仍是一个有待回答的问题。研究发现，脊髓灰质炎病毒感染细胞后，非常有效地抑制了宿主细胞自身的蛋白质合成，这种抑制发生在 mRNA 翻译的水平，因为宿主细胞的 mRNA 并没有被降解。进一步分析发现，宿主细胞翻译起始因子 eIF4F（又称帽结合蛋白质）中的一个亚单位被降解了。已经知道 90%以上的真核细胞 mRNA 5′端带有 m^7Gppp 结构（帽），这些有“帽”mRNA 的翻译需要“帽”结合蛋白 eIF4F 的参加。

（三）mRNA 掩盖蛋白（masking protein）

某些真核生物如海胆、非洲爪蟾等的卵子受精后，其初步反应往往是蛋白质合成的急剧增加，但这种增加并非 mRNA 水平的增加所引起的。研究发现受精前卵子内已经存在大量 mRNA，但奇怪的是这些 mRNA 并未被翻译，只有当受精后这些 mRNA 才参与蛋白质合成。原来卵子内的这些 mRNA 并不是独自存在，而是和一些蛋白质形成了复合体——mRNA 核蛋白。有证据表明有些 mRNA 结合蛋白可以通过与 mRNA 的结合而抑制其翻译的起始，只有起掩盖作用的蛋白质与 mRNA 脱离后，mRNA 才能被翻译。

（四）mRNA 5′端非翻译序列与反式作用因子

mRNA 通常在 5′端有一段平均 60～100 个核苷酸的非编码序列，即所谓的引导区段。一般认为该区段与使核糖体在起始密码子 AUG 处正确定位有关，很多起始因子似乎是通过和这段序列的相互作用来促进翻译的起始。另外还可能有一些特异性反式作用因子，通过识别某一类 mRNA 的引导区段，来特异性地调控该类 mRNA 的翻译。这类蛋白质因子功能上有些类似于转录过程中特异性识别启动子的反式激活因子。

（五）mRNA 的稳定性

作为蛋白质生物合成的模板，mRNA 是各种 RNA 中最不稳定的，半衰期为几分钟到若干小时。mRNA 的降解速度是翻译调控的另一个重要机制。*E. coli* 的许多 mRNA 在 37℃时的平均寿命大约为 2min，很快被酶解，这意味着，诱导基因表达的因素一旦消失，蛋白质的合成就会迅速停止。影响 mRNA 降解速度的因素有很多，如细菌的生理状态和环境因素、mRNA 序列和一级结构、mRNA 次级结构（5′端和 3′端发夹结构）等。

四、翻译后水平的表达调控

（一）蛋白质前体的加工

核糖体新合成的多肽链，是蛋白质的前体分子，需要在细胞内经各种加工修饰，才能转变成有生物活性的蛋白质，此过程称为翻译后加工。

蛋白质前体一级结构的加工修饰：①N 端甲酰甲硫氨酸是多肽链合成的起始氨基酸，必须在多肽链折叠成一定的空间结构之前被切除。其过程是去甲酰化、去甲硫氨酰基。②氨基酸的修饰由专一性的酶催化进行修饰，包括糖基化、羟基化、磷酸化、乙酰化等。③肽段的切除由专一性的蛋白酶催化，将部分肽段切除，如某些酶原的激活。④二硫键的形成由专一性的氧化酶催化，将—SH 氧化为—S—S—。

蛋白质前体高级结构的形成：①构象的形成。在分子内伴侣、辅助酶及分子伴侣的协助下，形成特定的空间构象。分子伴侣是细胞内结构上互不相同的蛋白质家族，其 ATP 酶活性能利用 ATP 的能量使结合肽段释出，促进新生肽逐段折叠为功能构象。②亚基的聚合。具有四级结构的蛋白质各亚基分别合成，再聚合成四级结构。亚基聚合过程有一定顺序，各亚基聚合方式及次序由亚基的氨基酸序列决定。③细胞内多种结合蛋白如脂蛋白、色蛋白、核蛋白、糖蛋白等，合成后需要和相应辅基结合，如血红蛋白结合血红素、核蛋白结合核酸。糖蛋白的多肽合成后，可在内质网、高尔基体等部位添加糖链。

（二）蛋白质的转运

蛋白质是由核糖体合成的，合成之后必须准确无误地运送到细胞的各个部位，此过程称为蛋白质的转运。蛋白质转运途径大体可分为两种：①翻译后转运途径。在细胞质基质游离核糖体上完成多肽链的合成，然后转运至膜周围的细胞器（如线粒体、叶绿体、过氧化物酶体）及细胞核，或者成为细胞质基质的可溶性驻留蛋白和支架蛋白。②共翻译转运途径。蛋白质合成在游离核糖体上起始后，由信号肽引导移至糙面内质网，然后新生肽边合成边转入糙面内质网中，再经高尔基体加工包装运输到溶酶体、细胞膜或分泌到细胞外。根据转运的部位不同，细胞内部分利用的蛋白质称为胞内蛋白，分泌到细胞外发挥作用的称为分泌蛋白。内质网与高尔基体本身的蛋白质转运也是通过这一途径完成的。

蛋白质的转运可分为 4 种基本类型：①蛋白质的跨膜转运。细胞质基质中合成的蛋白质转运到内质网、线粒体、叶绿体和过氧化物酶体等细胞器都是跨膜转运的。②膜泡运输。蛋白质通过不同类型的转运小泡从糙面内质网合成部位转运至高尔基体进而分选运至细胞的不同部位发挥功能，其中涉及各种不同的运输小泡的定向转运，以及膜泡出芽和融合的过程。③选择性的门控转运。细胞质基质中合成的蛋白质通过核孔输入或从细胞核返回细胞质是通过选择性的门控转运来完成的。亲核蛋白一般含有特殊的氨基酸序列称为核定位信号（NLS），具有定向、定位作用，能保证亲核蛋白通过核孔被转运到细胞核内。④细胞质基质中蛋白质的转运。蛋白质在核糖体合成时就开始进行折叠，如果一个蛋白质没有相应的信号序列，它就不会进入内质网、线粒体、叶绿体、细胞核等部位，而是在胞质溶胶中完成翻译，经加工和修饰，如糖基化、羟基化、酰基化、二硫键形成等，成为具有生物学功能的蛋白质，最后留在胞质溶胶中。留在胞质溶胶中的蛋白质分子与细胞骨架中的蛋白质分子选择性结合，从而使蛋白质分子锚定在特定的三维空间区域。

（三）蛋白质的降解

细胞内所有的蛋白质都在不断地被降解，并被新合成的蛋白质所取代。蛋白质降解是指蛋白质要经过蛋白质降解酶的作用降解为多肽和氨基酸的过程。降解途径主要有细胞程序性死亡、自噬和泛素-蛋白酶体系统等。

细胞程序性死亡（programmed cell death，PCD）是生物体发育过程中普遍存在的，是一种由基因控制的，细胞自主有序的死亡方式。其中涉及一系列基因的激活、表达和调控作用。例如，胱天蛋白酶（caspase）是一类存在于真核细胞胞质内的蛋白酶，富含半胱氨酸，在被激活后能特异性识别靶蛋白的天冬氨酸残基并对其进行切割。在正常细胞中，caspase 以非活性的酶原（zymogen）状态存在，在一些细胞程序性死亡启动后被激活。一条途径是由死亡信号分子和受体结合后的死亡结构域介导，使 caspase-8 自身催化成为具水解酶活性的蛋白酶，水解下游 caspase-3、caspase-6、caspase-7 等，caspase-3、caspase-6、caspase-7 作用于底物使其降解，导致细胞凋亡；另一条途径由位于线粒体上的细胞色素 c 介导，激活 caspase-9，活化的 caspase-9 进而激活 caspase-3。PCD 中被降解的蛋白质有 DNA 损伤修复酶、U1-核小核糖核蛋白组分、核纤层蛋白、肌动蛋白和胞衬蛋白等。

自噬是一种由溶酶体参与的对生物细胞内多余或异常蛋白质的降解途径，主要包括由分子伴侣介导的自噬、微自噬和巨自噬三种类型。这三种类型的自噬具有一些共同点，即都是在溶酶体内实现的蛋白质降解，而且它们之间存在一定的联系。分子伴侣介导的自噬中由分子伴侣 HSC70 识别具有特异序列 KFERQ 或相似序列的蛋白质底物，HSC70-蛋白质底物复合物与溶酶体膜上的受体结合，进入溶酶体腔中被溶酶体消化降解后再利用。胞内需降解的底物蛋白通过溶酶体膜的变形作用，以内吞的方式将底物释放到溶酶体内，使蛋白质降解的过程称为微自噬。巨自噬是通过形成自噬泡后将其包含的蛋白质组分和细胞器成分带入溶酶体中进行降解加工。根据自噬发生的程度及细胞所处环境的不同，细胞自噬还可分为基础自噬和诱导自噬两类。基础自噬广泛存在于多数细胞中的细胞自噬过程，对维持细胞内的稳态及物质的更新具有重要作用。相对于基础自噬，诱导自噬是机体内细胞应对外界刺激时所发生的保护反应，如在缺乏营养、低氧等情况下，细胞的诱导自噬在短时间内会剧烈提升。但是，机体细胞过度的自噬作用也会引起过度消化现象，导致细胞死亡。

泛素-蛋白酶体系统（ubiquitin-proteasome system，UPS）是细胞内蛋白质降解的主要途径，参与细胞内 80%以上蛋白质的降解。泛素-蛋白酶体系统的组成成分由泛素（Ub）、泛素活化酶 E1、泛素结合酶 E2、泛素连接酶 E3、去泛素化酶、26S 蛋白酶体及其底物构成。泛素-蛋白酶体降解蛋白质的过程是一个依赖 ATP 的耗能过程，首先，泛素活化酶 E1 能够活化水解 ATP 并将泛素分子腺苷酸化，泛素分子被转移到 E1 活性中心的 Cys 残基上，使得第二个泛素分子腺苷酸化；继而，腺苷酸化的泛素分子被转移到泛素结合酶 E2 的 Cys 残基上；泛素连接酶 E3 识别被降解的特定蛋白质底物，催化泛素分子由 E2 转移到靶蛋白上，与靶蛋白上赖氨酸残基 ε 氨基形成酰胺键；接着下一个泛素分子的 C 端连接到前一个泛素的 Lys48 上，完成多聚泛素化（一般多于 4 个）。经泛素化的底物蛋白可以被 26S 蛋白酶体的盖状调节颗粒识别，并被运送到 20S 的圆柱状核心内，在多种酶的作用下水解为寡肽，最后从蛋白酶体中释放出来。泛素则在去泛素化酶的作用下与底物解离后回到细胞质重新利用。

另外，有些细胞器具有特有的蛋白水解酶，确保细胞内各项代谢活动有条不紊地进行，如线粒体的La蛋白酶、高尔基体内kex2水解酶、细胞膜表面的水解酶系统等。

小　结

本章简要概述了病毒、原核生物和真核生物基因组的特点及常作载体系统的几种病毒基因组的组成；介绍了原核和真核生物基因的结构；阐述了 DNA 复制、DNA 重组与损伤修复、转录与翻译及基因表达调控的基本机制。这些都是生物技术的基础理论，学习好本章对理解各种生物技术的基本原理及掌握各种生物技术的要点具有重要的意义。

思　考　题

1. 简述腺病毒和反转录病毒作为载体系统的优缺点。
2. 简述真核、原核生物结构基因的主要组成特点。
3. 为什么真核和原核生物的 DNA 复制有很多不同？
4. 为什么 DNA 会发生重组？
5. 位点特异性重组需要短的同源序列，此与同源重组有何不同？
6. 转座可以引起哪些生物学效应？
7. 为什么说细胞对 DNA 损伤的修复能力对细胞的生存是至关重要的？
8. 体内哪些因素会导致 DNA 结构变化？细胞能采取哪些办法保持 DNA 结构稳定性？
9. 原核生物和真核生物 RNA 的合成和加工有何主要区别？
10. 原核细胞与真核细胞（细胞质）的蛋白质生物合成有何主要区别？
11. 有什么证据表明 RNAi 依赖于 mRNA 的降解？

第三章　动物基因工程基础

学习要点：本章主要熟悉基因工程常用的工具酶；了解载体的类型及其生物学特性；学习获取目的基因的常用方法；注意原核生物细胞表达系统和真核生物细胞表达系统的特性；掌握重组基因的导入和筛选方法；理解基因敲除和 RNA 干扰的工作原理；知晓基因编辑技术的种类及其原理。

第一节　常用的工具酶

基因工程（genetic engineering）又称为基因拼接技术和 DNA 重组技术，是指将外源基因通过体外重组后导入受体细胞内，使其能在受体细胞内复制、转录、翻译表达的操作。进行基因工程研究的理论依据包括：①不同的基因具有相同的物质基础，所有生物的 DNA 组成和基本结构都是一样的，不同生物的基因（DNA 片段）原则上是可以重组互换的；②基因是可以切割的；③基因是可以转移的；④多肽与基因之间存在对应关系；⑤遗传密码是通用的；⑥基因可以通过复制把遗传信息传递给下一代。基因工程的实施至少需要 4 个必要条件：工具酶、基因、载体、受体细胞。

目前，常用的工具酶包括限制性内切核酸酶、聚合酶、连接酶等（表 3-1）。这些工具酶大多是从微生物的体内分离提取的，它们犹如一把把精巧绝伦的工具，能在离体的条件下对 DNA 分子进行切割、拼接、修饰，形成新的重组 DNA 分子；且将重组的 DNA 分子导入受体细胞，相应的基因可在受体细胞内进行复制与表达。

表 3-1　常用工具酶的功能

工具酶	功能
限制性内切核酸酶	识别 DNA 特异序列并对其进行切割，形成平末端或黏性末端
DNA 连接酶	催化 DNA 中相邻核酸生成 3′,5′-磷酸二酯键
DNA 聚合酶 I	合成 cDNA 的第二条链，缺口平移，补平 3′端
反转录酶	合成 cDNA
碱性磷酸酶	切除末端磷酸基

一、限制性内切核酸酶

（一）限制性内切酶的发现和命名

限制性内切核酸酶（restriction endonuclease）又称限制性内切酶，存在于细菌体内，能识别和切割内源或异源双链 DNA 分子中的某些特定核酸序列，与相伴存在的甲基化酶共同

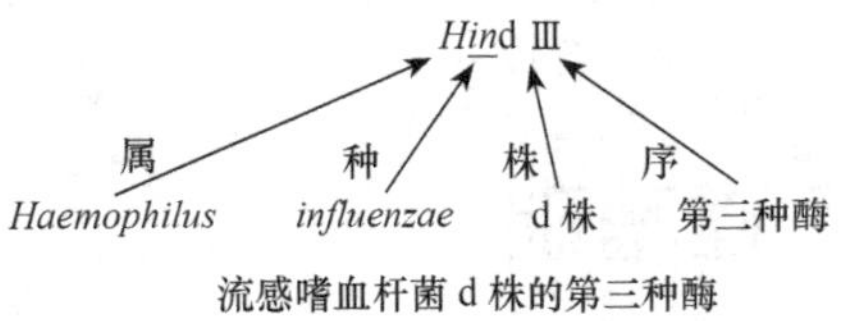

图 3-1　限制性内切酶的命名

构成细菌的限制/修饰体系，是基因工程中最重要的工具酶。目前，主要根据限制性内切酶的来源菌株学名进行命名（图 3-1）。

第一个字母（大写，斜体），表示该酶来源的微生物的属名（genus）的第一个字母；第二、三个字母（小写、斜体），表示微生物的种名（species）的前 2 个字母；第四个字母代表该微生物的株或型（strain），用该株或该型的第一个字母表示；如果菌株具有多种限制性内切酶，则依照发现和分离的先后顺序用罗马字母表示。例如，*Eco*RⅠ，表示是从大肠杆菌（*Escherichia coli*）R 株分离的第一种酶。其中 *E* 代表属名（*Escherichia*），*co* 代表种名（*coli*），R 代表株系（RY13），Ⅰ代表该酶在该菌株中首次分离到。

（二）限制性内切酶的分类

根据酶的作用方式、识别切割位点和辅助因子类型等的不同及是否具备修饰酶活性等特点，将限制性内切酶分为Ⅰ、Ⅱ、Ⅲ三类。

1．Ⅰ型限制性内切酶　Ⅰ型酶一般由特异性亚基、限制亚基和修饰亚基组成，其中特异性亚基具有识别特异 DNA 序列的活性，限制亚基具有核酸内切酶的活性，修饰亚基具有甲基化酶的活性。

Ⅰ型酶需以 Mg^{2+}、ATP 和 *S*-腺苷甲硫氨酸（SAM）为辅助因子，消耗 ATP 对 DNA 进行切割；但其在 DNA 分子上的识别位点和切割位点不一致，没有固定的切割位点。一般Ⅰ型酶的切割位点在距识别位点 1000bp 左右的位置，进行随机切割，不产生具有特异性的 DNA 片段，导致Ⅰ型酶在基因工程上缺乏应用价值。

2．Ⅱ型限制性内切酶　Ⅱ型酶即通常所指的 DNA 限制性内切核酸酶，Ⅱ型酶最早是由 Smith 和 Wilcox 于 1970 年发现的，他们从流感嗜血杆菌 Rd 株中分离出具有典型Ⅱ型酶特征的限制性内切核酸酶。Ⅱ型酶能识别双链 DNA 的特殊序列，并可特异切割 DNA，产生特异性的片段。Ⅱ型酶切割位点专一，适合于 DNA 重组，因此成为基因工程中最常用的内切酶。

Ⅱ型酶的种类繁多，相对分子质量是 2.0×10^4～1.0×10^5。Ⅱ型酶的核酸内切酶活性和甲基化作用活性是分开的，并不需要 ATP 等辅助因子的参与，只需 Mg^{2+}来激活。Ⅱ型酶反应的适宜温度一般为 37℃。

Ⅱ型酶有三个基本特性。

（1）有特定的 DNA 识别位点，通常是由 4～8 个核苷酸组成的双重旋转对称的回文结构。

（2）具有特定酶切位点，产生特定的黏性末端（cohesive end）或平末端（blunt end）的 DNA 分子。其中黏性末端是指 DNA 分子在限制酶的作用下，形成单链突出、具有互补碱基末端的结构，一般两链的缺口错开 2～4bp；平末端是指 DNA 分子在限制酶的作用下切开两条链，产生平齐末端的结构，如 *Bam*HⅠ和 *Hin*dⅡ的识别位点分别为

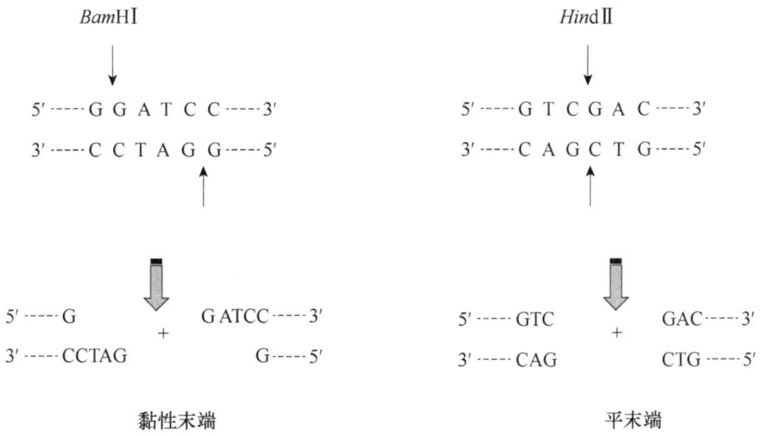

（3）Ⅱ限制-修饰系统是由两种酶分子组成的二元系统。一种为限制性内切酶，另一种为独立的甲基化酶，修饰与限制性内切酶识别位点相重叠的序列。

3．Ⅲ型限制性内切酶　Ⅲ型酶也有核酸内切酶和甲基化酶的作用，由限制亚基和修饰亚基组成，其中限制亚基具有核酸酶的活性，而修饰亚基具有识别和修饰的作用。Ⅲ型酶数量较少，在特性上与Ⅰ型酶相似，需以 Mg^{2+}、ATP 和 SAM 为辅助因子，在切割 DNA 时需要消耗 ATP；不同的是Ⅲ型酶能对 DNA 链的特异位点进行切割。但Ⅲ型酶的切割位点是非对称的，在距识别位点 3′端 24～26bp 处的 DNA 分子进行单链切割，因此Ⅲ型酶对基因工程的意义也不大。

（三）同切点酶和同尾酶

从不同细菌中分离的但能识别和切割同一位点的一类限制性内切酶称为同切点酶（isoschizomer），不同同切点酶对识别序列的甲基化敏感性有差别，如 *Bam*HⅠ（G↓GATCC）和 *Bst*Ⅰ（G↓GATCC）：

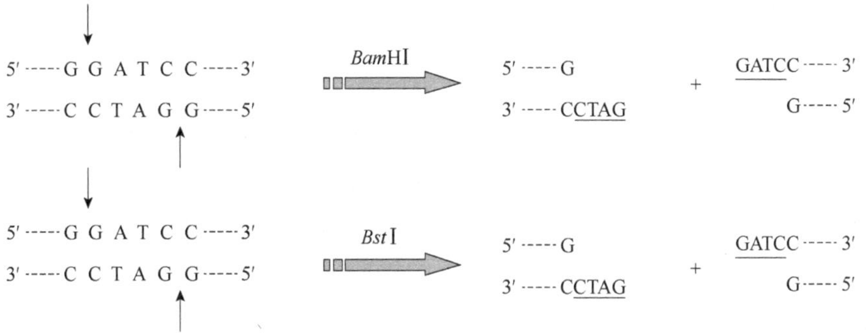

有些限制性内切酶识别序列不同，但切割 DNA 后产生相同的黏性末端，这些酶称为同尾酶（isocaudamer），如 *Bam*HⅠ、*Bcl*Ⅰ、*Bgl*Ⅱ和 *Xho*Ⅰ是一组同尾酶。值得注意的是，虽然由同尾酶产生的黏性末端序列很容易重新连接，但是由两种同尾酶消化产生的黏性末端重新连接后将不能被两种酶所识别，这两个相连的黏性末端称为配伍末端（compatible end）。

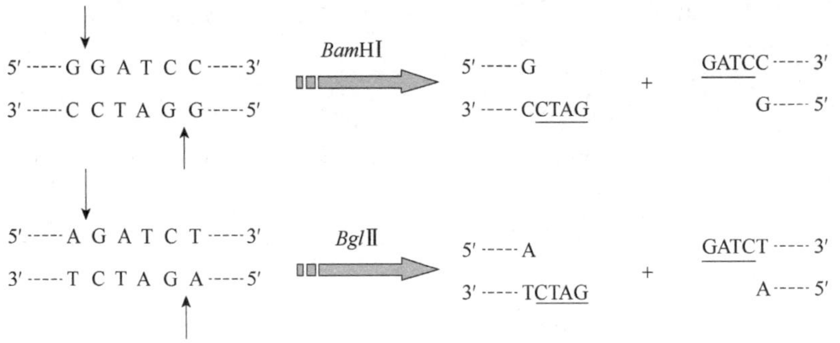

（四）影响限制性内切酶活性的因素

限制性内切酶活性的大小体现在酶对 DNA 水解程度的差异，常用酶的活性单位来表示。

酶的活性单位指 1μg 纯 DNA 在指定缓冲液中，37℃酶解 1h，DNA 中所有限制性内切酶位点被完全酶解时所需的酶量。

影响限制性内切酶活性的因素很多，最重要的有如下几点。

（1）温度。大部分限制性内切酶最适反应温度为 37℃，但也有例外，如 *Sma* Ⅰ的反应温度是 25℃。降低反应温度，会导致酶解得不完全，只产生裂口而不会切断 DNA 双链。

（2）DNA 的纯度和结构。DNA 样品中所含的蛋白质、有机溶剂、盐离子及 RNA 等杂质均会影响酶解反应的速度和程度。为提高反应效率，可增加内切酶酶量，延长反应时间，增加反应体系。如果无法达到理想的效果，就必须对 DNA 进行纯化和浓缩。DNA 底物构型的不同对限制性内切酶的活性也有影响，酶解线性 DNA 与酶解超螺旋或病毒 DNA 的效率是不同的。这种现象称为内切酶的底物位点优势效应。

（3）DNA 的甲基化程度和位置。限制性内切酶不能酶解甲基化的 DNA，因此在基因工程操作中应避免使用甲基化的 DNA 底物。另外，可利用这一性质将特定 DNA 序列保护起来，使之不被酶解。

（4）酶切反应的缓冲体系。标准的缓冲液成分主要包括氯化钠、氯化镁、Tris-Cl、牛血清白蛋白（BSA）和 β-巯基乙醇等，不同的内切酶对离子浓度的要求有所不同，但相同反应条件的酶可同时酶解 DNA 样品。商品化的核酸内切酶均以 50%甘油作为保护剂，一般在－20℃下保存。有些限制性内切酶在反应体系中甘油浓度＞12%或酶∶DNA＞25U/μg，以及缺少 NaCl 和 Mn^{2+}等条件下都可能出现星活性（star activity），即当酶的反应条件改变时，其在识别序列中的酶切位点发生改变。

二、DNA 聚合酶

（一）DNA 聚合酶Ⅰ

DNA 聚合酶Ⅰ（全酶）是大肠杆菌 *polA* 基因编码的一条多肽链，包含大约 1000 个氨基酸残基，分子质量为 10^6kDa。它具有三种不同的催化活性，即 5′→3′聚合酶活性、5′→3′外切酶活性和 3′→5′外切酶活性。该酶的主要用途是利用缺口平移法制备 DNA 分子杂交探针。

DNA 聚合酶Ⅰ的 5′→3′聚合酶活性表现在以单链 DNA 为模板，4 种脱氧核苷酸（dATP、dGTP、dCTP、dTTP）为原料，在带有 3′端游离羟基的引物链条件下，按 5′→3′方向合成互补的 DNA 序列。该酶能把脱氧核苷酸加到 DNA 分子的 3′-OH 端而形成新的 DNA 片段。5′→3′外切酶活性表现在该酶能从双链 DNA 中的一条单链的 5′端开始，切割降解双链 DNA，释放出单核苷酸或寡核苷酸。3′→5′外切酶活性的主要功能是校对作用，即若 DNA 在合成的过程中识别错误的碱基，并把它切除，以便重新在这个位置上聚合对应的核苷酸。

DNA 聚合酶Ⅰ的不同酶催化活性有相互拮抗的功能。当反应体系中缺乏 dNTP 时，其 3′→5′外切酶活性占优势，表现为从 3′-OH 端开始向 5′端水解单链或双链 DNA 分子；在具备 dNTP 的条件下，则 5′→3′方向的聚合活性占优势，而 3′→5′外切酶活性相对较低，表现为从 5′→3′方向合成 DNA。在 DNA 分子的单链切口上，DNA 聚合酶Ⅰ的 5′→3′核酸外切酶活性和聚合作用可以同时发生。

当外切酶活性从切口的 5′端一侧移去一个核苷酸之后，聚合作用就会在切口的 3′端一侧补上一个新的核苷酸。但由于 DNA 聚合酶Ⅰ不能够在 3′-OH 和 5′-P 之间形成一个化学键，因此随着反应的进行，5′端一侧的核苷酸不断地被移去，3′端一侧的核苷酸又按顺序进行增补，于是缺口便沿着 DNA 分子合成的方向移动。这种移动称为切口平移（nick translation）。DNA 聚合酶Ⅰ在分子克隆中的主要用途是通过 DNA 切口平移，制备供核酸分子杂交用的带放射性标记的 DNA 探针；利用其 5′→3′外切酶活性降解寡核苷酸作为合成 cDNA 第二链的引物；通过对 DNA 分子的 3′突出末端进行标记，可用于 DNA 序列分析。

（二）Klenow 大片段酶

大肠杆菌 DNA 聚合酶Ⅰ的 Klenow 片段简称为 Klenow 大片段酶，是大肠杆菌聚合酶Ⅰ全酶经枯草杆菌蛋白酶处理后产生的大片段酶分子，分子质量为 76kDa。Klenow 大片段酶保留了大肠杆菌 DNA 聚合酶Ⅰ的 5′→3′聚合酶活性和 3′→5′外切酶活性，而失去了全酶中的 5′→3′外切酶活性。

在基因工程中，Klenow 大片段酶的主要作用有：通过聚合作用填补或标记限制性酶消化 DNA 形成 3′黏性末端，对 DNA 末端进行标记；在 cDNA 克隆中催化合成 DNA 的第一链；在体外突变中，用于从单链模板合成双链 DNA；用于通过双脱氧末端终止法进行 DNA 序列测定。

（三）*Taq* DNA 聚合酶

Taq DNA 聚合酶最初由 Saiki 等从温泉中分离的一株水生嗜热杆菌（*Thermus aquaticus*）中提取获得，该菌能在 70～75℃环境中生长。*Taq* DNA 聚合酶是第一个被发现的热稳定 DNA 聚合酶，分子质量为 65kDa。现在 *Taq* DNA 聚合酶成为基因工程不可缺少的工具酶，广泛应用于体外目的基因的获取及测序等领域。

（四）T4 DNA 聚合酶

T4 DNA 聚合酶是从感染了 T4 噬菌体的大肠杆菌中分离出来的一种特殊的 DNA 聚合

酶。它由噬菌体基因 43 编码，分子质量为 114kDa。

T4 DNA 聚合酶具有两种酶的活性，即 5′→3′聚合酶活性和 3′→5′外切酶活性。其中 3′→5′外切酶活性对单链 DNA 的作用比对双链 DNA 的作用强，且在高浓度 dNTP 环境中 5′→3′聚合酶活性更强。这种特性和 Klenow 大片段酶相似，但是其 3′→5′外切酶活性要比 Klenow 大片段酶高 100～1000 倍，比大肠杆菌聚合酶 I 的活性高 200 倍。因此，可以综合利用这两种酶活性进行取代合成反应：如果反应体系中仅存在一种 dNTP 或没有底物时，这时 T4 DNA 聚合酶就会表现出 3′→5′外切酶活性，从双链 DNA 的 3′端开始降解，直到暴露出与底物 dNTP 相同的碱基，然后就在此位置发生合成和取代反应。

T4 DNA 聚合酶的主要用途有补平或标记限制性内切酶切割 DNA 后产生的 3′黏性末端；标记用作探针的 DNA 片段；将双链 DNA 的末端转化为平末端，以及用于 DNA 序列分析等。

（五）T7 DNA 聚合酶

T7 DNA 聚合酶来源于感染 T7 噬菌体的 *E. coli* 诱生的 DNA 聚合酶，是 T7 噬菌体基因蛋白和宿主硫氧还原蛋白的紧密复合体。

与 Klenow 大片段酶相似，T7 DNA 聚合酶有单链或双链的 5′→3′聚合酶活性及 3′→5′外切酶活性，无 5′→3′外切酶活性。其中 5′→3′持续的聚合能力，是目前已知的 DNA 聚合酶中作用最强、合成 DNA 平均长度最长的，可用于长片段模板的引物延伸反应。其 3′→5′外切酶活性较 Klenow 大片段酶强 1000 倍，在用途上与 Klenow 大片段酶不同的是可对 3′突出端的 DNA 分子进行末端标记。

经过基因工程改造的 T7 噬菌体 DNA 聚合酶，完全丧失了外切酶的活性，该酶是对长片段 DNA 进行测序分析的理想用酶，商品名即为测序酶。T7 DNA 聚合酶还应用在通过单纯的延伸或取代合成途径标记 DNA 3′端；使双链 DNA 的 5′或 3′突出末端变成平末端。

（六）反转录酶

反转录酶（reverse transcriptase）是一种依赖 RNA 的 DNA 聚合酶。此酶首先是 1970 年从鼠白血病病毒和劳氏肉瘤病毒中发现的。迄今为止，已经从多种 RNA 肿瘤病毒中分离到这种酶。目前有两种酶已经商品化，一种是来自鸟类骨髓母细胞瘤病毒（AMV）反转录酶，另一种是来自 Moloney 鼠白血病病毒（M_0-MLV）反转录酶。现在普遍应用的是 AMV 反转录酶。

AMV 反转录酶具有三种酶的活性，分别为依赖 RNA 的 DNA 聚合酶活性、依赖 DNA 的 DNA 聚合酶活性和 RNase H 酶活性。AMV 反转录酶聚合作用所需的模板可以是 RNA 或 DNA，引物是带 3′-OH 的 RNA 或 DNA。

反转录酶的主要用途是在体外以 mRNA 为模板合成 cDNA，可以对有 5′突出末端的 DNA 片段做末端标记（补平），用于双脱氧法测序及以 DNA 或 RNA 为模板合成核酸探针，如图 3-2 所示。

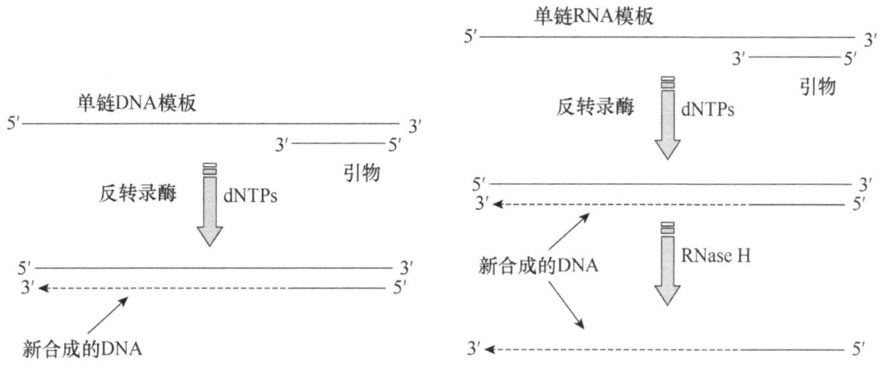

图 3-2　反转录酶以 DNA 或 RNA 为模板合成探针

三、DNA 连接酶

DNA 连接酶（ligase）是一种能够催化 DNA 中相邻的 3′-OH 和 5′-P 末端之间形成磷酸二酯键并把两段 DNA 拼接起来的核酸酶。DNA 连接酶包括 T4 DNA 连接酶和大肠杆菌连接酶两种，其中最常用的是 T4 DNA 连接酶。

T4 DNA 连接酶是一条单链多肽酶，分子质量为 68kDa，于 1957 年从 T4 噬菌体中提取获得。该酶连接效率高，把两个具有黏性末端的 DNA 分子连接在一起，称为“黏接”；而使两个平末端的双链 DNA 分子彼此连接在一起，则称为“端接”。T4 DNA 连接酶催化反应的最适温度是 37℃，但连接反应一般在 16～26℃进行，这是因为在较低的温度下黏性末端之间的氢键比较稳定，利于连接反应的进行。

T4 DNA 连接酶催化连接反应是一种耗能的过程，需要 ATP 来提供能量。在反应中 T4 DNA 连接酶与 ATP 形成 AMP-酶复合物，激活的 AMP 的磷酸基团与待连接部位的 5′-P 结合形成 DNA-腺苷酸复合物，随后 3′-OH 对活跃的磷原子做亲核攻击，形成磷酸二酯键，同时释放出 AMP，如图 3-3 所示。

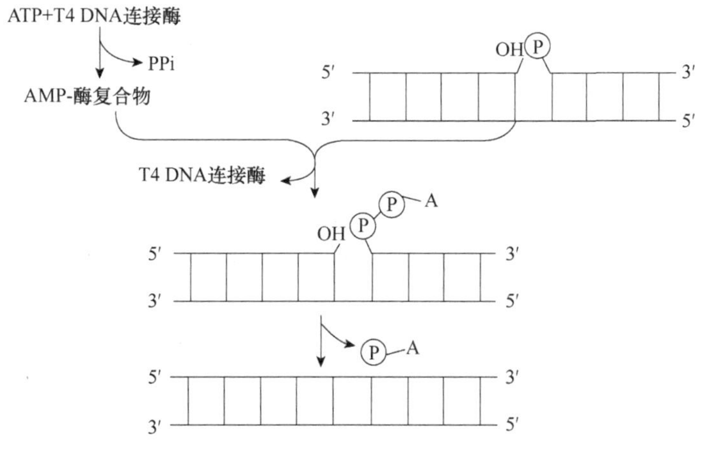

图 3-3　T4 DNA 连接酶催化连接反应

大肠杆菌 DNA 连接酶催化连接反应的能量由 NAD^+提供，其他方面与 T4 DNA 连接酶相似。

DNA 连接酶的特点包括：连接的两条链必须分别具有自由的 3′-OH 和 5′-P，而且这两个基团彼此相邻；只能连接双链 DNA 分子的单链切口（nick），而不能连接双链中一个或多个核苷酸缺失所致的缺口（gap）；在羟基和磷酸基间形成磷酸二酯键是一个耗能过程。

DNA 连接酶主要应用在：修复双链 DNA 上单链缺口；连接 RNA-DNA 杂交双链上 DNA 链缺口；连接完全断开的两个平头双链 DNA 分子。

四、DNA 修饰酶

（一）碱性磷酸酶

碱性磷酸酶催化去除一些底物的 5′-P，该酶的底物包括 DNA、RNA 及 dNTP 等。目前常用的碱性磷酸酶有从大肠杆菌中分离的细菌碱性磷酸酶（bacterial alkaline phosphatase，BAP）和从小牛肠中分离的小牛肠碱性磷酸酶（calf intestinal alkaline phosphatase，CIP）。值得注意的是，CIP 的比活性要比 BAP 的比活性高出 10～20 倍，但 CIP 在 SDS 中 68℃就可完全失活，而 BAP 却是热抗性酶。

碱性磷酸酶的主要应用包括在 ^{32}P 标记 DNA 5′端之前，去除 5′端的磷酸；在 DNA 重组技术中，去除 DNA 片段的 5′-P，防止载体的自身环化，提高重组子比例。

（二）末端转移酶

末端转移酶（terminal transferase）是从胸腺前体淋巴细胞内分离纯化而来，由两种大小不同的亚基组成，分子质量为 60kDa。该酶不需要 DNA 模板，能催化 5′脱氧核苷酸进行 5′→3′方向的聚合作用，逐个将 dNTP 分子加到线性 DNA 分子的 3′-OH 端。

末端转移酶的主要作用是给外源 DNA 片段和载体分子加上互补同聚物尾巴，使外源 DNA 和载体分子重组起来；对 DNA 片段的 3′-OH 端进行标记。

第二节　动物基因工程载体

一、质粒

（一）质粒的生物学特性

质粒（plasmid）是细菌体内独立于染色体外而能自主复制的共价、封闭、环状双链 DNA 分子（covalently closed circular DNA，ccc DNA）。质粒并不是细菌生长所必需的，但可以赋予细菌某些抵御外界环境因素不利影响的能力。质粒分子大小在 1～200kb。

质粒的命名规则是 1976 年提出，规定用小写字母 p 代表质粒，在 p 后面用两个大写字母代表该质粒的发现者和实验室名称，其后再加上质粒的编码。例如，质粒载体 pBR322 中的“p”代表质粒；“BR”代表两位研究者 Bolivar 和 Rogigerus 姓氏的字首，“322”是实验编号。

质粒的基本特性有：①自主复制性。质粒对宿主生存并不是必需的，质粒 DNA 携带有自己的复制起始区（ori）和控制质粒拷贝数的基因，因此它能独立于宿主细胞的染色体 DNA 而自主复制。②不相容性。在没有选择压力的情况下，两种亲缘关系密切的不同质粒不能共存于同一宿主细胞内。③可扩增性。④可转移性。在天然条件下，很多天然质粒都可以通过细菌接合作用从一种宿主细胞转移到另外一种宿主细胞。

（二）质粒载体的基本要求

理想的质粒载体应该具备如下基本要求（图3-4）。

（1）具有复制起点。这是自我增殖的基本条件，一般一个质粒具有一个复制子。

（2）应包含一个可供选择的标记基因，这个基因中间可插入一段外源 DNA，使标记基因失活，从而导致表型改变。

（3）具有若干多克隆位点（MCS）。

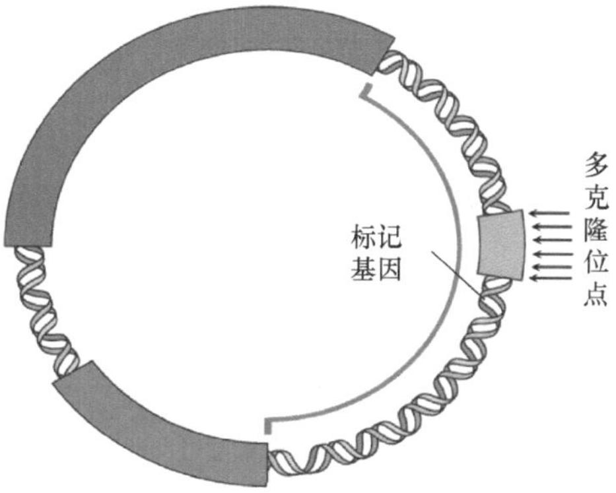

图3-4　典型质粒载体的基本构成

（4）具有较小的分子质量和较高的拷贝数。实验证明，质粒大于 15kb 时，其将外源 DNA 转入大肠杆菌的效率就会大大降低；低分子质量的质粒易于操作，克隆外源片段后仍能有效地转化给受体细胞，并且低分子质量的质粒对限制性内切酶具有多重识别位点的概率也较低。较高的拷贝数可获得大量的克隆基因。

（三）实验室常用的质粒载体

pBR322 是研究最多、使用最早且应用最广泛的大肠杆菌质粒载体之一。该质粒带有抗四环素基因（Tet^r）和抗氨苄青霉素基因（Amp^r），分子大小为 4363bp，易于纯化。在受体细胞内，pBR322 以多拷贝形式存在，一般一个细胞内可达 15 个，而在氯霉素等蛋白质合成抑制剂存在的条件下，可达 1000～3000 拷贝，产生大量的重组 pBR322 分子。现在已知 pBR322 DNA 分子共有 24 种限制性内切酶的单一识别位点。其中三种限制性内切酶，即 *Pst*Ⅰ、*Pvu*Ⅰ和 *Sac*Ⅰ的识别位点位于氨苄青霉素抗性基因内，在这些位点插入外源 DNA 则会导致 Amp^r 基因的失活。而四环素抗性基因可被 *Bam*HⅠ、*Hin*dIII等限制性内切酶切开，通过插入外源基因失活而筛选重组子。例如，将外源 DNA 克隆在 *Bam*HⅠ位点上，将这样的重组质粒转化到野生型大肠杆菌细胞中，并涂在含有氨苄青霉素的选择性培养基平板上，那么存活下来的菌落都将具有 Amp^r 的表型，且获得了编码有这种抗性基因的转化子。

pBR327 是在 pBR322 的基础上改造创建的，改变了质粒的复制和接合能力。与 pBR322 相比，pBR327 在正常细胞中较高的拷贝数，适合应用于基因功能的研究；且 pBR327 不具有接合能力，不能直接转入其他细胞，因而是一种更安全的载体。

pUC 质粒系列也是在 pBR322 的基础上改建成的。它含有 pBR322 的大部分组件，包括完整的 Amp^r 基因和复制起点，去除了 pBR322 的 Tet^r 区段，含有 *LacZ* 基因和 M13 噬菌体的多聚接头等结构。pUC 质粒分子大小仅为 2.7kb，容纳外源 DNA 量增大，具有更高的拷贝数。pUC 质粒的多克隆位点位于编码 β-半乳糖苷氨基部分（α-肽）的 DNA 序列内（*LacZ'*），而用于 pUC 质粒的宿主菌带有编码 β-半乳糖苷羧基部分（ω-肽）的基因，可利用α-互补原理进行蓝白斑筛选，检测外源 DNA 插入。

pSC101 质粒载体是一种严紧型复制控制的低拷贝数的大肠杆菌质粒载体，其分子大小为 9.09kb，编码一个四环素抗性基因（Tet^r）。pSC101 是第一个成功地用于克隆真核 DNA

的大肠杆菌质粒载体。pSC101 与 pBR322 相似，但 pSC101 只具有四环素抗性基因（Tet^r），且没有 *Pst* I 切点。pSC101 质粒对于 *Eco*R I 、*Bam*H I 、*Hind*III、*Sal* I 和 *Xho* I 等 7 种限制性内切酶具有单切割位点，在 *Bam*H I 、*Hind*III、*Sal* I 三个位点插入外源 DNA 后导致 Tet^r 基因失活。

二、λ 噬菌体 DNA 载体

λ 噬菌体是大肠杆菌的温和型 DNA 噬菌体，属长尾噬菌体科。λ 噬菌体头部呈等轴的 20 面体，直径约 54nm，长 150nm。λ 噬菌体的核心是一段 DNA，结构上有一个蛋白质外壳和一条尾巴，尾巴上的微丝可以把噬菌体的 DNA 注入细菌内。λ 噬菌体的基因组是长约 49kb 的线性双链 DNA 分子。

λ 噬菌体感染时，通过尾管将基因组 DNA 注入大肠杆菌，而将其蛋白质外壳留在菌外。DNA 进入大肠杆菌后，以其 12bp 的两互补单链黏性末端环化成环状双链，之后进行繁殖。这种由黏性末端结合形成的双链区段称为 cos 位点（cohesive-end site）。

与质粒载体相比，λ 噬菌体作为载体可以克隆一些更大的 DNA 片段，如构建一个基因文库，所需克隆的总数就会减少；且 λ 噬菌体载体感染宿主细胞的效率几乎可达 100%，比质粒更容易对重组的 λ-DNA 分子进行提取，这些优点使 λ-DNA 成为被广泛使用的载体。噬菌体载体的重组克隆不是细胞集落而是噬菌斑（plaque），形成一个噬菌斑的所有噬菌体都来源于同一噬菌体，因此噬菌斑在遗传上是相同的克隆。然而，λ 噬菌体头部组装时容纳 DNA 的量是固定的，重组 DNA 的长度必须控制在野生型 λ 噬菌体 DNA 长度的 78%～105%，否则不能正常组装。因此，λ 载体 DNA 和外源 DNA 长度之和被限制在 39～53kb。

野生型 λ 噬菌体 DNA 全长约 50kb，上有 65 种限制性内切酶酶切位点，除 *Apa* I 、*Nae* I 、*Nar* I 、*Nhe* I 、*Sna*B I 、*Xba* I 和 *Xho* I 这 7 种限制酶各有一个酶切位点外，其余都多于 2 个。

由于野生型的 λ 噬菌体 DNA 本身存在着种种缺陷，因此必须对其进行改造，才能满足一个理想载体的要求。现已构建各种各样的 λ 载体，这些载体可分为两类：一类为插入型载体（insert vector），其限制性内切酶位点可用于外源 DNA 的插入；另一类为置换型载体（replacement vector），这种载体具有两个对应的酶切克隆位点，在两个位点之间的 λDNA 区段是 λ 噬菌体的非必需序列，可以被外源插入的 DNA 取代。置换型 λ 噬菌体是使用最广泛的载体。

三、柯斯质粒

柯斯质粒（cosmid）是一种人工构建的特殊类型的质粒载体，它由 λ 噬菌体 DNA 的黏性末端 cos 序列，质粒的复制子和克隆位点，以及选择性标记序列组成。柯斯质粒既具有噬菌体的特性，也具有质粒载体的特性。

柯斯质粒具有装载更大的外源 DNA 片段的能力，其最大装载量可达 45.9kb，成为构建真核生物基因文库的理想载体。然而柯斯质粒制成的基因文库常常不太稳定，插入的大片段外源 DNA 有可能通过同宿主基因组交换而致丢失等，所以最常用的还是噬菌体载体。

四、酵母人工染色体

酵母人工染色体（yeast artificial chromosome，YAC）是在酵母细胞中用于克隆外源DNA大片段的克隆载体，也是目前能容纳最大外源DNA片段的载体。酵母人工染色体载体是采用人工的方法将酵母染色体不可缺少的主要片段组建在一起而成，这些片段包括DNA复制起始序列（ARS，自主复制序列）、两臂末端的端粒、两端粒之间的着丝粒及酵母选择性标记，其中ARS参与DNA复制起始结构的形成，端粒可在DNA复制结束后避免外切酶的破坏，着丝粒负责向子细胞的传递。

YAC载体本身并不很大，只有10kb左右，但可以接受2Mb的外源DNA插入，这比柯斯质粒的装载能力大数倍，可以保证一些大片段基因结构的完整性。因此，YAC载体在大规模测序中是非常有用的，也是人类基因组计划中物理图谱绘制采用的主要载体。

五、表达载体

将外源目的基因导入受体细胞中进行克隆不是基因工程的目的，实现目的基因的表达、产生新的基因产物并让受体生物获得可预期的性状才是真正目的。利用表达载体可将目的基因导入动物细胞中并稳定表达，是了解目的基因功能及生物调控机制的基本方法。表达载体是指在克隆载体基本骨架上，加入一些表达元件（如启动子、终止子等）后，使得插入的外源DNA（目的基因）在宿主细胞内能够进行复制、转录及翻译的一类载体。

（一）常规表达载体

常规表达载体是指通过脂质体转染等方法转染到宿主细胞的表达载体，一般称为瞬时转染载体，瞬时转染载体所携带的外源DNA/RNA一般不整合到宿主染色体中，因此一个宿主细胞中可存在多个拷贝数，产生高水平的表达，但通常只持续几天，多用于启动子和其他调控元件的分析。

常规表达载体如图3-5所示，主要包括以下几个关键元件。

（1）启动子（promoter）：RNA聚合酶的识别部位和结合部位，启动目的基因的转录。

（2）Kozak序列（Kozak sequence）：位于真核生物mRNA 5′端帽子结构后面的一段核酸序列，通常是GCCACCAUGG，它可以与翻译起始因子结合而介导含有5′端帽子结构的mRNA翻译起始。对应于原核生物的SD序列。

（3）开放阅读框（ORF）：是结构基因的正常核苷酸序列，从起始密码子到终止密码子的开放阅读框可编码完整的多肽链，其间不存在使翻译中断的终止密码子。要使目的基因得以表达，外源目的基因必须置于正确的开放阅读框之中。

（4）猴空泡病毒polyA（SV40 late pA）：是有转录终止作用和使转录的mRNA添加polyA尾的DNA序列（24bp），含有AATAAA六核苷酸多腺苷酸化信号（polyadenylation signal），能促进上游ORF的转录终止。

（5）CMV启动子：人巨细胞病毒中发现的强启动子，它驱动下游标记基因的普遍表达。

（6）标记基因（Marker）：药物选择基因（如新霉素耐药）、视觉检测基因（如EGFP）或双报告基因（如EGFP/Neo），利用标记基因可实现细胞耐药性筛选及可视化。

（7）牛生长激素多腺苷酸化信号（BGH pA）：促进上游ORF的转录终止。

（8）pUC 复制起点（pUC ori）：促进大肠杆菌质粒复制，调节高拷贝质粒数量。

（9）氨苄青霉素耐药基因（*Amp*ʳ）：使大肠杆菌对氨苄青霉素产生耐药性。

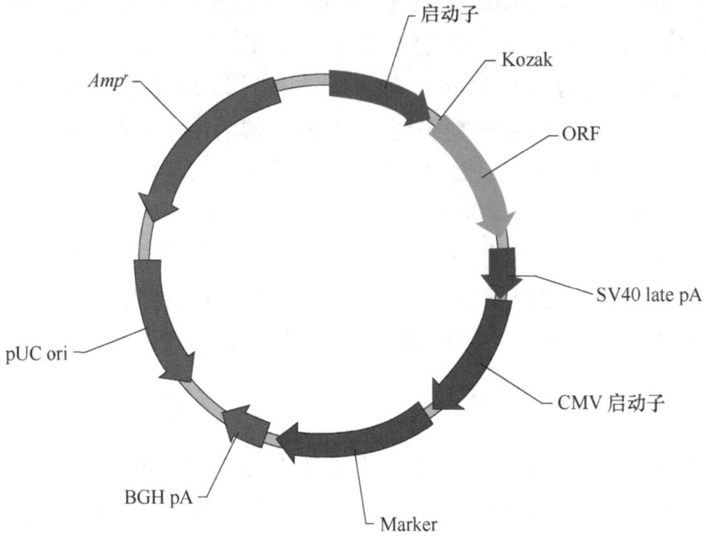

图 3-5　哺乳动物常规表达载体关键元件

（二）双萤光素酶载体

双萤光素酶通常指萤火虫萤光素酶（firefly luciferase，Fluc）和海肾萤光素酶（*Renilla* luciferase，Rluc）。萤光素酶报告基因系统是检测转录因子与目的基因启动子区 DNA 相互作用的一种检测方法，通常以萤火虫萤光素酶为报告基因，以海肾萤光素酶为内参基因，具有灵敏度高、特异性好、检测时间短等特点。

以 psiCHECK™-2 载体（图 3-6）为例，将目的基因的转录调控元件插入萤光素酶的上游

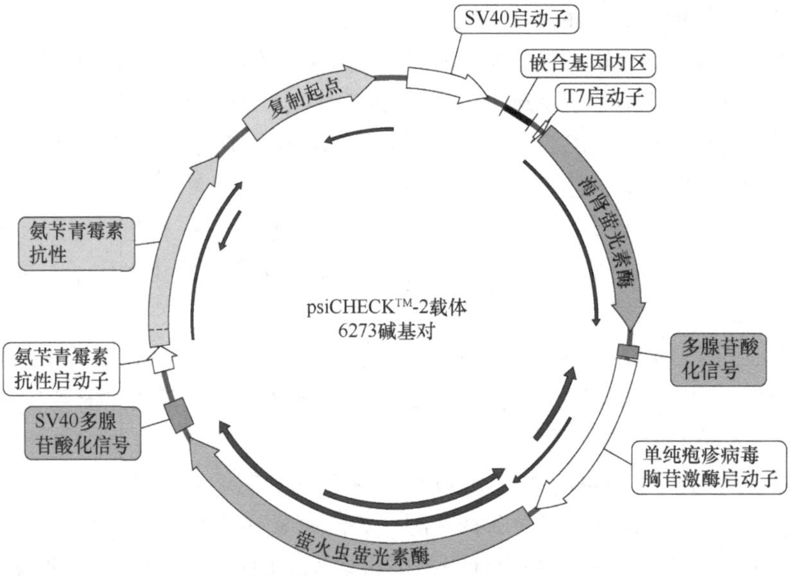

图 3-6　psiCHECK™-2 载体图谱

或下游，构建双萤光素酶表达载体。然后转染细胞，利用萤光素酶与底物发生化学发光反应的特性，通过测定萤火虫萤光素酶（Fluc）活性的高低判断目的基因转录因子的作用情况。同时，利用海肾萤光素酶（Rluc）作为内参，使萤火虫萤光素酶（Fluc）的检测结果均一化，在计算结果时，将萤火虫萤光素酶的检测值比上海肾萤光素酶检测值，可以减少内在因素的变化对实验准确性的影响。

双萤光素酶报告系统具有灵敏度高、动态范围广、应用灵活等优势，广泛应用于基因调控、非编码 RNA 靶向互作等领域。

第三节　获得目的基因的方法

在基因工程设计和操作中，被用于基因重组、改变受体细胞性状和获得预期表达产物的基因称为目的基因（target gene）。目的基因通常是结构基因，即能转录和翻译出多肽的基因。目的基因的获取是基因克隆中最为关键的步骤。根据基因序列是否已知的情况，可采用不同的目的基因获取方法。本节主要介绍几种常用的获取目的基因的方法，包括化学合成法、PCR 扩增法、酶促反转录合成法和基因文库法。

一、化学合成法

目的基因的化学合成法研究始于 1967 年，该法主要应用于已知核苷酸序列的、分子量较小的目的基因的制备。对于 50bp 长度的寡聚核苷酸单链现在主要采用固相亚磷酸三酯法进行合成；而对于较长的基因，需要将寡聚核苷酸进行适当连接组装成完整的基因。

二、PCR 扩增法

Mullis 等于 1983 年发明了一种在体外对已知序列的 DNA 片段进行大量特异扩增的方法，即聚合酶链反应（polymerase chain reaction，PCR）法。由于此法能在短时间内，利用特异性的引物扩增合成出数百万倍的特异 DNA 片段，现已被广泛地用于目的基因的扩增分离、基因突变与检测、医疗诊断、分子进化研究、环境检测及法医鉴定等诸多领域。

三、酶促反转录合成法

酶促反转录合成法即利用反转录酶由 mRNA 反转录合成目的基因片段的方法。该法主要用于合成分子量较大而又不知其序列的基因，是制取真核生物目的基因的常用方法。酶促反转录合成法是以目的基因的 mRNA 为模板，在反转录酶和其他一系列酶的作用下合成 cDNA，再在 DNA 聚合酶的催化下合成双链 cDNA 片段，与适当的载体结合后转入受体菌，扩增为 cDNA 文库，再采用适当的方法从 cDNA 文库中筛选出目的基因。

四、基因文库法

（一）基因组文库

基因组文库（genomic library）是指把某种细胞的整个基因组 DNA，按一定长短要求，酶解成若干片段，再与适当的载体分子重组后，引入相应宿主细菌的细胞中，形成一大批含有重组体 DNA 分子的细胞克隆群体。从基因组 DNA 文库所获得的基因序列包含内含子序列，因此不能直接在原核细胞中表达。理想的基因组文库要有足够多的克隆数，以保证所有的基因都在克隆群体中。为获得某种基因需要构建的基因组文库的最小值，可按下面的经验公式估算：

$$N=\ln(1-P)/\ln(1-f)$$

式中，N 表示基因组文库必需的克隆子数；P 表示文库中目的基因期望出现的概率，一般为 99%，即 0.99；f 表示克隆的 DNA 片段平均大小与基因组大小的比值。

用于构建基因组文库的克隆载体有 λ 噬菌体、柯斯质粒、细菌人工染色体（bacterial artificial chromosome，BAC）和酵母人工染色体（YAC）等。

（二）cDNA 文库

cDNA 文库（cDNA bank）是指以某种细胞的总 mRNA 为模板，用反转录酶合成互补的双链 cDNA 片段，再与适当的载体分子重组后，引入相应宿主细菌的细胞中，形成含有重组体 DNA 分子的细胞克隆群体。如果此群体中只贮存某基因组的部分 cDNA，则称为部分 cDNA 文库。cDNA 文库的一个克隆子包含一个基因的全部编码序列，不含内含子，也不含转录启动子和终止子的核苷酸序列。因此从 cDNA 文库中获得的目的基因在其两侧必须组装上转录启动子和终止子等元件。为获得某基因所需构建 cDNA 文库的最小值，可按以下经验公式估算：

$$N=\ln(1-P)/\ln(1-f)$$

式中，N 表示 cDNA 文库必需的克隆子数；P 表示文库中含目的基因 cDNA 片段的期望出现概率，一般为 99%，即 0.99；f 表示某种 mRNA 的拷贝数与总 mRNA 数的比值。

用于构建 cDNA 文库的载体主要有质粒和 λ 插入型载体。

（三）目的基因的筛选

含目的基因的克隆子只是基因组文库或 cDNA 文库中数以万计克隆子中的一个，所以要想获得目的基因必须从文库中筛选分离出含有目的基因的特定克隆子。筛选分离的方法很多，常用的筛选方法有核酸分子杂交法和免疫结合法。

1．核酸分子杂交法　根据目的基因已知的核苷酸制备核酸探针，对文库的一系列克隆子的 DNA 分子进行杂交，能杂交的克隆子就含有目的基因（阳性克隆子），进一步对阳性克隆子重组 DNA 进行测序，确定待分离的目的基因。

2．免疫结合法　筛选表达型 cDNA 文库中的目的基因。采用针对目的基因编码的特定蛋白质的抗体（一抗），与目的蛋白结合，发生抗原-抗体反应，再用标记的二抗与一抗结合发生水解反应，产生有颜色的产物。

第四节　受 体 细 胞

一、受体细胞的概念与受体类型

受体细胞（recipient cell）也叫宿主细胞，最初是指在细菌基因转移过程中，接受遗传物质的菌株或细胞；现在在转基因植物和转基因动物实验中也广泛使用受体细胞这一概念，因此，我们将接受遗传物质的细胞统称为受体细胞。它能摄取外源 DNA 并使其稳定存在，具有重要的理论价值和应用价值。其中原核细胞是分子克隆中主要的和常采用的受体细胞。尽管基因工程表达系统已经从大肠杆菌扩大到酵母、昆虫、植物和哺乳动物细胞，且近年来也已出现很多新型的真核表达系统，但由于对大肠杆菌的了解甚多，自 20 世纪 70 年代以来，大肠杆菌一直是基因工程中应用最为广泛的表达系统。

基因工程通常将构建的目的基因转染到原核生物细胞表达系统（大肠杆菌）和真核生物细胞表达系统（酵母、哺乳动物细胞和昆虫细胞）来实现重组 DNA 的扩增和表达。

（一）原核生物细胞表达系统

原核生物细胞表达系统的优点：①大部分原核生物细胞没有纤维素组成的坚硬细胞壁，便于外源 DNA 的导入。②没有核膜，染色体 DNA 没有固定结合的蛋白质，这为外源 DNA 与裸露的染色体 DNA 重组减少了麻烦。③基因组小，遗传背景简单，便于对引入的外源基因进行遗传分析。例如，大肠杆菌的遗传背景和生理特性已研究得相当彻底，已有很多不同抗药性、不同营养依赖型和不同校正突变型的菌种供选择应用，可以根据不同的载体而选择不同的菌种。④繁殖迅速，实验周期短，重复实验快。因此，原核生物细胞普遍作为受体细胞用来构建基因组文库和 cDNA 文库，或者用来建立生产某种目的基因产物的工程菌，或者作为克隆载体的宿主菌。

原核生物细胞表达系统一般采用大肠杆菌，其表达系统可以采用直接表达、融合蛋白表达和分泌型表达三种不同的表达方式。大肠杆菌细胞的分子环境和折叠机制等与真核细胞有很大的差异，表达产物不具有天然蛋白质构型，要通过代谢工程或进化的方法来改造细胞，减少大肠杆菌表达系统的局限性，提高产物的活性。通常表达产物积聚在细菌的包涵体内，要将细菌破碎提取后，分离纯化，并经蛋白质复性加工，才能成为具生物活性的产品。另外，枯草芽孢杆菌也是工业上常用的基因工程宿主。

利用原核生物克隆真核生物的基因易于操作，易于对克隆片段进行体外改造，为研究真核生物基因的结构与功能提供了方便。但也存在一定的问题，原核生物细胞中难以研究某些特有的功能，如真核基因的修饰、DNA 与细胞分裂的关系、细胞的特异性分化问题等。此外，细菌本身产生的热源、内毒素不易除去，产品难纯化；蛋白质的高水平表达常形成包涵体，提取和纯化步骤烦琐，而且蛋白质复性困难，易出现肽链的不正确折叠等。因此，某些情况下有必要将真核生物的基因重新放回到真核细胞中进行研究。

（二）真核生物细胞表达系统

真核生物和原核生物无论在形态或基因表达调控上都存在明显的差别，主要表现在：①真核生物由多细胞组成（除低等真核生物酵母、藻类和原生动物），具有明显的细胞分化和细胞核。②真核细胞的一条成熟的 mRNA 链只能翻译出一条多肽，不存在原核生物的多基因顺反形式。③真核细胞的基因组存在大量的重复序列和基因内不被翻译的内含子，使得一个完整的基因被这些序列隔开为若干段，因此转录成的大分子的 RNA 必须经过细胞内的加工才能形成成熟的 mRNA。由此看来，在真核生物中进行基因克隆不同于原核生物。

真核生物细胞具备真核基因表达调控和表达产物加工的机制，作为受体细胞表达真核基因优于原核生物细胞。目前，真菌细胞、哺乳动物细胞和昆虫细胞是被广泛运用的真核生物受体细胞。

1．真菌细胞表达系统 真菌细胞表达系统除了真核细胞共有的特性外，还具有以下优点：①基因结构相对简单，基因表达调控机制研究得比较清楚，便于基因工程操作。②培养简单，适于大规模发酵生产，成本低廉。③外源基因表达产物能分泌到培养基中，便于产物的提取和加工。④不产生毒素，是安全的受体细胞。

真核表达系统中，酵母菌是主要的受体细胞，一般采用酿酒酵母或巴斯德毕赤酵母，其表达水平介于细菌与哺乳动物细胞之间。酿酒酵母表达系统有一定的局限性，如缺乏强有力的启动子、分泌效率差、表达菌株不够稳定和表达质粒易于丢失等。20 世纪八九十年代人们又发展了一个高效的真核表达系统——巴斯德毕赤酵母表达系统。该系统能进行蛋白质翻译后修饰加工，糖基化程度低，毕赤酵母中加到翻译蛋白上的糖链长度与酿酒酵母相比短得多，仅为酿酒酵母的 20%。

丝状真菌作为基因工程菌，有着与细菌、酵母不同的独特优势，具有强大的分泌酶类等蛋白质的能力，可形成与哺乳动物一致的糖基化结构（GlcNac2Man5）；黑曲霉、米曲霉等丝状真菌是确认的安全生产菌株，并有成熟的发酵和后处理工艺，因此是较理想的异源基因表达系统。工业上用于异源蛋白表达的丝状真菌生产菌株主要是黑曲霉（*Aspergillus niger*）、米曲霉（*A. oryzae*）、里氏木霉（*Trichoderma reesei*）、泡盛曲霉（*A. awamori*）、构巢曲霉（*A. nidulans*）、臭曲霉（*A. foetidus*）、酱油曲霉（*A. sojae*）、长枝木霉（longibrachiatum）等，丝状真菌异源表达肌醇六磷酸酶、天冬氨酸蛋白酶的产量可达工业化生产的水平，利用泡盛曲霉表达牛凝乳酶原（bovine prochymosin）已在食品应用中工业化生产。

2．哺乳动物细胞表达系统 常用的几种用于表达重组蛋白的细胞株有中国仓鼠卵巢细胞（CHO 细胞）、骨髓瘤细胞株（如 Sp2/0 和 J558L）、COS 细胞株和 293 细胞株等。哺乳动物细胞表达系统的表达水平仅为细菌表达量的 5%，但与其他系统相比，哺乳动物细胞表达系统的优势在于能够指导蛋白质的正确折叠，提供复杂的 N 型糖基化和准确的 O 型糖基化等多种翻译后加工功能，其表达产物在分子结构、理化特性和生物学功能方面最接近于天然的高等生物蛋白质分子。起初人们多采用生殖细胞、受精卵细胞或胚胎细胞作为基因工程的受体细胞，获得了一些转基因动物。近年来，由于对干细胞的深入研究和多种克隆动物的获得，表明动物的体细胞同样可以用作转基因的受体细胞。

3．昆虫细胞及其幼体表达系统 昆虫细胞表达系统原理是通过转座作用将转移载体中的表达组件定点转座到能在大肠杆菌中增殖的杆状病毒穿梭载体（bacmid）上，通过抗性和蓝白斑筛选到重组穿梭质粒，提取穿梭质粒 DNA 转染昆虫细胞后，得到的子代病毒即重组病毒；将病毒上清浸染昆虫细胞，获得表达的重组蛋白。杆状病毒是一类闭合环状双链病毒，病毒粒子呈杆状，以昆虫为主要宿主，具有高度特异的宿主范围；对脊椎动物和植物均无致病性，而且经重组后的病毒因失去多角体保护而在自然界的生存能力很弱，被认为是安全的载体，因此又被称为昆虫杆状病毒系统。昆虫细胞及其幼体表达系统具有哺乳动物细胞与细菌表达系统的优点，具有良好的翻译后修饰功能，表达产物接近天然的蛋白质构型，能够对重组蛋白进行定位；能用于表达来自病毒、细菌、真菌、植物和动物的几乎所有蛋白质，并且能表达带有内含子的外源基因。

二、受体细胞的选择

DNA 重组技术最终的目的是使外源基因得以扩增和表达，而外源基因的扩增和表达必须借助于活细胞内的酶、底物和各种因子才能实现，所以受体细胞是重组技术不可缺少的条件。选择适宜的受体细胞是基因实现克隆和高效表达的前提。

重组技术发展之初，人们担心若将癌基因等有害基因转入大肠杆菌，然后进行转移，将会导致严重后果。鉴于这种潜在的危险性，在此后的实验中使用的受体细胞都需要进行遗传处理，使之丧失感染寄生性和对外源 DNA 分子的降解作用，以确保环境安全和较高的转化效率。经诱变手段处理过的受体细胞需具备下列条件。

1．避免外源 DNA 被修饰和降解 野生型细菌具有针对外源 DNA 的限制和修饰系统。如果将从大肠杆菌 C600 株中提取的质粒 DNA，用于转化大肠杆菌 K12 株，后者的限制系统便会切开未经自身修饰系统修饰的质粒 DNA，使之不能在细胞中有效复制，因此转化效率很低。同样，来自不同生物的外源 DNA 或 DNA 重组转化野生型大肠杆菌，也会遇到受体细胞限制系统的降解。因此应选择限制缺陷型的受体细胞，如具有 $hsdR^{-}$遗传表型的大肠杆菌各株均丧失了降解外源 DNA 的能力，同时大大增加了外源 DNA 的可转化性。

2．无重组能力，重组 DNA 分子能稳定维持和表达 未经处理的细菌在转化过程中体内染色体 DNA 可与外源 DNA 分子发生同源重组反应，这个过程是自发进行的。受体细胞必须选择体内同源重组缺陷型的遗传表型。

3．具有较高的可转化性 用于基因工程的受体细胞必须对 DNA 重组分子具有较高的可转化性，这种特性主要表现在细胞壁和细胞膜的结构上。利用遗传诱变技术可以改变受体细胞壁的通透性，从而提高其转化效率。在用噬菌体 DNA 载体构建的 DNA 重组分子进行转染时，受体细胞膜上还必须具有噬菌体的特异性吸附受体，如对应于 λ 噬菌体的大肠杆菌膜蛋白 LamB 等，才能将重组的外源 DNA 转染到受体细胞内。

4．含有与载体中选择性标记相匹配的基因型，便于重组子的筛选 受体细胞必须具有与载体所携带的选择标记互补的遗传性状，才能使转化细胞的筛选成为可能。例如，若载体 DNA 上含有氨苄青霉素抗性基因（Amp^{r}），则所选用的受体细胞应对这种抗生素敏感，当重组分子转入受体细胞后，载体上的标记基因赋予受体细胞抗生素的抗性特征，以区分转化细胞与非转化细胞。

5．感染寄生缺陷型，无致病性，不会对外界环境造成生物污染 相当多的细菌对其他生物，尤其是人和牲畜，具有感染和寄生效应，DNA 重组分子导入这些细菌受体后，极有可能随着受体菌的感染寄生作用，进入生物体内，并广泛传播。因此从安全的角度上考虑，受体细胞不能具有感染寄生性，必须符合安全标准。通常工程菌的生长必须依赖人工的培养基，在自然界不能独立生存，对于有害基因的克隆，受体细胞应有更高的安全要求。

受体细胞选择的另一重要方面是受体细胞种属的确定。对于以改良生物物种为目的的基因工程操作而言，受体细胞的种属没有选择的余地，待改良的生物物种就是受体；但对外源基因的克隆与表达来说，受体细胞物种的选择至关重要，它直接关系到基因工程的成败。

第五节　重组基因的导入和筛选

一、重组基因的导入

1944 年，Avery 证明了 DNA 进入肺炎双球菌细胞后能引起遗传性状的转化；20 世纪 60 年代初，Mandel 和 Higa 发现冰预冷后的 $CaCl_2$ 溶液可将外源 DNA 转入细胞。此后，许多转移方法相继建立。不通过其他媒介（如病毒）将外源重组 DNA 导入受体菌体内，在菌体内稳定维持和表达以改变其遗传性状的过程称为转化（transformation）。将病毒 DNA 或病毒重组 DNA 直接导入受体细胞（大多是真核细胞），称为转染（transfection）。由于转染效率不高，因此将重组噬菌体 DNA 或柯斯质粒体外包装成有侵染性的噬菌体颗粒，借助这些噬菌体颗粒将重组 DNA 分子导入受体细胞的技术称为转导（transduction）。

按照基因导入的方式可分为物理学、化学和生物学导入等方法，具体采用哪种方式，应根据选用的载体和受体细胞类型而定。

（一）基因导入的物理学方法

基因导入的物理学方法是利用物理学原理使细胞膜发生暂时性变化，从而使外源基因进入细胞内以达到基因转移的目的。当前常用的物理学方法有基因枪法（gene gun）、原核显微注射法（microinjection）和电穿孔法（electroporation）等。

1．基因枪法　基因枪法又称为微抛射物撞击法或颗粒加速法等。其原理是将 DNA 吸附到微小（直径约为 1.2μm）的高黏度金属颗粒（钨或金）上，在一种特制的颗粒加速装置作用下，将这些颗粒高速射向细胞或组织中，以实现外源 DNA 的转移。它首先利用金属颗粒对外源 DNA 进行包裹，然后再利用放电作用使金属颗粒加速并射入宿主细胞，从而达到基因转移的目的。颗粒加速装置主要是通过化学爆炸、电爆炸、压缩气体的释放或通过高压氦气等方法产生气体冲击力从而使颗粒加速。

2．原核显微注射法　原核显微注射法又称为 DNA 显微注射法，即通过显微注射仪将外源 DNA 直接注射到靶细胞核内，从而达到基因导入的目的。一般情况下，用于显微注射的受体细胞主要是体积较大的受精卵细胞，体细胞也可作为受体细胞进行基因转移的研究。这种方法的特点是 DNA 用量极少，每个细胞仅需 10^{11}mL 的注射体积，不需要载体。直接转移的目的基因长度可达 100kb；外源基因的导入整合效率较高，注入受体细胞核内的外源基因中大约有 25%能整合到受体细胞的染色体中并稳定表达。这种方法可以直接获得纯系，实验周期短；但需要贵重精密仪器，技术操作难度较大。

3．电穿孔法　电穿孔法是通过高压电场的短暂作用使细胞膜上出现可逆性的微小孔洞，从而使外源 DNA 通过此孔洞进入细胞内。该方法已经被广泛应用于不同类型细胞的基因转移，如细菌、酵母、动物及植物细胞。这一技术可将 150kb 的 DNA 大分子转入灵长类动物的细胞中。该方法操作简单，重复性好，对酵母细胞和细菌来说，转移效率远远高于化学方法。值得注意的是，电穿孔转移效率主要取决于受体细胞类型。

（二）基因导入的化学方法

1．氯化钙转移法　将快速生长的大肠杆菌置于经低温（0℃）预处理的低渗氯化钙溶液中，细胞膨胀成球形，同时 Ca^{2+}会使细胞膜磷脂双分子层形成液晶结构，诱导细胞成为感受态细胞（competent cell），细胞膜通透性发生变化，极易与外源 DNA 相黏附并在细胞表面形成抗脱氧核糖核酸酶的羟基-磷酸钙复合物。42℃下做短暂的热刺激（90s），细胞膜的液晶结构会发生剧烈扰动，并随机出现许多间隙，外源 DNA 就可能被细胞吸收。进入细胞的外源 DNA 分子通过复制、表达，实现遗传信息的转移，使受体细胞出现新的遗传性状。

2．碱金属离子转移法　1983 年，科学家研究发现碱金属离子（Li^{+}、Na^{+}、Rb^{+}、Cs^{+}）能较好地诱导酿酒酵母菌产生感受态，特别是 LiCl 和 LiAc。一些不适于用原生质体转化又对裂合酶（lyase）敏感或抗性强的酵母细胞利用此方法的效果较好。

3．脂质体转染法　脂质体是由磷脂双分子层组成的人工膜状结构。阳离子脂质体表面带正电荷，能与核酸的磷酸根通过静电作用将 DNA 分子包裹入内，形成 DNA-脂复合体，通过膜的融合或细胞的内吞作用，DNA 传递进入细胞。

4．磷酸钙共沉淀法或 DEAE-葡聚糖转染法　磷酸钙共沉淀法是先将 DNA 和 $CaCl_2$ 混合，然后加入 PBS 中慢慢形成 DNA 磷酸钙沉淀，通过细胞膜的内吞作用摄入 DNA。而 DEAE-葡聚糖，是一种高分子质量的多聚阳离子试剂，与带负电的核酸结合后接近细胞膜而被摄取，实现瞬时的有效表达。

（三）基因导入的生物学方法

传统基因导入方法的共同缺点是基因转移效率偏低，表达水平不高，这在真核细胞的基因转移中更为突出。20 世纪 80 年代后期，真核细胞基因导入技术得到了明显的改进与完善，最引人瞩目的成就就是动物转基因病毒载体技术。该方法是将外源基因插入改造后的病毒基因组中，把病毒包装成有感染力的复制缺陷型假病毒颗粒，通过假病毒颗粒感染靶细胞将外源基因转入靶细胞中或整合到靶细胞基因组中，从而形成稳定表达的转基因细胞。这种方法能显著提高基因转移的效率，有效地将外源基因导入靶细胞或受体菌中，克服了重组 DNA 技术和基因治疗中基因转染效率低的制约，大大地推进了重组 DNA 技术在生物工程、农业、医学和环保领域的广泛应用。

病毒载体技术有以下几个特点：①病毒基因组结构相对简单，易于操作和改造；②整合细胞能够有效地识别病毒基因组中的启动子，外源基因可在哺乳动物细胞中表达；③病毒载体进入包装细胞后，在辅助病毒的协同下，可获得相当高的病毒滴度；④病毒的外壳蛋白能够识别特异的细胞受体，用不同的外壳蛋白包装病毒颗粒可将外源基因特异地导入靶细胞基因组中；⑤病毒载体转染效率高，几乎可达 100%，转基因效率高。

常用的病毒载体有反转录病毒载体、腺病毒（adenovirus）载体、单纯疱疹病毒（herpes simplex virus，HSV）载体和腺伴随病毒（adeno-associated virus，AAV）载体等。

二、目的基因单克隆的分离和筛选

在 DNA 分子克隆中，通常将导入外源 DNA 分子后能稳定存在的受体细胞称为转化子（transformant），而含有重组 DNA 分子的转化子被称为重组子（recombinant）。如果重组子中含有外源目的基因则又称目的重组子或期望重组子。

重组子的筛选具有两层含义：把携带有外源插入 DNA 片段的克隆挑选出来；把携带有特定外源插入片段的重组子挑选出来。以下根据载体类型、受体细胞特性的变化、外源 DNA 分子本身的特性等，介绍不同的筛选方法。

（一）遗传学检测方法

遗传学检测方法是重组子筛选过程中最初的检测步骤。重组子的表征来源于载体所携带的标记和重组子结构特性，根据这两类表征对重组子进行初步的筛选。

1．抗药性筛选法　在构建 DNA 文库时所采用的载体通常携带有某些选择性标记或表型特性。由于质粒载体的 DNA 分子携带特定的抗药性标记基因（表 3-2），转化受体菌后能使之在含有相应选择药物的培养基上正常生长，而不含质粒 DNA 分子的受体菌则不能存活，即在培养基中施加合适的选择压力，使转化子显现（长出菌落或噬菌斑），而非转化子隐去（不生长）。

表 3-2　筛选大肠杆菌转化子的部分抗生素抗性基因和相应的选择药物

选择标记基因	选择药物及其浓度（终浓度）
β-丙酰胺酶基因（*Bla* 或 Ap^r、Amp^r）	氨苄青霉素（Ap、Amp），30～50μg/mL
氯霉素酰基转移酶基因（*Cat* 或 Cm^r）	氯霉素（Cm、Cmp），30μg/mL
卡那霉素抗性基因（*Kn* 或 Kan^r）	卡那霉素（Kn、Kan），5μg/mL
四环素抗性基因（*Tc* 或 Tet^r）	四环素（Tc、Tet），12.5～15.0μg/mL
链霉素抗性基因（*Sm* 或 Str^r）	链霉素（Sm、Str），25μg/mL

2．营养缺陷型筛选法　如果载体分子上携带有某些营养成分（如氨基酸或核酸等）的生物合成基因，而受体细胞因该基因突变不能合成这种生长所必需的营养物质，则两者构成了营养缺陷型的正选择系统。将待筛选的细菌培养物涂布在缺少该营养物质的合成培养基上，长出的菌落即转化子，而重组子的筛选仍需要第二个选择标记，并通过插入灭活的方式进行第二轮筛选。

3．噬菌斑筛选法　以 λDNA 载体克隆基因，多用体外包装形成完整噬菌体颗粒转导受体细胞的方法。DNA 重组分子经体外包装后转染受体菌，转化子在固体培养基平板上被裂解形成噬菌斑，而非转化子正常生长，很容易辨认。如果在重组过程中使用的是取代型载体，则噬菌斑中 λ 噬菌体即为重组子，因为空载的 λDNA 分子不能被包装，在常规的转染实验中不会进入受体细胞产生噬菌斑。在插入型载体的情况下，由于空载的 λDNA 已大于包装下限，所以也能被包装成噬菌体颗粒并产生噬菌斑，此时筛选重组子必须启用载体上的标记基因，如 *LacZ'*等。当外源 DNA 片段插入 *LacZ'*基因内时，重组噬菌斑无色透明，而非重组噬菌斑则呈蓝色。

4．探针重组筛选法　许多原核细菌在体内可发生同源序列之间的高频重组整合，探针重组筛选模型正是根据大肠杆菌 DNA 的同源整合原理设计的，它能在大量的噬菌体重组子中直接分离出含有目的基因的期望重组子。

首先将含有目的基因内某段序列的 DNA 片段（探针）重组入 πVX 质粒上，构建探针重组质粒。πVX 是由 ColE1 复制子衍生出的 902bp 小质粒，携带有 tRNA 校正基因 *supF*。

探针重组质粒转化易于发生同源重组的大肠杆菌受体细胞，外源 DNA 片段则与头部包装蛋白基因存有一个无义突变的 λDNA 载体重组，经体外包装后转染上述含有 πVX 重组质粒的大肠杆菌。只有携带目的基因 DNA 片段的 πDNA 重组分子才能在受体菌中与 πVX 重组质粒上的探针序列发生同源整合，并获得完整的 πVX 质粒拷贝，包括 *supF* 基因。在上述大肠杆菌中繁殖的噬菌体经分离后感染另一种无校正功能（*sup0*）的大肠杆菌，由于这种大肠杆菌不含 πVX 质粒，因此只有整合了 πVX 重组质粒的期望重组子才能繁殖，并形成噬菌斑。

5．显色模型筛选法　显色反应是指可以在平板上或膜上直接显示出重组克隆。很多克隆载体内装配有 β-半乳糖苷酶基因部分区段（*LacZ'*）、荧光酶基因等，这些基因作为报告基因，以菌落或噬菌斑的颜色指示 DNA 重组是否已经成功。

许多大肠杆菌的载体质粒上含有 *LacZ'*标记基因，利用 α 互补原理，杂合的 β-半乳糖苷酶可将无色的 5-溴-4-氯-3-吲哚-D-半乳糖苷（X-gal）底物水解成蓝色产物。当外源 DNA 片段插到位于 *LacZ'*基因内部的多克隆位点上时，生长在含有 X-gal 的平板上的重组子因 *LacZ'* 基因的插入灭活而呈白色，非重组子则显蓝色，由此构成颜色选择模型。

显色标记基因通常只用于筛选重组子，而转化子的选择则主要利用抗药性标记或营养缺陷型标记，上述两种质粒除了 *LacZ'*外都含有 Amp^r 选择标记基因。

6．报告基因筛选法　报告基因是某种生物的特定基因，装配在载体上成为载体结构的一部分，具有指示功能。报告基因技术是通过把已确定的顺式调控序列剪切到报告基因上来控制基因的活性，这些反应元件可以对宿主细胞中基因调控和表达的变化起反应，从而就可以直观地“报告”细胞内与基因表达有关的信号级联。通过快速测定，“报告”外源基因是否已经重组到载体中，判断外源基因是否已成功地导入宿主细胞（器官或组织），或者在宿主细胞中是否表达。

作为报告基因应满足以下几点要求：①报告分子（报告基因的产物）应不存在于原有宿主细胞中，或者易与内源性基因产物相区别；②报告分子易被检测；③启动报告分子表达应有很宽的信号范围，以便分析启动子活性的幅度变化；④报告基因的表达必须不改变受体细胞本来的生理活动。

目前，基因工程中常用的报告基因有萤光素酶（luciferase，luc）、绿色荧光蛋白（green fluorescent protein，GFP）、β-半乳糖苷酶（β-galactosidase，β-gal）、分泌性碱性磷酸酶（secreted alkaline phosphatase，SEAP）和氯霉素乙酰转移酶（chlormnphenicol acetyltransferase，CAT）等。

（二）依赖于重组子结构特征分析的筛选方法

1．菌落快速裂解鉴定法　快速裂解菌落鉴定分子大小是在遗传学初筛的基础上，对阳性克隆进行的进一步筛选和检测。从平板上直接挑取一些阳性菌落，细胞裂解，不需要酶切，直接进行凝胶电泳。根据阳性菌落中载体与重组载体 DNA 之间大小的差异比较，判断是否有插入片段的存在。

2．限制性内切酶酶切图谱分析　从转化菌中随机选少量菌落，快速提取质粒，用合适的限制性内切酶和凝胶电泳进行酶切图谱分析，判断是否有外源 DNA 插入，确定外源 DNA 长度和插入的方向，以便筛选和鉴定重组子。

3．PCR 筛选重组克隆　利用载体内克隆位点两侧有固定的已知序列这一特性，设计一对 PCR 引物。例如，pGEM 载体中，多克隆位点两侧分别是 SP6 和 T7 启动子序列，可设计与 SP6 和 T7 启动子序列互补的一对引物。快速分离小量的重组 DNA，进行 PCR 分析，如果在凝胶电泳中出现可扩增的 DNA 片段，片段大小又与预期一致，则表明该克隆为阳性重组子，并可用 PCR 直接进行 DNA 测序。这是一种快速而灵敏的检测方法。

（三）外源基因表达产物检测法

如果克隆在受体细胞中的外源基因编码产物是蛋白质，则可通过检测这种蛋白质的生物功能或结构来筛选和鉴定期望重组子。使用这种方法的前提条件是重组分子必须含有能在受体细胞中发挥功能的表达元件，也就是说外源基因必须表达其编码产物，且受体细胞本身不具有这种蛋白质的功能。

1．蛋白质凝胶电泳法 从重组克隆中分别制备蛋白质粗提液，以非重组子作对照，进行蛋白质凝胶电泳。如果克隆在载体质粒上的外源基因能高效表达，则会在凝胶电泳图谱上出现新的、与预期分子质量一致的蛋白质带，根据这一现象可以初步鉴定重组子。

2．蛋白质生物功能检测法 某些外源基因编码具有特殊生物功能的酶类或活性蛋白质（如 α-淀粉酶、葡聚糖内切酶、β-葡萄糖苷酶、蛋白酶及抗生素抗性蛋白等），设计简单灵敏的平板模型即可迅速筛选出上述蛋白质编码基因克隆的期望重组子。

例如，淀粉酶基因表达的淀粉酶可将不溶性的淀粉水解成可溶性的多糖或单糖，在固体筛选培养基中加入适量的淀粉，则平板呈不透明状，待筛选的重组菌落若能表达 α-淀粉酶并将之分泌到细胞外，由于酶分子在固体培养基中的均匀扩散作用，会以菌落为中心形成一个透明圈。如果透明圈不明显，还可对培养平板均匀喷洒碘水气溶胶，使之形成蓝色本底，以增强期望重组子克隆与非期望重组子克隆之间的颜色反差，易于辨认。

3．免疫检测法 免疫检测法是以目的蛋白为抗原，用对应的特异性抗体鉴定重组子的方法。这种方法的前提条件是外源基因在受体细胞中必须表达出具有正确空间构象的蛋白质产物，同时应具备与之相对应的特异性抗体。常用的方法是免疫印迹法（Western blotting）和免疫沉淀（immunoprecipitation）。

免疫印迹法是将蛋白质电泳、印迹和免疫测定结合在一起的检测方法。提取转化子菌落总蛋白质，通过 SDS-聚丙烯胺凝胶电泳分离，印迹转移到固相膜上，采用对特定蛋白质的专一抗体和标记的第二抗体进行反应，显色检测呈阳性，则表明为重组子。免疫印迹可以鉴定混合物中特殊蛋白质的存在，也能对该蛋白质进行粗略的定量分析。

免疫沉淀是首先在蛋白质内标记蛋白质，用标记的氨基酸培养细胞。然后标记细胞匀浆，使特殊标记的蛋白质结合到直接抗该蛋白的特异性抗体或抗血清上。抗体-蛋白质复合物与第二抗体或蛋白质 A 共沉淀，后者耦合了树脂磁珠，可在低速离心下沉淀。

第六节　PCR 技术

一、PCR 的基本原理

1983 年美国科学家 Kary Mullis 驱车在蜿蜒的洲际高速公路上行驶时产生了聚合酶链反应（polymerase chain reaction，PCR）技术的想法，1988 年 Saiki 等从温泉中分离的一株水生嗜热杆菌（*Thermus aquaticus*）中提取到一种耐热 DNA 聚合酶，并将此酶命名为 *Taq* DNA 聚合酶（*Taq* DNA polymerase）。此酶的发现使 PCR 方法得到了广泛性应用，并成为遗传与分子分析的根本性基石。

PCR 的基本工作原理是以拟扩增的 DNA 分子为模板，以一对分别与模板互补的寡核苷酸片段为引物，在 DNA 聚合酶的作用下，按照半保留复制的机制沿着模板链延伸直至完成新的 DNA 合成。不断重复这一过程，可使目的 DNA 片段呈指数扩增。PCR 包括 7 种基本成分：模板 DNA、特异引物、热稳定 DNA 聚合酶、脱氧核苷三磷酸（dNTP）、二价阳离子、缓冲液及一价阳离子。PCR 的基本反应由三个步骤组成：①变性，通过加热使模板 DNA 完全变性成单链，同时引物自身和引物之间存在的局部双链也得以消除；②退火，将温度下降至适宜温度，使引物与模板 DNA 退火结合；③延伸，将温度升高，热稳定 DNA 聚合酶以 dNTP 为底物催化合成新生 DNA 链延伸。以上三步为一个循环，PCR 扩增所需的循环数取决于反应体系中起始的模板拷贝数及引物延伸和扩增的效率。一旦 PCR 反应进入几何级数增长期，反应会一直进行下去，直至某一成分成为限制因素。对于 *Taq* DNA 聚合酶，在一个含有 10^5 个拷贝的靶序列的反应体系中进行 30 次循环后就能达到理想状态。

二、常用 PCR 技术

（一）反转录 PCR

反转录 PCR（reverse transcription PCR，RT-PCR）是一种从细胞 RNA（mRNA）中高效灵敏地扩增 cDNA 序列的方法，它由两大步骤组成：一步是反转录（RT），另一步是 PCR。获得总 RNA 或 mRNA 后，即可进行 RT-PCR。首先，在反转录酶作用下将 RNA（mRNA）反转录成 cDNA，即以 oligo(dT)、随机六聚寡核苷酸或基因特异序列为引物与 mRNA 杂交，然后由 RNA 依赖的 DNA 聚合酶（反转录酶）催化合成相应互补的 cDNA 链。然后，以该 cDNA 第一链为模板进行 PCR 扩增，根据靶基因设计用于 PCR 扩增的基因特异的上下游引物，基因特异的上游引物与 cDNA 第一链退火，在 *Taq* DNA 聚合酶作用下合成 cDNA 第二链。再以 cDNA 第一链和第二链为模板，用基因特异的上下游引物 PCR 扩增获得大量的 cDNA。另外在扩增 cDNA 时，还可设计含有限制性酶切位点的引物以便在 cDNA 末端添加限制性酶切位点，以便以后进行克隆操作。

RT-PCR 是目前从组织或细胞中获得目的基因和对已知序列的 RNA 进行定性及半定量分析最有效的方法。为区分 PCR 产物是由 cDNA 还是由基因组 DNA 扩增而来，通常选择不同外显子上的序列作引物，这样由基因组 DNA 扩增而来的 PCR 产物的长度要比 cDNA 扩增而来的长。当比较不同样品间基因表达水平时，PCR 反应不应到达平台期，而应尽可能减少 PCR 反应循环数，使 PCR 产物在线性范围内扩增。当 RT-PCR 产物多于一条，可能有两种原因：一种是细胞内该基因转录产物由于不同剪接产生一种以上的 mRNA；另一种是包含非特异扩增（图 3-7）。

（二）实时荧光定量 PCR

实时荧光定量 PCR（real-time quantitative polymerase chain reaction，real-time qPCR）由美国 Applied Biosystems 公司首先推出，所谓 real-time qPCR 是指在 PCR 反应中加入荧光基团，

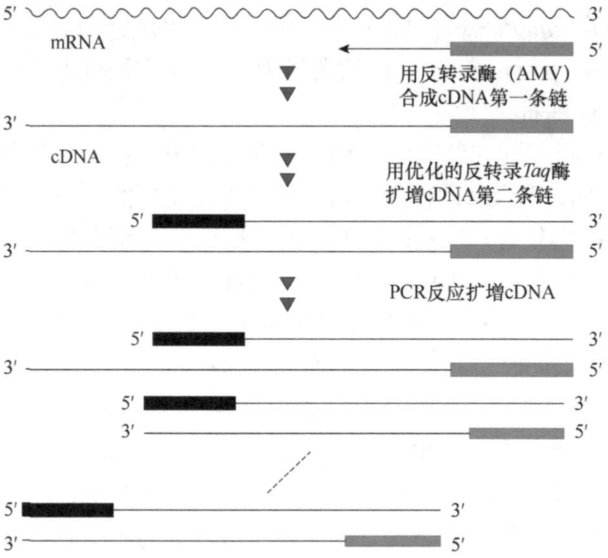

图 3-7　RT-PCR 反应步骤

通过连续监测荧光信号出现的先后顺序及信号强弱的变化，即时分析目的基因的初始量，该技术的发明实现了 PCR 从定性到定量的飞跃。根据 real-time qPCR 所使用荧光化学物质不同，将其分为荧光染料和荧光探针两类。

荧光染料也称为 DNA 结合染料，目前主要使用的染料分子是 SYBR Green Ⅰ，SYBR Green Ⅰ能与 DNA 双链的小沟特异性结合，游离的 SYBR Green Ⅰ几乎没有荧光信号，但结合双链 DNA 后，其荧光信号可呈数百倍的增加。因此，SYBR Green Ⅰ的荧光信号强度与双链 DNA 的数量相关，可以根据荧光信号检测出 PCR 体系存在的双链 DNA 数量。

最常用的荧光探针为 TaqMan 探针，在普通 PCR 原有的一对特异性引物基础上，增加了一条特异性的荧光双标记探针，其 5′端标记报告荧光基团，3′端标记淬灭荧光基团的寡核苷酸，当探针保持完整时，这两个基团的空间距离非常接近，构成荧光能量传递（FRET）关系，这时荧光报告基团发出的荧光信号被荧光淬灭基团吸收，不能被检测到。当 PCR 反应进行到延伸阶段时，*Taq* DNA 聚合酶在引物的引导下合成新链。当链延伸至探针结合部位时，*Taq* 酶的 5′→3′外切活性将探针水解成单核苷酸，使得报告荧光基团和淬灭荧光基团相互分开，FRET 关系被破坏，荧光淬灭基团的抑制作用解除，与此同时，标记在探针上的报告基团游离出来，随后 *Taq* DNA 聚合酶继续使新链延伸，形成完整的新链。这样，PCR 进行一个循环反应，就水解一条探针，也释放了相应数量荧光基团，因此，切割的荧光分子数与 PCR 产物的数量成正比。随着 PCR 的进行，荧光信号逐渐增强，荧光定量检测仪采集到这个信号后，进行数据分析。根据 PCR 反应体系的荧光强度即可计算出初始 DNA 模板的数量（图 3-8）。

（三）PCR-DGGE/TGGE

变性梯度凝胶电泳（denatured gradient gel electrophoresis，DGGE）最初是 Lerman 等于 20 世纪 80 年代初期发明的，起初主要用来检测 DNA 片段中的点突变。Muyzer 等在 1993 年首次将其应用于微生物群落结构研究。后来又发展出其衍生技术，温度梯度凝胶电泳（temperature gradient gel electrophoresis，TGGE）。

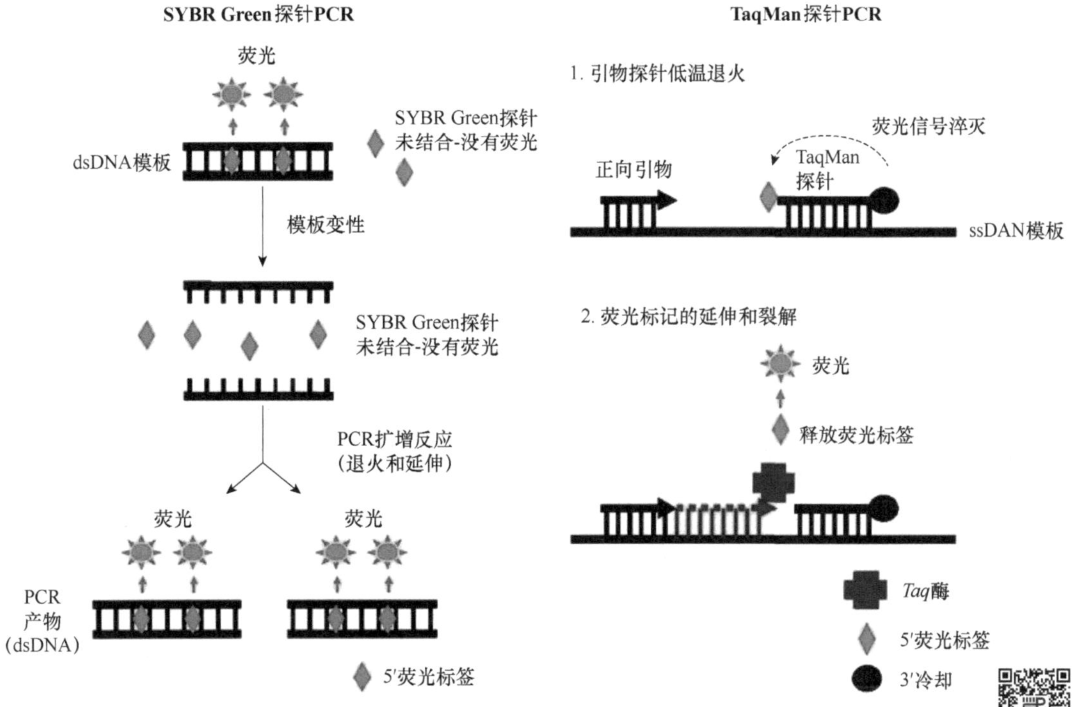

图 3-8　SYBR Green、TaqMan 探针 PCR 原理图

双链 DNA 分子在一般的聚丙烯酰胺凝胶电泳时，其迁移行为取决于其分子大小和电荷。不同长度的 DNA 片段能够被区分开，但同样长度的 DNA 片段在胶中的迁移行为一样，因此不能被区分。由于这种变性具有序列特异性，因此 DGGE 能将同样大小的 DNA 片段很理想地分开。PCR-DGGE 技术是把 30～50 个 GC 碱基组成的核苷酸链加在其中一条引物的 5′端，通过 PCR 扩增目的基因，使扩增产物的一端含有 GC 碱基即 GC 夹子。GC 夹子为扩增片段中 T_m 值最高的区域，其他部分由于所含碱基不同，T_m 值不同。将带有 GC 夹子的 DNA 片段放入变性剂（尿素和甲酰胺）呈线性梯度增加的聚丙烯酰胺凝胶中电泳，当它到达其变性要求的最低浓度变性剂（此变性剂浓度的变性效果相当于 DNA 片段中最低解链温度区域的 T_m 值）处，双链 DNA 部分解链呈分枝状，这就导致其迁移速率变慢，最终停顿。只要 DNA 片段中有一个碱基发生变异，就会导致碱基间的协同效应，从而引起 T_m 值的改变。因此泳动受阻 DNA 分子停留在凝胶中不同位置，使不同 DNA 分子得以分离（图 3-9）。

（四）锚定 PCR

锚定 PCR（anchored PCR）常用于扩增已知一端序列的目的 DNA。锚定 PCR 的一条引物是根据已知序列设计的序列特异性引物，另一条是根据序列的共同特征设计的非特异性通用性引物，在其中一端起到附着的作用，故称为锚定引物，与锚定引物结合的序列则称为锚定序列。通过人工合成的特定序列连接到 DNA 片段上作为锚定序列，称为连接锚定 PCR（ligation anchored PCR）。同聚物也是锚定 PCR 中的常用引物，由于成熟 mRNA 3′端大多有一段 polyA 尾巴，利用这一特征可以设计一段 oligo（dT）作为锚定引物，以 cDNA 为模板通过锚定 PCR 扩增特定基因，称为互补锚定 PCR（complementary anchored PCR）（图 3-10 和图 3-11）。

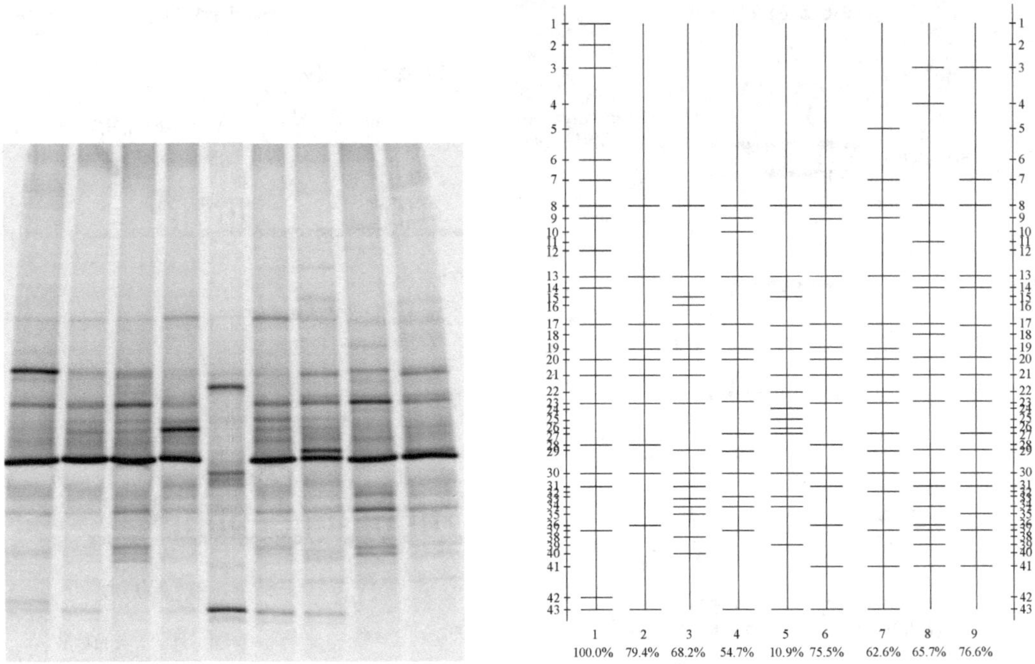

图 3-9　DGGE 胶图及条形图

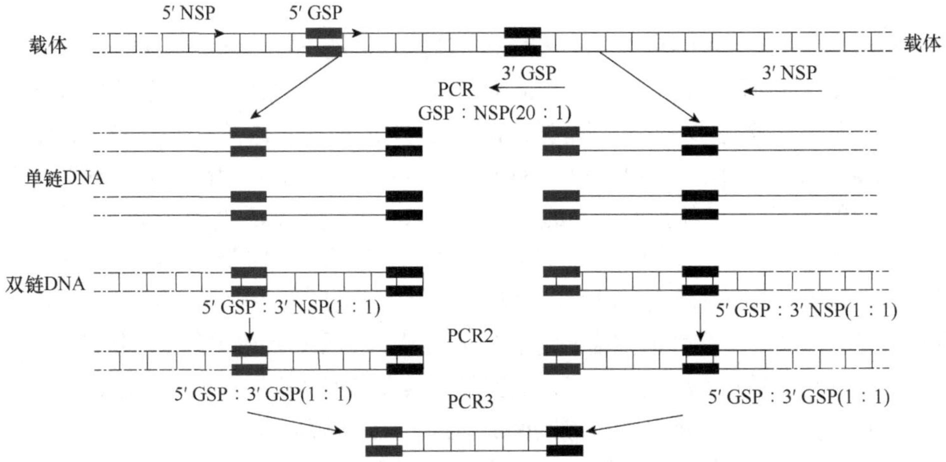

图 3-10　通过连接锚定 PCR 从基因文库中快速扩增已知序列两翼片段图（引自郝迪萩等，2010）

GSP 为基因特异性引物；NSP 为非特异性引物

（五）重组 PCR

重组 PCR（recombinant PCR）是指把两个不相邻的 DNA 片段重组在一起的 PCR 技术，其策略大致可以分为三类（图 3-12）：重叠延伸拼接（splicing by overlap extension，SOE）、跳跃 PCR（jumping PCR，JPCR）和 DNA 重排（DNA shuffling）。

SOE 技术是将 2 个或多个基因片段通过一个基因片段的 3′端与另一个基因的 5′端的互补，利用重叠延伸的方法进行高效和快速的体外基因片段拼接和突变的一种 PCR 技术。起始模板包含 2 个基因片段（来自于同一个基因或不同基因），且两个基因之间有 20bp 左右的重叠区域；

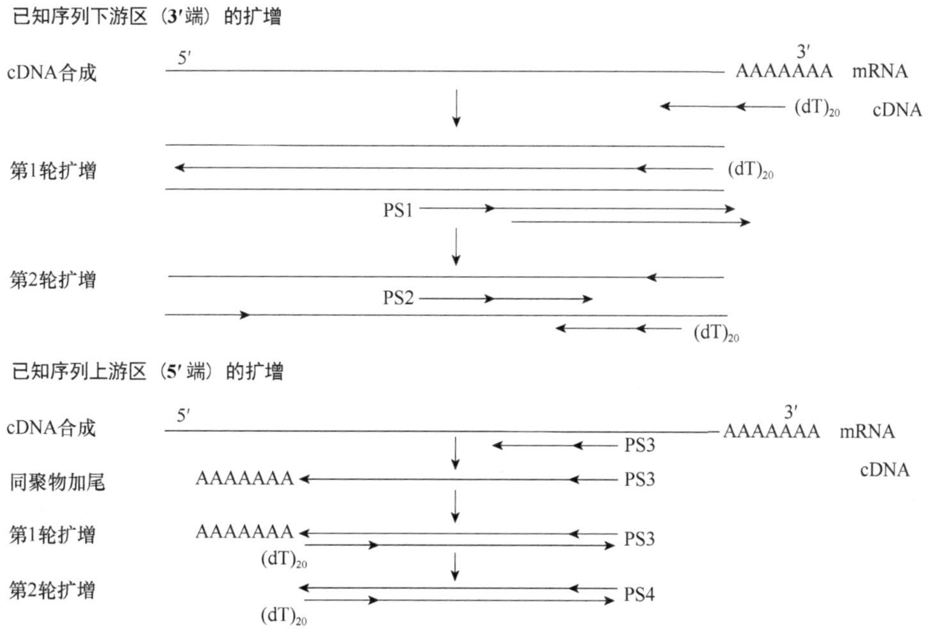

图 3-11　用互补锚定 PCR 直接扩增已知序列的上下游基因

PS 为特异性引物

有 4 条引物，其中上游基因的下游引物部分序列与下游基因的上游引物部分序列互补，又称为重叠互补引物，而重叠互补引物的设计是 SOE 技术成功的关键。此技术不需要内切酶消化和连接酶处理，能够快速获得其他依靠限制性内切酶消化的方法难以得到的产物，在基因的定点突变、融合基因的构建、长片段基因的合成、基因敲除及目的基因的扩增等方面有其广泛而独特的应用。

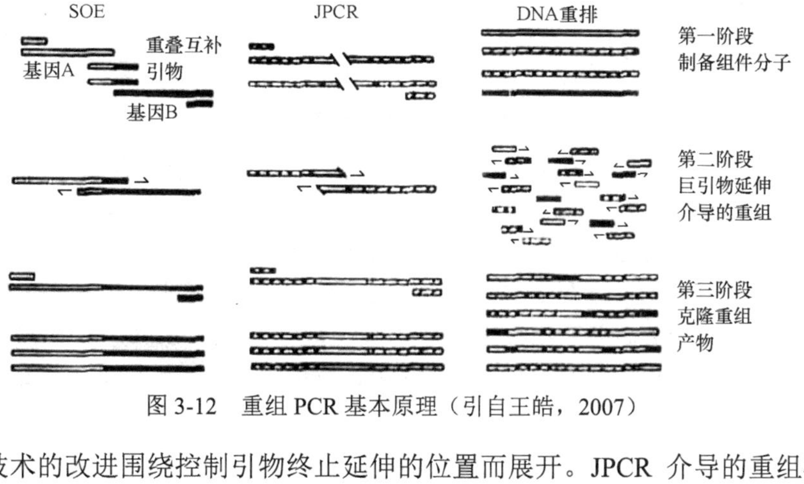

图 3-12　重组 PCR 基本原理（引自王皓，2007）

JPCR 技术的改进围绕控制引物终止延伸的位置而展开。JPCR 介导的重组存在依赖于序列结构的位置偏好性，如在 DNA 模板断裂处、紫外线损伤和脱嘌呤位点及一些可能形成二级结构的区域、容易被 *Taq* 酶降解活性识别并切割的位点附近，延伸中的引物在这些部位更容易发生跳跃。

DNA 重排是体外定向分子进化的重要手段，利用 DNase Ⅰ将基因或基因家族打断成一定大小的片段，在 PCR 的复性过程中，利用片段间具有的部分同源性发生错配，错配的片段互为模板进行延伸。这些基因在延伸中因为错配引入了突变，通过重组使基因融合，从而创造了新的基因。

第七节 分子杂交技术

一、分子杂交技术原理及发展历程

分子杂交（molecular hybridization）是利用分子间特异性结合的原理，即待测单链核酸或蛋白质分子与已知序列的单链核酸或抗体（称为探针）间通过碱基配对或免疫反应形成可检出信号，根据信号对核酸或蛋白质进行定性、定量分析的一项技术，主要包括核酸杂交和蛋白质杂交。

核酸杂交技术是 Hall 等在 1961 年开始研究的。该法的原理是探针与靶序列在溶液中杂交，通过平衡密度梯度离心分离杂交体，检测靶序列的含量；该方法费时、费力且不精确。20 世纪 60 年代中期，Nygaard 等的研究为应用标记 DNA 或 RNA 探针检测固定在硝酸纤维素（NC）膜上的 DNA 序列奠定了基础。进入 70 年代，固相化的 polyU-Sepharose 和 oligo（dT）-纤维素使人们能从总 RNA 中分离 polyA$^+$mRNA，用于检测 mRNA 的表达量。各种载体系统的诞生，尤其是质粒和噬菌体载体的构建，使特异性 DNA 探针的来源变得十分丰富。还可以从基因组 DNA 文库和 cDNA 文库中获得特定基因克隆，只需培养细菌，便可提取大量的探针 DNA；而用非放射性物质代替放射性同位素标记探针使得核酸杂交技术越来越简便、安全。

蛋白质杂交严格来说不是真实意义上的分子杂交，蛋白质杂交是利用抗原-抗体特异性结合为基础的生物技术，即蛋白质探针（如抗体）与特异靶分子是通过混合力（疏水作用、离子和氢键）的作用在少数特异位点上的结合来识别蛋白质，再通过一系列显影手段，对蛋白质进行定性定量研究。

二、核酸分子杂交

核酸分子杂交是指具有互补碱基序列的单链核酸分子，通过碱基对之间非共价键（主要是氢键）形成稳定的双链区。杂种分子的形成并不要求两条单链的碱基序列完全互补，所以不同来源的核酸单链只要彼此之间有一定程度的互补序列（某种程度的同源性）就可以形成杂种双链。使单链聚合为双链的过程称为退火或复性。

核酸分子杂交按杂交中单链核酸所处的状态可分为固相、液相和原位三类。前两类方法都要求预先从细胞中分离并纯化杂交用的核酸，原位（分子）杂交实际上属于固相杂交范畴，但被检核酸未经抽提，且近年来被广泛应用，发展出众多衍生技术，因此单独分为一类进行介绍。

（一）固相杂交

在固相杂交中，一种核酸分子被固定在不溶性的介质上，如硝酸纤维素滤膜、羟基磷灰石柱、琼脂和聚丙烯酰胺凝胶等，另一种核酸分子则处在溶液中，两种介质中的核酸分子可以自由接触进行杂交，未杂交的游离片段可容易地漂洗除去。常用的固相杂交类型有 Southern 印迹杂交、Northern 印迹杂交及斑点杂交等。

1．Southern 印迹杂交　Southern 印迹（Southern blot）杂交又称为凝胶电泳压印杂交技术，1975 年由英国科学家 E. M. Southern 创建。该方法是利用琼脂糖凝胶电泳分离经限制性内切酶消化的 DNA 片段，将胶上的 DNA 变性并在原位将单链 DNA 片段转移至尼龙膜或其他固相支持物上，经干烤或者紫外线照射固定，再与相对应结构的标记探针进行杂交，用放射自显影或酶反应显色，从而检测特定 DNA 分子的含量（图 3-13）。

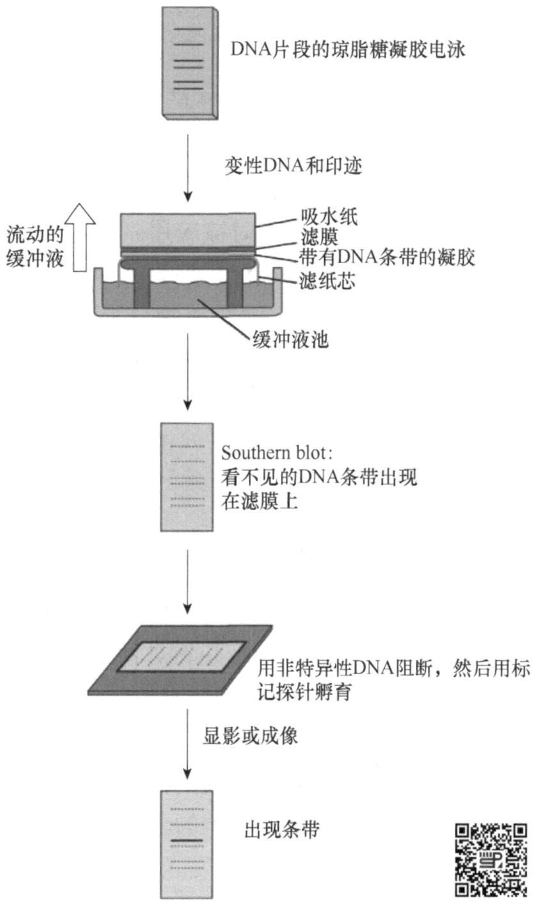

图 3-13　Southern 印迹杂交示意图

为了有效地实现 DNA 的转移和杂交，需对电泳凝胶做预处理，即把电泳凝胶浸泡在 0.25mol/L 的 HCl 溶液处理之后，移至碱性溶液中浸泡，再用中性 pH 的缓冲液中和凝胶中的缓冲液。预处理有两个目的：首先，分子质量超过 10kb 的较大的 DNA 片段与较短的小分子质量 DNA 相比，需要更长的转移时间，所以为了使 DNA 片段在合理的时间内从凝胶中移动出来，必须将最长的 DNA 片段控制在大约 2kb 以下，通过低浓度盐酸的脱嘌呤作用使嘌呤碱基（腺嘌呤或鸟嘌呤）与其核苷酸的糖组分之间的 β-*N*-糖苷键断裂，DNA 的大片段被打成缺口以缩短其长度；其次，使用碱性溶液，通过破坏双链 DNA 分子的氢键使双链 DNA 分子变性，从而使分子变为单链状态而易于和探针发生杂交作用。需要注意的是，当 pH 大于 9.0 时 DNA 不会与硝酸纤维素结合，因此中和碱处理过的凝胶是必不可少的。

2．Northern 印迹杂交　Northern 印迹（Northern blot）杂交最初由 J. C. Alwine 等提出，将电泳凝胶中的 RNA 转移到叠氮化的或其他化学修饰的活性滤纸上，通过共价交联作用使它们结合，用于研究特定类别的 RNA 分子的表达模式（丰度和大小）。因其方法同 Southern 印迹杂交十分相似，故称之为 Northern 印迹杂交。

尽管 Northern blot 与 Southern blot 原理相似，但有几点不同。首先，第一步从组织或细胞中提取的是 mRNA 而不是 DNA，由于 RNA 分子较小，在转移前无须进行限制酶切割；其次，RNA 分子相对于 DNA 分子而言，片段较小，不需要进行脱嘌呤预处理；最后，RNA 变性一般采用甲基氢氧化银、乙二醛或甲醛，而不用 NaOH，因为 NaOH 会水解 RNA 的 2′-OH 基团。

3．斑点杂交　斑点杂交是指将待测的 DNA 变性后点加在硝酸纤维素膜（或尼龙膜、NC 膜）上，用已标记的探针进行杂交，洗膜（除去未接合的探针），放射自显影，判断是否有杂交及其杂交强度大小，主要用于基因缺失或拷贝数改变的检测。这种方法耗时短，可做半定量分析，一张膜上可同时检测多个样品。

（二）液相杂交

液相杂交是一种研究最早且操作较复杂的杂交类型，就是将待测核酸单链与标记的核酸探针同时溶于杂交溶液中，通过探针与待测核酸的互补序列形成杂交双链，从复性动力学数据的分析可探知真核生物基因组结构的大致情况，如各类重复序列的含量及分布情况等。在过去的几十年里虽有时被应用，但不如固相杂交普遍。常用的液相杂交技术主要包括吸附杂交、发光液相杂交、液相夹心杂交和复性速率液相分子杂交等。

1．吸附杂交 液相核酸分子吸附杂交又包括羟基磷灰石（hydroxyapatite，HAP）吸附杂交、亲和吸附杂交及磁珠吸附杂交。

1）HAP 吸附杂交 羟基磷灰石层析或吸附是液相杂交中最早使用的方法，在液相中杂交后，DNA：DNA 杂交双链在低盐条件可特异地吸附到 HAP 上，通过离心使吸附有核酸双链的 HAP 沉淀，再用缓冲液离心漂洗几次 HAP，然后将 HAP 置于计数器上进行放射性计数。

2）亲和吸附杂交 生物素标记 DNA 探针与溶液中过量的靶 RNA 杂交，杂交物吸附到酰化亲和素包被的固相支持物（如小球）上，用特异性抗 DNA：RNA 杂交物的酶标单克隆抗体与固相支持物上的杂交物反应，加入酶显色底物。这个系统可快速（2h）检测 RNA。

3）磁珠吸附杂交 应用吖啶酯（acridinium ester）标记 DNA 探针，探针和靶 DNA 杂交后，杂交物可特异地吸附在磁化的有孔小珠（阳离子磁化微球体）上，溶液中的磁性小珠可用磁铁吸出，经过简单的漂洗步骤，吸附探针的小珠可用化学发光测定。

2．发光液相杂交 发光液相杂交方法又包括能量传递法和吖啶酯标记法。

1）能量传递法 Heller 等设计用两个紧接的探针，一个探针的一端用化学发光基团标记，另一个探针的一端用荧光物质标记。当探针与特异的靶杂交后，这些标记物靠得很近，一种标记物发射的光被另一种标记物吸收，并重新发出不同波长的光，调节检测器自动记录第二次发射光的波长。只有在两个探针分子靠得很近时，才能产生激发光，因此这种方法具有较好的特异性。

2）吖啶酯标记法 吖啶酯标记探针与靶核酸杂交后，未杂交的标记探针分子上的吖啶酯可以用专门的方法选择性除去，所以杂交探针的化学发光是与靶核酸的量成比例的。该法的缺点是检测的敏感度低（1ng 的靶核酸），仅适用于检测扩增的靶序列，如 rRNA 或 PCR 扩增产物。

3．液相夹心杂交

1）亲和杂交 在靶核酸存在下，两个探针与靶基因杂交，形成夹心结构。杂交完成后，杂交物可移到新的管或凹孔中，在其中杂交物上的吸附探针可结合到固相支持物上，而杂交物上的检测探针可产生检测信号。用生物素标记吸附探针、^{125}I 标记检测探针。

2）采用多组合探针和化学发光检测 第一类探针是未标记检测探针和液相吸附探针，它们有 50 个碱基长，其中含有 30 个细菌特异序列碱基和 20 个碱基的单链长尾；第二类探针是固相吸附探针，它可吸附在小珠或微孔板上。未标记检测探针的单链长尾用于结合扩增多体（标记探针），液相吸附探针和靶杂交物从溶液中分离并固定在小珠或微板上。典型的试验可有 25 个不同的检测探针和 10 个不同的吸附探针，第一个标记检测探针上附着很多酶（碱性磷酸酶或过氧化物酶），可实现未标记检测探针的扩增，使用化学发光酶的底物比用显色反应酶的底物敏感。这个杂交方法用于乙肝病毒、沙眼衣原体、淋球菌及质粒抗性的检测，敏感性能达到检测 5×10^4 双链 DNA 分子。

4．复性速率液相分子杂交　该方法的原理是细菌等原核生物的基因组 DNA 通常不包含重复序列，它们在液相中复性（杂交）时，同源 DNA 比异源 DNA 的复性速度要快，同源程度越高，复性速率和杂交率越快。利用这个特点，可以通过分光光度计直接测量变性 DNA 在一定条件下的复性速率，进而用理论推导的数学公式来计算 DNA-DNA 之间的杂交（结合）度。

（三）原位杂交

原位杂交组织（或细胞）化学（*in situ* hybridization histochemistry，ISHH）简称原位杂交（*in situ* hybridization），最初是由 Pardue、Gall 及 John 等在 20 世纪 60 年代开发的，指组织或细胞经适当处理后，使细胞通透性增加，让标记过的探针进入细胞内与 DNA 或 RNA 杂交，在原位检测组织细胞内特定核酸序列的方法。目前已被证明是确定杂交核酸染色体位置的有力工具，应用于病毒感染、基因定位、细胞遗传学、基因表达及产前诊断和发育等领域的研究。同时，为满足不同的研究目的，原位杂交也衍生出不同类别的方法，以下介绍几种常用的原位杂交方法。

1．原位 PCR 技术　原位 PCR（*in situ* PCR）技术就是将 PCR 技术的高效扩增与原位杂交的细胞定位结合起来，从而在组织细胞原位检测单拷贝或低拷贝的特定 DNA 或 RNA 序列。具体来说，就是将待检标本先经化学固定，以保持组织细胞的良好形态结构。细胞膜和核膜均具有一定的通透性，当进行 PCR 扩增时，各种成分，如引物、DNA 聚合酶、核苷酸等均可进入细胞内或细胞核内，以固定在细胞内或细胞核内的 RNA 或 DNA 为模板，于原位进行扩增。扩增的产物一般分子较大，或互相交织，不易穿过细胞膜或在膜内外弥散，从而被保留在原位。这样原有的细胞内单拷贝或低拷贝的特定 DNA 或 RNA 序列在原位以指数级扩增，扩增的产物就很容易被原位杂交技术检查。

原位 PCR 主要用于鉴定标准原位杂交不易检测的 DNA 序列。这些序列包括单拷贝基因、染色体易位和重排的细胞基因。原位 PCR 也可用于绘制中期染色体中拷贝数较低的基因组序列。然而，原位 PCR 存在扩增效率低和重复性差等问题。

引物介导的原位标记（primed *in situ* labeling）是一种快速、单步的靶向扩增方法。该方法在原位 PCR 技术的基础上进行了改进和拓展，采用单一引物延伸反应，将 *Taq* DNA 聚合酶介导的标记核苷酸结合到新合成的 DNA 中。引物介导的原位标记法操作简单、快速、成本合理，且可以识别易位及同一样本中人类端粒和多条染色体的染色，是原位 PCR 的替代选择，具有潜在的诊断应用价值。

原位转录（*in situ* transcription）是一种类似于引物介导的原位标记技术，通过在细胞中合成带有互补 mRNA 引物、反转录和标记核苷酸的标记互补 cDNA 来可视化 mRNA。

2．荧光原位杂交　荧光原位杂交（fluorescence *in situ* hybridization，FISH）是在放射性原位杂交技术的基础上发展起来的一种非放射性分子细胞遗传技术，以荧光标记取代同位素标记。其基本原理是如果被检测的染色体或 DNA 纤维切片上的靶 DNA 与所用的核酸探针是同源互补的，二者经变性-退火-复性，即可形成靶 DNA 与核酸探针的杂交体。将核酸探针的某一种核苷酸标记上报告分子如生物素、地高辛，可利用该报告分子与荧光素标记的特异亲和素之间的免疫化学反应，经荧光检测体系对待测 DNA 进行定性、定量或相对定位分析（图 3-14）。

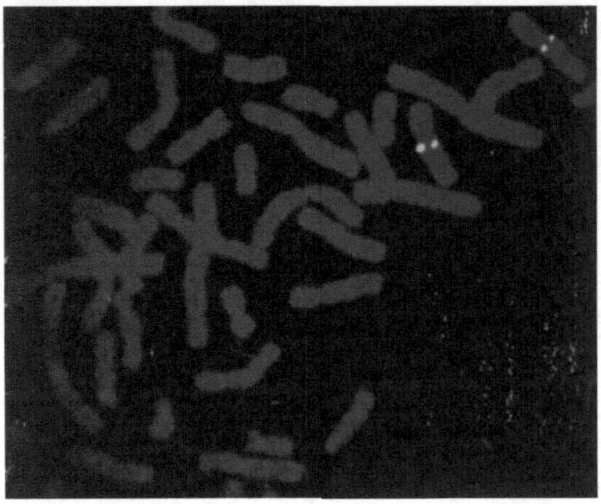

图 3-14　利用荧光探针通过原位杂交发现染色体上的基因

探针杂交的染色体位点在红色背景下显示为亮黄色的荧光点

荧光原位杂交最初用于染色体分类，但此后该技术被应用于医学和生物领域的研究。随着技术的不断改进及拓展，FISH 在方法上形成了从一种颜色到多种颜色、从中期染色体 FISH 到粗线染色体 FISH 再到 fiber-FISH 的发展趋势，灵敏度及分辨率有了大幅度提高。

1）*多色荧光原位杂交*　多色荧光原位杂交（M-FISH），“M”分别代表“multicolor”“multiplex”“multitar get”3 种类型。M-FISH 的原理是将多种不同荧光素标记的寡核苷酸探针按照碱基互补配对原则，与细胞学制片的特异核苷酸序列进行原位杂交，杂交后经洗涤处理，应用配备一组不同波段光谱滤光片的荧光显微镜和高度灵敏的成像仪捕获杂交信号，最终获得染色体异常的信息。由于使用了多种荧光素组合，因此一次检测可对多种探针信号进行检测成像（图 3-15）。

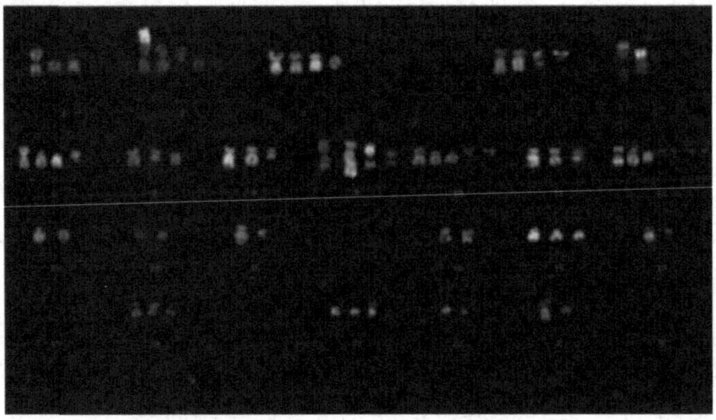

图 3-15　人肉骨瘤 U2SO 细胞系 M-FISH 分析

与其他原位杂交技术相比，M-FISH 的优点是：宜于多靶杂交，可对同一个细胞学制片进行多个探针杂交；能够一次性揭示全部的染色体数目和结构异常；能检测到传统显带方法不易发现的亚纤维染色体畸变。

2）*DNA 纤维荧光原位杂交技术*　Wiegant 等利用化学方法将染色体进行线性化，再以此线性化的染色体 DNA 作为载体进行 FISH，使 FISH 的分辨率显著提高，这就是 DNA 纤维荧光原位杂交（DNA fiber FISH）技术。

DNA fiber 荧光原位杂交的关键在于如何制备具有高分辨率且高质量的线性 DNA fiber。制备出的较为理想的 DNA 长度应与完全自然伸展的 DNA 纤维相近，并且断裂点应尽可能少。DNA 纤维荧光原位杂交技术能进行定量分析，所需模板量少且要求不高，具有分辨率高和灵敏度高等优点。

3）荧光免疫核型分析和间期细胞遗传学　荧光免疫核型分析和间期细胞遗传学（FICTION）是一种将荧光免疫核型分析和原位杂交相结合的方法，可以同时显示异种细胞群中单个肿瘤细胞的免疫表型和一定的基因变化。FICTION 具有诊断快速且可以再现的优点，适用于 FISH 分析前或后没有所需以前细胞样品的细胞学样本。FICTION 可用于分析血液肿瘤的系谱，更好地了解肿瘤病理组织。

3．显色原位杂交　显色原位杂交（CISH）能够检查基因扩增、基因缺失、染色体易位和染色体数目。这种方法使用传统的过氧化物酶或碱性磷酸酶反应，使用明场显微镜对福尔马林固定并包埋在石蜡中的组织进行观察。这些过氧化物酶或碱性磷酸酶标记的报告抗体与杂交的 DNA 探针相互作用，然后通过酶促反应进行观察。使用 CISH 可以同时查看组织形态和遗传异常。CISH 的优点是信号不会随着时间的推移而减弱、成本低、能够使用光学显微镜和永久染色。CISH 是 FISH 的合适替代方法，由于它使用明场显微镜，因此被病理学家广泛使用。

三、蛋白质杂交

蛋白质杂交也称为蛋白质免疫印迹（Western blot），是将电泳分离后的细胞或组织总蛋白质从凝胶转移到固相支持物 NC 膜或聚偏二氟乙烯（PVDF）膜上，然后用特异性抗体检测某特定抗原的一种蛋白质检测技术，由瑞士米歇尔·弗雷德里希生物研究所（Friedrich Miescher Institute）的 Harry Towbin 在 1979 年提出的。与 Southern blot 或 Northern blot 杂交方法类似，但 Western blot 法采用的是聚丙烯酰胺凝胶电泳，被检测物是蛋白质，“探针”是抗体，“显色”用标记的二抗。在免疫反应过程中，一抗与目标蛋白结合，再利用被生物素标记的二抗或 IgG 结合蛋白与已经附着在目标蛋白的一抗结合，实现目标蛋白显色（图 3-16）。

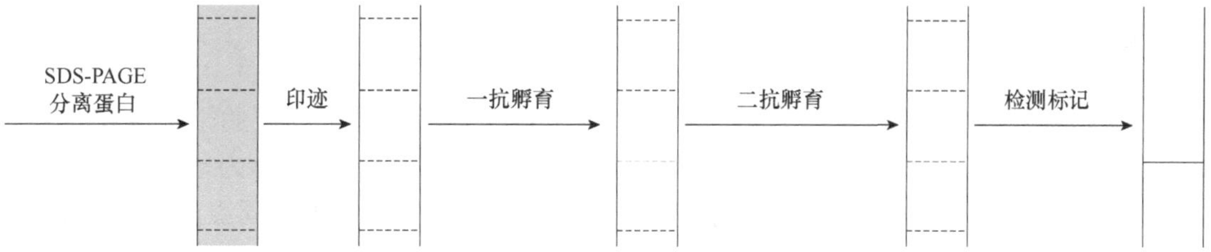

图 3-16　Western blot 示意图

四、生物芯片技术

生物芯片作为 20 世纪 90 年代中期发展起来的一个新的技术平台，是通过微缩技术，根据分子间特异性相互作用的原理，将生命科学领域中不连续的分析过程集成于硅芯片或玻璃芯片表面的微型生物化学分析系统，以实现对细胞、蛋白质、基因及其他生物成分的准确、快速、大信息量的检测。按照芯片上固化的生物材料的不同，可以将生物芯片划分为寡核苷酸芯片、蛋白质芯片、多糖芯片和神经元芯片，以下介绍寡核苷酸芯片及蛋白质芯片。

（一）寡核苷酸芯片

寡核苷酸芯片的主要原理与 cDNA 芯片类似，主要通过碱基互补配对原则进行杂交，来检测对应片段是否存在、存在量的多少。它与 cDNA 芯片的本质差别在于其固定的探针为特定的寡聚核苷酸片段。cDNA 芯片由于基因长短不同以致 T_m 值各异，众多的基因在同一张芯片上杂交，使得杂交条件很难统一，因此传统的 cDNA 芯片的分辨能力受到限制。寡聚核苷酸芯片序列选择经过优化，利用合成的一定长度（如 20mer、30mer、70mer 等）的寡核苷酸单链探针代替全长 cDNA 点样，制成芯片。主要优点包括：无须扩增，防止扩增失败影响实验；减少非特异杂交，能有效区分有同源序列的基因；杂交温度均一，提高杂交效率；减少二级结构。寡核苷酸芯片已广泛用于遗传变异扫描、分子条编码、基因表达检测及测序中。

（二）蛋白质芯片

蛋白质芯片（protein chip）技术的研究对象是蛋白质，其原理是对固相载体进行特殊的化学处理，再将已知的蛋白质分子产物（如酶、抗原、抗体、受体、配体、细胞因子等）固定其上，根据这些生物分子的特性，捕获能与之特异性结合的待测蛋白（存在于血清、血浆、淋巴、间质液、尿液、渗出液、细胞溶解液、分泌液等），经洗涤、纯化，再进行确认和生化分析。探针分子通常用荧光染料标记，探针和固定化蛋白质之间的任何反应都会发出荧光信号，并被激光扫描仪读取。蛋白质芯片是一种高通量的蛋白质功能分析技术，可用于蛋白质表达谱分析，研究蛋白质与蛋白质、DNA 与蛋白质、RNA 与蛋白质的相互作用，筛选药物作用的蛋白质靶点等。

第八节　基因敲除与编辑技术

一、基因敲除

生物界同源重组的发现，为基因靶向技术奠定了理论基础，而胚胎干细胞技术的发展，促进了基因靶向技术的应用。基因敲除（gene knock out）又称为基因靶向（gene targeting），是将外源 DNA 与受体细胞基因组中相同或相近的基因发生同源重组，使某一基因失去活性的方法，其本质通过基因重组替换内源基因。基因敲除技术是建立在基因同源重组技术和胚胎干细胞技术基础上的一种新分子生物学技术。

基因敲除可分为完全性基因敲除、条件性基因敲除、诱导性基因敲除等。

（一）完全性基因敲除

完全性基因敲除是传统的基因敲除技术，是指通过细胞自身同源重组修复机制完全消除细胞或个体中的靶基因活性的方法。利用同源重组进行基因敲除的主要步骤如下。

（1）胚胎干细胞的分离培养。胚胎干细胞是进行基因敲除研究不可替代的材料。

（2）基因重组载体的构建。基因敲除技术的关键是设计和合成一个合适的靶载体（targeting vector）。靶载体由外源基因、靶基因同源序列及选择性标记基因［通常用遗传霉素磷酸转移酶基因 *Neo*^{r} 作（＋）选择标记，而单纯疱疹病毒的胸苷激酶基因 *HSV-tk* 作

（一）选择标记］组成。

（3）导入基因重组载体。通过基因转移技术，如显微注射、电穿孔及反转录病毒载体感染等方法将人工改造过的基因导入靶细胞小鼠的胚胎干细胞。

（4）筛选中靶细胞。同源重组的发生频率较低，必须从中筛选出被敲除的靶细胞，并去除随机插入的细胞。目前主要的筛选方法有 Southern 杂交、PCR 扩增、正负筛选策略（positive and negative selective system）和正向选择法等。采用正负筛选策略筛选重组阳性的细胞克隆，*Neo*^{r} 基因的产物使细胞具有遗传霉素（G418）抗性，而 *HSV-tk* 基因的产物则使丙氧鸟苷（GANC）变成毒性氨基酸，从而致死。当发生定点整合（同源重组）时，同源臂外侧的负向选择基因被切离，同源臂之间的正向选择基因整合入基因组，表现为 G418^r/GANC^r；当随机整合时，正向和负向选择基因都插入基因组内，表现为 G418^r/GANC^s。该系统用 G418 筛选所有能表达 *Neo*^{r} 基因的细胞，然后用 GANC 淘汰所有 *HSV-tk* 正常表达的细胞，剩下的细胞则为中靶的细胞。

（5）胚胎干细胞囊胚腔注射。用显微注射法将工程干细胞注射到小鼠的囊胚腔中，并移植到代孕母鼠子宫内，产下嵌合体小鼠。

（6）嵌合小鼠的出生与繁育。将雄性嵌合体小鼠与野生型小鼠交配，可获得基因敲除的纯合子小鼠（图 3-17）。

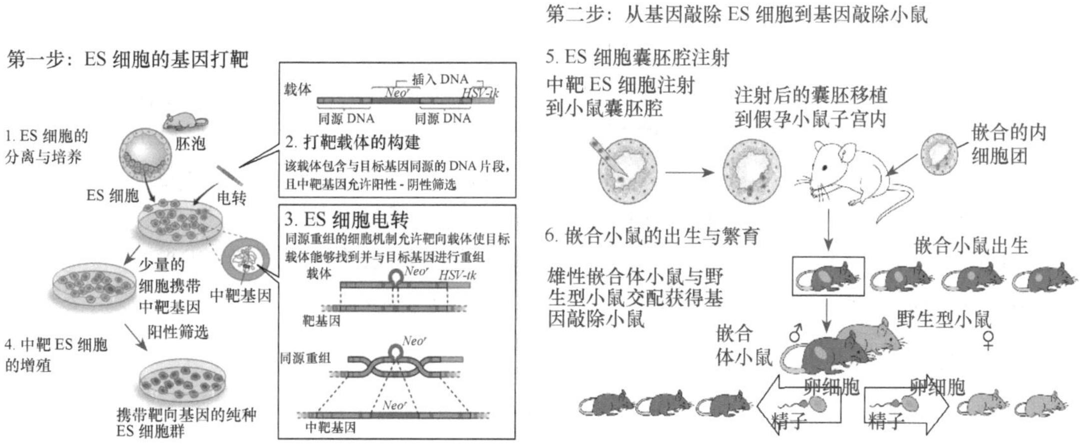

图 3-17　获得基因敲除小鼠的实验流程

（二）条件性基因敲除

相对于传统的完全性基因敲除，条件性基因敲除是在特定细胞类型或细胞发育的特定阶段敲除某一特定基因的技术。该技术使基因在时间和空间上的靶位修饰更加明确、精准，效果更加可靠，具备组织特异性、减少胚胎致死性的显著优势。目前常用的有 Cre-Loxp 重组系统、FLP-frt 重组系统等。Cre-Loxp 系统由 Cre 重组酶和其特定识别与作用位点 Loxp 两部分组成。Cre 重组酶来自 P1 噬菌体，是一种位点特异性重组酶，它不仅具有催化活性，而且与限制酶相似，能识别特异的 DNA 序列，可使 Loxp 位点间的基因序列敲除或发生重组。

在 Cre 重组酶介导下，Cre-Loxp 定位重组系统在细胞内和离体系统中有 3 种工作方式：①当 2 个 Loxp 位点方向相同时，重组反应的结果是 Loxp 位点之间的 DNA 片段被删除；

②当 2 个 Loxp 位点的方向相反时，Cre 重组酶介导的重组反应使 Loxp 位点之间的 DNA 片段倒位；③如果 2 个 Loxp 位点不在同一分子上，如一个质粒上带有 Loxp 位点，而在某个染色体上还有一个 Loxp 位点，那么在重组酶的介导下，质粒 DNA 便可整合到染色体中 Loxp 所在位置（图 3-18）。

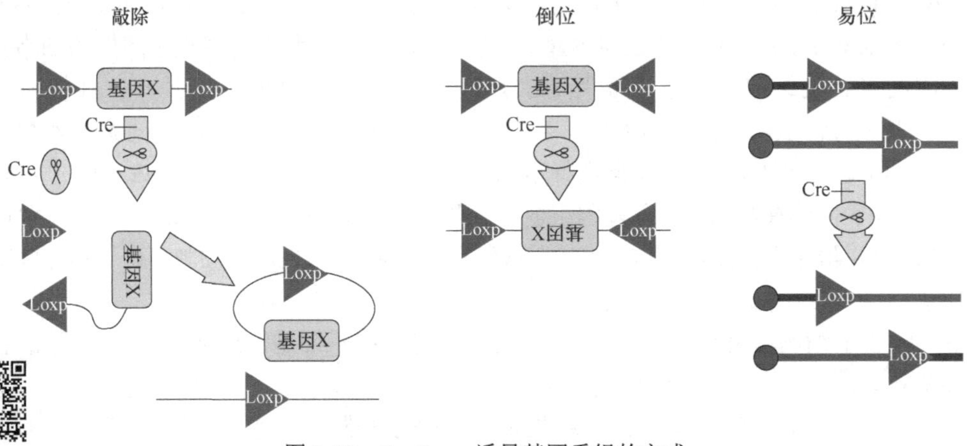

图 3-18　Cre-Loxp 诱导基因重组的方式

利用 Cre-Loxp 定位重组系统结合同源重组的基因打靶技术，可以产生时间或空间控制的条件型基因突变来修饰目的基因，实现一定条件下目的基因的替换或敲除。在构建敲除载体时，将标记基因放在靶基因内部，标记基因的两侧放上相同方向排列的 Loxp 序列，而后既可以在细胞水平用 Cre 重组酶表达质粒转染靶细胞，通过识别 Loxp 位点将抗性标记基因切除；也可以在个体水平上将打靶杂合子小鼠与 Cre 重组酶转基因小鼠杂交，筛选子代小鼠，就得到删除外源标记基因的条件性敲除小鼠，还可以将基因置于可诱导的启动子控制下，通过诱导表达 Cre 重组酶而将 Loxp 位点之间的基因切除（诱导性基因敲除），实现特定基因在特定时间或组织中的失活。

（三）诱导性基因敲除

诱导性基因敲除是以 Cre-Loxp 系统为基础，将基因置于可诱导的启动子控制下，通过诱导表达 Cre 重组酶而将 Loxp 位点之间的基因切除，该技术可以实现特定基因在特定时间或组织中的敲除，兼具时空调控性和组织特异性的双重优势，能更好地满足科研。

诱导性基因敲除技术主要由 Cre-Loxp 系统和诱导系统两个部分组成。诱导系统是指其所携带的 Cre 重组酶基因的表达或所表达的 Cre 重组酶活性具有可诱导特性的转基因动物，或 Cre 重组酶基因可定位表达的基因转移系统等。人们可以通过对诱导剂给予时间的预先设计的方式来对基因敲除的时空特异性进行人为控制，以避免出现死胎或动物出生后不久即死亡的现象。

常见的几种诱导性基因敲除类型有四环素诱导型、干扰素诱导型、激素诱导型、腺病毒介导型。

（四）利用 RNA 干扰引起的基因敲除

RNA 干扰（RNA interference，RNAi）是通过双链 RNA（double-strand RNA，

dsRNA）分子引起具有相同序列的 mRNA 发生降解来介导基因表达沉默现象，是生物体在进化过程中抵御病毒感染及防御重复序列和突变引起基因组不稳定的保护机制。RNAi 主要通过短干扰 RNA（short interfering RNA，siRNA）和短发夹 RNA（short hairpin RNA，shRNA）来调节基因表达。

RNA 干扰（图 3-19）是由一段与靶基因序列同源的 dsRNA 介导的。dsRNA 被 dsRNA 特异性内切核酸酶（dsRNA specific endonuclease，Dicer）加工成为一系列的小干扰 RNA（siRNA），siRNA 与核糖核酸酶复合体结合组成 RNA 诱导沉默复合物（RISC），即每个 RISC 都包含一个 siRNA 和一个不同于 Dicer 的 RNA 酶。RISC 的激活在 ATP 的存在下，按照碱基配对的原则识别靶基因转录出的 mRNA，siRNA 的解旋酶完成靶 mRNA 与 siRNA 正义链的互换，RNA 酶在 siRNA 的 3′端将 mRNA 裂解成 21nt 的 RNA 片段，特异性地抑制靶基因的表达。siRNA 还可作为引物，在 RNA 依赖性 RNA 聚合酶（RNA dependent RNA polymerase，RdRP）作用下以 mRNA 为模板，再次形成 dsRNA，dsRNA 又可被切割成 siRNA 进入上述循环。这种机制是循环放大的（正反馈的），迅速将该 mRNA 全部降解掉，导致目的基因的沉默，产生 RNA 干扰现象。

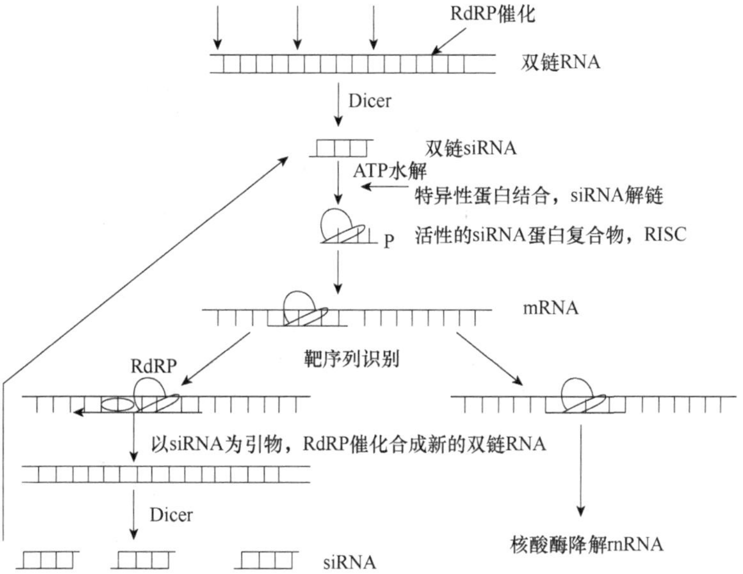

图 3-19　RNAi 作用机制

RNAi 具有特异性强、效率高、穿透性强等特点，但 RNAi 不能作用于所有基因和某些细胞类型（如神经元细胞），存在位置效应、临时性和不完全敲除的弊端。因此，RNAi 不能完全取代传统的基因敲除技术。

（五）利用基因捕获技术进行基因敲除

基因捕获技术是在基因组中插入一段含有报告基因的 DNA 载体，产生内源基因的失活突变，通过报告基因的表达提示插入突变的存在及突变内源基因的时空表达特点。目前，基因捕获技术已经成为建立高通量、大规模基因突变模型的一种便利手段。根据报告基因在载体中的位置及报告基因激活表达的方式，基因捕获技术包括三种类型：增强子捕获

（enhancer trap）、启动子捕获（promoter trap）和基因捕获（gene trap）。

基因捕获的一般流程包括：获取被捕获基因的胚胎干细胞（embryonic stem cell，ESC）；确定捕获载体在基因内的精确插入位点；证实捕获载体的插入及表达；提取野生型和基因捕获小鼠基因组 DNA，进行基因分型；分析被捕获基因内源性启动子活性获得被捕获基因在胚胎、器官、组织中的表达。

二、基因组编辑技术

基因组测序技术的迅猛发展使得我们从生物遗传信息的“读取”阶段进入后基因组时代，基因组的“改写”乃至“全新设计”正逐渐成为现实。基因组编辑（genome editing）技术是对生物体 DNA 断裂现象及其修复机制的应用，指通过核酸酶对靶基因进行定点改造，实现特定 DNA 的定点敲除、敲入及突变等，从而对基因组进行修饰的技术手段。利用该技术可以精确地定位到基因组的某一位点上，在此位点上剪断靶标 DNA 片段并插入新的基因片段。此过程既模拟了基因的自然突变，又修改并编辑了原有的基因组，真正达成了“编辑基因”。与传统的以同源重组和胚胎干细胞（embryonic stem cell，ES 细胞）技术为基础的基因靶向技术相比，以锌指核酸酶（zinc finger nuclease，ZFN）、转录激活因子样效应物核酸酶（transcription activator like effector nuclease，TALEN）和成簇规律间隔短回文重复序列/相关蛋白 9［clustered regularly interspaced short palindromic repeats（CRISPR）/Cas9］为代表的基因编辑新技术具有可定点修饰的特点，可应用到更多的物种上，效率更高，构建时间更短，成本更低。基因编辑技术既能够以突变基因代替正常基因来研究基因的功能，也能够以正常基因代替突变基因来进行基因治疗，因而在基因功能研究和疾病的基因治疗方面具有广阔的应用前景。目前，已经在酿酒酵母、拟南芥、斑马鱼、小鼠等多种模式生物和猪、猕猴中实现了目的基因组 DNA 的编辑，为这些生物中的功能基因研究做出了贡献（表 3-3）。

表 3-3　不同模式生物中基因组编辑技术的应用

物种	靶基因	研究内容	基因组编辑技术
酿酒酵母	*CAN1*	通过 CRISPR/Cas 技术在酿酒酵母中实现了 *CAN1* 基因的定点失活	CRISPR/Cas
拟南芥	*AB14*	突变体对脱落酸（ABA）和葡萄糖不敏感	ZFN
拟南芥	*ADH1*	通过 TALEN 技术在拟南芥原生质体中失活 *ADH1* 基因	TALEN
烟草	*SarA/SurB*	利用一对 ZFN 破坏烟草的 2 个同源基因	ZFN
烟草	*SarA/SurB*	利用 TALEN 技术转化烟草原生质体，同源重组率高达 4%	TALEN
水稻	*os1IN3*	敲除感病基因 *Os1IN3* 后提高了水稻的抗病性	TALEN
水稻	*cAol*	利用 CRISPR/Cas 在水稻中实现了基因的定点突变，效率达 80%以上	CRISPR/Cas
果蝇	*PASK*	利用直接注射 ZFN 的方法破坏果蝇胚胎细胞中的 *PASK* 基因	ZFN
果蝇	*Dmel*	通过 TALEN 实现果蝇中未知功能的转录因子 *Dmel* 基因的失活	TALEN
斑马鱼	*Kdra*	首次用 ZFN 技术在斑马鱼中实现靶基因的定点编辑	ZFN
斑马鱼	*TH*	将 TALEN 载体共同注射到斑马鱼卵细胞中实现靶基因的定点编辑	TALEN
斑马鱼	*Etsrp/GATA4/GATA5*	用 CRISPR/Cas 技术实现了在斑马鱼中的基因组编辑，突变率超过 35%	CRISPR/Cas
小鼠	*Mdrl a1.Jag 1 /Norch3*	在小鼠中实现 ZFN 技术介导的基因组编辑	ZFN
小鼠	*LR*	建立快速的 TALEN 技术方法敲除了小鼠中的瘦素受体基因 *LR*	TALEN

续表

物种	靶基因	研究内容	基因组编辑技术
小鼠	*Mecp2*	在小鼠中实现 CRISPR/Cas 技术介导的基因组编辑	CRISPR/Cas
大鼠	*IgMM/Rab38*	通过 ZFN 技术获得了基因敲除大鼠模型	ZFN
大鼠	*Mc4R*	利用 CRISPR/Cas 技术成功构建了 *Mc4R* 基因敲除大鼠模型	CRISPR/Cas
大鼠	*Tet1/Tet2/Tet3*	构建高达 100%的双等位基因纯合突变和 60%高效三基因同时敲除大鼠模型	CRISPR/Cas
猪	*eGFP*	在转基因猪中利用 ZFN 技术实现了外源基因插入	ZFN
猪	*vWF*	利用 CRISPR/Cas 技术在猪中实现基因组编辑，建立血管性血友病模型	CRISPR/Cas
猕猴	*Ppar-γ/Rag l*	利用 CRISPR/Cas 技术首次在灵长类动物中实现基因组编辑	CRISPR/Cas

（一）ZFN 技术

ZFN 技术即锌指核酸酶技术，锌指核酸酶是第一代基因组编辑技术，利用锌指（zinc finger，ZF）结构能够与相应的 DNA 序列发生特异性结合的这一特点，通过人工合成的方法，将锌指 DNA 结合域（zinc-finger DNA-binding domain）与 *Fok* Ⅰ 内切酶的 DNA 切割域（DNA cleavage domain）融合在一起，使其能够识别特定的结合位点并对靶 DNA 进行切割。

ZFN 由两部分组成：一部分是重复的锌指蛋白（zinc finger protein，ZFP），用于识别和结合特定的基因序列；另一部分是 *Fok* Ⅰ 核酸内切酶，可以通过二聚体化切割目的基因，并且可以切割真核基因组的任何识别序列（图 3-20）。

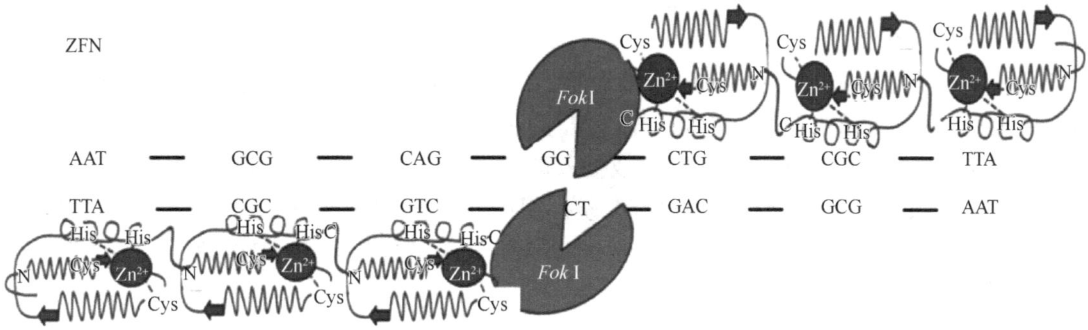

图 3-20　ZFN 的结构示意图

根据保守结构域的不同，可将锌指蛋白主要分为 C2H2 型、C4 型和 C6 型。C2H2 型锌指蛋白是由多个 Cys 和 His 残基通过 Zn^{2+}螯合而成的蛋白质结构，最早由诺贝尔化学奖获得者 Klug 在爪蟾转录因子ⅢA（TFⅢA）研究中发现，为 TFⅢA 的成分之一，也是迄今在真核生物基因组中分布最广且研究最多的一类锌指蛋白。这种锌指结构主要的模体序列是 $CX_{2\sim4}CX_3FX_5LX_2HX_{3\sim5}H$（F 为苯丙氨酸，Phe；L 为亮氨酸，Leu；X 为任意氨基酸），由 30 个氨基酸构成并围绕锌离子折叠成“ββα”结构，即 2 个反向 β 折叠和 1 个 α 螺旋，其中 2 个半胱氨酸和 2 个组氨酸残基结合 1 个锌离子形成 1 个稳定而紧密球性域。单个锌指的 α 螺旋插入 DNA 双螺旋的大沟，特异性识别 DNA 序列上 3 个连续碱基，并与之结合。每个锌指蛋白可特异性识别并结合 DNA 链上的 3 个连续碱基，1 个由 3 个及以上锌指组成的锌指蛋白域可结合 9 个及以上碱基长度的靶位点（图 3-21）。

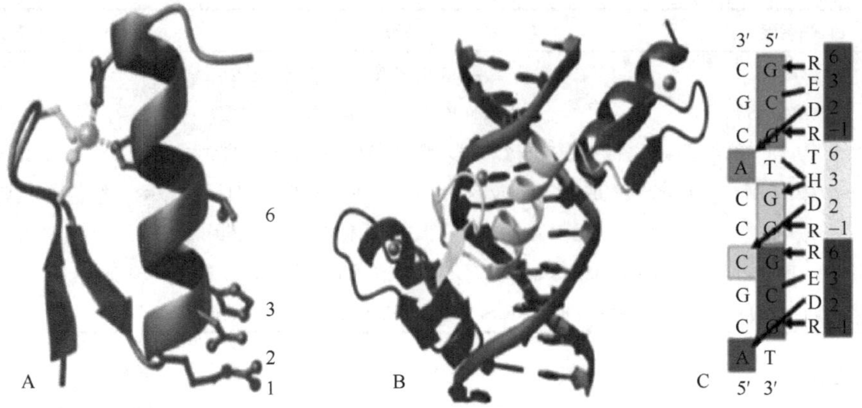

图 3-21　锌指结构及其结合 DNA 的示意图

A. 单个锌指的结构示意图（2 个反向 β 折叠和 1 个 α 螺旋），中间圆球为锌原子，1，2，3，6 为螺旋上侧链氨基酸的位置；B. 锌指结合 DNA 示意图，双螺旋结构为 DNA，锌指的 α 螺旋位于 DNA 的大沟内；C. 锌指结合基因碱基的示意图，箭头表示锌指蛋白氨基酸残基与 DNA 碱基靠氢键结合，短线表示蛋白氨基酸残基与 DNA 碱基靠范德瓦耳斯力结合

Fok Ⅰ是来源于海床黄杆菌（*Flavobacterium okeanokoites*）的一种限制性内切核酸酶，通过连接区连接到 ZFN 的 DNA 结合域的 C 端。一般使用的 *Fok* Ⅰ限制性内切核酸酶是ⅡS 型，由于 *Fok* Ⅰ与 DNA 的结合力不强，所以必须通过二聚体的形式才能发挥核酸内切酶的活性，使目的基因位点产生双链断裂。由于 *Fok* Ⅰ需要二聚体化才能起作用，所以显著降低了由于脱靶造成的细胞毒性，但要防止由于锌指核酸酶同侧识别，造成的“左-左”或“右-右”的 *Fok* Ⅰ二聚体的非特异性切割，异二聚体化提高了锌指核酸酶的特异性。

当 ZFN 进行 DNA 定点切割时，如果存在一段同源序列，则促使基因组实现 DNA 定点置换，当不存在同源序列时，剪切位点以非同源末端连接（non-homologous end joining，NHEJ）方式修复，引发基因定点突变或插入碱基序列。因此，通过基因工程改造锌指结构域，增加锌指数目，使锌指核酸酶对复杂基因组中的更长特定 DNA 序列进行定点切割，并借助内源 DNA 修复机制精确修饰高等生物基因组，不仅具有极高的特异性，还可将基因组靶向修饰效率提高几个数量级。

（二）TALEN 技术

转录激活因子样效应物核酸酶（TALEN）技术是近年来发展起来的第二代基因组编辑技术，与锌指核酸酶技术相似，关键区别在于 TALEN 是由转录激活因子样效应物（transcription activator-like effector，TALE）替换掉锌指蛋白作为 DNA 结合域与 *Fok* Ⅰ内切核酸酶切割结构域融合而成。

TLAEN 由两部分组成，一部分是 DNA 的特异性识别和结合区域——TALE 蛋白，另一部分是与 ZFN 相同的ⅡS 型的 *Fok* Ⅰ。

2007 年，德国科学家在黄单胞菌（*Xanthomonas*）中发现一种特殊的分泌蛋白质——转录激活因子样效应物（TALE），该蛋白质可以结合植物宿主基因组并激活转录。TALE 由 N 端转运信号、C 端核定位信号、转录激活结构域和 DNA 特异性识别结合结构域组成，其中，DNA 特异性识别结合结构域由高度保守的同源重复序列组成，每个重复序列对应识别

1 个碱基，共有 33～35 个氨基酸，其中第 12、13 位氨基酸为重复序列可变的双氨基酸残基（repeat variable diresidues，RVD）。TALE 能识别不同的氨基酸，是由不同的 RVD 决定的，NI 识别腺嘌呤，NH 识别鸟嘌呤，HD 识别胞嘧啶，NG 识别胸腺嘧啶，NN 识别腺嘌呤或者鸟嘌呤。*Fok* Ⅰ与 TALE 的 C 端相连。在 TALEN 的实际应用中，与 ZFN 相似，要设计 1 对 TALEN，在靶标序列的两侧相隔 14～20bp 处结合 TALE，使 *Fok* Ⅰ拥有一定的间隔区空间，同时距离又不会太远，足以发挥核酸酶的作用（图 3-22）。

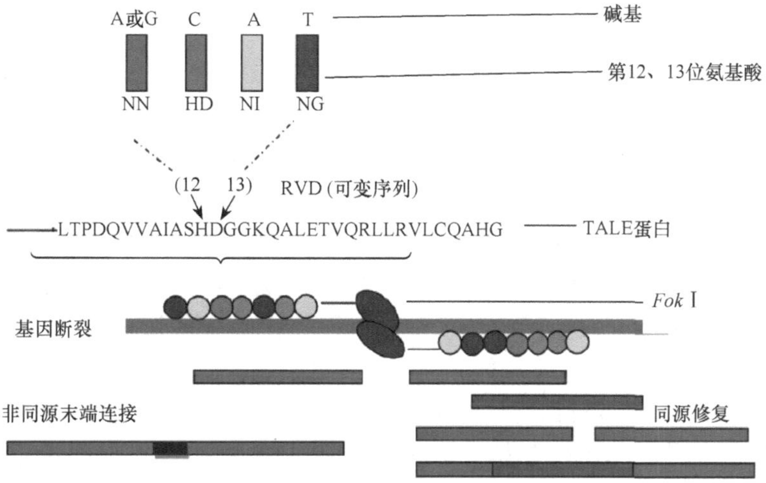

图 3-22　利用 TALEN 蛋白进行基因敲除的原理

TALEN 的构建过程主要包括三个步骤：①从选定的目的基因序列中找出适合 TALE 蛋白结合的目标靶点；②制备针对目标靶点的特异 TALE 蛋白，这也是 TALEN 构建过程中最复杂和重要的环节；③在 TALE 蛋白上选择合适的 *Fok* Ⅰ结构域，利用分子生物学的方法把 *Fok* Ⅰ和 TALE 组装在一起构建完整的 TALE 人工核酸酶。

（三）CRISPR/Cas 技术

CRISPR/Cas 技术

CRISPR 系统是原核生物中一种抵抗外源基因侵入的获得性免疫系统，在细菌和古菌中 CRISPR 系统整合侵入宿主的噬菌体或者质粒 DNA 的片段到 CRISPR 位点，然后通过相应的 CRISPR RNA（crRNA）引导 Cas 核酸内切酶损坏外源 DNA 序列，抵抗病毒或者噬菌体的入侵。CRISPR/Cas9 技术是由规律成簇间隔短回文重复序列 CRISPR 及 CRISPR 相关蛋白 9，即 CRISPR/Cas9 系统改造的第三代基因编辑技术，随着研究的进一步深入，目前已衍生出基于 CRISPR/Cas9 的多种生物技术。

1．CRISPR/Cas9 的结构及作用机制　CRISPR 是一种特殊的 DNA 重复序列，由高度保守的重复序列（repeat）与间隔序列（spacer）交叉排列组成，在 CRISPR 前段有一些保守的 Cas 蛋白基因，这些 Cas 蛋白基因在 CRISPR 的防御体系中起着关键作用，并在 Cas 蛋白基因附近有一段帮助 crRNA 成熟的转录活化 RNA（trans-activating crRNA，tracrRNA）。CRISPR 基因座之间都有一个重复序列隔开，转录这些基因座形成前体 crRNA，然后通过处理加工形成成熟的 crRNA，crRNA 中的间隔序列能够引导效应核酸酶复合体切割与间隔序列互补配对的双链 DNA（图 3-23）。

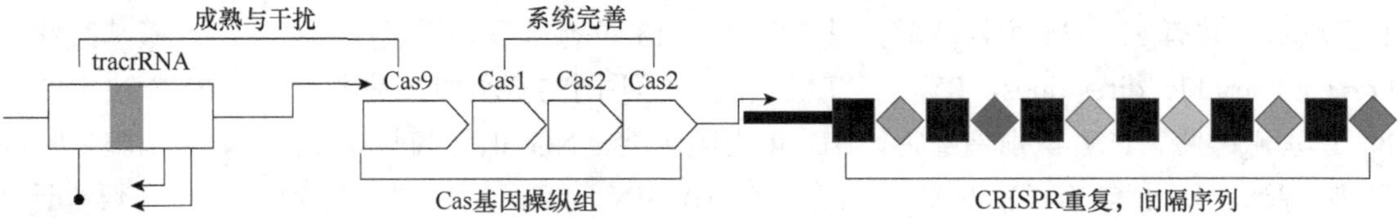

图 3-23　CRISPR 结构示意图

图中正方形表示重复序列，菱形表示间隔序列

Cas9 是 CRISPR/Cas9 系统功能的执行者，主要由识别（recognition，REC）结构域和核酸酶（nuclease，NUC）结构域组成，这两个部分的结构使得 Cas9 蛋白能高度特异性地识别并切割序列。REC 结构域又由三个亚结构域组成，包括 REC1 区、REC2 区和通常被称作桥接螺旋的 α 螺旋。NUC 结构域也有三个亚结构域，包括 RuvC、HNH 两个核酸酶活性区域和一个原间隔序列相邻基序互作（protospacer adjacent motif interacting，PI）区。REC 结构域是 Cas9 独有的功能结构域，其结构与所有已知的蛋白质结构相似度很低，它能与重复序列作用并形成二聚体，执行识别和与 DNA 结合的功能，其结构的完整是 Cas9 特异性执行核酸酶活性的前提。三个亚结构域中，REC1 区是 Cas9 识别功能关键结构，能识别 gRNA 与重复序列结合区域，其编码基因的突变会导致 Cas9 失去核酸酶活性，不能切割 DNA；REC2 区保守性很差，不同种类的相似度很低，且突变并不影响 Cas9 活性。PI 区的功能是定位并识别位于非互补区域 PAM 序列，该区域结构具有高度特异性，同源 Cas9 蛋白之间也相差很大，是 PAM 的特异性的主要决定因素。NUC 结构域是执行 Cas9 核酸酶活性的区域，包含有两个核酸酶活性结构域：RuvC 和 HNH。RuvC 区通常是反转录病毒整合酶超家族的一个核酸酶位点，能通过两种机制识别并切割 holliday 位点，Cas9 中的 RuvC 区也是如此，但 Cas9 的 RuvC 区更加复杂，功能也有差异，还可以识别 PI 区并切割向导 RNA。而 HNH 可以切割互补的两条 DNA 链，但在游离状态时 HNH 位点会被 RuvC 区封闭并远离 REC 结构域，从而使游离的 Cas9 不会结合并切割 DNA 序列。这些复杂的结构使得 Cas9 能够高效准确地识别靶基因并于靶位点处实现双链断裂，为进行高效、经济、准确的基因反向遗传学研究提供了条件，并使得在 DNA 水平进行基因编辑成为可能（图 3-24）。

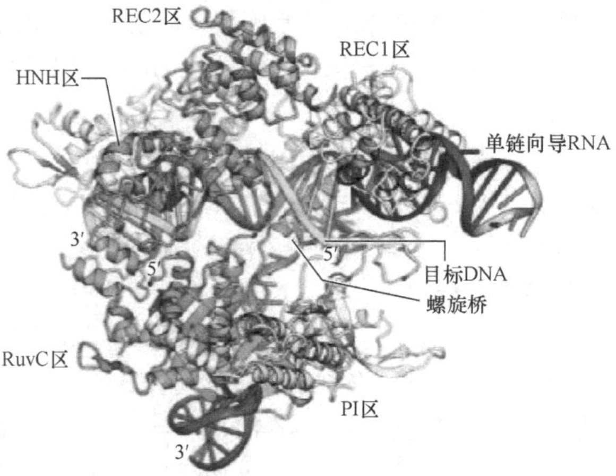

图 3-24　Cas9 蛋白晶体结构

CRISPR/Cas9 系统介导的适应性免疫主要分为 3 个步骤：①新的间隔序列的获取。外来质粒或病毒 DNA 首次入侵时，Ⅱ型 CRISPR 系统将外来 DNA 整合入 CRISPR 重复序列之间形成一段新的间隔序列，并随着宿主 DNA 一起编码。②crRNA 的表达加工与成熟。CRISPR 重复序列和间隔序列经转录加工为 pre-crRNA，tracrRNA 的重复序列区域配对杂交，然后内源性的 RNaseⅢ从每一个间隔序列的 5′端裂解杂合的 pre-crRNA-tracrRNA，产生成熟的 tracrRNA-crRNA，并与 Cas9 核酸酶结合。③当同样的外源 DNA 再次出现时，CRISPR/Cas 复合体可与双链 DNA 的靶位点结合并切割双链。靶标的识别和 DNA 链的裂解既需要间隔序列和靶序列之间的互补，又需要靶 DNA 序列 3′端存在 PAM 序列，PAM 序列的存在避免了 CRISPR 基因本身被作为靶标识别，提供了一个识别“自己”和“异己”的机制。不同的Ⅱ型 CRISPR 系统有不同的 PAM 序列，基于产脓链球菌 CRISPR 系统的 PAM 序列为 NGG，N 代表任意核苷酸（图 3-25）。

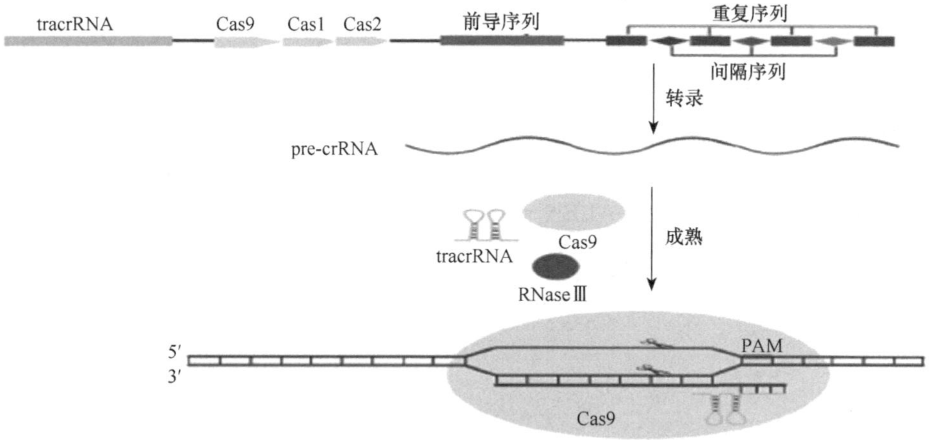

图 3-25 Ⅱ型 CRISPR 系统介导的 DNA 双链断裂示意图

天然的 CRISPR/Cas9 核酸酶包括三个组分：Cas9 蛋白、crRNA 和与其互补配对的 tracrRNA。为了简化该系统以便推进应用，研究者将双 tracrRNA：crRNA 单元设计成一个单一的、被截断的 RNA 嵌合体，通过实验证明这个 RNA 嵌合体仍然可以直接有效地裂解 DNA（图 3-26）。这进一步将 CRISPR/Cas9 简化为一个双组分系统：一个 Cas9 蛋白和一个单链向导 RNA（sgRNA）。这种简单性使 CRISPR/Cas9 系统成为目前最方便、最简单和最灵活的定点基因编辑工具。

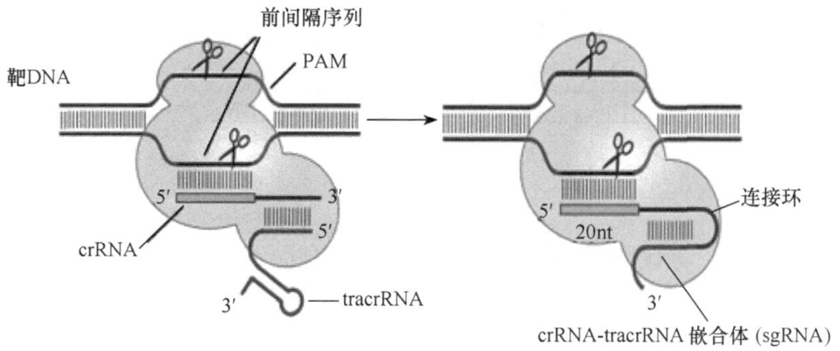

图 3-26 天然的 CRISPR/Cas9 核酸酶简化示意图

2．CRISPR/Cas 系统衍生技术　随着 CRISPR/Cas9 系统的研究不断深入，Cas9 核酸酶的催化机制也被进一步揭示，如通过特定位点氨基酸的突变获得单链靶向剪切功能的 Cas9 切刻酶（Cas9 nickase，Cas9n）或者全失活的 Cas9（dead Cas9，dCas9），而这些不同的 Cas9 核酸酶，衍生出了适用范围更为广泛的基因编辑系统。同时，研究者通过对来自其他古菌和众多细菌中 CRISPR/Cas12a/Cas13a/Cas13b 等系统表征，进一步丰富了 CRISPR/Cas 基因编辑技术。

1）CRISPR/Cas9-nickase 基因编辑技术　CRISPR/Cas9 系统使用的 crRNA 能容受一定程度的错配导致脱靶效应的产生，限制了 CRISPR/Cas9 系统在高精度编辑中的应用。为了提高 Cas9 编辑系统的精度，研究者巧妙利用 Cas9 D10A 突变体具备切刻酶活性的特性，设计了“一个位点，双 sgRNA 靶向”的策略，即 CRISPR/Cas9-nickase 基因编辑技术。其原理与 ZFN 和 TALEN 类似，两个 Cas9n/sgRNA 复合物同时靶向一个位点，分别切割其中一条 DNA 链，实现双链断裂，诱导 NHEJ 或者 HR 修复（图 3-27A）。使用这种策略，细胞系中基因编辑的脱靶效率最高可以降低近 4 个数量级。

2）CRISPR/dCas9-*Fok* Ⅰ基因编辑技术　理论上 dCas9/sgRNA 只能起到单纯的靶向引导作用，无法诱导 DNA 的断裂，类似于 ZFN 或者 TALEN 中的 DNA 结合结构域。为了实现 DNA 的切割，其引入的 *Fok* Ⅰ内切核酸酶的切割结构域（图 3-27B），与 dCas9 连接做成融合蛋白 fCas9，这与 ZFN 及 TALEN 的设计策略如出一辙。在人类细胞的基因编辑中，fCas9 的特异性比野生型 Cas9 要高出 140 倍以上。而在高度类似的脱靶位点上，fCas9 的特异性要比 Cas9n 至少高出 4 倍。fCas9 的应用将进一步丰富 Cas9 工具箱，提供更完善的基因编辑工具。

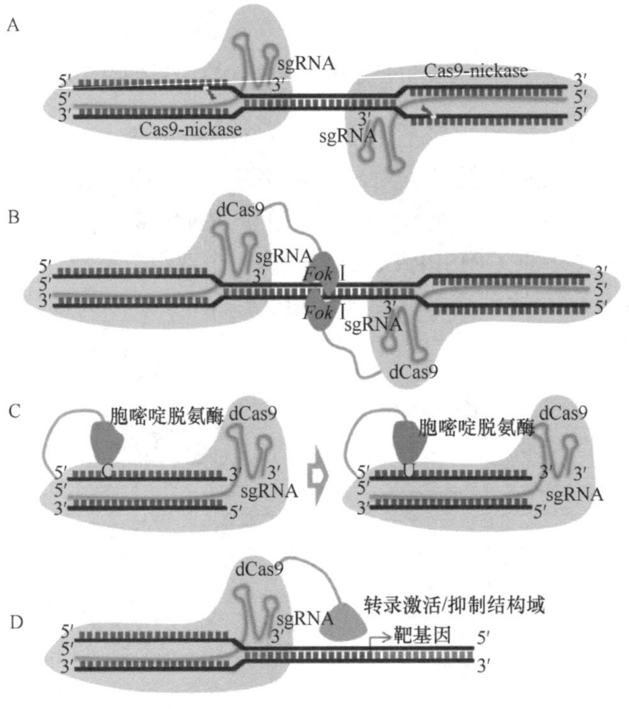

图 3-27　CRISPR/Cas9 衍生基因编辑技术

3）基于 CRISPR/dCas9 的单碱基编辑技术　人类大多数的遗传病与基因的点突变有关，如果能通过精确的手段进行修复，可能会带来新的治疗策略。在提供同源重组模板的情况下，定点突变可以通过 CRISPR/Cas9 来实现，但是其诱导的 NHEJ 修复可能带来的碱基随机插入、缺失是潜在的危险因素。Cas9 的突变体 Cas9n、dCas9 无切割双链 DNA 的功能，但可以发挥寻靶定位作用；如果有能催化特定碱基转换的蛋白质/结构域可用，则可参考 CRISPR/dCas9-*Fok* I 的设计，构建 CRISPR/Cas9n/dCas9 导向的单碱基编辑技术。研究者将源自大鼠的胞嘧啶脱氨酶（APOBEC1）与 dCas9 融合，发现其可以定点将 C 转变为 U，然后在后续的 DNA 复制或者修复作用下实现 CG 碱基对到 TA 的转变（图 3-27C）。为了实现 AT 到 GC 的转换，研究者采用蛋白质进化工程手段对大肠杆菌的 tRNA 腺苷脱氨酶（TadA）进行改造，获得的第 7 代腺嘌呤碱基编辑器（adenine base editor，ABE）能高效介导 AT 碱基对到 GC 的转变，即 C 到 T 及 G 到 A 碱基之间的自由转换已经实现，将来有可能做到 4 种碱基的任意转换。

4）基于 CRISPR/dCas9 的基因表达调控技术　除了直接对 DNA 进行编辑，CRISPR/Cas 系统在基因表达调控上也可发挥作用。例如，利用 dCas9 无核酸内切酶活性但仍能与 DNA 结合的特点，可直接阻碍其结合 DNA 与其他因子的结合，影响基因的表达。如果将转录抑制因子或者激活因子与 dCas9 融合，则可以实现靶基因的抑制与激活，为基因功能研究提供灵活的操作手段（图 3-27D）。

5）CRISPR/Cas12a 基因编辑技术　CRISPR/Cas9 技术受富含 G 碱基的 PAM 序列限制，不能实现任意序列的靶向。同时 Cas9 蛋白分子质量过大，某些情况下不便使用。实际上几乎所有的古菌和众多的细菌都采用 CRISPR/Cas 机制进行免疫防御，其中包含多种 CRISPR/Cas 系统。已经表征过的Ⅱ类 CRISPR/Cas 系统，均属于采用 Cas9 家族核酸酶作为效应因子的Ⅱ型 CRISPR/Cas 系统，而在普雷沃氏菌属（*Prevotella*）和弗朗西斯氏菌属（*Francisella* 1）中存在另一个Ⅱ类 CRISPR/Cas 系统，其被归为Ⅴ型 CRISPR/Cas 系统。V 型系统中的 Cpf1（CRISPR from *Prevotella* and *Francisella* 1）（现称“Cas12a”）被证实是有功能的细菌免疫机制，并能在人类细胞中介导有效的基因编辑。CRISPR/Cas12a 具有 CRISPR/Cas9 没有的优点，其中之一就是 Cas12a 需要的是富含 T 碱基的 PAM 序列，有助于其在基因组富含 AT 碱基的物种中使用。与基于 Cas9 的碱基编辑器类似，将无 DNA 切割活性的 dCas12a 与大鼠源的胞嘧啶脱氨酶（APOBEC1）融合能有效地催化人类细胞中 C 到 T 碱基的转换。由于识别的是富含 T 碱基的 PAM 序列，基于 Cas12a 的碱基编辑系统能与基于 Cas9 的碱基编辑系统互补，为相关基础研究及将来的临床应用提供更全面的技术条件。

6）基于 CRISPR/Cas 系统的 RNA 编辑技术　除了对 DNA 进行编辑，研究者发现 CRISPR 蛋白家族的 C2c2（现称 Cas13a）可以靶向切割 RNA，随后又进一步证实 Cas13a 可在哺乳动物细胞中靶向降低 RNA 的水平。利用 Cas13a 的 RNA 靶向功能，CRISPR/Cas13a 系统被开发为 RNA 检测器用于疾病诊断。后来又陆续发现了 Cas13b/13c/13d，同样具有 RNA 靶向和编辑功能。RNA 编辑技术的建立，进一步拓展了 CRISPR/Cas 基因编辑技术的应用范围。

（四）特异突变引入

定点突变是指通过 PCR 等方法向目的 DNA 片段（可以是基因组，也可以是质粒）中引入所需变化（通常是表征有利方向的变化），包括碱基的添加、删除、点突变等。定点突变能迅速、高效地提高 DNA 所表达的目的蛋白的性状及表征，是基因研究工作中一种有效的手段。该技术可通过改变核苷酸序列获得突变基因、研究基因的结构与功能的关系，还能够通过改变特定的氨基酸获得突变蛋白质，研究蛋白质的结构与功能，从微观水平上阐明正常状态下基因的调控机制、疾病的病因和机制。目前常用的定点突变方法有寡核苷酸引物介导的定点突变、PCR 介导的定点突变及盒式突变。

1. 寡核苷酸引物介导的定点突变　寡核苷酸引物介导的定点突变原理是用含有突变碱基的寡核苷酸片段作引物，在聚合酶的作用下启动 DNA 分子进行复制。主要的过程为：①将待突变基因克隆到突变载体上；②制备含突变基因的单链模板；③引物与模板退火，5′端磷酸化的突变寡核苷酸引物，与待突变的核苷酸形成一小段碱基错配的异源双链的 DNA；④合成突变链，在 DNA 聚合酶的催化下，引物以单链 DNA 为模板合成全长的互补链，而后由连接酶封闭缺口，产生闭环的异源双链的 DNA 分子；⑤转化和初步筛选异源双链 DNA 分子转化大肠杆菌后，产生野生型、突变型的同源双链 DNA 分子；⑥对突变体基因进行序列分析。

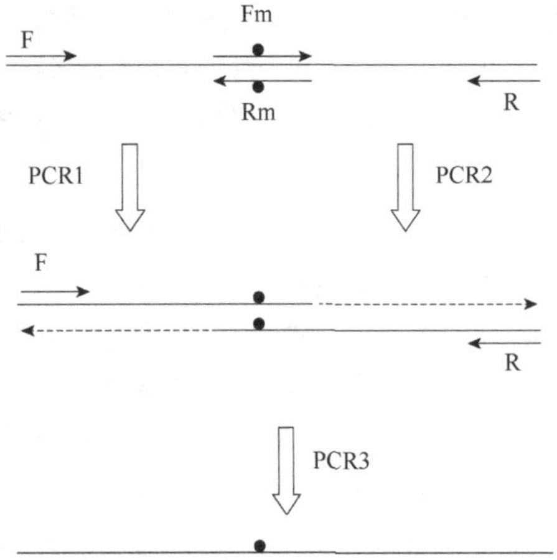

图 3-28　重叠延伸 PCR 定点突变示意图

黑点示突变位点；Fm 和 Rm 为突变引物

2. PCR 介导的定点突变　利用重叠延伸 PCR 技术（图 3-28），由 3 个 PCR 反应来完成。首先以含有目标区片段的基础质粒或基因组 DNA 为模板，用正向侧引物 F、突变引物 Rm 和 Pfu 酶进行 PCR1 扩增，产物含突变位点及其上游片段；此外也以与 PCR1 同样的模板，用反向侧引物 R、突变引物 Fm 和 Pfu 酶进行 PCR2 扩增，产物含突变位点及其下游片段。PCR1 和 PCR2 可同时分别进行，产物经琼脂糖凝胶电泳分离、试剂盒回收纯化后等比例混合。取上述混合物为模板，用正、反向侧引物 F、R 和 *Taq* 酶进行 PCR3 扩增，产物即为引入了目的突变的片段。

3. 盒式突变　盒式突变又称为片段取代法，就是利用一段人工合成的具有突变序列的寡核苷酸片段即寡核苷酸盒取代野生型基因中的相应序列。突变体 DNA 片段由两条互补的合成寡核苷酸组成，当它们退火时会产生出匹配的两个黏性末端；利用两个限制性内切核酸酶如 *Eco*R Ⅰ和 *Hin*d Ⅲ消化质粒 DNA 以切开待突变序列两侧的酶切位点，将这一小段切割产生的含有部分野生型序列的 DNA 片段移走，并用具有相应黏性末端的突变 DNA 片段取而代之，接到质粒载体上即可获得突变序列。

小　结

本章介绍了常用的工具酶，包括限制性内切酶、DNA 聚合酶、DNA 连接酶和 DNA 修饰酶等，它们犹如一把把精巧绝伦的工具，能在离体条件下对 DNA 分子进行切割、拼接、修饰，形成新的重组 DNA 分子。描述了动物基因工程载体：质粒、λ 噬菌体 DNA 载体、柯斯质粒、酵母人工染色体及表达载体。介绍了几种常用的获得目的基因的方法，包括化学合成法、PCR 扩增法和从构建的基因组或 cDNA 文库中获得的筛选法。概述了常用的 PCR

技术和分子杂交技术。阐述了受体细胞的概念与受体类型、受体细胞的选择及重组基因的导入和筛选。解释了基因敲除的原理和主要技术环节。阐明了 RNA 干扰技术的作用机制及 siRNA 的技术体系。综述了包括锌指核酸酶技术、转录激活子样效应物核酸酶技术和 RNA 引导的 CRISPR/Cas 核酸酶技术等基因编辑技术的原理。

思 考 题

1. 简述基因工程常用工具酶及其作用。
2. 简述Ⅱ型限制性内切核酸酶的识别和切割特点。
3. 叙述作为质粒载体的基本要求。
4. 叙述获得目的基因的主要方法。
5. 叙述目的基因的分离和筛选方法。
6. 简述受体细胞的概念与受体类型。
7. 简述受体细胞必须具备的条件。
8. 叙述重组基因的导入和筛选方法。
9. 简述外源基因表达产物的检测法。
10. 简述 PCR-DGGE 的原理。
11. 简述 Southern blot 实验流程。
12. 简述基因敲除的原理。试设计一个获得基因敲除小鼠的实验流程。
13. 简述 RNAi 的作用机制。
14. 简述 ZFN 的原理。
15. 叙述 TALEN 技术的操作要点。
16. 简述 CRISPR/Cas9 系统介导的适应性免疫的 3 个步骤。

第四章　动物细胞工程

学习要点：了解动物细胞工程的基本概念，学习动物细胞培养基本原理和培养技术及细胞融合和杂交瘤技术的原理和基本操作程序。重点掌握动物不同种培养细胞的形态特征、生长特点、细胞培养的基本方法、细胞融合技术类型，以及杂交瘤技术制备单克隆抗体的基本步骤、干细胞和诱导多能干细胞等的概念。

第一节　动物细胞培养基本原理

一、细胞培养的设备与器材

（一）细胞培养配套设备

细胞是动物的基本结构单位。动物是由不同类型的细胞组成的有机体。细胞经历了漫长的演化过程，先由简单的有机分子结合成多聚体，再构成蛋白质和核酸等大分子，进一步演变成具有外膜的原始细胞，这种细胞没有完整的细胞核，也叫原核细胞，然后再进化成具有细胞核和丰富细胞器的真核细胞。真核细胞聚合成群体，进一步发展成为多细胞生物。细胞集合成为一定类型时，即成为组织。在动物机体中，由组织进一步分化形成具有特殊功能的器官，各个器官分别组成具有某一功能的系统。

根据体外培养细胞生长特点和条件，无菌实验室、超净工作台和恒温培养箱是细胞培养的三大必备设施。

1）无菌实验室　　无菌实验室或操作室的设计原则是有防止微生物污染和有害因素影响的措施，要求工作环境清洁、空气清新、干燥和无烟尘。如果条件有限，可将无菌操作室（区）与清洗区、消毒灭菌区、制备区、储藏区和孵育区分开。

2）超净工作台　　超净工作台（简称超净台），也称净化工作台。目前大多数从事细胞培养工作的实验室都已装备超净工作台。即使不设置单独的无菌实验室，只要购置安装了超净工作台，也能进行简单的细胞培养工作。

3）恒温培养箱　　用于细胞培养的培养箱分为变通电热恒温培养箱和 CO_2 培养箱。温控变化一般不超过0.5℃，最适温度为37℃。因此要求培养箱具有较高的灵敏度。

进行细胞培养除了上述三大设备外，还需配备电热干燥箱、冰箱、水纯化装置、普通光学显微镜、倒置显微镜、细胞冷冻储存器、离心机、消毒器和抽滤装置等。

（二）细胞培养常用器材

体外培养细胞使用的器材品种较多。常用的玻璃器材有各种规格的玻璃瓶、培养瓶、培养皿、吸管、离心管等。塑料器皿主要有多孔培养板、培养皿、培养瓶及吸嘴等。常用的金属器材有剪刀、镊子、手术刀、解剖刀、血管钳、组织镊、眼科镊及各种型号针头等。由于离体细胞对各种毒物都很敏感，因此无论是初次使用还是培养后重复使用的各类器材均需要进行消毒处理。

二、动物细胞培养的基本条件

（一）动物细胞的营养

凡能进入细胞中被细胞所利用，参与细胞代谢活动和维持细胞生存的物质均属营养物质。体外培养细胞的生长所需的基本营养物质，除糖类、氨基酸和脂类三大类营养物质外，还需要适量的无机盐、维生素和微量元素等。

（1）葡萄糖是机体活动能量的主要来源，因此在培养基中应加入一定浓度的葡萄糖（1g/100mL），以在生物氧化后供给细胞大量的能量。

（2）氨基酸是组成蛋白质的基本单位。培养细胞需要以下 13 种基本氨基酸：精氨酸、组氨酸、异亮氨酸、亮氨酸、甲硫氨酸、赖氨酸、苯丙氨酸、色氨酸、苏氨酸、缬氨酸、胱氨酸、酪氨酸及谷氨酰胺。

（3）无机离子和微量元素：钠、钾、镁、钙、磷、氮等无机离子是细胞生长所必需的，它们参与细胞的代谢，是细胞组成所需要的。此外，微量元素铁、锌、硒等也是细胞生长所需要的。细胞培养时用的平衡盐溶液主要含钠、钾、钙、镁等阳离子，其比例与哺乳动物血液内的比例相似。

（4）维生素是人类及动物细胞维持生命和生长所需的一种活性物质。许多维生素是酶的辅酶和辅基的组成部分，对细胞的代谢有重大的影响，某些维生素缺乏，短期可引起细胞死亡。维生素的需求量随细胞而异，如生物素、叶酸、烟酰胺、泛酸、吡多醇、核黄素、硫胺素及维生素 B_{12} 等在很多常用限定培养基中已成为固定组成成分。

此外，体外培养细胞除需要上述营养成分外，还需要一定量的促细胞生长因子、激素等。

（二）影响细胞生长的因素

细胞在体外进行培养，失去了机体的调节和控制。因此，除满足营养的要求外，还必须使细胞生存环境尽量接近活体环境。外环境的培养条件如温度、渗透压、酸碱度等均能影响细胞的生长。其中，一般哺乳类及禽类细胞体外培养的适宜温度是 37～38℃，pH7.2～7.4。渗透压是体外细胞培养的重要条件之一，细胞在高渗溶液或低渗溶液中，可以立即发生皱缩或肿胀、破裂。按一定比例控制培养基中的离子平衡，对维持正常渗透压非常重要。

三、动物细胞与体外培养

（一）动物细胞体外培养的生长方式与类型

在动物机体中，不同组织的细胞，由于其内部构造、生理功能及所处的环境条件不同，因而形态多种多样，如呈圆形、椭圆形、扁平形、梭形、正方形、柱形、星形和多边形等。当然，也有些细胞没有固定的形态，如吞噬细胞等。体外培养的细胞形态结构与体内细胞基本相同，但由于培养细胞的生长方式不同，在形态和结构方面也发生了某些细微变化。

根据培养细胞的生长方式不同，一般将体外培养的动物细胞分为贴附型细胞和非贴附型细胞两大类。

1. 贴附型细胞　细胞贴附生长是大多数有机体细胞在体内生长发育的基本存在方式，其基本含义是细胞之间相互接触、细胞与细胞外基质结合。这类细胞能附着于底物（支持物）表面生长。靠贴附才能生长的细胞称为贴附型细胞或锚着依存型细胞（anchorage dependent cell）。在动物细胞培养中，大多数哺乳动物细胞必须附着在固体表面生长，当细胞布满表面后即停止生长，这时若取走一片细胞，存留在表面上的细胞就会沿着表面生长而重新布满表面。从生长表面脱落进入液体的细胞通常不再生长而逐渐退化，这种细胞培养称为单层附壁培养。

大多数动物细胞体外培养时由于体内、外环境不同，细胞贴附的方式常常是不同的。按照培养细胞的形态，主要可分为以下几类。

1）*成纤维细胞型细胞*　此类细胞在外形上与体内成纤维细胞形态相似（图 4-1A）。细胞贴壁后呈长梭形，细胞核呈圆形，位于中央，细胞质向外伸出 2 或 3 个长短不一的突起，呈放射状或漩涡状走向。细胞与细胞之间多数排列疏散，有较大的细胞间隙。有时也可观察到细胞之间相互平行排列或成群细胞呈现放射状、漩涡状等生长形式。

2）*上皮型细胞*　体外培养的这类细胞在形态上类似于上皮细胞（图 4-1B）。其特点是细胞扁平，形态较为规则，贴壁后呈三角形及不规则扁平的多角形，中央有扁圆形核，生长时彼此紧密连接成单层细胞。

3）*游走型细胞*　体外培养的游走型细胞具有与巨噬细胞相似的特征（图 4-1C）。其特点是在支持物上分散生长，一般不连接成片，而是形成群落。细胞质常伸出伪足和突起，在培养皿壁上生长位置不固定，呈活跃的游走和变形运动；细胞内易出现色暗的吞噬性颗粒。该类细胞不很稳定，外形不规则且不断变化，当细胞密度增大、连接成片时，形状类似于成纤维细胞型或上皮型细胞。类似于这种细胞形态表现的主要是指那些具有吞噬作用的细胞，如单核细胞、巨噬细胞、颗粒性白细胞和淋巴细胞等。

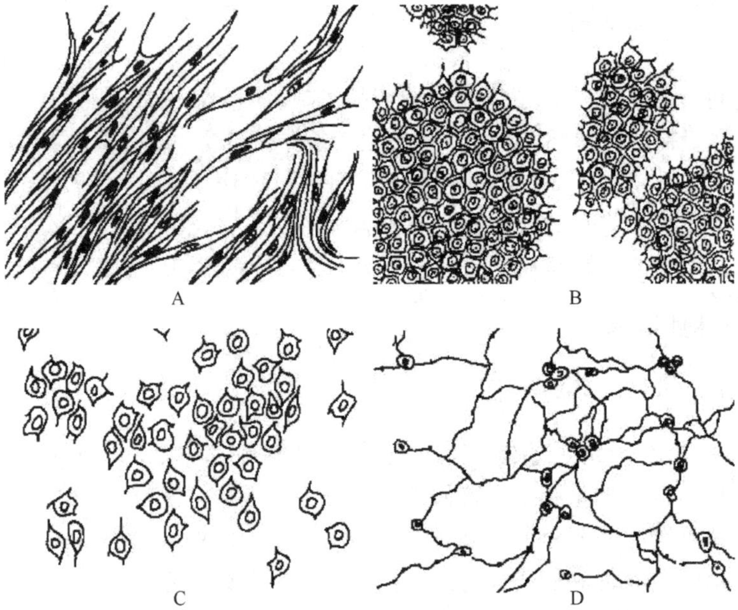

图 4-1　体外培养细胞的类型（引自杨吉成，2008）

A. 成纤维细胞型细胞；B. 上皮型细胞；C. 游走型细胞；D. 多形型细胞

4）多形型细胞　多形型细胞大多是那些形态上不规则的细胞（图 4-1D）。这一类细胞的不规则状态不同于成纤维细胞，成纤维细胞型细胞的不规则形态是由宽扁的胞质突起所致，而多形型细胞一般由胞体和胞突两部分构成，其中胞突为细长形，类似丝状伪足。胞体虽然也略呈现多角形，但没有成纤维细胞那样不规则。

2．非贴附型细胞　非贴附型细胞体外生长不必贴壁，可在培养液中悬浮生长，因此又叫悬浮型细胞。这类细胞形态学特点是胞体始终为球形。呈悬浮状态生长，细胞密度一般都较高，培养的效率也较高、操作简单。这种细胞培养方法有多方面的优越性，易于大规模生产，便于过程的控制。目前，尽管能够在悬浮状态下生长的细胞种类较少，但像淋巴细胞、白细胞、杂交瘤细胞等非附壁生长的细胞已在体外被成功地进行了悬浮培养。也有人已对培养微生物细胞用改进了的发酵罐进行非贴附型细胞的体外大规模培养。

（二）培养细胞的生长与增殖过程

体外细胞在培养器（皿）和培养基中生长，由于生存空间和营养物质均有限，所以其生长和增殖过程有别于体内细胞，当其生长增殖达到一定密度后，需要分离出一部分细胞和更新营养基，否则将影响细胞的继续生存，这一过程叫传代（passage）。

1．细胞生长特点

1）贴附并伸展　此为大多数体外培养细胞的基本生长特点。除悬浮型细胞外，大多数细胞都可贴附在某些支持物上，并逐渐伸展而形成一定的形态。细胞在接种后很快便可见到细胞以伪足附着，与支持物形成一些接触点，接着细胞逐渐呈扁平或放射状伸展开，逐渐形成上皮型、纤维细胞型或其他类型。

2）密度依赖性　当细胞贴附生长，汇合成单层时，细胞变得较为拥挤，其扁平形状的程度明显减少，与培养基的接触面变小，同时，培养基中的一些营养物质已逐渐消耗掉，此时形成单层的细胞分裂活动停止，需要马上换液传代，否则将影响细胞生长增殖。这种生长特性即密度依赖性调节。

2．细胞的生长增殖过程

1）单个细胞的细胞周期　细胞增殖周期简称细胞周期（cell cycle），是指连续分裂的细胞，从前一次有丝分裂结束，到完成下一次有丝分裂所经历的过程。其分为两个时期，即细胞分裂间期和有丝分裂期（M 期）。间期包括 G_1 期（有丝分裂后期）、S 期（复制期）和 G_2 期（复制后期）三个阶段。细胞在细胞周期中经过的顺序过程为：G_1 期→S 期→G_2 期→M 期。细胞群中多数细胞处于间期，少数细胞处于 M 期。一般间期的时间较长，而 M 期的时间较短。

2）细胞系的生长过程　原代细胞经培养传代或再培养后，即成为细胞系。培养细胞生命期是指细胞在培养中持续增殖和生长的时间。细胞系在培养中能够存活时间的长短，主要取决于细胞来自何种动物及其年龄。恒河猴的皮肤成纤维细胞能传 40 代，而小鼠成纤维细胞的寿命只有 8 代左右。培养条件可能延迟衰老，寿命从 50 代延至 150 代，但不管怎样，在进行正常细胞培养时，细胞的生存过程大致可分为如下的 3 个阶段：①原代培养（primary culture）期。亦称初代培养期，为新鲜组织自体内取出接种培养至第一次传代的阶段，一般持续 1～4 周。②传代期。在细胞整个生命期中此期的持续时间最长。传代细胞增殖旺盛，并能维持二倍体核型。③衰退期。此期细胞虽仍存活，但增殖基本停止，细胞形态轮廓增强，进而细胞发生衰退、死亡。

3）培养细胞传代的生存期　由于体外培养细胞是在一定的空间、一定的环境下生长繁殖的，当生长到一定密度后，需做传代处理，否则将影响细胞的生长和繁殖。传代的频率或间隔与培养基性质、接种细胞数量和细胞增殖速度等有关。培养基中血清含量多，接种细胞数量大，细胞增殖快，饱和速度相对快，会缩短传代时间。

第二节　动物细胞培养技术

一、动物细胞培养的基本技术

（一）原代培养

将动物机体的各种组织从机体中取出，经各种酶（常用胰蛋白酶）、螯合剂（常用 EDTA）或机械方法处理，分散成单细胞，置合适的培养基中培养，使细胞得以生存、生长和繁殖，这一过程称为原代培养。原代培养的细胞一般传至 10 代左右就不易传下去了，细胞的生长就会出现停滞，大部分细胞衰老死亡。

原代培养的基本步骤包括取材、培养材料的制备、接种、加培养液、置培养条件下培养等，在所有的操作过程中，都必须保持培养物及生长环境的无菌。

1．取材的基本要求

（1）取材要注意新鲜和保鲜。取材时应尽量在 4～6h 内能制作成细胞，尽快入箱培养，若不能即时培养，应将组织浸泡于培养液内，于 4℃存放。新鲜组织易于培养成功。

（2）取标本材料应在无菌条件下进行。

（3）取材和原代细胞制作时，要用锋利的器械，如手术刀切碎组织，尽可能减少对细胞的机械损伤。

（4）取材应注意组织类型、分化程度、年龄等。

（5）取材时要尽量去除材料上的血液、脂肪、坏死组织及结缔组织，切碎组织时应避免组织干燥。

（6）注意保存所取的组织材料，并做好记录等。

2．细胞分离技术　动物体内（或胚胎组织）由于多种细胞结合紧密，不利于各个细胞在体外培养中生长繁殖，即使采用 $1mm^2$ 的组织块，也只有少量处于周边的细胞可能生存和生长，若需获取大量细胞，必须将现有的组织块充分散开，使细胞解离出来。常用方法有悬浮细胞分离法和实体组织材料分离法。

1）悬浮细胞分离法　取自血液、羊水、胸腔积液或腹腔积液的悬液材料，最简单的方法是采用 1000r/min 低速离心 10min，若悬液量大，可适当延长离心时间，但速度不能太高，延时也不能太长，以避免挤压或机械损伤细胞，离心沉淀用无钙、镁 PBS 洗两次，用培养液洗一次后，调整适当细胞浓度后再分瓶培养。若选用悬液中某些细胞，常采用离心后的细胞分层液，因为经离心后由于各种细胞的比重不同可在分层液中形成不同层，这样可根据需要收获目的细胞。

2）实体组织材料分离法　对于实体组织材料，为了使组织中结合紧密的细胞充分分散，形成细胞悬液，可采用机械分散法（物理裂解）和组织消化法：①机械分散法。所取材料若纤维成分很少（如脑组织、部分胚胎组织），可采用剪刀剪切、用吸管吹打分散组织细胞或将已充分剪碎分散的组织放在注射器内（用九号针），使细胞通过针头压出。此法分离细胞虽然对组织机械损伤大，而且细胞分散效果差，但简便、快速，较适用于处理纤维成分少的软组织。②组织消化法。把细胞剪切成较小团块，应用酶的生化作用和非酶的化学作用进一步使细胞间松动，使团块膨松，由块状变成絮状，此时再采用机械法，用吸管吹打分散或电磁搅拌或在摇珠瓶中振荡，使细胞团块得以较充分地分散，制成少量细胞群团和大量单个细胞的细胞悬液，接种培养后，细胞容易贴壁生长。可分为酶消化分离法和非酶消化法（或 EDTA 消化法）。在酶消化分离法中，常采用胰蛋白酶、胶原酶、链霉蛋白酶、胃胶原酶、透明质酸酶、黏蛋白酶、蜗牛酶和分散酶等作为消化液；非酶消化法中使用的为螯合剂或 Versene，全名为乙二胺四乙酸（ethylene diamine tetraacetic acid，EDTA），常用不含钙、镁离子的 PBS 配成 0.02%的工作液，对一些组织，尤其是上皮组织分散效果好。

3．原代细胞的培养方法　原代细胞的常用培养方法有组织块原代培养法、消化原代培养法和悬浮细胞培养法等。

1）组织块原代培养法　组织块培养是一种最常用、最简便易行，也是成功率较高的原代培养方法，具体步骤如图 4-2 所示。

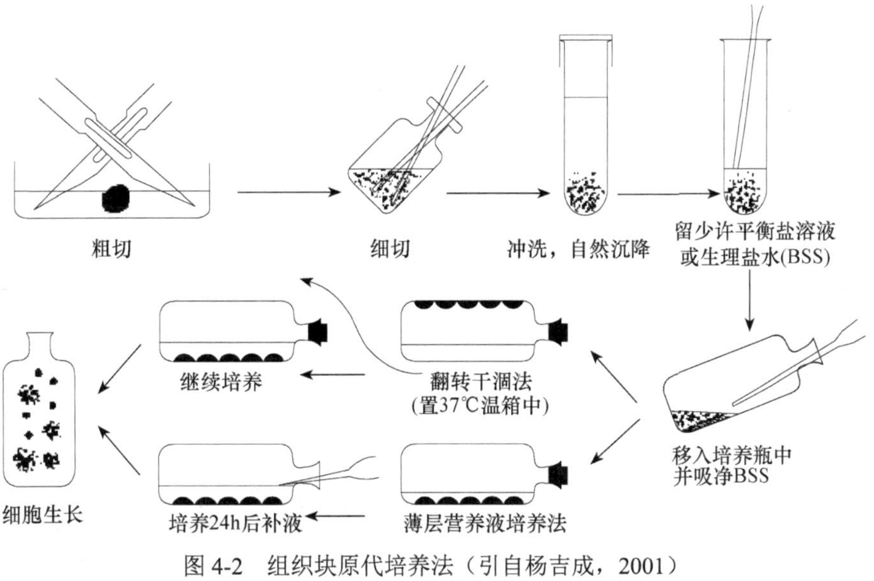

图 4-2　组织块原代培养法（引自杨吉成，2001）

2）消化原代培养法　用前述的消化分离法将影响细胞生长的细胞间质（包括基质、纤维等）去除，使细胞分散形成细胞悬液，然后分瓶培养（图 4-3）。

3）悬浮细胞培养法　对于悬浮生长的细胞，如淋巴细胞、骨髓细胞和免疫细胞等无须消化，可采用低速离心分离，直接培养或经淋巴细胞分层液分离后接种培养。

（二）传代培养

细胞在培养瓶长成致密单层后（已基本达饱和），为使细胞能继续生长，同时也将细胞数量扩大，就必须进行传代（再培养）。传代培养也是一种将细胞种保存下去的方法。

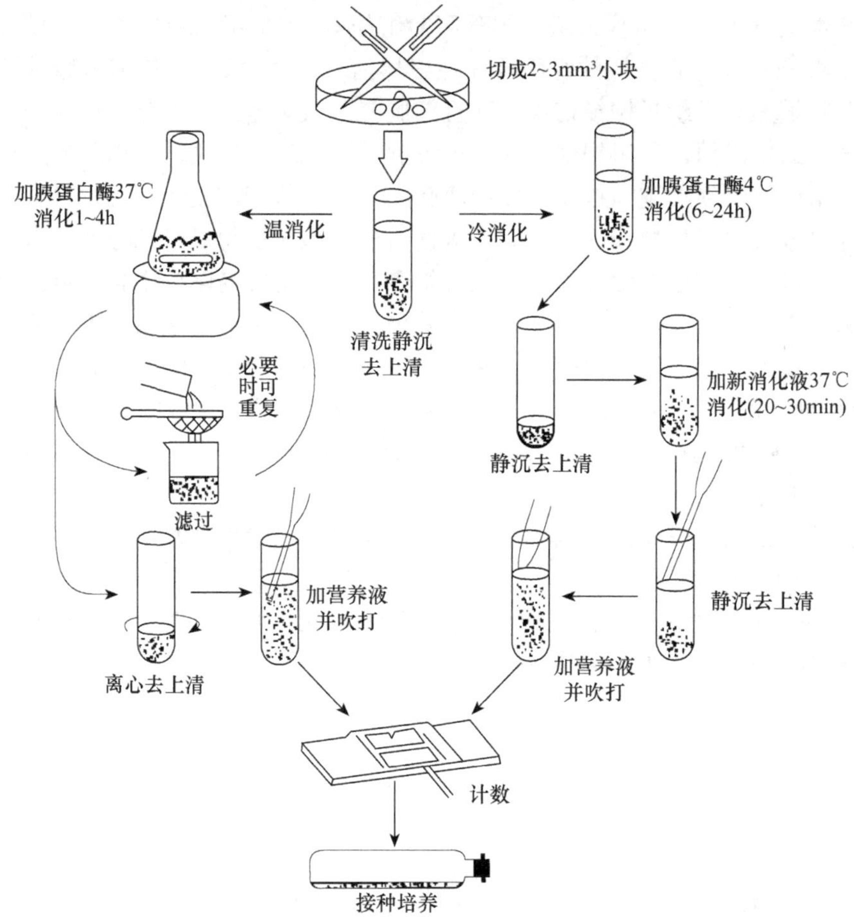

图 4-3　消化原代培养法（引自杨吉成，2008）

原代培养后由于悬浮细胞增殖，数量增加甚至达饱和密度；贴壁细胞的相互汇合，使整个瓶底逐渐被细胞覆盖，细胞难以继续生长繁殖，需要进行分瓶培养，这种使原代细胞经分散接种的过程称为传代。每进行一次分离再培养称为传 1 代，传至 5～10 代的细胞通常称为次代培养细胞，传至 10～20 代及以上的细胞，通常确定为传代细胞（或称传代细胞系）。

不同细胞采取不同的方法进行细胞传代。贴壁生长的细胞用消化法传代，部分贴壁的细胞用直接吹打或用硅胶软刮的刮除法传代。悬浮细胞可采用加入等量新鲜培养基后直接吹打分散进行传代，或用自然沉降法加入新培养基后再吹打分散进行传代。后两种传代方法比较简单，只有贴壁细胞的消化传代法复杂一些。其具体方法如下。

（1）吸除或倒掉原瓶中的旧培养基（以 25mL 培养瓶为例）。

（2）每瓶加入 2mL，无钙、镁 PBS，漂洗 1 次后倒掉。

（3）每瓶加入 1mL 消化液（2.5g/L 胰蛋白酶或 0.02% EDTA 或混合液），轻轻摇动培养瓶，经消化液布满所有细胞表面，待细胞层略有松动，肉眼可观察到“薄膜”现象时，倒掉消化液，再继续作用 2～3min。轻轻摇动，细胞层可随残留的消化液呈片状从瓶壁上脱落下来，在显微镜下可发现细胞回缩变圆，细胞间隙增大，此时应立即终止消化。

（4）加入完全培养基 5mL，用吸管反复吹打瓶壁上的细胞，吹打时要按顺序进行，以确保所有瓶壁均吹打到，吹打时动作要轻柔，不要用力过大，尽可能不要出现泡沫，以避免细胞的机械损伤。

（5）用计数板计数，计算细胞的浓度，并用培养基调整适当的细胞浓度后再分瓶培养。

（三）细胞的纯化与克隆

体外培养的细胞源于动物体内或胚胎组织，每一种组织都有血管和间叶组织，因此来源于上述组织的培养材料的原代细胞、传代细胞绝大多数都呈混合生长，既有上皮样细胞，又有纤维样细胞，纤维样细胞又包括成纤维细胞、肌细胞、骨细胞、滑膜细胞等，混杂的细胞会直接影响实验结果。在利用体外培养细胞进行实验研究时，为了保证实验结果的可靠性、一致性、稳定性和可重复性，应采用单一种类细胞来进行实验，这样才能对某一细胞的功能、形态等变化进行一系列研究，因而培养细胞的纯化就成为实验研究的重要一步。

1．细胞的纯化　细胞的纯化一般分为两种，即自然纯化和人工纯化。可根据不同细胞种类、来源、实验要求和目的选择采用。

1）自然纯化　利用某一种类细胞的增殖优势，在长期传代过程中靠自然淘汰法，不断排挤其他生长慢的细胞，靠自然增殖的潜力，最后留下生长优势旺的细胞，达到细胞纯化的目的。但这种方法常无法按照需要和实验要求及目的来选择细胞。

2）人工纯化　利用人为手段造成对某一细胞生长有利的环境条件，抑制其他细胞的生长从而达到纯化细胞的目的。

（1）细胞因子依赖纯化法。动物组织中某些细胞需要有特殊的细胞因子存在的微环境才能长期存活和生长繁殖，如IL-2是T细胞生长所必需的细胞因子，BCGF是B细胞的生长因子。

（2）酶消化法。酶消化法是比较常用的纯化方法，不仅对贴壁细胞可行，对贴壁细胞与半贴壁及黏附细胞间的分离纯化也是十分有效的。

（3）机械刮除法。原代培养时，如果上皮细胞和成纤维细胞为分区成片混杂生长，每种细胞都以小片或区域性分布的方式生长在瓶壁上。可采用机械的方法去除不需要的细胞区域而保留需要的细胞区域。

（4）反复贴壁法。成纤维细胞与上皮细胞相比，其贴壁过程快，大部分细胞能在短时间内（10～30min）完成附着过程，而上皮细胞（大部分）在短时间内不能附着或附着不稳定，稍加振荡即浮起，利用此差别可以纯化细胞。

2．细胞的克隆　细胞克隆技术又称为单个细胞分离培养技术，即从细胞群体中分离出一个细胞，并使其在体外培养体系中能繁殖成新的细胞群体，这种由单个细胞所形成的细胞群或集落称为一个克隆，这种纯化后的细胞群体称为细胞株。它们当中每个细胞的遗传特征和生物学特性极为相似和一致，有利于对不同群体细胞的形态和功能进行比较和研究。现将几种常见的克隆方法简要介绍如下。

1）毛细管法　将一定量的细胞悬液（如10^5细胞/mL或更低）稀释至1细胞/mL，取10mL稀释的细胞悬液，用直径为0.5mm、长为8mm的毛细玻璃管若干（30～50只），在负压作用下，悬液被吸入各毛细管中，在倒置显微镜下检查出每管只进入一个细胞的毛细管，然后放入适应性培养基或有饲养层细胞的培养瓶（或培养板）内，在CO_2培养箱中培养。由一个细胞在毛细管繁殖后，向管外扩展，以形成单个克隆的细胞群体。

2）有限稀释法　采用梯度倍数稀释的原则，将稀释的细胞悬液接种于微孔培养板中（也可在培养板的96孔中直接稀释）培养一定时间后，孔中可出现单个细胞克隆。本法不需要特殊设备，操作简单快速，适合大批量克隆化培养。现已广泛用于异质性细胞系的克隆化培养、诱导和分离耐药性或高转移性、突变细胞株及单克隆抗体（简称单抗）杂交瘤细胞株的克隆筛选中。

3）平皿克隆分离法　平皿克隆分离法即在平皿内将单个细胞形成克隆并进行分离培养的方法，具体如下。

首先，将对数生长期细胞制备单个细胞悬液（悬浮细胞用吸管吹打分散，贴壁细胞先用 2.5g/L 胰蛋白酶消化后，再用培养基吹打分散），计数并用培养基调整细胞浓度，使 5mL 培养液内含有 50～200 个细胞（细胞存活率及单个细胞百分率应大于 90%）。

然后，将上述细胞悬液迅速移入 60mm 平皿中，在 37℃ 5% CO_2 下培养 1 周或更长。当有明显的克隆形成时方可进行克隆分离，方法有两种。

（1）套环法。在倒置显微镜下观察克隆形成的情况，标记出单个克隆，吸干培养基，用涂有少量无菌硅脂的无菌金属套环，套住标记的克隆，在食环内滴加少量胰蛋白酶（2.5g/L），待细胞脱离时，用注射器针头轻轻吹打分散后，转入小平皿或 24 孔板中扩大培养。

（2）玻片法。在接种细胞悬液前，预先在 60mm 平皿中放入无菌小玻片，加入细胞悬液，培养一定时间后，在倒置显微镜下标记上含一个克隆的玻片，然后用无菌镊子取出标记玻片转入 24 孔培养板中继续培养。

4）软琼脂克隆分离法　此法仅适用于悬浮培养的类淋巴细胞或恶性程度高的贴壁细胞，而正常贴壁细胞在软琼脂中不能形成克隆。

（1）将对数生长期的细胞制成单个细胞悬液（贴壁细胞用 2.5g/L 胰蛋白酶消化使之分散成单个细胞）做活细胞计数。调整细胞浓度至 1×10^6 细胞/L，然后根据实验要求再做梯度倍数稀释。通常以 1×10^4～5×10^4 细胞/L 为佳。

（2）制备底层琼脂。取 5%琼脂置沸水中，使琼脂完全熔化，取出一份 5%琼脂，移入小烧杯中，待冷至 50℃，迅速加入 9 份预温 37℃的新鲜培养液（即成为 5g/L 琼脂），混匀后立即注入 24 孔培养板中，每孔含 5g/L 琼脂 0.8mL，置室温使琼脂凝固备用（有的这一步骤被省略）。

（3）制备上层琼脂。取 37℃保温的、不同浓度的细胞悬液 9.4mL，移入小烧杯中，加入 50℃ 50g/L 琼脂 0.6mL 迅速混匀，即可配成 3g/L 琼脂培养基，立即注入铺有底层琼脂的 24 孔培养板中，每孔 0.8mL，置室温使琼脂凝固。

（4）于 37℃ 5% CO_2 下培养 1～2 周或更长，如需培养更长时间可适当补加 0.8mL/孔含琼脂的培养液，待有明显集落形成为止。

（5）集落（克隆）计数。在倒置显微镜下观察并记录直径大于 75μm 或含有细胞数在 50 个以上的克隆。

（四）细胞的冻存与复苏

1．细胞的冻存　为尽量避免因污染所造成的损失，使连续细胞系的遗传改变最小化，以及避免有限细胞系的老化和转化，需要冻存哺乳细胞。并在冻存细胞前检查细胞是否已被污染。

可用普通培养基来冻存细胞，下面是几种常用的、含有血清的培养基：①含 10%甘油的完全培养基；②含 10%二甲基亚砜（DMSO）的完全培养基；③含 50%细胞条件培养基和 50%含有 10%甘油的新鲜培养基，或 50%细胞条件培养基和 50%含有 10% DMSO 的新鲜培养基。

对于无血清培养基，一些普通的培养基成分可以是 50%细胞条件无血清培养基和 50%

包含有 7.5% DMSO 的新鲜的无血清培养基，或包含有 7.5% DMSO 和 10%细胞培养级 BSA 的新鲜无血清培养基。

1）悬浮细胞

（1）计数将要冻存的活细胞。细胞应该处于对数生长期，以 200～400*g* 离心 5min 沉淀细胞，使用移液管移去上清到最小体积，不要搅乱细胞。

（2）以 1×10^7～5×10^7 细胞/mL 密度，在含有血清的冷冻培养基中再次悬浮细胞，或者以 0.5×10^7～1×10^7 细胞/mL 在无血清培养基中，再次悬浮细胞。

（3）分装进冻存管，将冻存管置于湿冰上或放入 4℃冰箱中，5min 内开始冷冻步骤。

（4）以 1℃/min 进行细胞冷冻，可以利用可编程序的冷冻器进行或者把隔离盒中的冻存管放置于－90～－70℃的冰箱中，然后再转移到液氮中储存。

2）贴壁细胞

（1）使用分离试剂从基层分离细胞，分离时，应尽可能温和，使对细胞的损伤降至最低。

（2）在完全生长培养基中，再次悬浮分离细胞，确定有活力的细胞数。

（3）以大约 200*g* 离心 5min 沉淀细胞，用移液管移去上清至最小体积。

（4）以 1×10^6～5×10^6 细胞/mL 密度，在冻存液中悬浮细胞。

（5）分装进冻存管，将冻存管置于冰上或放入 4℃冰箱中，5min 内开始冷冻步骤。

（6）以 1℃/min 进行细胞冷冻，也可以通过可编程序的冷冻器进行或者把隔离盒中的冻存管放到－90～－70℃的冰箱中，然后再转移到液氮中储存。

2. 冻存细胞的复苏 冻存细胞非常脆弱，要轻柔操作。冻存细胞需快速融化，并直接加入完全生长培养基中。若细胞对冻存剂（如 DMSO 或甘油）敏感，就先离心去除冻存培养基，然后再加入完全生长培养基中。

1）直接铺板方法

（1）取出冻存细胞，37℃水浴中快速融化。

（2）直接用完全生长培养基铺板细胞。1mL 冻存细胞用 10～20mL 完全生长培养基。进行活细胞计数，细胞接种应该至少在 3×10^5 活细胞/mL。

（3）培养细胞 12～24h，更换新鲜的完全生长培养基，去除冻存剂。

2）离心方法

（1）取出冻存细胞，37℃水浴中快速融化。

（2）把 1～2mL 冻存细胞加入大约 25mL 完全生长培养基中，轻轻混匀。

（3）以大约 80*g* 离心 2～3min。

（4）弃去上清。

（5）在完全生长培养基中轻轻再次悬浮细胞，并进行活细胞计数。

（6）细胞铺板，细胞接种应该至少为 3×10^5 活细胞/mL。

二、几种常见动物细胞的培养方法

（一）肌肉细胞培养

骨骼肌细胞培养过程如下。

（1）处死动物，无菌取大腿肌组织，切成碎块。

（2）用不含钙镁离子的 Hank's 液配制的 2.5g/L 胰蛋白酶消化，用无菌纱布滤过，合成培养基中可加 10%小牛血清培养，为促进细胞分化，必要时还可添加 1%的胎汁。

（3）细胞接种量为 2×10^6 细胞/皿，接种在胶原或明胶的底物上能促进细胞分化。因明胶制备比较简单，通常使用 Hank's 液配制的 0.01%明胶。

（二）颗粒细胞培养

卵泡颗粒细胞的分离培养

禽类卵泡颗粒细胞培养过程如下（图 4-4）。

（1）取 21 周龄产蛋鸡，颈椎脱臼法处死，局部喷洒 75%乙醇进行消毒，去除腹部羽毛后剖腹取出整个卵巢，小心分离出卵泡用于后续实验。

（2）磷酸盐缓冲液（PBS）提前预冷，用预冷的 PBS 洗掉所分离卵泡表面的血污，将冲洗干净的卵泡放入提前预冷的平皿中，用眼钳小心将膜层从颗粒细胞层中分离出来，在卵泡膜上切口，释放卵黄液，快速分离出颗粒层细胞。

（3）将上述分离出的颗粒层细胞，收集于 15mL 离心管中，加入 4mL M199 培养基，用移液枪反复吸取混匀 1min，收集上清液。

（4）向离心管中加入 2mL 0.2%胶原酶Ⅱ，并将其放于 37℃恒温水浴中消化 30min，并在轻微振荡中分散，目的是消化颗粒层细胞。消化结束后，向离心管中加入稀释消化液，使用 200 目细胞筛进行过滤。

（5）收集滤液，离心机设定 1200r/min，离心 5min，舍弃掉上清液，将获得的沉淀物用 PBS 重悬离心洗涤 3 次。

（6）离心后，将颗粒层细胞悬浮于含 M199 和 5%胎牛血清（FBS）培养基中，接种培养，在 24h 后换液，等待细胞生长融合度为 80%左右用于实验。

（7）细胞培养条件：培养于 5% CO_2 培养箱，温度设定为 37℃。

（8）颗粒细胞鉴定：用免疫荧光化学方法鉴定特异性表达于禽类颗粒细胞上的促卵泡素受体（follicle stimulating hormone receptor，FSHR）或抗缪勒氏管激素（anti-Müllerian hormone，AMH）。鉴定步骤：在培养板中将已爬好颗粒细胞的玻片用 PBS 浸洗后，用 4%的多聚甲醛固定爬片 15min，0.5% Triton X-100 室温通透 20min；在玻片上滴加正常山羊血清，室温封闭 30min；吸水纸吸掉封闭液，每张玻片滴加足够量的稀释好的一抗并放入湿盒，4℃孵育过夜；第二天加荧光二抗，湿盒中孵育 1h；再滴加 DAPI，避光孵育 5min，对标本进行染核；用含抗荧光淬灭剂的封片液封片，然后在荧光显微镜下观察采集图像。

哺乳动物卵泡颗粒细胞培养过程如下（图 4-5）。

（1）取正常发育的动物卵巢，使用 75%乙醇快速清洗一遍，然后用 PBS 清洗两遍。

（2）用注射器从卵泡中抽取卵泡液，收集到离心管中，再用移液枪反复吹打混匀，使用细胞滤器进行过滤，对滤液离心 5～10min（1000r/min，4℃），弃掉上清液，收集沉淀部分，即实验所需的颗粒细胞。

（3）再用 PBS 洗涤，弃掉上清液，重复 2 次。

（4）将悬浮细胞计数后接种于细胞培养瓶中，在 37℃、5% CO_2 的细胞培养箱进行培养，及时更换培养液。等待细胞生长融合度为 80%左右用于实验。

（5）颗粒细胞鉴定。

（6）采用免疫荧光化学方法鉴定特异性表达于牦牛颗粒细胞上的促卵泡素受体（FSHR），实验步骤同上。

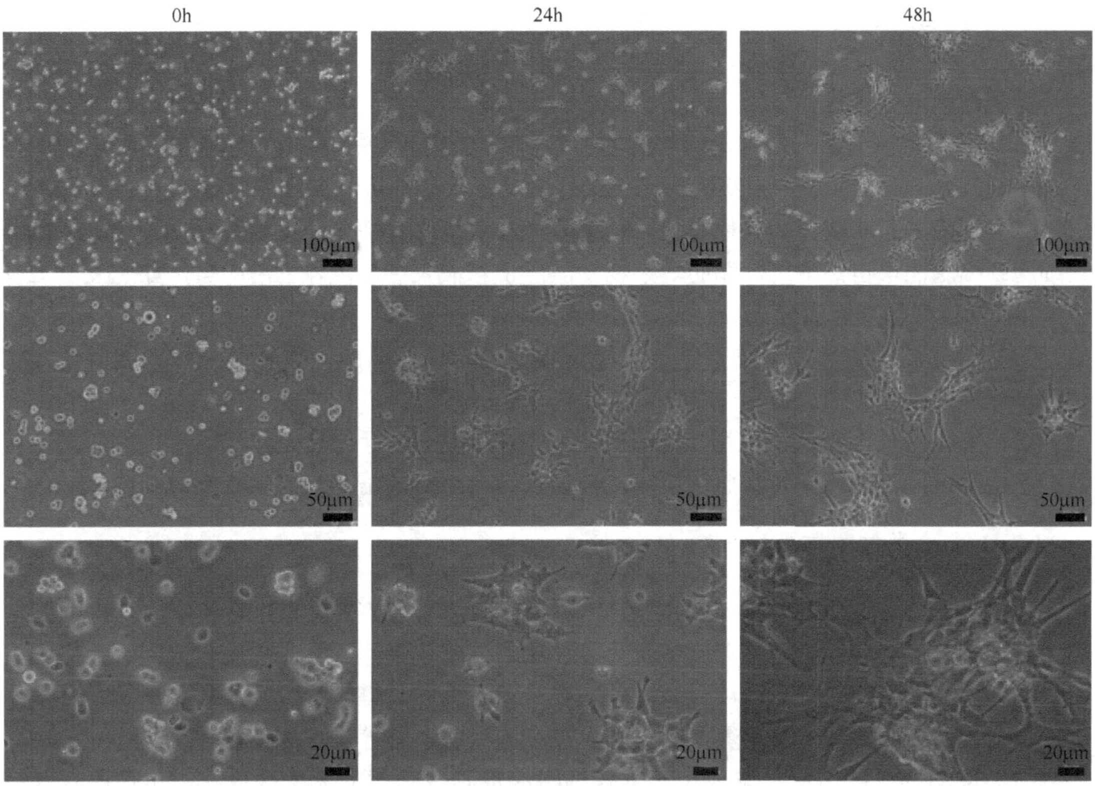

图 4-4　鸡原代颗粒细胞培养

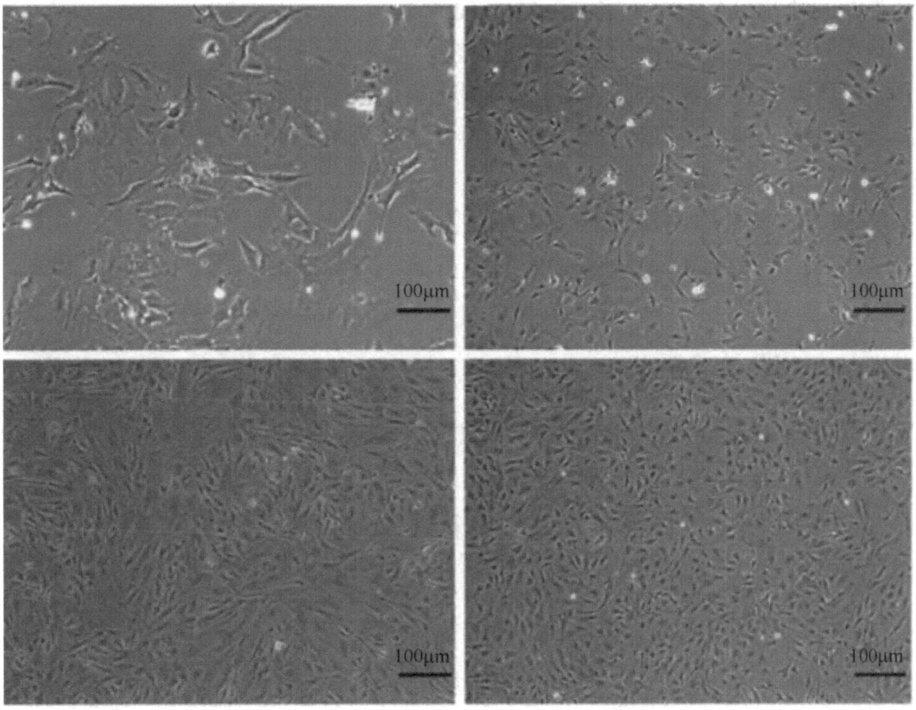

图 4-5　牦牛颗粒细胞在血清培养的生长情况（引自王强龙等，2022）

（三）神经细胞培养

神经细胞培养过程如下。

（1）取动物脑组织。仔细剥除脑膜和血管等纤维成分，先于 Hank’s 液中漂洗，而后置于 30～50 倍的 Hank’s 液中，脑组织比较柔软，反复吹打即可制成细胞悬液。

（2）为除去脂肪成分和其他碎块，可把悬液注入离心管中，在室温直立 5～10min 后，让细胞或细胞团块自然下沉，脂肪等杂物易漂浮于悬液表层，吸除上清即可，如此反复 2～3 次可获得较多的细胞成分。

（3）向沉淀物中加入适量营养液，经纱布滤过，进行细胞计数并调整好细胞密度，接种入培养瓶或培养皿中，置于 5% CO_2 温箱中培养。

（4）细胞生长汇合后，可用 2.5g/L 胰蛋白酶消化法进行传代处理，加消化液的量以覆盖细胞层即可，待细胞开始从瓶壁脱离，再加入含有血清的培养液，吹打制成细胞悬液。

（四）上皮类细胞培养

上皮细胞（包括腺上皮）是很多器官（如肝、胰、乳腺等）的功能成分，上皮细胞培养中常混杂有成纤维细胞，培养时生长速度往往超过上皮细胞，并难以纯化，同时上皮细胞难以在体外长期生存，可见，纯化和延长生存时间是培养关键。

以皮肤表皮和真皮分离培养法获得纯上皮细胞为例，培养过程如下。

（1）取动物皮肤组织。取成年动物较细嫩的皮肤或鸟类的无羽区皮肤，角化层越薄越好，也可以直接取胚胎期动物的皮肤组织，切成小块。

（2）置 0.02% EDTA 中，于室温下静置 5min。

（3）然后置于 2.5g/L 胰蛋白酶中，4℃过夜。

（4）分离。取出皮肤组织，用血管钳或镊子将表皮与真皮层分开。

（5）取出表皮，剪成更细碎的小块后，再置于 2.5g/L 胰蛋白酶中，37℃，30～60min。

（6）反复吹打，制成悬液。

（7）用 80 目不锈钢纱网滤过后，再低速离心，弃去上清。

（8）直接加入培养基（Eagle 加 20%小牛血清）制成细胞悬液，接种入培养瓶，CO_2 温箱培养。

三、动物细胞规模化培养技术

随着细胞基本培养技术的日益成熟，一些大规模细胞培养方法应运而生。建立在贴壁培养法和悬浮培养法基础上的动物细胞大规模培养技术，融合了固定化细胞、流式细胞技术、填充床、生物反应器技术及人工灌流技术等，主要包括悬浮培养技术、微囊化培养技术、微载体培养技术、多孔载体培养技术及中空纤维细胞培养技术等。

（一）悬浮培养技术

少数动物细胞属于悬浮生长型，它们在离体培养时不需要附着物，只需悬浮于培养液中就可以良好生长。将采集到的活体动物组织分散、过滤、离心、纯化、漂洗后接种到适宜培养液中，置于特定培养条件下培养。制备适合悬浮培养的细胞悬浮液的过程：采集活体动物组织→剪切成细块→酶液消化→吹打分散成细胞悬浮液→逐级稀释。

传代时不需要再分散，只需按比例稀释即可继续培养。这种方法细胞增殖快、产量高、培养过程简单，是动物细胞大规模培养的理想模式。不过，只有极少数种类的细胞适合这种悬浮培养。关于该技术，可以参考微生物细胞培养技术，在此不做详述。

（二）微囊化培养技术

微囊是一种用人造的半透膜制成的多孔微球体，小分子物质可以自由透过，而各种酶类、辅酶、离子交换剂、活性炭及蛋白质等大分子物质可包裹在其中不能逸出，利用它们催化反应底物。微囊化培养是借鉴固定化技术将细胞包裹在微囊中，在培养液中悬浮培养。细胞生长在各自的微小环境里受到一定的保护，细胞总的生长体积有了一定的增加，而且减少了搅拌对细胞产生的剪切力。由于环境的改善，细胞会很好地生长，细胞密度增加，细胞纯度提高。微囊化培养为单克隆抗体、干扰素等产品的大规模生产提供了一条有效途径。

动物细胞微囊化过程大致如下。

（1）将已分离的细胞悬浮于 1%～1.2%的海藻酸钠液中（与细胞等渗、等 pH），细胞终浓度达 1×10^7 细胞/mL。

（2）细胞悬浮液经微囊发生器制成微球颗粒，将微球加入 1.3% $CaCl_2$ 溶液，制成凝胶球，10min 后，去除上清液、收集胶球，并用生理盐水清洗。

（3）加入 0.05%的多聚赖氨酸，微球胶体颗粒表面包裹一层膜形成微囊，用生理盐水洗两次。

（4）将微囊悬浮于 0.06%海藻酸钠溶液中反应 5min，用生理盐水漂洗。

（5）用 1.5%柠檬酸钠处理 8～10min，再重复处理一次，用生理盐水洗涤 3 次。将含有动物细胞的微囊放入培养液中培养。

（三）微载体培养技术

微载体培养技术是大规模细胞培养的重要方法之一。微载体是指直径 60～250μm 的微珠。最初所使用的材料是一种离子交换树脂（二乙胺基乙基-交联葡聚糖 A-50）。后经改进，用带不同基团的葡聚糖交联成几种大分子，使其带有适当电荷，以利于细胞的贴壁及生长。一种理想的细胞支持物应该具备以下几个特征：①生物相容性；②简便的无毒害固定化过程；③良好的传质特性；④良好的机械稳定性；⑤最大的比表面积；⑥适合细胞生长的形状和大小；⑦粒径分布均一；⑧能高压灭菌；⑨可重复利用，易于清洗；⑩ 能保护细胞免受机械损伤；⑪ 接种方便；⑫ 能固定大部分细胞；⑬ 适合大规模培养；⑭ 易使细胞、载体与培养基分离；⑮ 适合于贴壁细胞和悬浮细胞的培养。

下面简要介绍微载体培养系统培养动物细胞的基本过程。

（1）微载体选择。为获得最大量的细胞，先用少量几种微载体做细胞培养试验。计算一定时间内的细胞贴壁率和细胞数，绘制出曲线图，比较细胞容纳量、微载体用量、搅动速度，以此选出最适合的微载体。

（2）浸泡水化与消毒。在玻璃容器中加入适量的微载体，按一定的比例加入无 Ca^{2+}、Mg^{2+}的 PBS 浸泡 3h 以上，轻轻搅动。然后用一半量的新鲜 PBS 再洗一次。微载体的浓度一般按 3mg/100mL 配制，搅动速度以 50～70r/min 为好。

（3）接种。根据细胞类型决定接种浓度，对于不同的细胞种类及细胞株，适宜的接种浓度不尽相同，如人成纤维细胞的适宜接种浓度为 10 细胞/微载体；非洲绿猴肾细胞（Vero）为 5 细胞/微载体。

（4）培养观察与细胞计数。在显微镜下观察载体上的细胞生长情况，将微载体上的细胞消化下来计数并计算其浓度。

（5）消化。传代培养或收获细胞均需使细胞脱离微载体，通常采用酶消化法。细胞在碱性环境条件下贴壁较差，消化前先去掉已经变酸性的培养液，再在 pH7.6 的酶液中消化解离微载体上的细胞。采用胶原酶消化比胰蛋白酶-EDTA 法可获得更完整的细胞膜和更高的细胞活性。胶原酶专一性好，不损伤细胞膜，效果较好。

（6）分离细胞。对于回收率要求不高的细胞种类，分组沉降简单易行。脱离微载体的培养液放入细长容器，于上清液中分离收集细胞，400r/min 离心 2min 可加速微载体沉淀。若要求高回收率，可用过滤方法，采用 100μm 孔径的尼龙网、不锈钢网、多孔玻璃滤器等可将细胞与微载体分离开。

（7）传代培养。从微载体上分离下来的细胞可进一步做微载体传代培养。如果进行放大培养，可在细胞脱离微载体后，加入一些新的微载体以增大培养体积，提高培养液的利用率，不过此法比全部用新微载体的细胞得率要少。应尽量减少培养液中 Ca^{2+}浓度以促进微载体之间的细胞转移。

（四）多孔载体培养技术

多孔载体是近年来才发展起来的一种用于大规模高密度动物细胞培养的细胞支持物，其内部具有网状结构的小孔，因此能使细胞在其内部生长，可降低血清用量，增加细胞固定化稳定性。多孔载体用于动物细胞培养还具有许多优点，如易固定化；大的比表面积保证细胞充分的生长空间；细胞生长在载体内部，能使细胞免受机械损伤，同时又可以提高搅拌强度和通气量，强化传质。因此，多孔载体不仅能培养贴壁细胞，也适合于悬浮细胞的固定化连续灌流培养，可应用于大规模高密度培养系统。

多孔载体制备的材料选择主要需考虑材料的生物相容性、机械稳定性和热稳定性。

（1）生物相容性。材料对细胞必须无毒害作用，对贴壁细胞有良好的黏附作用。

（2）机械稳定性。满足细胞培养周期长的要求，保证微载体在长时间搅拌状态下不破碎；同时满足微载体清洗处理、回收利用的要求。

（3）热稳定性。理想的载体材料还应是热稳定性的，在 121℃蒸汽灭菌条件下不分解、不破碎、不软化，此有利于维持无菌环境，简化操作。

多孔载体的制备方法很多，应根据材料的特性和实际要求进行选择，下面是制备多孔载体的常用方法。

（1）首先将成球材料分散在分散介质中，成球材料中一般含有临时性成孔物质。

（2）由于成球材料与分散介质互不相溶，成球材料被分散成球形小液滴，再进一步使小液滴固化成含临时性成孔物质的小球。

（3）去除小球中临时性成孔物质，被临时性物质占据的空间便成小孔，此时基本形成了多孔微球。

（4）后期处理，主要包括表面处理、清洗、灭菌等。

（五）中空纤维细胞培养技术

动物细胞中空纤维细胞培养技术是理查德·克瑞克（Richard kncazek）等在 1972 年发明的。所谓中空纤维细胞培养技术是指模拟细胞在体内生长的三维状态，利用人工的“毛细血管”（中空纤维）来供给细胞生长的营养等条件。培养系统的核心部分由 3～6 层此种空心纤维组成，培养时将待培养细胞接种于空心纤维的外腔。培养一段时间后，逐渐用无血培养基代替含血培养基。此时虽然细胞不再增殖，但也能够维持细胞正常存活并继续分泌所需的代谢产物。由于这种培养方法在分离和纯化分泌物时比较方便，因而在生产激素和单抗时被经常采用。目前，国内外已开发出由硅胶、聚砜、聚丙烯等材料构建的多种空心纤维培养系统。

第三节 动物细胞融合

一、动物细胞融合及其原理

（一）细胞融合概念

细胞融合（cell fusion）又称为体细胞杂交（somatic hybridization），是指将不同来源的原生质体（如动物细胞）相融合并使之分化再生、形成新物种或新品种的技术。它是 20 世纪 60 年代发展起来的一项细胞工程技术。

人们很早就发现在生物界中有自发的细胞融合现象。目前，通过原生质体融合进行体细胞杂交已成为细胞工程研究的重要内容之一。可把这种技术应用于遗传性状改良、克服远缘杂交中的不亲和障碍、更加广泛地组合起各种动物的优良遗传性状，从而培育出理想的新品种。由于原生质体融合重组的频率高，人们已把它作为一种育种手段，并和其他方法有效地结合起来，如将不同诱变中得到的优良遗传性状用原生质体融合，把它们重组到一个个体中。还可使两个亲本的结构基因和调节基因之间发生重组，从而使原来不表达的基因开始表达而产生新的产物。也有可能使两亲本的结构基因重组，从而产生新的杂种等。

（二）细胞融合基本原理

首先通过物理或化学方法诱导其细胞融合形成杂种细胞，继而再以适当的技术进行杂种细胞的分检和培养，促使杂种细胞分裂形成细胞团、愈伤组织直至形成杂种个体，从而实现基因在远缘物种间的转移。由于这个新细胞得到了来自两个细胞的染色体组和细胞质，在适宜的条件下来培养，长成的动物个体就是一个新的物种或品系。

细胞可以发生融合的生物范围是很广的。到目前为止，已经在种间、属间、科间及动植物两界之间都做过细胞融合的尝试，但只有体细胞的无性杂交才是真正意义上的细胞融合技术。精子、卵子的结合虽然也是一种融合，但它是有性的，而且必须是在种内进行的，因此不属于本节所讨论的细胞融合范畴。不同生物的远缘杂交一般是要受到严格限制的，即使偶尔有远缘杂交出现，所产生杂种子代也是不育的。

细胞融合现象最初是在动物细胞中发现的。例如，肿瘤细胞能在体内自发地融合产生多核的肿瘤细胞。1858 年菲尔绍夫（Virchow）叙述了正常组织、发炎组织及肿瘤组织中的多核细胞情况。天花患者的血液中也有多核体细胞存在。1875 年，兰格（Lange）第一个观察到脊椎动物（蛙类）血液细胞发生的合并现象。后来，细胞融合技术逐步扩展到植物细胞和微生物细胞。目前细胞融合已成为细胞工程的核心技术之一，不但在研究核质相互关系、基因的作用与定位、肿瘤的发生等方面有着重要作用，而且在植物、微生物的改良、基因治疗、疾病诊断等应用领域也已展现出美好的前景。

二、动物单细胞制备方法

（一）动物组织的获取

采用各种适宜的方法处死动物，取出组织块放入小烧杯中，用剪刀将组织块剪碎成 $1mm^3$ 大小，用吸管吸取 Hank's 液冲下剪刀上的碎块，补加 3～5mL 的 Hank's 液，用吸管轻轻吹打，低速离心，弃去上清液，留下组织块。

（二）组织的消化

通过生物化学的方法将剪碎的组织块分散成细胞团或单细胞。可根据不同的组织对象采用不同的酶消化液，如最常用的有胰蛋白酶和胶原酶等。此外，链霉蛋白酶、黏蛋白酶、蜗牛酶等也可用于动物组织的消化。

三、细胞融合技术

（一）生物法

大多数病毒都具有凝集细胞的能力，它一边黏接在一个细胞表面，另外一边黏接在另一个细胞表面，从而使两个细胞在病毒的作用下靠近发生凝结。

仙台病毒法是细胞融合技术中的生物法之一。仙台病毒（Sendai virus）也称为日本血凝病毒（hemagglutinating virus of Japan，HVJ），属黏液病毒副流感类群，是 RNA 病毒，多型颗粒状，易在小鼠中蔓延。20 世纪 60 年代，日本仙台东北大学医学系的学者冈田（Okada）利用仙台病毒使两种不同的动物细胞之间发生凝集，进而融合成一体。在动物细胞融合中，仙台病毒已成为产生细胞杂种的标准融合剂。

（二）化学法

化学法诱导是细胞融合技术之一，其主要包括：$NaNO_3$ 诱导（$NaNO_3$ 可中和原生质体表面负电荷，促进原生质体聚集，对原生质体无损害，但融合效率低），高 Ca^{2+} 和 pH 诱导法，PEG 诱导，PEG 结合高 Ca^{2+}、pH 诱导等。其中 PEG 结合高 Ca^{2+}、pH 诱导法较常用，它的基本原理如下。

聚乙二醇（polyethylene glycol，PEG）是一种多聚化合物，分子式为 $H(OCH_2CH_2)_nOH$，商品名卡波蜡（Carbo wax）。实验室用的 PEG 平均相对分子质量在 200～20 000，一般 1000 以下者为液体，1000 以上者为固体。1974 年人们用它首先在诱导大麦、大豆等植物原生质体融合方面取得成功，以后又在动物细胞融合中用 PEG 诱导与用高 Ca^{2+} 和 pH 诱导相结合，极大地提高了融合效率。

这种多聚化合物靠醚键的连结使其分子末端带有弱电荷。PEG 法诱导原生质体融合的机制尚不十分清楚。用高 Ca^{2+}和 pH 溶液将与质膜结合的 PEG 分子进行洗脱，导致电荷平衡失调并重新分配，使两种原生质体上的正负电荷连接起来，进而形成具有共同质膜的融合体。

（三）物理法

电融合法是 20 世纪 80 年代出现的细胞融合技术。在直流电脉冲的诱导下，原生质体质膜表面的电荷和氧化还原电位发生改变，使异种原生质体黏合并发生质膜瞬间破裂，进而质膜开始连接，直到闭合成完整的膜形成融合体。与 PEG 法比较，电融合法优点较多，如融合率高、重复性强、对原生质体伤害小；装置精巧、方便简单、可在显微镜下观察或录制融合过程；免去 PEG 诱导后的洗涤过程、诱导过程可控制性强等。

第四节　杂交瘤技术和单克隆抗体技术

一、杂交瘤技术基本原理

杂交瘤技术的基本原理是通过融合两种细胞同时保持两者的主要特征，这两种细胞分别是 B 淋巴细胞（B 细胞）和经抗原免疫的小鼠细胞制作的小鼠骨髓瘤细胞。B 细胞的主要特征是它的抗体分泌功能和能够在选择培养基中生长，小鼠骨髓瘤细胞则可在培养条件下无限分裂、增殖，即所谓永生性。在选择培养基的作用下，只有 B 细胞与骨髓瘤细胞融合的杂交才具有持续增殖的能力，形成同时具备抗体分泌功能和保持细胞永生性两种特征的细胞克隆。所谓抗体是指在抗原刺激的免疫应答中，B 淋巴细胞产生的一类糖蛋白，它是能与相应抗原特异性结合并产生各种免疫效应（生理效应）的球蛋白。

这里所讲的克隆（clone），是指无性繁殖细胞系或有机体群体。对细胞而言，是由一个祖先细胞分裂繁殖而形成的一簇细胞纯系，在这个家族的所有成员中，如无突变发生，其基因是完全相同的。而所谓单克隆抗体（monoclonal antibody，McAb）是指在一株 B 淋巴细胞系中的每个细胞只能产生一种它所专有的、针对一种它能识别的抗原决定簇的抗体，从这样一株 B 淋巴细胞系所产生的抗体即单克隆抗体。

（一）细胞的选择与融合

杂交瘤技术建立的主要目的在于制备针对抗原特异的单克隆抗体，所以融合细胞必须选择经过抗原免疫的 B 细胞，通常来源于免疫动物的脾细胞。脾是 B 细胞聚集的重要场所，无论以何种免疫方式刺激，脾内皆会出现明显的抗体应答反应。融合细胞的另一方则是为了保持细胞融合后细胞的不断增殖，只有肿瘤细胞才具备这种特性。选择同一体系的细胞可增加融合的成功率。多发性骨髓瘤是 B 细胞系恶性肿瘤，所以是理想的脾细胞融合伴侣。目前常用的 B 细胞瘤株有 P3-X63-Ag8、P3-NSI/I-Ag4-1 和 Sp2/0-Ag14 等，这些细胞株皆为 HAT［H 为次黄嘌呤（hypoxanthine），A 为氨甲蝶呤（amethopterin），T 为胸腺嘧啶核苷（thymidine）］敏感细胞株。

（二）选择培养基的应用

细胞融合是一个随机的物理过程。在小鼠脾细胞和小鼠骨髓瘤细胞混合细胞悬液中，经融合后细胞将以多种形式出现。例如，融合的脾细胞和瘤细胞、融合的脾细胞和脾细胞、融合的瘤细胞和瘤细胞、未融合的脾细胞、未融合的瘤细胞及细胞的多聚体形式等。正常的脾细胞在培养基中存活仅 5～7d，不需要特别筛选，细胞的多聚体形式也容易死去。而未融合的瘤细胞则需进行特别的筛选去除。

细胞融合的选择培养基中有三种关键成分：次黄嘌呤（hypoxanthine，H）、氨甲蝶呤（amethopterm，A）和胸腺嘧啶核苷（thymidine，T），所以，取三者的首字母合称为 HAT 培养基。其中氨甲蝶呤是叶酸的拮抗剂，可阻断瘤细胞利用正常途径合成 DNA，而融合所用的瘤细胞是经毒性培养基选出的 $HGPRT^-$细胞株，所以不能在该培养基中生长。

（三）有限稀释与抗原特异性选择

由于细胞融合是一个随机的过程，在已经融合的细胞中，有相当比例的无关细胞的融合体，因此需细筛选去除。筛选过程一般分为两步进行：一是融合细胞的抗体筛选；二是在此基础上进行的特异性抗体筛选。将融合的细胞进行充分稀释，使分配到培养板的每一孔中的细胞数在 0 至数个细胞（30%的孔为 0 才能保证每个孔中是单个细胞），培养后取上清以酶联免疫吸附测定（ELISA）选出抗体高分泌性的细胞，这一过程常被习惯地称作克隆化。将这些阳性细胞再进行克隆化，应用特异性抗原包被的 ELISA 找出针对目标抗原的抗体阳性细胞株，增殖后进行冻存、体外培养或动物腹腔接种培养。

二、杂交瘤技术制备单克隆抗体的基本步骤

在细胞培养过程中，杂交瘤能产生和分泌单克隆抗体（McAb），但产量低。为了获得大量高效价抗体，通常采用将杂交瘤细胞植入 BALB/c 小鼠体内，制备含特异性单克隆抗体的腹腔积液方法，具体如下。

（一）单克隆抗体的制备

（1）选用 BALB/c 雌性小鼠，在接种杂交瘤细胞前 1～2 周，先给小鼠腹腔注射 0.5mL 降植烷或医用液体石蜡（或福氏不完全佐剂）。预处理过的小鼠在 2～3 个月即可使用。其原理是刺激免疫细胞，引起粒细胞、巨噬细胞浸润性炎症，产生一系列的生长因子，以利杂交瘤细胞增殖和抗体的大量分泌。

（2）收集生长良好的杂交瘤细胞，离心洗涤一次，重悬浮于无血清培养液中，调整细胞密度为（1～2）$\times 10^6$ 细胞/mL，每只小鼠腹腔注射 0.5mL 细胞悬液。

（3）接种细胞 7～12d，可见小鼠腹部明显膨大。消毒腹部皮肤，用注射器抽取腹腔积液。

（4）3000r/min 离心 15min，弃去上层油脂，吸取淡黄色腹腔积液用。分装于－70℃冻存备用。此抗体腹腔积液纯度差，若需制成制剂，需进一步纯化。

（二）单克隆抗体的鉴定

在建立稳定分泌单克隆抗体杂交瘤细胞株的基础上，需对制备的单克隆抗体特性进行

系统的鉴定，内容包括如下几个方面：①抗体的特异性和交叉情况；②抗体的类型和亚类；③抗体的中和活性；④抗体的亲和力；⑤抗体对应抗原的相对分子质量；⑥抗体识别的抗原表位。

（三）单克隆抗体的纯化

根据对纯度的不同要求采用相应的纯化方法。一般情况下，采用盐析、凝胶过滤和离子交换层析等步骤可达到纯化目的。目前最有效的单克隆抗体纯化方法为亲和纯化法，其多采用葡萄球菌 A 蛋白或抗小鼠球蛋白抗体与载体（常用 Sepharose）交联。制备亲和层析柱将抗体结合后洗脱，回收率可达 90%以上。蛋白质可与 IgG1、IgG2a、IgG2b 和 IgG3 结合，同时还结合少量的 IgM。洗脱液中的抗体浓度可用紫外光吸收法测定。

三、单克隆抗体常用生产技术

单克隆抗体的生产既可采用动物体作为生物反应器，又可采用人工生物反应器培养杂交瘤细胞进行生产，前者可通过诱发实体瘤及腹水瘤，从腹水中提取，也可采用牛淋巴液体外循环，从培养上清中提取 McAb，后者在体外大量培养杂交瘤细胞，常采用旋转培养法、中空纤维培养法和悬浮搅拌培养法等。

（一）含血清的杂交瘤细胞培养法

为了大量制备 McAb，可采用装有搅拌器或气泡搅拌装置的 250L、500L、1000L 发酵罐体外大量培养杂交瘤细胞。也有人改用一种连续灌注的培养系统，罐内放置一块 10μm 滤片，用于截留细胞，其细胞生长浓度比常规培养高 10 倍以上［（1～2）$\times 10^7$ 细胞/mL］。由于不断加入新鲜培养基，所得滤液的 McAb 浓度可提高 10 倍以上，达到 500μg/mL 水平。

例如，Amicon 公司采用 Vitafiber 中空纤维组成的超滤系统，在大罐内装有中空纤维组成的超滤装置，在超滤膜外室间培养细胞，培养基通过中空纤维不断循环，依此膜交换细胞的营养物质和废物。在该培养系统中可使杂交瘤细胞生长浓度高达 10^8 细胞/mL，培养基中 McAb 浓度可达 6mg/mL，其中血清含量仅需用 1%～2%，不仅可降低血清消耗的成本，而且血清含量低，也利于纯化。此法生产的 McAb 纯度比腹水中 McAb 高两个数量级。

（二）不含血清的杂交瘤细胞培养法

采用无血清培养基培养杂交瘤细胞所生产的 McAb，利于 McAb 的提纯。该培养基可以根据无血清培养基的配方自行配制，也可从市场上购置已配制好的无血清培养基（具体方法见 114 页“二、杂交瘤技术制备单克隆抗体的基本步骤”）。

（三）牛淋巴液体外循环培养法

美国 Bio-Response 公司使用牛淋巴液为杂交瘤细胞的培养基，每头牛都安装有抽取淋巴液的导管，含有营养物质和促进细胞生长的生长因子的淋巴液，经过滤系统，补充氨基酸、维生素、O_2 和 CO_2 后，再流入中空纤维培养室，其中 80%淋巴液送回牛体再循环，

20%流入培养室。淋巴液营养物质，通过中空纤维的半透膜析出，供杂交瘤细胞生长。细胞所分泌的 McAb 通过微米级的多孔半透膜流出培养室。一头牛可维持 10 个培养室，每天可生产 5g McAb，中空纤维培养室中的细胞经分离后，可进行再培养以增加产量。

除上述几种常用单克隆抗体生产方法外，还有微囊培养法（micro-encapsulation）和工业化悬浮培养等。

四、单克隆抗体的应用

（一）用于科研工作中的生物探针

单克隆抗体只与抗原分子上某一个表位（抗原决定簇）相结合，利用这一特性就可把它作为研究工作中的探针。此时，可以从分子、细胞和器官的不同水平上研究抗原物质的结构与功能的关系，并可从理论上阐明其机制。例如，用荧光物质标记单抗作为探针，能方便地确定与其结合的相应生物大分子（蛋白质、核酸、酶等）在细胞中的位置和分布。

（二）可用作免疫抑制剂

抗人 T 淋巴细胞单抗（McAb）作为一种新型免疫抑制剂，已广泛应用于临床治疗自身免疫疾病和抗器官移植的排斥反应。其作用机制有赖于 McAb 的种类及其免疫学特性。注射抗小鼠 Thy-1 抗原的单抗，可以抑制小鼠同种皮肤移植的排斥反应。此外，对用于同种骨髓移植的供体骨髓，在体外经抗 T 细胞单抗加补体处理，能减轻移植物抗宿主病的发生。

（三）在人类医学上的应用

目前，已有许多检验试剂盒用单抗制成，此主要用于诊断各类病原体。这是单抗应用最多的领域，已有大量诊断试剂商品供选择。例如，用于诊断乙肝病毒、丙肝病毒、疱疹病毒、巨细胞病毒和各种微生物、寄生虫感染的试剂等。单抗所具有的灵敏度高、特异性好的特点，使其在鉴别菌种的型及亚型、病毒变异株及寄生虫不同生活周期的抗原性等方面更具独特优势。

（四）在动物医学上的应用

除可用于制备诊断各种病原体的检验试剂盒外，也可用于作为亲和层析的配体等。单克隆抗体能与其相应的抗原特异性结合，因而能够从复杂系统中识别出单个成分。只要得到针对某一成分的单克隆抗体，利用它作为配体，固定在层析柱上，通过亲和层析，即可从复杂的混合物中分离、纯化这一特定成分。此法具有简便、快速、经济、产品活性高等优点。

第五节　干细胞技术

干细胞最初作为发育中的一种细胞为人类所知，至今已经有上百年的历史。早在 19 世纪初，人们就认识到机体组织都有不同程度的再生能力，而干细胞被视为组织、细胞自我更新的起源。干细胞研究始于 20 世纪 60 年代。胚胎干细胞（ES 细胞）的成功分离最早是在小鼠上取得的。1981 年 Evans 和 Kaufman 分别建立了一种分离多能干细胞的方法，首次获得 ES 细胞。1998 年，Jamie Thomson 建立第一个人类胚胎干细胞系，成为美国当年十大科技新闻头条。1999 年，干细胞研究进展被美国《科学》（*Science*）杂志评选为该年度世界十大科学成果之首，并于 2000 年再度蝉联世界十大科学成果。2005 年，美国 FDA 首次批准将神经干细胞植入人体大脑。2007 年，日本和美国科学家成功将皮肤终末细胞逆转成具有再生能力的干细胞。2012 年，诺贝尔生理学或医学奖授予约翰·格登和山中伸弥两位干细胞科学家。2014 年，南京鼓楼医院开展了全球首例干细胞修复子宫内膜手术，并获专利授权。干细胞研究日趋成熟和重视，几乎涉及所有的生命科学和生物医药领域，取得一系列突破性进展。

一、干细胞概述

（一）干细胞的概念

干细胞（stem cell，SC）是一种具有无限自我复制能力和多向分化潜能的细胞，其功能是控制和维持细胞的再生。一般来说，在干细胞和其终末分化的子代细胞之间存在着被称为“定向祖细胞”的中间祖细胞群。它们具有有限的扩增能力和限制性分化潜能。这些细胞群的功能是增加干细胞每次分裂后产生的分化细胞的数量。干细胞具有自我更新的能力，但是干细胞的分裂实际上是相对不对称的。目前大多数生物学家和医学家认为干细胞是来自胚胎、胎儿或成体内具有在一定条件下无限制自我更新与增殖分化能力的一类细胞，能够产生表型与基因型和自己完全相同的子细胞，也能产生组成机体组织、器官的已分化的细胞，同时还能分化为祖细胞。虽然在形态学和分子生物学水平上可以定义干细胞，但是干细胞的定义仍必须是建立在功能基础上。从功能上讲，干细胞是具有多向分化潜能、自我更新能力的细胞，是处于细胞系起源顶端的最原始细胞，在体内能够分化产生某种特定组织类型的细胞。

干细胞具有以下生物学特性：①具有自我更新和维持的能力，通过对称和非对称两种方式生长。对称分裂形成两个相同的干细胞。非对称分裂一个保持亲代的特征，仍作为干细胞保留下来；另外一个子细胞不可逆地走向分化的终端成为功能专一的分化细胞。②具有多向分化潜能，能分化为各种不同类型的组织细胞。③干细胞的分化受所处周围微环境的影响。④属非终末分化细胞，终生保持未分化或低分化特征，缺乏分化标记。⑤可连续分裂几代，并可在较长时间内处于静止状态。⑥分裂的慢周期性，绝大多数干细胞处于 G_0 期。

（二）干细胞的分类

1．按照发育阶段分类 干细胞可以分为胚胎干细胞（embryonic stem cell，ESC）和成体干细胞（adult stem cell，ASC）。

1）胚胎干细胞 胚胎干细胞是指由胚胎内细胞团（inner cell mass，ICM）或原始生殖细胞（primordial germ cell，PGC）经体外抑制培养而筛选出的细胞。胚胎干细胞具有发育全能性，在理论上可以诱导分化为机体中所有种类的细胞。胚胎干细胞在体外可以大量扩增、筛选、冻存和复苏而不会丧失其原有的特性。

2）成体干细胞 成体干细胞是指存在于已经分化组织中的未分化细胞，这种细胞能够自我更新并且能够分化形成该类型的组织。成体干细胞存在于机体的各种组织器官中。目前发现的成体干细胞主要有造血干细胞、骨髓间充质干细胞、神经干细胞、肝干细胞、肌肉卫星细胞、皮肤表皮干细胞、肠上皮干细胞、视网膜神经干细胞、胰腺干细胞等。

2. 根据分化潜能分类　干细胞可以被分为全能干细胞、多能干细胞和单能干细胞。

1）全能干细胞　具有自我更新和分化形成任何类型细胞的能力，有形成完整个体的分化潜能，如胚胎干细胞；具有早期胚胎细胞相似的形态特征和很强的分化能力，可以无限制增殖分化为200多种细胞类型，进一步形成机体的所有组织、器官。

2）多能干细胞　多能干细胞具有产生多种类型细胞的能力，但却失去了发育成完整个体的能力，发育潜能受到一定的限制。例如，造血干细胞可分化出至少12种血细胞，骨髓间充质干细胞可以分化为多种中胚层组织的细胞及其他胚层的细胞（如神经元）。

3）单能干细胞　单能干细胞只能向单一方向，产生一种类型的细胞。在许多已分化组织中的成体干细胞是典型的单能干细胞，在正常的情况下只能产生一种类型的细胞，如上皮组织基底层的干细胞、肌肉中的成肌细胞（又称卫星细胞）。

（三）干细胞的鉴定

干细胞的特点是无限扩增及其分化的潜能，其鉴别的最好方法是功能学法。鉴定时以干细胞的特点为主，再辅助分化抗原或膜分子等表面标志。

人和鼠ES细胞具有一些相同的分子标志，如OCT-4、REX-1、碱性磷酸酶（AKP）、生长因子GDF-3、畸胎瘤来源的生长因子-1、FOXD3等。但人和鼠的ES细胞更多的是生物学特性上的不同：①鼠ES细胞不能分化成滋养层细胞，而人ES细胞可以；②鼠ES细胞的分化能力较强，且分化的细胞种类齐全，而人ES细胞不能分化形成一些类型的细胞；③鼠ES细胞以胚胎阶段特异性抗原（stage specific embryonic antigen，SSEA）1为主，而人ES细胞以SSEA3、SSEA4为主；④ES细胞表面表达一系列基质糖蛋白，该糖蛋白可以和抗体GCTM-2、TRA-60反应，但上述两种抗体不能标记鼠ES细胞。

成体干细胞表达的分子标志和ES细胞明显不同，仅低水平表达或不表达OCT-4和REX-1。造血干细胞的标志物包括CD34、CD133、ABCG2、Sca-1、c-kit、lin等。间充质干细胞的特征性抗原是SH2、SH3、SH4和SB10，以及STRO-1和骨形态发生蛋白受体，可作为分离和鉴定的标志。神经干细胞的标志物有Nestin、PAS-NCAM、P57、神经营养R和Musashi1等。

（四）干细胞的应用

1. 动物遗传育种　干细胞在动物遗传育种中的应用相当广泛。从理论上讲，干细胞可以无限传代和增殖而不失其基因型和表型，以其作为核供体进行核移植或与胚胎嵌合可使一头优良家畜在短期内获得大量基因型和表型完全一致的个体，不但可以充分发挥良种动物的生产潜力，还可以加速动物良种化进程。

此外，用干细胞生产转基因动物，打破了物种的界限，突破了亲缘关系的限制，加快了动物群体遗传变异程度，可以进行定向变异和育种；利用同源重组技术进行遗传操作，通过细胞核移植生产遗传修饰性动物，改造出生长快、抗病力强、高产的家畜品种；在细胞水平对胚胎进行早期选择，这样可以提高选种的准确性，缩短育种时间。

2. 疾病治疗　干细胞的体外分化给疾病的治疗提供了全新的医疗手段。在临床前期的研究中，研究人员用干细胞分化成神经细胞，然后把神经细胞植入患有帕金森病的猴大脑内，从而明显消除了实验动物的帕金森病症状。利用人类胚胎干细胞生成神经细胞之后，治疗帕金森病患者应该可以收到同样的效果。另外，胚胎干细胞在不育症和心血管疾病等方面的治疗研究中，也同样显示了极为诱人的应用前景。成体干细胞也具有疾病治疗的作用，成体非心源的干细胞，如来源于骨髓、脑、骨骼肌、脂肪组织、肝和外周血的干细胞都可以通过自然迁移或实验植入心脏，从而分化为心肌细胞。这些证据提示成体干细胞治疗是梗死后再生心肌的有效方法。最初的成体干细胞移植应用于心肌再生仅限于动物模型，但目前已经很快扩展到临床治疗研究，并取得了较好的效果。

然而，干细胞应用于临床必须解决免疫排斥的难题。利用体细胞核移植技术在体外生产患者特异的克隆胚胎，当克隆胚胎发育至囊胚时，分离并体外培养人胚胎 ICM，获取 ES 细胞。然后在体外定向诱导分化 ES 细胞，生产包括人肌肉、神经和造血细胞在内的细胞或组织，用以修复甚至替换丧失功能的组织和器官，解决了传统方法分离克隆所用胚胎和卵母细胞的来源困难和伦理问题，而且避免了免疫排斥反应。

此外，由于 ES 细胞经遗传操作后仍能稳定地在体外增殖传代，以其为载体，体外定向改造 ES 细胞，使得基因的整合数目、位点、表达程度和插入基因的稳定性及筛选工作等都在细胞水平上进行，容易获得稳定、高效的转基因 ES 细胞系，从而保证基因治疗的高效性和安全性。

3．新药的研制与开发　理论上，ES 细胞可提供任何组织类型的正常细胞，为开发新药提供大量标本，因而可用于筛选药物、鉴定新药作用的靶基因位点、筛选潜在的毒素等，从而大大改变研发药品及其安全性检验，如应用人 ES 细胞培养成大量心肌细胞，将有助于心脏病药物的开发等。2006 年 6 月 2 日，世界上第一个利用转基因动物乳腺生物反应器生产的基因工程蛋白药物——重组人抗凝血酶Ⅲ（商品名：ATryn）的上市许可获得了欧洲药品管理局（EMA）下属的人用医药产品委员会（CHMP）的批准。此举大大鼓舞了乳腺生物反应器的研究。由于 ES 细胞的多能性、全能性和遗传可操作性，以 ES 细胞为介导可能成为未来乳腺生物反应器制备的一条颇具潜力的途径。

4．胚胎发育生物学研究　利用 ES 细胞可以建立多种细胞类型的体外分化体系，从而为在细胞和分子水平上研究哺乳动物发育生物学提供了理想的实验系统。利用基因打靶或基因突变的 ES 细胞研究其体外分化，不仅可了解早期胚胎发育中某些基因的功能，而且可以通过改变某些基因表达水平来研究特定细胞的体外分化。

ES 细胞还可以帮助理解人类发育过程中的复杂时程，确定导致细胞分化的决定因素。此外，人 ES 细胞对一些不能直接在完整人胚胎上研究但在临床上重要的发育事件，如出生缺陷、不育和流产进行研究，还可作为模型研究人类和小鼠之间组织发育和功能的差别。

二、胚胎干细胞

胚胎干细胞（embryonic stem cell，ES 细胞）是从着床前胚胎内细胞团或原始生殖细胞经体外分化抑制培养得到的一种全能性细胞，可以分化成任何一种组织类型的细胞。胚胎干细胞具有与早期胚胎细胞相似的形态结构，细胞体积小，核大、核质比高、有一个或多个核仁，核型正常，具有整倍性。胚胎干细胞体外培养时呈鸟巢集落状生长，细胞紧密堆积，集落边界清晰，有立体感。

（一）胚胎干细胞分离技术

最初分离小鼠 ESC 的方法已被广泛接受，直接或者做一些改进，用来建立其他哺乳动物的 ESC 系。这种源于囊胚内细胞团（ICM）建立小鼠 ESC 系的方法主要包括以下步骤：①脱去囊胚透明带；②免疫外科法（也可采用机械法，或酶消化法与机械法相结合）分离 ICM；③在小鼠胚胎成纤维细胞（mouse embryonic fibroblast，MEF）饲养层上培养分离的 ICM；④离散增殖的 ICM 为细胞团块；⑤重新接种于 MEF 饲养层继续培养；⑥进一步离散 ESC 集落；⑦重新接种于 MEF 饲养层，出现多个 ESC 集落，扩大培养；⑧成系，鉴定。随后，除了囊胚 ICM，人们先后以“4 细胞胚胎至桑椹胚的卵裂球、桑椹胚、囊胚、上胚层的全能细胞、原始生殖细胞、孤雌激活胚胎、核移植胚胎和体外受精胚胎”等为起始材料，建立了 ESC 系。

ESC 建系的关键问题是提供适宜稳定的培养环境和有效的分离传代方法。最初的研究，得益于饲养层的应用，很幸运的是各种哺乳动物的类 ESC 均可在 MEF 饲养层上增殖。后来在分子水平揭示了维持干细胞状态的分化抑制因子（如小鼠为 LIF 和 BMP4，人为 bFGF 等），并且出现了商品化的血清替代品（serum replacement，SR），逐渐发展为无血清无饲养层培养体系。人 ESC 研究的目的是为临床器官和细胞治疗提供种子细胞，所以临床级别的人 ESC 要求培养过程中没有异源蛋白污染的可能，这使得培养条件和传代方法都向无异源污染的方向发展。Ludwig 等报道了一种无异源蛋白无饲养层且成分已知的培养液，可以维持人 ESC 的增殖，其中含有 5 种关键因子：bFGF、LiCl、GABA、哌啶酸（pipecolic acid）和 TGF-β。下一步需要关注细胞基质的改进，因为商品化的 Matrigel，是从小鼠 Engelbreh-Holm-Swarm 肿瘤获得的一种细胞外基质提取物，主要成分包括层粘连蛋白（laminin，LN）和胶原蛋白（collagen），可能带来异源污染。Ludwig 等实验结果表明，联合使用Ⅳ型胶原、纤连蛋白（fibronectin）、层粘连蛋白和玻连蛋白（vitronectin）效果最好。而分离和传代方法也由最初的酶消化法发展为多种方法，如机械法、酶消化法和二者结合的方法等。到目前为止，小鼠 ESC 常采用酶消化的方法传代，对有些品系小鼠建系成功率高达 75%。而对于人 ESC，一般认为在细胞数未增殖到 1×10^5 之前，用机械分离法较好，因为单个人 ESC 是很难形成克隆的。之后传代时，已采用的酶包括胰蛋白酶、Ⅳ型胶原酶和 dispase 酶等，通过结合吸头吹打为小的细胞团块进行传代。近来研究发现，采用酶消化法传代比机械法传代引起人 ESC 核型变异的概率增大，推测可能是消化酶对 ESC 造成损伤引起的。其他种类的哺乳动物，与小鼠和人并不相同，如牛 ESC 对消化酶敏感，处理后观察不到新的干细胞集落形成。

（二）胚胎干细胞分离培养体系

1．饲养层为基础的培养体系 饲养层细胞通过合成分化抑制因子（differentiation inhibitory activities，DIA）和作为胚胎、ES 细胞贴附的基质，促进 ES 细胞增殖并抑制分化，为 ES 细胞提供生长环境和信号。目前使用最普遍的饲养层细胞是小鼠胚胎成纤维细胞（MEF）及鼠胚成纤维细胞系（STO）细胞。也有用卵巢、输卵管、胎盘、子宫内膜细胞、鸡胚肝成纤维细胞、3T3 细胞和膀胱癌细胞、子宫颈癌鳞状上皮细胞等肿瘤细胞作为饲养层培养 ES 细胞。饲养层的存在更好地模拟了体内的生存环境，但是用饲养层分离培养 ES 细胞具有很多缺点，如增加了许多操作环节，不容易控制实验条件，不利于对 ES 细胞进行遗传操作时的细胞筛选，不利于对 ES 细胞进行准确的生化分析，不利于人 ES 细胞及其分化细胞用于临床。

2．无饲养层为基础的培养体系　饲养层分泌的细胞因子难以支持某些 ES 细胞的增殖，而无饲养层培养 ES 细胞可方便地对 ES 细胞进行遗传操作，所以建立无饲养层培养体系是一种发展趋势。目前主要通过 5 个途径实现 ES 细胞的无饲养层培养：①在 ES 细胞培养基中添加白血病抑制因子（leukemia inhibitory factor，LIF）抑制 ICM 和 ES 细胞分化。LIF 在培养基中的添加浓度，不同的文献有所不同，成系的小鼠 ES 细胞一般添加 500～1000μg/mL。不同品系小鼠 ES 细胞分离培养所需 LIF 的浓度存在差异，Baharvand 等报道分离 C57 BL/6 和 BALB/c 的小鼠 ES 细胞所需 LIF 的浓度就存在较大差异。所以，应根据 ES 细胞的品系来源、培养体系通过实验来确定培养基中 LIF 的最佳浓度。②合成明胶和 LIF 的混合物，将其铺在聚苯乙烯平皿上，晾干洗涤至 LIF 不再释放。③利用条件培养液培养 ES 细胞。用于制备条件培养液的细胞还有 BRL、HBL-B63、PC10-6R（转染 LIF 基因的 COS 细胞亚系）、PSA-1，T3、鸡胚肝细胞、人膀胱癌细胞系 5637 等。使用条件培养基分离培养 ES 细胞可节约费用，但条件培养基含有多种不确定因子，所以也不利于对 ES 细胞进行准确的生化分析。④利用转基因技术构建转基因的小鼠 ES 细胞系。在 LIF 存在的情况下，表达抗凋亡蛋白 Bcl-2 的转基因小鼠 ES 细胞不需要血清和饲养层也能增殖并保持其固有特性。⑤基础培养基中加入各种细胞因子或化学成分明确的物质。联合使用 bFGF、LiCl、GABA、六氢吡啶羧酸和转化生长因子 β（TGF-β），在低氧条件下培养人类胚胎干细胞（hESC）能维持其未分化状态。但是该培养条件仍然相当复杂，可将其简化，添加 bFGF 和 N2B27，有利于大规模培养 hESC 应用于临床。此外，为促进 ES 细胞贴壁，常用 0.1%明胶或Ⅳ胶原包被培养皿，也可用多聚赖氨酸、层粘连蛋白等。

3．无血清为基础的培养体系　ES 细胞培养基通常在高糖 DMEM 的基础上添加血清、β-巯基乙醇、L-谷氨酰胺、非必需氨基酸、LIF 等配制而成。添加血清（添加浓度通常为 15%～20%）可促进胚胎贴壁、ICM 集落形成和 ES 细胞增殖。但血清中常含有一些无法确定的细胞因子诱导 ES 细胞分化，还含有一些不利于临床应用的不明成分，而且不同种类批次的血清成分可能存在很大差异。因此，建立无血清为基础的培养体系是未来发展的趋势。已有研究人员利用无血清培养基建立了小鼠 ES 细胞系，结果显示无血清培养基在 EG、ES 细胞的建系效率及核型维持、种系嵌合能力方面优于常规培养基。但使用血清替代物培养，需要高密度接种细胞才能促使 ES 细胞增殖和克隆形成，因而不利于 ES 细胞的单细胞克隆。

（三）胚胎干细胞在动物育种中的应用

1．生产克隆动物　胚胎干细胞的自我更新和多能性特征将大幅度提高克隆效率和改善动物繁殖性状。ESC 与胚胎嵌合或者与核移植技术相结合，可使一头良种家畜在短期内繁育大量具有遗传同质型的后代，充分发挥优良品种动物的生产潜力，获得具有新性状的克隆动物或异种动物嵌合体，克服种间繁殖障碍，打破物种界限。2020 年，研究人员将食蟹猴的胚胎干细胞（cm ESC）注射到猪囊胚中，成功获得种间嵌合体，并能观察到组织特异性的 cm ESC 分化。在动物育种中，利用核转移（nuclear transfer，NT）技术生产 NT-ES 细胞可以从基因组选择的高价值动物中获得，并用于生殖克隆或将这些细胞系进行冷冻保存。为拯救濒危物种，保存稀有动物遗传资源提供了保障。目前，已经在小鼠、牛和非人灵长类动物中都建立了 NT-ES 细胞系。此外，采用 ESC 作为核移植供体，具有较高的重编程效率。利用 ESC 育种技术，在细胞水平对胚胎进行早期选择，这样不但提高了选择的准确性，还将大幅度提升家畜的繁殖效率，缩短育种时间，加速动物的良种化进程。

2．生产基因编辑动物　基因编辑技术特别是 CRISPR/Cas9 介导的基因组编辑系统，以其定向精确、简易高效和多样化等特点，成为畜牧业领域最为有效的育种工具，彻底改变了动物育种方式。利用基因编辑技术可从遗传本质上提高动物对病原体的抗性，改变动物的抗病性状。通过基因编辑技术对 ESC 系基因组上的目的基因编辑，将编辑后的胚胎干细胞作为核供体注入去核的卵母细胞中，移植至母畜输卵管进行发育，获得抗病性和繁殖力强的个体，通过常规育种技术扩大动物群体。未来期望能够在体外建立稳定的猪 ESC 系细胞，可以利用 CRISPR/Cas9 并结合体细胞核移植技术（somatic cell nuclear transfer techinique，SCNT），生产目标性状个体，提高猪的优良品质，建立稳定遗传的新品种（系），进而扩大优良种猪的种群数量。

三、诱导多能干细胞

2006 年，日本京都大学 Takahashi 和 Yamanaka 将 Oct4、Sox2、c-Myc 和 Klf4 等 4 个转录因子导入已分化的小鼠皮肤成纤维细胞，获得了类似于 ES 细胞的多能性干细胞，称为诱导多能干细胞（induced pluripotent stem cell，iPS 细胞）。iPS 细胞的发现证实分化的细胞可以通过少数几个因子的外源导入而被重编程到具有多能性的状态，引起了生命科学领域的广泛关注，被誉为人类科学的里程碑。

（一）细胞核重编程概述

在全能干细胞→多能干细胞→单能干细胞→终末分化细胞的发育途径中，基因组特定区域的 DNA 或组蛋白在特定发育时空受到特定的表观遗传修饰，相关基因的表达状态发生了改变，导致细胞分化。表观遗传修饰是可逆的，在一定条件下成熟的细胞也能够被逆转到未分化的状态，即逆向编程，称为重编程或去分化。细胞核重编程是指成熟的细胞由分化状态被逆转到一种未分化状态的过程。

自然情况下，重编程发生于具有再生能力的器官中，也可以通过体细胞核移植、细胞融合及体外培养等技术诱导发生。但大多需要多能性细胞来提供重编程所需的复杂条件，重编程的效率和程度也非常有限，其广泛应用受到各种因素的限制。目前，最受关注的细胞重编程方法是将一些特定转录因子的基因通过转染，使其整合到受体细胞的核基因组，以重新激活多能性相关基因的表达，诱导细胞发生重编程，从而将这些细胞改造为具有多向分化潜能的干细胞，即 iPS 细胞。该方法相当简单，摆脱了材料来源和伦理学的许多限制，重编程的效率大为提高，将推动细胞核重编程领域的研究。

（二）iPS 细胞研究概述

iPS 细胞的研究始于 2003 年，Gurdon 研究小组发现将已完全分化的小鼠胸腺细胞或成人外周血淋巴细胞的细胞核注入爪蟾卵母细胞后，哺乳动物细胞核的分化标志物丧失，而哺乳动物干细胞中最具特征性的标志物 Oct4 则呈高表达，提示哺乳动物细胞核可直接被两栖动物卵母细胞核泡所重构从而表达 Oct4，这项研究开启了诱导人类体细胞转变成干细胞的新思路。2006 年，日本京都大学 Yamanaka 研究小组采用体外基因转染技术，从 24 个因子中筛选出 Oct4、Sox2、c-Myc 和 Klf4 等 4 个转录因子，通过反转录病毒将上述 4 个转录因子导入胚胎小鼠成纤维细胞或成年小鼠尾部皮肤成纤维细胞，在小鼠 ES 细胞的培养条件下获得了 Fbx15＋的多潜能干细胞系，该细胞系在细胞形态、生长特性、表面标志物、形成畸胎瘤等方面与小鼠 ES 细胞非常相似，而在基因表达谱、DNA 甲基化方式及形成嵌合体动物方面却不同于小鼠 ES 细胞，故将其命名为 iPS 细胞。2007 年 7 月，该研究小组进一步用 Nanog 代替 Fbx15 进行筛选，得到了 Nanog＋的 iPS 细胞系，该 iPS 细胞不仅在细胞形态、生长特性、标志物表达、移植到小鼠皮下可形成包含 3 个胚层组织细胞结构的畸胎瘤等方面与小鼠 ES 细胞非常相似，而且在 DNA 甲基化方式、基因表达谱、染色质状态、形成嵌合体动物等方面也与小鼠 ES 细胞几乎完全相似。此外，研究还发现重新激活原癌基因 c-Myc 是嵌合体动物出现肿瘤形成的原因；而转染的上述 4 个基因在 iPS 细胞中并没有表达，表明这些基因只在诱导过程中起作用，iPS 细胞保持多潜能性状态的原因是内源性转录因子 *Nanog* 基因的表达。

2007 年 11 月，Yamanaka 研究小组利用相同的技术，将上述同样的 4 个转录因子导入人类皮肤成纤维细胞中，也成功获得了 iPS 细胞。原代人类成纤维细胞样滑膜细胞和源自新生儿成纤维细胞的细胞系同样也可被重构成为 iPS 细胞。这类 iPS 细胞在细胞形态、增殖能力、表面抗原标志、基因表达谱、多潜能干细胞特异性基因的表观遗传学状态、端粒酶活性等方面与 hES 细胞相似，并且在体外培养时和在小鼠体内畸胎瘤形成中均可分化为 3 个胚层的不同细胞类型。与此同时，威斯康星大学 Thomson 研究小组也报道了成功诱导胎儿成纤维细胞转化为具有 hES 细胞基本特征的人类 iPS 细胞，所不同的是他们使用慢病毒作为载体，并在 14 个候选基因中选择了 *Oct4*、*Sox2*、*Nanog*、*Lin28* 等 4 个基因进行转导。上述研究表明，从活检人类皮肤组织中提取体细胞后进行诱导以制备患者特异性的干细胞是可行的，因而有望克服细胞移植治疗中存在的免疫排斥反应。

近十年来，研究人员一直在努力优化重编程因子在细胞中的传递方法，陆续开发了几种非基因整合型的重编程方法：经典的非整合型载体仙台病毒和腺病毒可介导转录因子基因在宿主细胞中瞬时表达，诱导细胞产生多潜能性，获得无病毒整合的 iPS 细胞。此外，人类体细胞来源的 PS 细胞克隆也可通过质粒、PiggyBac 转座系统、微环载体等载体对体细胞进行重编程获得，然而，使用这些载体的重编程效率比较低。近年来，非核酸类载体重编程方法研究也有了重大进展。经修饰的 RNA、microRNA 和纯化的重组蛋白已成功地将小鼠和人的成纤维细胞培养成 iPS 细胞。中国学者尝试利用重组细胞穿透蛋白 OCT4/KLF4/SOX2（PTD-OKS）和小分子混合物（VCFZ）进行非遗传载体类重编程，成功地将人脂肪源性干细胞诱导为 PS 细胞。目前，重编程技术的最新进展集中于开发一种新方法，即不需要重编程因子进入细胞就可实现 PS 细胞的成功转化。例如，Blanchard 等发现了一些能够刺激细胞内通路的抗体，这些通路最终会同重编程因子一样激活靶基因。用这些对细胞表面起作用的抗体取代重编程中使用的转录因子，避免了 *c-My* 等具有潜在致癌风险的基因进入细胞，并且消除了外来遗传物质随意整合到基因组而破坏功能基因或激活致癌基因的可能性。尽管重编程技术目前面临诸多技术难题，但随着分子生物学与细胞生物学的迅猛发展，这些问题将有望得到破解。

我国对 iPS 细胞的研究也获得了突破性进展。2007 年 11 月，Qin 等利用反转录病毒将 *Oct4*、*Sox2*、*c-Myc* 和 *Klf4* 导入未经遗传修饰的小鼠成纤维细胞，将其诱导成了 iPS 细胞。2008 年 4 月，Liao 等采用携带 *Oct4*、*Sox2*、*c-Myc*、*Klf4*、*Nanog* 和 *Lin*28 等 6 个基因的慢病毒转染新生儿阴茎包皮成纤维细胞，首次诱导成功了人类 iPS 细胞，且 6 个转录因子的诱导效率比 4 个转录因子的高 10 倍，iPS 细胞克隆也出现得更早。2022 年，我国研究者首次在国际上报道使用化学小分子改变人类体细胞，将人体皮肤细胞诱导成 iPS 细胞，获得新一代的干细胞制备技术。

（三）特定转录因子

诱导体细胞重编程的特定转录因子有 Oct3/4、Sox2、c-Myc、Klf4、Nanog 和 Lin28。

1．Oct3/4　转录因子 Oct3/4 属于 Oct 蛋白家族，含有 POU 结构域，参与多种基因的调节，特异性地表达于畸胎瘤细胞、早期胚胎和生殖细胞中，是维持细胞自我更新和多能性的关键因子。体外培养的 Oct3/4 缺陷型纯合体胚胎，其内细胞团只能形成胚胎滋养层细胞，而不能形成 ES 细胞。抑制 Oct3/4 的表达，将导致小鼠和人的 ES 细胞自发地向胚胎滋养层分化。而 Oct3/4 表达量提高 50%时，可导致小鼠 ES 细胞自发地向原始内胚层和中胚层分化。因此，Oct3/4 的表达水平是决定小鼠 ES 细胞命运的重要因素。

2．Sox2　转录因子 Sox2（SRY-related HMG box2）是 HMG 框（high-mobility group box）家族转录因子成员，表达于畸胎瘤细胞、内细胞团、外胚层和生殖细胞中，是胚胎发育和阻止 ES 细胞分化的关键因子。Sox2 的缺失将使胚胎因外胚层发育缺陷而死于植入的时期。通过 RNA 干扰技术使 Sox2 在小鼠 ES 细胞表达下调，将促进 ES 细胞的分化。

3．c-Myc　转录因子 c-Myc 属于 HLH 蛋白家族，含有亮氨酸拉链及螺旋-环-螺旋结构。通过修饰染色质的结构和调节非编码 RNA 的表达，参与细胞的生长、分化和增殖等多种功能的调节。c-Myc 本身又是一种原癌基因，因而它的使用会给 iPS 细胞带来致瘤性的可能，这就限制了其在临床上的应用。c-Myc 的主要作用可能是增强细胞增殖的能力，因此可以通过使用非原癌基因或外源的生长因子来代替 c-Myc 的功能。

4．Klf4　转录因子 Klf4 是 Krüppel 样家族蛋白的成员之一，具有锌指结构，高表达于小鼠的 ES 细胞，以及有丝分裂后期的皮肤和胃肠的上皮细胞。其作用机制与 Sox2 相似，作为协同因子参与 Oct3/4 介导的基因表达调控。Klf4 虽是一个原癌基因，却具有抑制肿瘤的功能。它可以通过直接抑制 p53 的表达，从而参与调节一系列与 p53 相关联的基因的表达调控。在小鼠胚胎的发育过程中，Klf4 可以通过抑制 p53 间接上调 Nanog 的表达，以维持 ES 细胞的未分化状态；还可以通过对 p53 的调节，阻止由 Myc 诱导的凋亡发生。Klf4 的过表达将导致 Oct3/4 的持续表达并抑制 ES 细胞的分化和细胞的增殖。

5．Nanog　Nanog 在维持 ES 细胞自我更新和多向分化潜能中具有非常重要的作用。与 c-Myc 和 Klf4 不同，同源异型蛋白 Nanog 是不依赖于 LIF/STAT3 途径而独自维持 ES 细胞多能性的因子。在小鼠 ES 细胞中，Nanog 与 Klf4 和 Klf5 结合；而在人类的 ES 细胞中，Klf5 与 Oct3/4、Sox2 和 Nanog 共同结合。Klf4 可以通过抑制 p53 的表达而促进细胞的增殖，而 p53 又是 Nanog 的一个负向调节因子，因此，Nanog 的过表达将不再需要 Klf4/p53 途径的激活。而且，在重编程的起始阶段，Nanog 还可与 Oct3/4 和 Sox2 共同发挥作用，从而替代 Klf4 的一些功能。

6．Lin28　Lin28 是一种 RNA 结合蛋白，在 ES 细胞的分化过程中其表达逐渐下调，在人类体细胞的重编程过程中发挥了一定的作用。

（四）iPS 细胞的建立和鉴定

1．iPS 细胞的建立　iPS 细胞首先是由 Takahashi 和 Yamanaka 在 2006 年建立的，其主要过程是：①构建含有 Oct3/4、Sox2、c-Myc 和 Klf4 等转录因子的反转录病毒载体；②通过反转录病毒转染的方法导入人或鼠的成纤维细胞；③利用药物、形态学特征或多能性标志分子对转染的细胞进行筛选；④筛选出的细胞经过一系列严格的鉴定，确证是否具有多能性。

2．iPS 细胞的鉴定　细胞的多能性要满足两个基本条件：强大的自我更新能力和分化潜能。目前，可利用形态学特征、标志分子的表达、生长特性、发育潜能和表观遗传学特征来鉴定获得的 iPS 细胞是否具有全能性（图 4-6）。

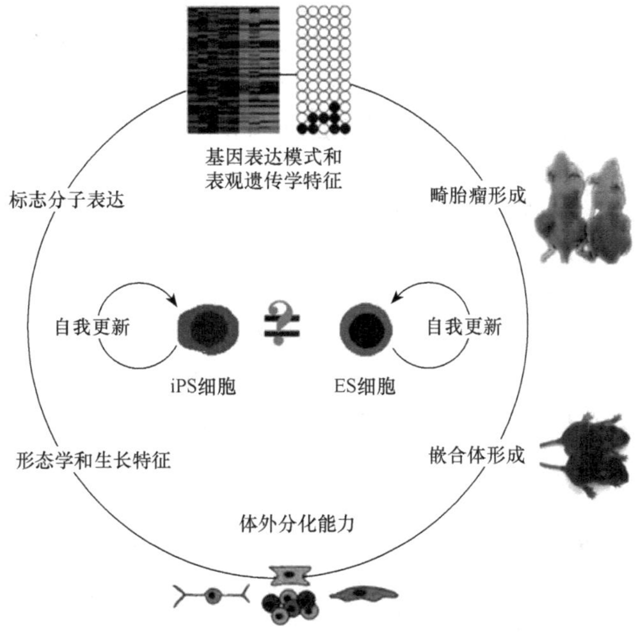

图 4-6　iPS 细胞的鉴定（引自刘爽和段恩奎，2008）

1）细胞表型和表面标志的鉴定　反转录病毒转染人成纤维细胞 48h，第 6 天更换为 ES 细胞培养条件，第 25 天得到 0.02%紧密平实的圆形细胞克隆，具有高核质比和明显的核仁，这些都是 ES 细胞的典型特征。流式细胞和免疫组化技术鉴定出 iPS 细胞表达多能干细胞特异的表面标志 SSEA-1、SSEA-3、SSEA-4、TRA-1-60、TRA-1-81 和 TRA-2-49/6E 等，而这些蛋白质在转染前的成纤维细胞并不表达。RT-PCR 也鉴定出大量 ES 细胞特异转录物，如 Oct-4、Sox2、Rex1、Dppa2、Dppa4、Utfl 和 Nanog 等。

2）表观遗传状态的鉴定　小鼠和人 iPS 细胞重编程后，*Nanog*、*Oct-4* 和 *Rexl* 等重要多能基因的启动子区 CpG 岛从高甲基化转变为类似 ES 细胞的低甲基化状态，表明这些启动子处于转录活性状态。重编程前后 Oct-4 和 Rex1 启动子的活性差异也被萤光素酶报告基因所证实。

除了 DNA 的甲基化修饰变化，组蛋白修饰也发生了相应改变。利用染色质免疫共沉淀对近 1000 个基因转录起点的－5.5～＋2.5kb 区域进行整体分析，小鼠 iPS 细胞 H3K4 和 H3K27 的三甲基化模式更接近 ES 细胞，而与转染前的成纤维细胞差异较大，H3K27 三甲基化改变尤为明显。

人 iPS 细胞组蛋白染色质免疫沉淀（ChIP）分析也证实了 iPS 细胞的 *Oct-4*、*Sox2*、*Nanog* 和 *Gata6* 等多能基因的启动子区域具有高 H3K4 三甲基化和低 H3K27 三甲基化水平，与 ES 细胞一致而与转染前细胞有较大差异。这些都说明了体外诱导能将体细胞的表观遗传修饰重编程至类似 ES 细胞状态。

3）染色体状态和基因表达模式　雌鼠 iPS 细胞的 X 染色体被重新激活，拥有雌性 ES 细胞特有的两个活性 X 染色体，在分化过程中又随机失活。人 iPS 细胞具有正常的染色体数目和核型，说明没有发生细胞融合或染色体异常。对 iPS 细胞、ES 细胞和成纤维细胞近 5 万个转录物进行皮尔森相关性分析，iPS 的整体基因表达模式更像 ES 细胞，而与成纤维细胞差异较大。尽管不同的 iPS 克隆之间的基因表达模式存在一些差异，这种差异却小于不同的人 ES 细胞系之间的表达差异，此外，转染前的成纤维细胞本身就是一种异质性的混合细胞，存在系统误差。

4）发育潜能　小鼠、人胚胎和成体来源的 iPS 细胞注射到裸鼠皮下，均可获得包含三胚层细胞的畸胎瘤。幼儿 iPS 细胞不同克隆形成的畸胎瘤有不同分化倾向，同样条件下有的克隆倾向于分化为神经和骨组织，另外一些分化为原始肠组织和未分化柱状上皮细胞，后者可能是由 Oct-4 和 Nanog 不能下调导致的，可能与外源基因的整合位点有关，这又是一个有趣的课题。

iPS 细胞悬浮培养 8d 能形成拟胚体，一定条件下可向三胚层细胞分化。另外，利用类似 ES 细胞的直接体外诱导法，将 iPS 细胞与 PA6 细胞共培养 14d 可形成神经细胞，activin A＋BMP4 诱导 12d 可分化为心脏细胞，都说明了 iPS 细胞拥有媲美 ES 细胞的发育潜能。

（五）iPS 细胞的应用

iPS 细胞的出现，推动了干细胞、表观遗传学及生物医学领域的研究。iPS 细胞为研究细胞核重编程提供了一个全新的视角，从而对多能性的调控机制有了突破性的新认识；利用 iPS 细胞作为实验模型，只需操纵几个因子的表达，就能深入研究多能性的调控机理。

iPS 细胞的获得方法相对简单和稳定，不需要使用卵母细胞或者胚胎，这在技术上和伦理上都比其他方法更有优势。利用这一技术人们可以制造特定患者来源的 iPS 细胞，可望用“个性化”的移植来治疗诸多疾病。例如，Hanna 等（2007）用镰状细胞贫血症小鼠的皮肤成纤维细胞建立了 iPS 细胞，通过对 iPS 细胞的改造和分化得到了具有正常功能的造血前体细胞，从而治疗了镰状细胞贫血症的小鼠。这对于 iPS 细胞用于人类疾病的治疗起到了强有力的推动作用，更带来了希望和信心。同时，人们也可以制造出特定疾病来源的 iPS 细胞，用于疾病发生机理的研究和新药的开发。

四、单倍体胚胎干细胞

单倍体细胞只具有一套染色体，显著降低了基因组的复杂程度，因而在遗传分析、基因功能与性状研究中具有重要的应用价值。单倍体细胞一般存在于低等生物中，如酵母。高等动物往往是以二倍体的形式存在，在其生命周期中，仅有配子细胞是单倍体。然而，卵子和精子是结构和功能均已特化的细胞，且不能在体外进行培养传代，因此不能用于遗传编辑和修饰。如何建立正常的哺乳动物单倍体细胞系，一直是科学家努力的方向。

1981 年，Evans 和 Kaufman 从小鼠囊胚内细胞团中分离建立了人类历史上第一株胚胎干细胞。胚胎干细胞在体外能长期稳定传代，并具有无限的自我更新能力、多向分化潜能和基因组的高度稳定性。这一研究成果为从单倍体胚胎中获得单倍体细胞提供了一条新途径。Kaufman 等第一时间尝试从孤雌单倍体胚胎中建立单倍体胚胎干细胞系。然而，最终建立的 4 个细胞系均为二倍体。这一结果显示，单倍体干细胞在体外建立和培养过程中也会发生自发的二倍体化，形成稳定的二倍体细胞。因此，如何维持细胞的单倍体性成为建立单倍体细胞系的关键，这一难题直到 2011 年才得以解决。通过引入流式细胞分选技术，他们在建系早期及时将单倍体胚胎干细胞分选出来进行培养，并在传代过程中定期地进行单倍体细胞流式分选富集，成功从孤雌发育的单倍体胚胎中建立了孤雌单倍体胚胎干细胞系。利用这一策略，2012 年，上海和北京两个研究团队分别独立建立了小鼠孤雄单倍体胚胎干细胞系。有意思的是，孤雄单倍体胚胎干细胞在注射到卵胞质后，能够支持胚胎发育并获得健康可育的“半克隆小鼠”（图 4-7）。另外，孤雄单倍体胚胎干细胞可以在体外进行基因打靶等遗传修饰，进而通过卵胞质注射一步获得携带遗传修饰小鼠，这些研究产生了一种集单倍体性、自我更新、多能性和“受精”能力为一体的新型干细胞。单倍体干细胞的建立不仅带来了新的科学问题，如单倍体细胞为何发生二倍体化、“受精”能力如何获得等，而且为生命科学多个领域的研究带来了新工具，尤其是在基因功能研究方面。在过去 8 年间，单倍体干细胞研究取得了突飞猛进的进展，多种哺乳动物的单倍体细胞被建立，基于单倍体干细胞的应用全面展开。

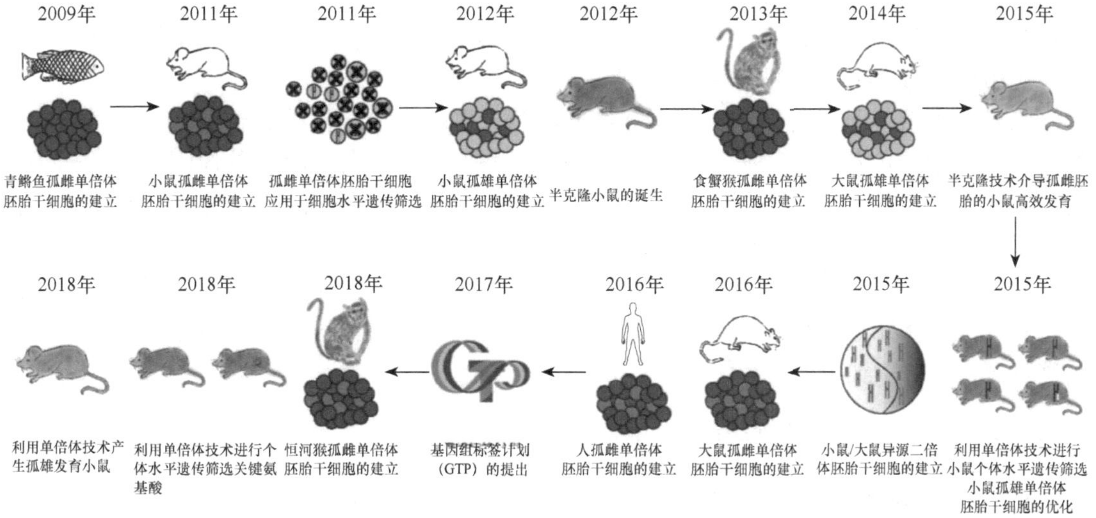

图 4-7　单倍体胚胎干细胞研究的里程碑成果（引自丁一夫等，2019）

（一）单倍体胚胎干细胞的建立

由于哺乳动物的单倍体细胞目前只能从单倍体囊胚中建立，过去几年中，科学家尝试从已成功建立胚胎干细胞的物种中建立单倍体干细胞，已成功地获得了小鼠、大鼠、非人灵长类和人的单倍体胚胎干细胞。哺乳动物孤雌和孤雄单倍体胚胎干细胞的建立见图 4-8。

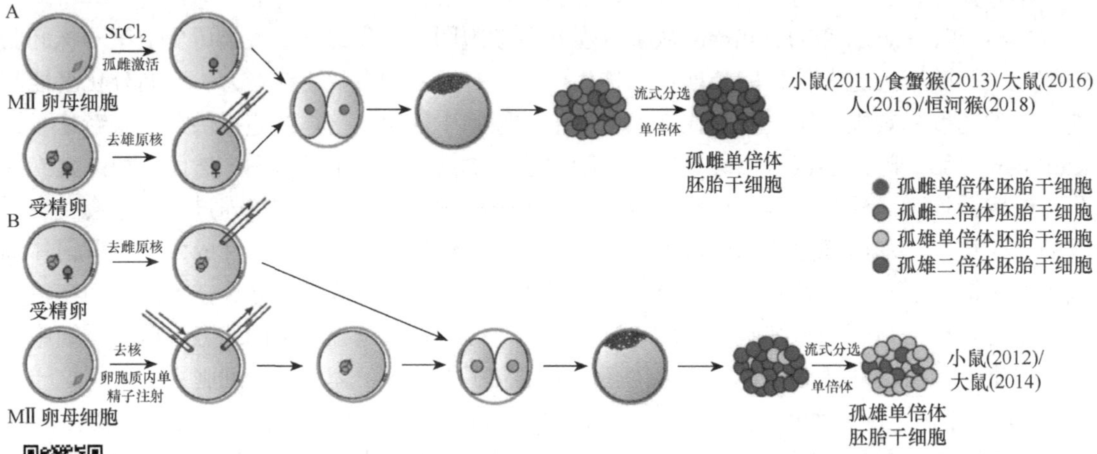

图 4-8　哺乳动物孤雌和孤雄单倍体胚胎干细胞的建立（引自丁一夫等，2019）

A．建立孤雌单倍体胚胎干细胞的策略；B．建立孤雄单倍体胚胎干细胞的策略

小鼠孤雄单倍体胚胎干细胞的成功建立主要得益于两个技术的应用。一是采用了一种更利于干性维持的胚胎干细胞培养系统，即添加 2i（CHR99021 和 PD0325901，分别抑制 GSK3 和 MEK 信号通路）的培养体系，2i 有利于胚胎干细胞的自我更新，可以用来从传统培养条件下无法建系的小鼠品系中建立胚胎干细胞。二是利用流式分选方法在胚胎干细胞建系早期进行单倍体细胞的富集。与体内观察和早期建系研究的结果一致，单倍体胚胎干细胞会发生自发二倍体化，需要通过核酸染料 Hoechsts33342 标记 DNA 来分选富集单倍体细胞，从而建立单倍体细胞系，并需要通过定期分选富集的方法在体外长期维持单倍体的特性。利用相似的方法，小鼠孤雄单倍体胚胎干细胞也顺利建成。

但是，单倍体干细胞的建系效率非常低，第一例孤雌单倍体胚胎干细胞的建系效率为 2.7%，随后建成的孤雄单倍体胚胎干细胞系的效率则更低，可能存在的原因是：①孤雄单倍体胚胎的建立需要通过显微操作，而孤雌单倍体胚胎的获得只需体外化学激活卵子，这种机械操作导致了胚胎发育率的降低；②通过向去核卵子中注入单个精子获得孤雄单倍体胚胎有两种，一种是携带 X 染色体的单倍体胚胎，另外一种是携带 Y 染色体的单倍体胚胎，而后一种胚胎在体外不能发育到囊胚阶段，这降低了 1/2 的孤雄单倍体胚胎体外发育率，因而也降低了单倍体干细胞的建系效率。

（二）单倍体胚胎干细胞的特性

1．单倍体胚胎干细胞的自发二倍体化　单倍体胚胎干细胞均会发生自发二倍体化，需要通过定期流式分选富集单倍体细胞的方法维持单倍体特性。单倍体胚胎干细胞的基因组既能长期保持稳定又能自发二倍体化的过程，是非常有意思的生物学现象，对其机制的解析一方面可能产生新的细胞分裂可塑性调控机制，另一方面有望产生促进单倍体特性稳定的新方案。早期的研究发现细胞周期调控异常可能是二倍体化的原因。随后证明，单倍体细胞 M 期延长，G_2/M 期过渡不能正常发生，导致细胞重新进入 G_1/S 期，从而产生二倍体细胞。进一步通过培养系统中加入可以促进 G_2/M 期过渡的小分子化合物，可使单倍体细胞的单倍体特性得到显著的稳定维持。值得一提的是，小鼠和人的单倍体细胞自发二倍体化的速度不同：小鼠单倍体胚胎干细胞很容易发生二倍体化，平均每传代 4～6 次（2～3 周）就必须进行单倍体的富集；而人单倍体细胞的单倍体性则较稳定，连续培养传代两个月，单倍体细胞比例仍可达到 20%以上，这种差异的产生可能的原因有物种差异、细胞类型差异（人胚胎干细胞更类似于小鼠外胚层细胞的状态）和培养条件差异等。单倍体细胞自发二倍体化的具体机制仍然不清楚，通过比较单倍体细胞和二倍体细胞细胞分裂的些微差异可能会为揭示二倍体化的机制提供线索。

2．单倍体胚胎干细胞均携带 X 染色体　从卵子来源的孤雌胚胎中建立的单倍体干细胞均携带 X 染色体。有意思的是，从孤雄胚胎中建立的单倍体胚胎干细胞也只携带 X 染色体，这说明携带 Y 染色体的精子不能支持重构的单倍体胚胎着床前的发育，自然也就无法获得携带 Y 染色体的囊胚和胚胎干细胞。相对应地，利用孤雄单倍体胚胎干细胞作为精子的替代物注入卵子中产生的半克隆小鼠都是雌性的。是否能建立携带 Y 染色体的单倍体细胞，是否能通过卵子注射产生雄性半克隆小鼠，这些问题的解答有助于发展和完善单倍体干细胞技术。

3．单倍体胚胎干细胞的多能性和自我更新能力　由于单倍体胚胎干细胞来自囊胚的内细胞团，本质是胚胎干细胞，因此具有正常二倍体胚胎干细胞的所有特点，包括长期的自我更新能力、基因组稳定性、干性标志物的表达、相似的基因表达模式、在体内和体外形成具有三胚层细胞的胚体和畸胎瘤的能力。重要的是，小鼠和大鼠的单倍体胚胎干细胞通过二倍体囊胚注射能产生嵌合个体，甚至发生生殖系的嵌合。有意思的是，小鼠单倍体干细胞的分化伴随着自发二倍体化的加剧，而人的单倍体干细胞在分化过程中则表现出相对稳定的单倍体特性甚至能非常稳定地分化成包括心肌和神经细胞等在内的终末分化细胞，这些结果提示细胞的倍性与细胞的分化状态有关，同时也提出一个重要的科学问题：是否能建立不同分化状态的稳定的单倍体细胞？从着床前囊胚中可以建立 3 类干细胞：胚胎干细胞、外胚层干细胞和滋养层干细胞，单倍体胚胎干细胞的建立提示有可能从中建立其他两种干细胞。2019 年，我国一研究团队从孤雌单倍体囊胚中成功建立了稳定的单倍体滋养层干细胞，而另一团队通过在小鼠单倍体胚胎干细胞中过表达滋养层干细胞的标志基因 *Cdx2* 的方式获得了单倍体滋养层干细胞，这些单倍体滋养层干细胞可用于筛选与胚外组织，包括胎盘发育相关的基因。

4．单倍体细胞作为配子替代物的能力　印记基因的表达调控是决定哺乳动物两性生殖的关键。20 世纪 80 年代，科学家通过构建小鼠单亲二倍体胚胎的方式证明父源 DNA 拷贝和母源 DNA 拷贝在遗传上的不等价性。这种不等价性产生的重要原因是不同来源的 DNA 拷贝携带着不同的甲基化修饰，有甲基化修饰的区域使其周围基因发生沉默，即发生基因的印记。印记基因区域的甲基化是在配子形成过程中建立的，这种差异甲基化状态在建立后将一直维持，即便在受精后剧烈的全基因组甲基化擦除过程中仍保持稳定。

研究显示，来源于精子的孤雄单倍体胚胎干细胞大体上保持精子的雄性印记状态，尤其是在细胞系建立的早期。因此，将这些细胞注射到卵子中，可以支持胚胎的全程发育并产生健康小鼠，这些小鼠中一半的遗传物质来源于培养的单倍体细胞，相对于克隆动物中全部遗传物质来源于供体细胞，人们将其称为半克隆小鼠。然而，半克隆小鼠的出生效率低（4.5%左右），而且约 1/2 的半克隆小鼠出现发育迟缓的现象。分析原因发现，原本在精子中不表达的雄性印记基因 *H19* 在单倍体细胞和发育迟缓的半克隆小鼠中出现高表达的现象。这暗示印记基因的异常表达可能是导致半克隆小鼠胚胎发育异常的关键原因，而通过调控印记基因的表达则有可能提高半克隆小鼠的出生效率。

小鼠的孤雌单倍体胚胎干细胞也具有替代卵子遗传物质的潜力。实验证明，早期代数的小鼠孤雌单倍体胚胎干细胞通过核移植方法替换卵子遗传物质后，能够支持“受精”后胚胎的发育。然而，胚胎发育为个体的能力非常低，仅两只小鼠发育到囊胚期，一只活至成年。对于这一现象，孤雄单倍体胚胎干细胞“受精”能力的研究启发了研究人员：孤雌单倍体胚胎干细胞中胚胎发育密切相关的雌性印记基因的正常表达可能是其被用作卵子遗传物质替代物的关键。今后的研究需要发现这些重要的印记基因，并在孤雌单倍体胚胎干细胞中通过遗传或者表观修饰使其恢复成卵子的印记状态，或可使其高效地用作卵子遗传物质的替代物。

（三）单倍体胚胎干细胞的应用

1．获得基因修饰动物　单倍体胚胎干细胞能够成功替代精子完成使卵受精的使命，所得胚胎能正常发育至成年并具有生育能力。进一步，科学家对这种孤雄单倍体胚胎干细胞进行了特定的基因修饰，并注射进卵母细胞得到后代，这样出生的小鼠直接携带了这种修饰后的基因序列，从而方便地获得了基因修饰动物。利用单倍体胚胎干细胞获得基因修饰动物，为一些其胚胎干细胞不能嵌合到生殖系的物种，如非人灵长类等，提供了新型的获得基因修饰动物模型的方法。

2．进行同性生殖　由于在哺乳动物中进化出了基因组印记调控，哺乳动物无法实现同性生殖。而利用单倍体胚胎干细胞技术，小鼠的同性生殖已经成为现实。科学家利用新型的基因编辑技术 CRISPR/Cas9 系统改变了孤雌单倍体干细胞中称为 *H19* 和 *Gtl2* 的两个非常重要的印记基因区域，将原本的雌性印记逆转为了雄性印记。然后将这种逆转后的孤雌单倍体干细胞替代精子，注射进卵母细胞，获得了遗传物质来自于两个雌性亲本的后代小鼠。这一技术将加速人们对于基因组印记机制的研究，也会给生殖方式带来新的认知。

3．研究物种间杂交　物种之间存在生殖隔离，一直以来，科学家都想获得分别来源于两个物种全套遗传物质的稳定细胞系。而最近，科学家利用单倍体干细胞技术，将这一想法变为现实。他们将大鼠和小鼠的单倍体胚胎干细胞进行细胞融合，创造出了大小鼠异种杂合二倍体胚胎干细胞，这种细胞含有一套大鼠染色体和一套小鼠染色体。他们通过测序方法统计出大部分基因的表达量是小鼠和大鼠各贡献一半。这一研究建立了新型的哺乳动物胚胎干细胞，为研究物种间性状差异，物种间基因、RNA 和蛋白质之间相互作用提供了非常好的工具。

小　　结

本章简要概述了动物不同种培养细胞——贴附型细胞（如成纤维细胞型细胞、上皮型细胞、游走型细胞和多形型细胞）和非贴附型细胞的形态特征、生长特点、增殖过程和细胞培养的基本条件等；重点介绍了动物细胞培养的基本方法（原代培养和传代培养）、细胞培养的纯化与克隆、细胞的冷冻保存与复苏，以及几种常见的动物细胞培养方法（其中包括肌肉细胞培养、神经细胞培养和上皮类细胞培养）；概述了细胞融合的基本概念、基本原理与融合技术；简要介绍了杂交瘤技术的基本原理、单克隆抗体的制备方法、三种生产单克隆抗体的常用技术和单克隆抗体的应用。介绍了干细胞的概念、生物学特性、分类、鉴定及干细胞技术应用；较系统地介绍了胚胎干细胞，细胞核重编程概念、诱导 iPS 细胞产生的特定转录因子、iPS 细胞的建立和鉴定、单倍体胚胎干细胞的建立和特征。胚胎干细胞因其具有全能性、可操作性和可塑性等诸多优点，已经成为医学和生命科学领域研究的热点之一，也必将在治疗人类疾病等方面做出贡献。

思　考　题

1. 名词解释：细胞周期、原代培养、传代、传代细胞、细胞系、细胞克隆、细胞株、细胞融合、抗体、克隆、单克隆抗体、干细胞、iPS 细胞。
2. 按照培养细胞的形态，动物贴附型细胞可分为几类？试做简要描述。
3. 细胞分离有哪些方法？
4. 动物细胞的原代培养方法有哪些？
5. 比较原代培养和传代培养两种培养方法有何异同。
6. 分别列举几种动物培养细胞纯化和克隆的方法。
7. 简述动物细胞融合原理并列举细胞融合技术。
8. 简述杂交瘤技术的基本原理。
9. 什么是干细胞？有什么优点？
10. 简要说明胚胎干细胞的分离方法。
11. 举例说明人类利用胚胎干细胞技术已经取得了哪些成就。
12. 简要说明单倍体胚胎干细胞的特性。

第五章　动物胚胎工程

学习要点：了解动物胚胎工程概况，重点掌握动物胚胎移植、体外受精、显微受精、性别控制、胚胎分割等胚胎工程技术的原理和技术程序；了解动物细胞核移植的研究概况，学习细胞选择、培养和融合等基本操作程序，掌握细胞核移植的研究背景、动物细胞核移植的机理、研究进展和生产细胞核移植动物的技术路线及其重要意义。

第一节　动物胚胎工程概述

动物胚胎工程是以胚胎移植为基础，通过人工操作着床前胚胎，定向控制动物性状使之更好地满足人类需求的一系列生物技术的总称。胚胎工程是生物工程的重要组成部分，是动物细胞工程的拓展与延伸。胚胎工程技术主要包括：胚胎移植、体外受精、胚胎分割、胚胎嵌合、性别控制、细胞核移植和转基因动物制备等。本章将重点介绍胚胎移植、配子及胚胎的冷冻保存、体外受精、性别控制、胚胎分割与嵌合体、细胞核移植技术。

胚胎工程技术的发展历程大致可以分为以下四个阶段。

1．尝试性研究阶段　1890 年英国剑桥大学的 W. Heape 首次成功实现安哥拉兔胚胎移植。他从交配后 32h 的安哥拉母兔输卵管中取出 2 枚胚胎，移植到一只与同种公兔交配 3h 后的比利时母兔的输卵管内，结果生出了 2 只安哥拉仔兔和 4 只比利时仔兔。该实验第一次证实了早期胚胎在寄主母体内全程发育的可能性。20 世纪 30 年代，在家兔、大鼠和小鼠等实验动物上的胚胎移植实验进一步验证了该技术的可行性。与此同时，家畜的胚胎移植实验也开始出现，1934 年美国的 Warwick 等首先成功进行了绵羊的胚胎移植。随后，更多的家畜如山羊、猪、牛和马的胚胎移植也陆续取得成功。这些研究初步探索了胚胎移植的生理学基础及基本原则，为胚胎移植技术的广泛开展奠定了基础，并引起了生物学界和畜牧学界的关注。

2．应用基础研究阶段　胚胎移植在多个物种获得成功后，尤其是在羊和牛等家畜上获得初步成功后，人们开始关注如何将这一技术应用到畜牧生产中。为此，20 世纪 60 年代，许多科学工作者开展了大量的应用基础研究工作，为这项技术走向生产应用起到了积极的促进作用。1964 年，日本的 Sugie、美国的 Mutter 等完成了世界首例非手术胚胎移植，为牛胚胎移植开辟了新途径。1972 年，Sugie 成功建立牛非手术采卵方法。随后，Sreeman、Newcomb 和 Elsden 等分别采用非手术法采取牛卵母细胞均获得成功。1973 年，Wilmut 等成功移植了超低温（液氮）保存的牛胚胎。这些研究结果为胚胎移植走向生产打下了坚实的基础。

3．家畜生产应用阶段　随着胚胎移植技术的日趋完善，其走向生产应用已属必然。1971 年世界上第一个胚胎移植公司（Alberta 家畜胚胎移植有限公司）成立。1975 年 1 月，国际胚胎移植协会（International Embryo Transfer Society，IETS）成立。该协会的成立促进了胚胎生物技术的发展，也加快了全世界胚胎移植技术程序的规范化。20 世纪 80 年代发达国家胚胎移植技术开始应用于奶牛和肉牛核心群的培育，近年来，美、法等国家参加后裔测定的青年公牛 80%是胚胎移植后代。在发展中国家，牛、羊胚胎移植技术成为引进良种和改良当地品种的有效方法。目前在生产应用中胚胎移植的技术水平为：每头供体母牛每次平均获得可用胚 6 枚，鲜胚移植妊娠率为 60%～65%，冷冻胚胎移植妊娠率为 45%～55%。2003 年统计结果表明，世界上移植的牛胚胎约 50 万枚，其中冷冻胚胎约占 40%，体外生产的胚胎约占 18%。包括中国在内的很多国家都建立了胚胎移植专业技术公司，多数从事牛、羊胚胎生产销售、胚胎移植配套产品生产销售和胚胎移植技术服务。

4. 胚胎工程技术全面发展阶段　胚胎移植技术的全面发展及在生产中的应用极大地促进了人们对哺乳动物生殖生理和早期胚胎发育机理等理论问题的研究。同时由于生产的需要，一系列胚胎操作技术涌现出来并逐渐发展完善，与胚胎移植相结合，成为畜牧生产、人类生殖医疗和生物学基础理论研究的重要手段。其中具有代表性意义的进展有：1978 年人类第一例“试管婴儿”诞生；1982 年成功获得体外受精后胚胎移植出生牛犊；1982 年携带有大鼠生长激素基因的“人工超级小鼠”出生；1986 年胚胎细胞核移植绵羊出生；1987 年胚胎细胞核移植牛出生；1989 年胚胎细胞核移植猪出生；1997 年体细胞核移植绵羊“多莉”诞生；以及 2000 年后 ZFN、TALEN 和 CRISPR/Cas9 等基因编辑技术在真核生物中的应用。伴随着这些具有开创性意义的研究进展，卵母细胞体外成熟培养体系和胚胎体外培养体系日臻成熟，胚胎冷冻、胚胎分割、性别控制、基因修饰等技术也取得了长足的进步，胚胎工程在新世纪呈现出强劲的发展势头，我们有理由相信胚胎工程技术一定会为人类带来更多的惊喜。

我国哺乳动物胚胎工程技术的研究起步较晚，从 20 世纪 70 年代开始我国的科研工作者陆续获得家兔、绵羊、奶牛、山羊和马等动物的胚胎移植成功。20 世纪 90 年代胚胎移植技术作为引进国外良种、加速品种改良的重要手段开始在家畜生产中应用。目前，我国奶牛、绵羊和山羊的胚胎移植技术已经接近或达到发达国家的水平，成立了很多以胚胎移植为主要技术支撑的科技企业。胚胎工程相关的一系列技术如体外受精、性别控制、细胞核移植和基因修饰等也都在我国成功建立，其中部分领域已达到国际先进水平。

第二节　胚胎移植技术

一、胚胎移植技术概述

胚胎移植（embryo transfer，ET）又称作受精卵移植，俗称“借腹怀胎”。它是将体内、外生产的哺乳动物早期胚胎移植到同种的生理状态相同的雌性生殖道内，使之继续发育成正常个体的生物技术。提供胚胎的雌性动物被称作供体（donor），接受胚胎的动物被称为受体（recipient）。在畜牧生产中，家畜的超数排卵和胚胎移植通常同时应用，被称为 MOET（multiple ovulation and embryo transfer）技术。

胚胎移植技术在实际生产中具有重要的应用价值，主要体现在以下几个方面。

（一）提高良种母畜繁殖力，加快育种进程

在家畜胚胎移植中，为获得较大的经济效益，供体母畜一般选用生产潜能特别优秀的

个体，通过超数排卵（供体母畜单次发情周期所生产的胚胎往往是自然状态下的 6～10 倍），结合胚胎移植可以使供体母畜不需要经历怀孕期，直接进入下一个生产周期。因此理论上讲，通过胚胎移植供体母畜的繁殖力可以提高若干倍。以奶牛为例，经单次超数排卵处理每头供体牛平均可获得可用胚 6 枚，超数排卵处理间隔时间按 60d 计算，则每年每头良种奶牛可生产可用胚胎 36 枚，移植到受体后大约可以获得 20 头犊牛，而自然状态下，一头母牛每年只能获得一头犊牛。

在传统的家畜育种工作中，优秀公畜的贡献往往比母畜要大得多，其主要原因就是优秀公畜繁殖的后代数量远多于母畜。而胚胎移植技术可以大大地提高优良母畜个体的繁殖力，扩大了优良母畜个体在群体中的影响，从而可以增加后代的选择强度。在奶牛育种中，通过超数排卵、胚胎移植可以在短时间内获得较多的具有高产性能的全同胞和半同胞，从而可以提早完成后裔测定工作，增加选择强度和准确性，缩短育种进程。

（二）有利于优良品种在不同国家和地区的流动

活畜在不同国家和地区的流动不仅价格高昂、运输不便、检疫和隔离程序复杂，而且还存在风土驯化问题。通过结合使用胚胎移植和胚胎冷冻技术，优良品种在不同国家和地区的交换可以简化为冷冻胚胎的交换，不仅运输方便、检疫程序简单、成本降低，而且后代对出生地的生态环境和抗病力都会有所增强。胚胎移植和胚胎冷冻技术的广泛使用，极大地促进了国际和地区间的优良品种交流，从而促进了地方品种的改良。

（三）种质资源保存的重要辅助手段

随着畜牧生产的发展，家畜的生产性能越来越专项化，培育品种成为畜牧生产中的主要承载体。而原始品种或者选育程度不高的地方品种饲养量越来越少，很多种群濒临灭绝。为保存种质资源，常规的方法主要是建立保种场，通过饲养维持一定数量的活畜群体来实现保种。活畜保种不仅成本高、规模有限，而且还容易出现基因漂变。胚胎冷冻技术和胚胎移植技术，为种质资源保存提供了新的技术手段。采用冷冻胚胎保种不仅成本低廉、方法简单，还可以避免活畜保种因疾病、自然灾害或基因漂变造成种质资源消亡的风险。

（四）人类辅助生殖的重要基础技术

人胚胎移植技术已经成为临床治疗不孕症的重要手段之一。据统计自 1978 年以来，全世界通过胚胎移植诞生的婴儿约 100 万例。在欧盟国家和美国，每 100 个婴儿中就有 1～4 个是通过辅助受精和胚胎移植诞生的。1988 年我国首例“试管婴儿”诞生，目前辅助受精后胚胎移植在我国已经成为治疗各种复杂原因导致不孕的主要手段。

二、胚胎移植技术的生理学基础与基本原则

（一）生理学基础

1．母畜发情后生殖器官的孕向发育　母畜发情后，无论是否配种或者配种后卵子是否受精，生殖器官都会发生一系列的生理变化，如卵巢上出现黄体，孕激素维持在较高水平，子宫内膜增厚，子宫腺发育且分泌活性增强，子宫蠕动减弱。这些生理变化都是早期胚

胎发育所必需的环境条件。在正常自然状态下，母畜发情、配种、受精和妊娠是连续的、不间断的、有规律的生理过程。因此，母畜发情后，无论生殖道内是否有胚胎存在，在一定的时间期限内，生殖系统的变化都是相同的。同种家畜的不同个体，在相同发情周期内，生理状态是基本相同的。在妊娠识别发生之前，只要同种动物胚胎的发育阶段与受体母畜发情后的生理状态相对应，移植到受体后就可以继续发育为出生的个体。

2．早期胚胎的游离状态　胚胎在着床之前一般处于游离状态，并缓慢地从受精位点——输卵管壶腹部向子宫角移动。胚胎发育所需要的营养物质主要来源于自身贮存的物质和输卵管、子宫内膜分泌物，胚胎、输卵管和子宫在此过程中不建立任何组织性的联系。这一特征是胚胎采集、保存、培养和体外操作的重要基础。

3．子宫对早期胚胎的免疫耐受性　在妊娠期，由于母体局部免疫发生变化及胚胎表面特殊免疫保护物质的存在，受体母畜对同种异源胚胎、胎膜组织一般不发生免疫排斥反应。所以，在同种动物内，胚胎从一个母体输卵管或子宫移入另一个母体输卵管或子宫后不仅可以存活下来，还可以与子宫内膜建立密切的组织联系，保证胎儿健康发育。

4．胚胎遗传特征的稳定性　胚胎的遗传信息在受精时就已确定，之后的发育环境只影响其遗传潜力的发挥，而不能改变它的遗传特性。因此，胚胎移植后代的遗传性状由供体母畜及与其配种的公畜决定，代孕母畜仅影响其体质的发育。

（二）胚胎移植遵循的基本原则

1．胚胎移植前后环境的同一性　该原则主要是指胚胎的发育阶段与移植后的母体生理环境相对应的问题，具体要求如下。

1）*胚胎供体与受体在分类学上属于同一物种*　分类关系较远的物种，由于胚胎的生物学特性、发育所需环境条件、胚胎发育速度与子宫环境差异太大等因素，胚胎与受体子宫间无法进行妊娠识别和胚胎附植。

2）*胚胎发育阶段与受体发情时间上的一致性*　母畜发情以后，生殖道孕向发育进程与胚胎发育阶段是一致的，不同发育阶段胚胎应移植到相应发情阶段受体生殖道内。在胚胎移植过程中，胚胎发育阶段与受体同步差不能超过 1d，同步差越大，受胎率越低。

3）*胚胎发育阶段与受体生殖道解剖位置的一致性*　早期胚胎发育是从母体输卵管向子宫角移行过程中完成的，在母体内不同发育阶段胚胎处于不同的解剖位置。同一发育阶段的胚胎在不同物种动物体内所处的解剖位置不同。在妊娠初期，母体生殖道不同解剖位置的免疫学特性和营养环境与胚胎发育阶段相吻合。如果发育阶段与所处的环境不统一，胚胎将不能正常发育或与母体的妊娠识别失败。因此，在胚胎移植时，应根据物种和胚胎发育阶段确定胚胎移植在受体生殖道内的解剖位置。例如，牛、羊 16 细胞之前胚胎通常移植入输卵管中，而桑椹胚以后的胚胎需要移植入子宫角，而猪和人的胚胎在 8 细胞阶段就可以移入子宫。

2．胚胎发育阶段的要求　胚胎移植的理想时间应该是在妊娠识别之前，通常是在供体发情配种后的 3～8d（绵羊）采集胚胎，受体也在相同时间接受移植的胚胎。

3．胚胎质量要求　胚胎质量与妊娠信号分泌的强弱及后期发育潜力直接相关，只有形态、色泽正常的胚胎移入受体后才与受体子宫顺利进行妊娠识别和胚胎附植，最终完成体内发育；而质量低劣的胚胎在发育中途便退化，导致妊娠识别和胚胎附植失败、早期胚胎丢失或流产。因此，胚胎在移植之前需要进行严格的等级评定。

4. 经济效益或科学价值考虑　应用胚胎移植技术时，必须考虑成本和最终收益。通常，供体胚胎应具有独特经济价值，如生产性能优异或科研价值重大，而受体生产性能一般，但繁殖性能良好，环境适应能力强。

三、胚胎移植技术程序

胚胎移植技术程序主要包括以下环节：供、受体动物的选择；供、受体的同期发情；供体的超数排卵；供体的配种；胚胎采集；胚胎质量鉴定和保存；胚胎移植入受体。胚胎移植技术流程示意图见图 5-1。

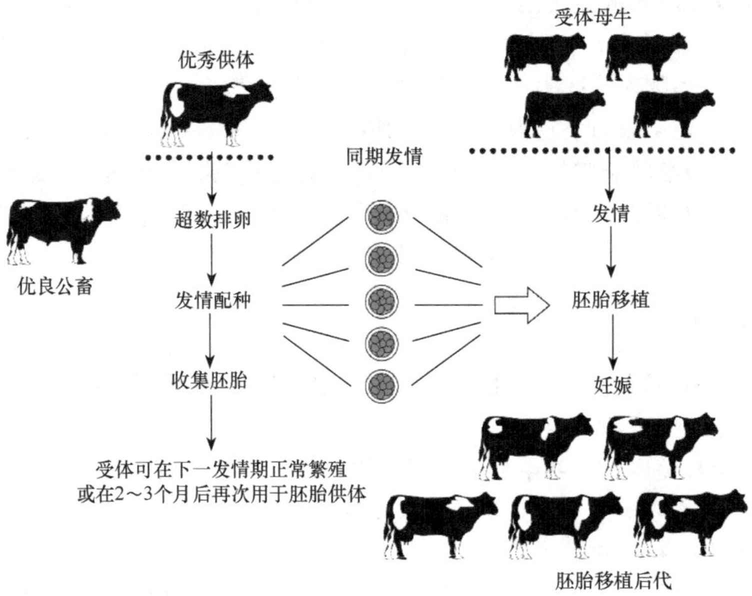

图 5-1　胚胎移植技术流程示意图

（一）供、受体母畜的选择

1. 供体的选择　供体的主要作用是提供高质量的胚胎以供移植。在生产性胚胎移植中，供体动物选择的主要衡量指标是其生产性状的遗传潜力。因此，在生产中牛、羊胚胎移植的供体应该选择健康、有较高育种价值、生殖功能正常的个体，重复利用的个体还应具备对超数排卵反应较好的特征。

2. 受体的选择　受体的主要作用是接受胚胎，提供胚胎发育的良好母体环境使之发育到期。因此受体动物选择主要关注的指标是其健康状况和生殖功能，而对其生产性能不做过多要求。因此，生产中往往选择健康、生殖性能良好、体型较大的当地品种作为受体。

（二）同期发情

胚胎移植过程中，供体胚胎发育阶段与受体子宫发育状况必须高度对应，否则胚胎移植效果将受到极大的影响。在对采集的胚胎进行非冷冻保存的情况下，为实现胚胎发育阶段与受体子宫发育同步化就需要对供体和受体进行同期发情处理。所谓的同期发情就是指通过人为选择或者外源激素处理，使一群雌性动物在相对较为接近的时间内（胚胎移植要求所有个体的同步化在±1d 之内）发情并排卵的技术。根据实现手段的不同，同期发情可以分为自然同期发情和人工同期发情。

自然同期发情即不经任何药物处理，根据动物自身的发情周期规律，在群体内通过跟踪记录，选择出与供体在同一时期内发情的受体，从而达到供、受体的同步化。这种方法比较简单易行，同时也可以避免药物处理带来的副作用。但是，如果受体需求量较大，为选出足够多的受体则备选的受体群必须具备较大的规模。例如，牛的胚胎移植，如果每次对两头供体牛进行超数排卵处理，按照平均每头牛获得可用胚 6 枚计算，则所需受体为 12 头；由于牛的发情周期平均为 21d，所以受体群与供体在同一天发情个体的比例约为 5%；则获得 12 头与供体同期的受体所需要的牛群规模至少为 240 头。

如果受体数量有限，为实现供受体的同期发情多采用外源激素处理来人工调控动物的发情周期。根据药物的作用方式大致可以分为两类：一类是对母畜持续进行孕激素处理，造成人为的黄体期，当处理的动物体内黄体全部退化后结束孕激素处理，此时所有动物的卵泡发育基本在同一阶段启动，从而实现同期发情；另一类是对母畜采用前列腺素等能够中断黄体发育的药物处理，由于所有动物的黄体大约在同一时期退化，因此卵泡发育启动基本同步，从而实现同期发情。

牛、羊的同期发情具体处理方法简介如下。

牛：在发情周期第 5～14 天，采用国产氯前列烯醇肌肉注射 0.4mg/头；或者采用 18-甲基炔诺酮 50～100mg 通过阴道栓方式处理，处理周期一般为 14～16d。

羊：在羊进入繁殖季节并至少观察到一次发情后，在发情周期第 6～14 天，采用国产氯前列烯醇肌肉注射 0.1～0.25mg/只；或者采用 18-甲基炔诺酮 40～50mg 通过阴道栓方式处理，处理周期一般为绵羊 12～14d，山羊 16～18d。

（三）超数排卵

在雌性动物发情周期的适当时间，注射外源促性腺激素，使卵巢比自然发情时有更多的卵泡发育并排卵，这种方法称为超数排卵（superovulation），简称超排。哺乳动物的卵巢在出生后平均有几百万个初级卵泡，但是在雌性动物一生中发育成熟并排卵的卵泡数量非常有限，一般不超过 1%，其余的卵泡都发生闭锁而退化。实验表明，有腔卵泡闭锁的主要原因是无法获得足够多的促性腺激素。因此，在卵泡发育的适当阶段，通过人为补充外源促性腺激素，使得本应闭锁的卵泡继续发育并成熟排卵，就可以使动物在单个发情周期中获得更多的胚胎，这无疑对胚胎移植是非常有利的。

超数排卵所采用的促性腺激素主要有垂体促性腺激素，如 FSH（促卵泡素）和 LH（促黄体素）；胎盘促性腺激素，如 PMSG（孕马血清促性腺激素）和 hCG（人绒毛膜促性腺激素）。同时，为实现与受体动物的同期发情，供体超数排卵过程中往往需要配合使用其他缩短或延长黄体期的药物，如孕酮或前列腺素。牛、羊的具体超排方法简介如下。

1. 牛

1）FSH+PG 法　自然发情的供体，发情之日为 0d，在发情后的第 9～13 天中的任何一天开始连续 4d 递减肌肉注射 FSH，每天两次，间隔 12h，注射 FSH 48h 后每头牛注射 $PGF_{2\alpha}$。

2）FSH＋CIDR＋PG 法　在发情周期的任何一天给供体牛放置 CIDR（原产于新西兰的一种商品化孕酮栓剂），在放栓后的第 9 天开始注射 FSH，连续 4d，每天两次，在第 7 次注射时取出 CIDR，并肌肉注射 $PGF_{2\alpha}$。

3）PMSG＋PG 法　在供体发情后的第 11～13 天的任何一天肌肉注射 PMSG，注射后 48h、60h 分别各注射一次 $PGF_{2\alpha}$。

2．羊

1）FSH＋PG 法　绵羊在发情周期的第 12 或 13 天，山羊在发情周期的第 16～18 天任意一天开始连续 3d 递减肌肉注射 FSH 共 6 次，每天两次，间隔 12h。第 5 次注射 FSH 同时注射 $PGF_{2\alpha}$。

2）FSH＋CIDR 法　在发情周期的任何一天给供体羊放置 CIDR，在放栓后的第 14 天开始注射 FSH，连续 3d，每天两次，在第 5 次注射 FSH 时取出 CIDR 即可。

（四）供体的配种

经过超数排卵处理的供体发情后应适时配种。由于超排时动物的生殖生理环境和自然发情时差异较大，为保证排出的卵子能够及时受精，配种过程中必须使用活率高、密度大的精液，而且输精次数和每次输精的有效精子数至少要比正常配种增加一倍。

（五）胚胎采集

胚胎采集是指在供体超排配种后一定的时间期限内，通过特定的装置用特殊配制的溶液把胚胎从母体的子宫或者输卵管中冲出并回收的过程。对于体型较小的动物往往采用腹部切口的手术法冲取，该方法对于输卵管和子宫角回收胚胎均适用；而对于牛、马等大型动物往往采用非手术法冲取，但是非手术法必须要在胚胎进入子宫角以后才能够进行，如果在特殊情况下需要从输卵管回收胚胎，则仍需要手术法冲取。胚胎冲取时需要考虑排卵时间、配种时间、胚胎移行的位置，根据具体的情况采用合理的方法才能够获得较好的胚胎回收效果。常见家畜的排卵时间和胚胎发育速度见表 5-1。

表 5-1　常见家畜的排卵时间和胚胎发育速度

动物种类	排卵时间	发育速度（排卵后天数）							
		2 细胞	4 细胞	8 细胞	16 细胞	进入子宫	囊胚形成	囊胚孵出	附植开始
牛	发情结束后 10～11h	1～1.5	2～3	3	4	3～4	7～8	9～11	22
绵羊	发情开始后 24～30h	1.5	1.5～2	2.5	3	2～4	6～7	7～8	15
猪	发情开始后 35～45h	1～2	1～3	2～3	3.5～5	2～2.5	5～6	6	13
马	发情结束前 1～2d	1	1.5	3	4～4.5	4～6	6	8	37
兔	交配后 10～11h	1	1.5～2	1.5～2	2	2.5～4	3～4	6～7	7

1．胚胎采集的试剂和器械准备　胚胎在母体内是生活在液体环境中的，为实现采集胚胎和短时间体外保存胚胎必须配制和母体生殖道液体类似的溶液。目前冲取胚胎和短时间培养胚胎最常用的溶液是改进的杜氏（Dublecco's）磷酸盐缓冲液（DPBS），该溶液的组成成分见表 5-2。

表 5-2 改进的杜氏磷酸盐缓冲液成分

成分	相对分子质量	浓度（mmol/L）	称重（g）	纯水体积（mL）
NaCl	58.44	136.89	8.00	800（Ⅰ）
KCl	74.65	2.68	0.20	
Na_2HPO_4	141.96	8.09	1.15	
KH_2PO_4	136.09	1.47	0.20	
牛血清白蛋白（BSA）			3.00	
葡萄糖	180.16	5.56	1.00	
丙酮酸钠	110.04	0.33	0.036	
抗生素			0.2	
$CaCl_2$	110.99	0.9	0.10	100（Ⅱ）
$MgCl_2\cdot 6H_2O$	203.31	0.49	0.10	100（Ⅲ）

冲胚时需要的主要器械有二路式或三路式冲胚管、集卵杯、外科手术器械、保定架或者手术台架等。冲胚所使用的器械均应在使用前经过灭菌处理。冲胚液需要在使用前预热至37℃。

2．供体在冲胚前的处理 供体在冲胚前禁水、禁食 10～24h。冲胚前对动物进行必要的麻醉处理，牛非手术法冲胚一般采用尾椎硬膜外麻醉，而羊、猪等动物则需要进行全身麻醉以便手术冲出胚胎。

3．胚胎冲取 胚胎冲取方法根据具体的需要可以采用手术法或者非手术法。

1）手术法冲取胚胎 羊、猪和兔等小型实验动物以及牛、马等大型家畜在冲取处于输卵管中的胚胎时需要采用手术法冲取胚胎。动物在麻醉、保定后通过手术法暴露出子宫角或者输卵管（根据胚胎所处位置决定）：如果从输卵管冲取胚胎一般使用装有磨钝的针头的注射器在子宫角尖端刺入管腔，然后向输卵管方向注入冲胚液，从输卵管的伞部接取冲胚液（此为上行法冲胚，见图 5-2A）；如果从输卵管伞口注入冲胚液，从输卵管和子宫结合处插管回收冲胚液也可（此为下行法冲胚，见图 5-2B）；如果确认胚胎已经进入子宫角，则可采用子宫角冲胚法，一般采用钝头器械在子宫角的尖端或者在子宫角的基部穿孔，插入冲胚管，然后在另外一端通过注射器注入冲胚液回收胚胎（图 5-2C）。

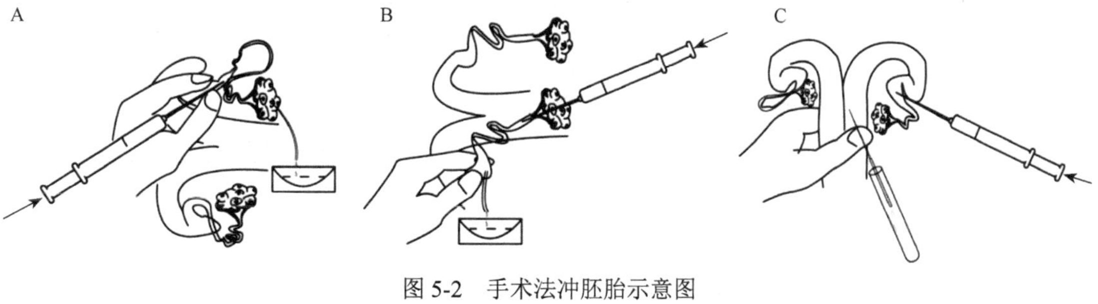

图 5-2 手术法冲胚胎示意图

A. 由子宫角向输卵管伞部冲取；B. 由输卵管向子宫角冲取；C. 由子宫角上端向基部冲取

2）非手术法冲取胚胎 牛、马等大型动物在胚胎进入子宫角后可以采用非手术法冲取胚胎。该方法简便易行，对动物的生殖系统损伤较小。以牛为例对非手术法冲胚简介如下

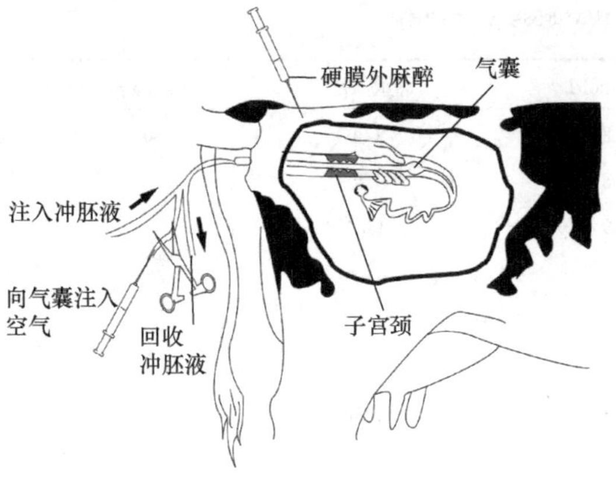

图 5-3　三路式冲胚管非手术法采集牛胚胎示意图

（图 5-3）：供体牛硬膜外麻醉、保定后对外阴部进行清洗消毒，通过直肠把握辅助，把带有金属芯的冲胚管插入子宫角，当冲胚管到达理想位置时，给气囊充气，固定冲胚管，同时封闭子宫角，撤出金属芯；采用吊瓶或者注射器向子宫角注入冲胚液，每次30～50mL，反复多次直至冲胚液总量达300～500mL，每次注入冲胚液后，操作者都需要通过直肠对子宫角轻轻按摩促使冲胚液回流，当液体全部回收完成后，尽快送回实验室静置并注意保温。一侧子宫角冲胚结束后采用同样方法冲取另外一侧子宫角。

（六）胚胎的检出及质量鉴定

将回收的含有胚胎的冲胚液在实验室中静置一段时间后，弃掉上清，把含有胚胎的底部液体分别倒入平皿中，在实体显微镜下按照一定的顺序仔细观察平皿的所有区域，将发现的胚胎检出移入装有 DPBS 的小平皿中；在完成全部胚胎检出后，对所有胚胎进行清洗，去除胚胎周围的附着物，以便对胚胎的发育情况和胚胎质量进行鉴定。

胚胎质量的评定有很多方法，其中最为简单易行、生产中最为常用的方法是形态学法。用实体显微镜将胚胎放大到 60～100 倍后，通过观察胚胎的形态、卵裂球大小与均匀度、色泽、胚胎与透明带间隙等情况，按照一定的标准将胚胎进行质量分级。在我国，胚胎按质量高低被分为 A、B、C 和 D 四级，具体标准见表 5-3。A 和 B 级胚胎可用于鲜胚移植或冷冻保存，C 级胚胎只能用于鲜胚移植，D 级胚胎为不可用胚胎。

表 5-3　胚胎分级标准

级别	标准
A 级	胚胎发育阶段与母畜发情周期相吻合；形态完整、外形匀称；卵裂球轮廓清晰，大小均匀，无水泡样卵裂球；结构紧凑，细胞密度大；色调和透明度适中，没有或只有少量游离的变性细胞，变性细胞的比例不超过 10%
B 级	胚胎发育阶段与母畜发情周期基本吻合；形态完整，轮廓清晰；细胞结合略显松散，密度较大；色调和透明度适中；胚胎边缘突出少量变性细胞或水泡样细胞；变性细胞的比例为 10%～20%
C 级	发育阶段比正常迟缓 1～2d；轮廓不清楚，卵裂球大小不均匀；色泽太明或太暗，细胞密度小；游离细胞的比例达到 20%～50%，细胞连接松散；变性细胞的比例为 30%～40%
D 级	未受精卵或者发育迟缓 2d 以上，细胞团破碎，变性细胞的比例超过 50%，死亡退化的胚胎

（七）胚胎的移植

同胚胎采集类似，胚胎的移植也分为手术法和非手术法两种。

1．手术法移植　手术法移植胚胎的具体操作过程与手术法冲取胚胎类似，受体动物在麻醉、保定后通过手术法暴露出子宫角或者输卵管；根据胚胎发育阶段来决定胚胎的移植具体位置，牛和羊胚胎一般在 3 日龄前（约 8 细胞阶段）移植入输卵管，5 日龄后的胚胎一般移植入子宫角；输卵管移植时一般都通过输卵管伞将吸有胚胎的移植管插入输卵管壶腹部，然后将胚胎轻轻释放到该部位实现胚胎移植；而子宫角移植时一般采用钝针头在子宫角上 1/3 处穿刺，然后用尖端圆滑的胚胎移植管将胚胎轻轻通过该穿刺孔移植入子宫角。

2．非手术法移植　牛桑椹胚和囊胚移植一般采用非手术法移植。非手术法移植需要特殊的器械，牛胚胎移植器通常称为胚胎移植枪，是一种金属注射装置，一般由金属芯、金属套管、硬塑料保护套管组成；胚胎移植前将胚胎采用三段法装入直径 0.25cm 的胚胎移植管；然后将胚胎移植管置于移植枪的前端，外部套上硬塑料保护套管和软塑料薄膜的无菌外套；按照非手术法冲取胚胎的方法麻醉、保定受体牛，将移植枪插入阴道子宫颈外口处，捅破最外层的软外套，然后采用直肠把握法引导胚胎移植管进入黄体发育侧的子宫角，在子宫角大弯处缓慢推出胚胎；缓慢旋转抽出移植枪，轻轻按摩子宫角 3～4 次后结束胚胎移植。

（八）受体的术后管理

受体动物在胚胎移植操作后要加强饲养管理，注意补充足量的维生素、微量元素，适当限制能量的摄入，避免应激反应。在胚胎移植后注意观察记录是否有返情发生，羊在移植后 30d 未返情可通过 B 超检查妊娠情况；牛在胚胎移植后 60～90d 可以通过直肠检查妊娠状况；确定妊娠的受体应该与未妊娠个体分开饲养和管理。

四、胚胎移植成功率的影响因素

虽然有很多指标可以用来衡量胚胎移植技术的效果，但是每个供体每次获得的胚胎在移植给受体后所出生的后代数量的平均值仍是最具有说服力的衡量标准。由于胚胎移植技术涉及很多环节，任何一个技术环节的疏忽都可能影响胚胎移植后的成功率。概括地讲，主要有以下几个方面的因素对胚胎移植后成功率有着非常重要的影响。

（一）胚胎因素

胚胎的质量和数量是影响胚胎移植成功率最为基本的一类因素。胚胎移植程序中很多环节都可以对胚胎的质量和数量造成影响，如超数排卵时激素的注射剂量和程序、供体发情后的人工输精时间和次数、人工输精所使用的精液质量、胚胎在体外停留的时间、胚胎是否经过冷冻保存等。

（二）母体因素

胚胎移植后能否顺利附植并发育下去，除胚胎方面的因素外，母体因素也十分重要。供体和受体的发情同期化程度、受体的孕酮水平、移植胚胎位于黄体的同侧或是对侧子宫角、移植胚胎在受体生殖道中的位置、受体的营养状况等都会对胚胎发育造成影响。

（三）其他因素

胚胎移植过程中需要用到很多试剂和器械，这些试剂和器械的质量和无菌程度、胚胎在体外检出和停留过程中的环境条件及胚胎移植操作人员的技术熟练程度等也会对胚胎移植成功率造成较大影响，有时甚至会成为主要的限制性因素。

第三节　配子及胚胎的冷冻保存

哺乳动物配子和胚胎的保存是胚胎工程研究的重要组成部分，在畜牧生产、科学研究和临床辅助生殖等领域具有重要意义。冷冻保存是指配子或胚胎细胞在超低温条件下，自身细胞代谢和分裂速度减慢或停止，而温度回升到生理温度后又可以恢复正常生理状态继续发育的一种遗传资源保存技术。这一技术已经被广泛应用于动物的保种、优良性状筛选、工厂化畜牧生产和辅助生殖等领域。

一、胚胎的保存

胚胎的保存是指将离开母体后的胚胎在体外或者异体动物的体内暂时保存，而不使其丧失活力的方法。保存哺乳动物胚胎的方法主要有异种活体保存法、常温保存法、低温（0～10℃）保存法和超低温（－196℃）保存法，其中前三种保存方法只是暂时的，不适合长期保存。超低温保存法是促进胚胎移植技术走向产业化生产的最为关键的技术，也是当前广泛采用的胚胎长期保存方法。

在低温冷冻过程中，如果不经冷冻保护剂处理，胚胎细胞内部就会形成冰晶，破坏蛋白质的结构使其发生不可逆的变化，从而导致胚胎死亡。其中常规慢速冷冻法的原理是通过加入低浓度的冷冻保护剂，缓慢降温将胚胎内的水分在冻结前脱出，阻止冷冻过程中形成有害冰晶而造成胚胎损伤。而玻璃化冷冻保存的原理是在足够低的温度下或采用高浓度的冷冻保护剂使冷冻过程中形成玻璃样物质来减少细胞内外冰晶的形成。无论采取何种冷冻方法，胚胎冷冻保存所遵循的原则都是尽量阻止冷冻、解冻过程中细胞内形成致死冰晶。

胚胎冷冻保存所使用的溶液均含有冷冻保护剂。冷冻保护剂的作用是稀释溶液中溶质的浓度，减少冷冻和解冻过程中细胞渗透损伤和阻止冰晶形成。根据能否渗透进入细胞，可将冷冻保护剂分为渗透型和非渗透型两种。此外，近年来又出现了一些新的冷冻保护剂，如乙酰胺、海藻糖、抗冻蛋白、植物类抗冻因子等。

在实际应用中，缓慢冷冻法通常只使用一种冷冻保护剂，如甘油、乙二醇或丙二醇，而快速冷冻和玻璃化冷冻常应用多种抗冻保护剂，如甘油和丙二醇、甘油和乙二醇或者乙二醇和丙二醇，再加入葡萄糖、蔗糖或半乳糖。

（一）冷冻技术的分类

冷冻方法经历了慢速冷冻、快速冷冻、常规玻璃化冷冻和超快速玻璃化冷冻多个阶段，并不断简化和实用化。

1．慢速冷冻　在卵母细胞或胚胎冷冻保存研究的初始阶段，多采用缓慢降温至－80℃后投入液氮的冷冻方法，即以1℃/min的速度从室温（25℃）降至－7℃，植冰后以0.3℃/min的速度降至－80℃，投入液氮保存。这一方法在哺乳动物卵母细胞和胚胎冷冻保存得到广泛的应用。但是，该冷冻方法要求比较长的降温时间和精确控制降温速率的设备。

2．快速冷冻　细胞用冷冻保护剂平衡处理后，以1℃/min的速度降温，在－5～－7℃诱发结晶，然后以0.1～1℃/min的缓慢速度降至－30～－40℃，投入液氮或在液氮蒸气中平衡后投入液氮。目前该法使用较广泛，是程序化冷冻法的一般降温程序。

3．常规玻璃化冷冻　细胞被置于高度浓缩的保护剂中，用麦管装好后在 0℃以上就直接投入液氮中。高浓度的保护剂在一定程度上阻止了冰晶的形成，但最大的障碍是溶液的毒性也较高。

4．超快速玻璃化冷冻　在一些卵母细胞与胚胎中，通过慢速冷冻或常规玻璃化冷冻方法并没有获得很高的存活率。因此，改进或发展新的冷冻方法对卵母细胞与胚胎的冷冻保存显得十分必要。例如，猪和牛的卵母细胞与胚胎对降温很敏感，导致存活率较低。另外，细胞膜低渗透性导致细胞内冰晶的形成和渗透性膨胀，如在人类的囊胚冷冻过程中观察到囊胚的脱水和浓缩比早期卵裂胚胎慢。于是，研究人员利用直径为 2.0mm 麦管直接投入液氮中，解冻时浸入水中。降温和解冻温度变化速率高达 2500℃/min。

此后，出现了不同的冷冻方法，如微滴法、电子显微镜铜网法、玻璃微管（GMP）法、冷冻环（Cryo-loop）法等，这些方法在不同动物卵母细胞和胚胎冷冻的研究上取得了较好的效果，代表了该领域的研究方向。

（二）胚胎的解冻

胚胎解冻主要有慢速解冻和快速解冻两种方法。快速解冻对提高胚胎冷冻效果是非常有益的。一般解冻时将细管在空气中停留 10s，然后投入 22～35℃的水浴中 10～30s。胚胎在解冻后，必须尽快脱除保护剂。一方面是因为保护剂对胚胎有毒性作用，且在常温下毒性更大，另一方面把含有较高浓度保护剂的胚胎移植到受体生殖道或等渗培养液中，由于细胞内外渗透压差过高，会导致大量水分子进入细胞而使其膨胀或崩解。目前多采用蔗糖液法脱除保护剂使胚胎复水，即在胚胎解冻后，室温（25～26℃）下放入用血清 PBS 配制成的 0.2～0.5mol/L 蔗糖液中，保持 5～10min，在显微镜下观察，当胚胎扩张至接近冻前状态时，即认为保护剂已脱除。

二、精液的保存

精液冷冻保存使动物精液的使用不受时空和种畜年龄的影响，充分利用优质公畜的遗传资源，是工厂化生产、保种、品种改良和育种等畜牧生产及辅助生殖技术的基础技术手段之一。精液冷冻是将动物的精液经过预处理后，利用干冰或液氮降温，使精子处于暂时的休眠、代谢停滞状态，升温复苏后，精子可以恢复正常受精能力的过程。

精子冷冻保存包括降温、脱水、冷冻和解冻等步骤，在这些过程中温度的变化会对精子造成损伤，影响精子质膜、顶体膜构成，影响蛋白质活性和代谢功能等，造成精子成活率降低。在降温过程中，精子内外温差的变化可以引起精子内外渗透压的改变，导致脱水状态，电解质浓度增高，酸碱度失去平衡。冷冻和复苏过程中，当精子处于－5～－60℃时冰晶将会形成，冰晶形成对精子造成的机械性损伤可以导致精子的死亡。此外，在冷冻过程中精子会产生过多的活性氧（ROS），同时抗氧化物质水平下降，使得精子质膜的不饱和脂肪酸被氧化，导致质膜流动性降低、功能损伤。因此，在精子稀释液中添加冷冻保护剂，同时采取适合的降温速率，缩短解冻过程的时间，可以减少温度变化造成的精子损伤，减少冰晶形成，降低氧化应激，提高精子成活率。常用的添加成分有甘油、咖啡因、己酮可可碱、生殖激素、细胞因子、维生素、氨基多糖类等，这些成分可以降低冷冻过程中精子内外渗透压差，减少氧化应激刺激，减少冰晶损伤，提高精子的活力和体外受精率。

（一）精液的采集与冷冻

精液采集主要有假阴道法、手握法和电刺激法，根据物种不同采用相应的方法来获得。使用的器具需要提前消毒、晾干，保证清洁。采精后，将精液转入有刻度的器皿中检查，记录精液量、精液颜色，活力强、密度大的精液呈现为翻滚的云雾状。通过显微镜下观察精子的直线运动百分比或者用计算机软件系统来评价精子的活力，并计算精子密度。将活力检测合格（一般活力应≥70%）的精液进行稀释，缓慢降低到 17℃，离心后加入相同温度的冷藏保存液，其含有糖类和蛋黄等成分。然后缓慢地将精液温度降至 4℃，并平衡 2h。然后加入相同体积的含有甘油的冷冻保存液，平衡一段时间后使用程序冷冻仪或者采用液氮的方式进行精液的冷冻。

（二）冻精的解冻

将水浴温度调至 37℃，从液氮中取出装有冻精的细管，迅速投入水浴中，经过 20s 水浴解冻后迅速取出擦干。剪开两侧的封口，倒出精液进行活力检测，活力在 35%以上为质量合格冻精。在解冻过程中也要迅速通过温度的危险区，避免冰晶的形成造成精子活力损失甚至死亡。

三、卵母细胞的冷冻保存

卵母细胞的冷冻有着巨大的应用价值，既可以为卵母细胞的体外成熟、体外受精、核移植、基因修饰等胚胎工程技术的研究提供材料；还可以构建卵子种质库，支持优良家畜、濒危动物遗传资源的长期储存和利用；此外，因为卵母细胞保存在伦理、道德上的争议和限制相对较少，因此在辅助生殖的应用中可以为不孕症的研究和治疗提供卵子。1977 年，Whittingham 等首次成功完成小鼠卵母细胞的冷冻保存，之后多种动物的卵母细胞冷冻也陆续获得成功，包括仓鼠、兔、牛、骆驼和人等。除小鼠外，其他动物卵母细胞的冷冻保存效果相对较差，受精率、卵裂率和发育率都会受到不同程度的影响。相对于小鼠，这些动物卵母细胞中含有较多的脂滴，脂滴在低温区（5～15℃）的相变可能与冷冻效果差有关系，因此在冷冻过程中，快速通过卵母细胞的低温敏感区是提高冷冻卵母细胞质量的关键。

与胚胎和精子一样，冷冻和解冻的过程会对卵母细胞造成损伤，这些损伤会造成卵母细胞活性、受精率和发育率不同程度的下降。因为卵母细胞的体积较大，水分、脂滴含量较高等因素，相对于精子和胚胎，卵母细胞对冷冻保存更敏感。卵母细胞冷冻损伤的类型主要有低温损伤、细胞骨架损伤、透明带和线粒体损伤等。在低温区，卵母细胞的细胞膜、细胞器结构及细胞质成分的变化和损伤是不可逆的，造成卵母细胞的存活率、受精率明显下降。哺乳动物中，除小鼠和兔卵母细胞在 0℃保存数小时后仍具有受精能力并可以获得后代，其他物种如牛、羊、猪等的卵母细胞发育潜能都受到较大的影响。卵母细胞的细胞骨架在冷冻、解冻的过程中也会因为渗透压的剧烈变化和冰晶的形成受到损伤，如微管微丝解聚、纺锤体和染色体异常等。

此外，高浓度冷冻保护剂的使用与超速冷冻降温操作，会导致雄原核附近形成多重星状体，出现异常纺锤体结构。冷冻保护剂也会引起卵母细胞的钙离子浓度变化，诱发皮质颗粒胞吐作用的提前发生，导致透明带变硬，降低受精率。冷冻保存还会导致线粒体发生膨胀、形态变化、膜损伤，影响线粒体的正常分布，导致细胞内 ATP 的分布改变，进而导致卵母细胞发育不良。

目前，常用的冷冻保护剂主要有二甲基亚砜（DMSO）、乙二醇（EG）和丙二醇（PROH），保护剂的使用可以有效提高胞膜对水的通透性，对于纺锤体的聚合有保护作用。对于不同动物的卵母细胞采用不同的保护剂组合，如 DMSO 和 PROH 可以用于小鼠卵母细胞冷冻保护；在猪卵母细胞冻存研究中，DMSO 和 EG 的组合效果较好；而在人和牛的研究中，EG 和 PROH 的组合效果好。在玻璃化冷冻中，蔗糖或海藻糖常被用于减少冷冻液的毒性影响，提高卵母细胞存活率，在冷冻和解冻过程中，通过逐步改变这些化合物的浓度也可以减少渗透压对卵母细胞的影响。

（一）卵母细胞的冷冻

卵母细胞的冷冻方法有慢速冷冻、快速冷冻、玻璃化冷冻和超快速冷冻等。

慢速冷冻和快速冷冻是指将卵母细胞置于冷冻保护剂中平衡处理后再利用程序冷冻仪降温处理，将卵母细胞移入−7℃的植冰室中，后以 0.1～1℃/min 的降温速度降至−80℃或−30～−40℃后，投入液氮中。该方法脱水完全，不易形成冰晶，但比较费时。

玻璃化冷冻是指应用高浓度的渗透性保护剂对卵母细胞进行处理，然后将细胞从常温或 4℃直接投入液氮中。该方法不需要冷冻仪，是一种简单、有效、快捷的冷冻方法。玻璃化溶液在快速冷冻降温过程中，随着黏度增加，液体由液态转变为半固态，在过渡为固态时发生玻璃化。冷冻过程中，玻璃化液体中的高渗透压可以使细胞中的水分充分流出，并减少细胞内冰晶的形成，有助于冷冻保护剂的渗入。

超快速冷冻是指将卵母细胞在适当的冷冻保护剂混合液中短暂处理后，直接投入液氮中。

（二）卵母细胞的解冻

卵母细胞的解冻也有慢速和快速解冻区别，前者一般是指在空气中缓慢解冻，以小于 25℃/min 的速度升温，到达室温后进行冷冻保护剂的稀释和后续的工作；后者是指卵母细胞在液氮中迅速取出后在室温暴露约 30s，后迅速投入 30℃的水浴中，直到完全解冻，解冻速度大于 25℃/min。

第四节　体外受精技术

体外受精（*in vitro* fertilization，IVF）是动物胚胎工程的一项重要技术，是指通过将哺乳动物的精子和卵子在体外人工控制的环境中完成受精过程的技术。在生物学上，把体外受精胚胎移植到母体后获得的动物称为试管动物。体外受精技术不仅对揭示卵母细胞成熟和受精机制具有重要的理论意义，而且在畜牧生产、医学研究及濒危动物保护等方面具有十分重要的应用价值。

一、体外受精技术的研究概况

1878 年德国科学家 Schenk 最早进行了哺乳动物卵子体外受精的尝试。他将家兔和豚鼠排卵前的卵母细胞和附睾内精子放入子宫液内进行孵育，观察到第二极体释放和卵裂现象。

1951 年，张明觉和澳大利亚科学家 Austin 几乎同时发现了哺乳动物精子获能现象，他们发现由雄性动物射出的精子只有在雌性动物生殖道内停留一段时间，并发生一系列生理生化变化后才能与卵子结合发生受精，他们将这一现象命名为获能（capacitation）。1954 年张明觉利用获能处理的精子进行体外受精实验获得成功，于 1959 年获得世界上首例“试管动物”——试管兔。在同一时期，法国的 Thibault 研究组提供了充足的兔卵子体外受精形态学证据。自此哺乳动物体外受精技术才真正得到认可。

20 世纪 60 年代初，精子获能的过程比较复杂，先将精子放置于雌性动物生殖道几小时，然后收集并给另一个雌性动物授精，再检测精子获能情况。Yanagimachi 和张明觉简化了这些步骤，使精子获能只需在简单培养液中即可实现。这一成果推动了 IVF 研究的进一步开展，先后得到了试管小鼠、大鼠、山羊、绵羊和猪等。

1982 年第一头体外受精的犊牛在美国的宾夕法尼亚州诞生，1985 年又首次获得用体外成熟的卵母细胞和体外受精生产的犊牛。与此同时，人类的体外受精技术研究也取得了巨大的进步，1978 年英国的 Steptoe 和 Edwards 报道了世界上第一例试管婴儿 Louise Brown 的诞生，1985 年在我国台湾诞生了国内第一例试管婴儿，1988 年我国的北京医科大学也报道了试管婴儿的诞生。到目前为止，已有 30 余种哺乳动物体外受精成功。

在我国，体外受精技术的研究起步较晚，20 世纪 80 年代近中期才开始初步尝试，但进展非常迅速，试管动物的研究也已取得长足的进步，陈秀兰、范必勤、旭日干、卢克焕、钱菊汾、秦鹏春等团队分别获得了小鼠、兔、绵羊、牛、山羊和猪的试管后代。这些试管动物的出现，标志着我国试管动物生产技术已达到一个新的水平。

二、体外受精的原理及技术程序

体外受精的原理是将哺乳动物的精子和卵子置于适宜的培养条件下使之完成受精。体外受精包含精子体外获能、卵母细胞的获得与成熟、卵母细胞体外受精和受精卵的体外培养等技术。

（一）精子的获能处理

精子在离开雄性生殖器时，虽具有完整的形态和独立运动能力，但不能立刻与卵子受精，必须在雌性生殖道或在体外的特定介质中进行最后成熟，即“获能”，才能与同种动物的卵子受精。一般认为获能的第一阶段是脱除精子表面的抗原物质和去获能因子（decapacitation factors，DF），以增强膜的通透性，此过程在一定程度上是可逆的生理学变化。第二阶段是精子细胞膜蛋白的变化，即发生顶体反应，此过程是不可逆的结构上的获能。

精子获能是体外受精的关键性技术环节，主要有两种方法，即体内获能和体外获能。体内获能是从交配母畜的子宫内冲取精子用于受精。体外获能一般分为两步：一是精子的洗涤，经一次或多次离心后除去杂质、精清、死精子、低活力的精子、冻精保护液及稀释液等；二是精子的获能处理，主要是使用高离子强度液、钙离子载体、肝素等，以促使钙离子进入精子顶体并刺激精子内部 pH 升高，从而诱发精子获能。

（二）卵母细胞采集与成熟培养

1. 卵母细胞采集　目前卵母细胞的获取有以下三种方法。

1）*超数排卵法*　模拟体内卵母细胞发育成熟与排放的激素调节模式，通过注射不同的促性腺激素使处于休止状态的卵母细胞进入成熟发育期，从而排放更多的卵母细胞。超排处理后，从输卵管中冲取成熟卵子置于操作液中用于后续操作。该法的关键是掌握卵子进入输卵管和卵子在输卵管中维持受精能力的时间，一般要求在卵子具有旺盛受精能力之前冲取。常用于实验动物和一些小型多胎家畜，大家畜由于操作复杂和成本高已很少使用。该法获得的卵母细胞已在体内发育成熟，不需要成熟培养即可直接与精子受精。

2）*从屠宰场废弃卵巢采集卵母细胞法*　从屠宰场将良种畜的卵巢收集后，保存于一定温度的灭菌生理盐水中，然后在短时间内（一般要在 4h 内）运送到实验室进行下一步处理。可用抽吸法、剖切法和机械破碎法对卵母细胞进行采集。该方法的最大优点是材料来源丰富、成本低廉，但确定母畜的系谱困难，并且受季节影响较大。

3）*活体采卵法*　这是前景广阔的一项获取卵母细胞的技术，在牛上已经开始商业化应用。利用自然状态下优势卵泡生长的规律，对已选好的供体牛，实行阴超或者腹壁超的方法，从直径 4～10mm 大小的卵泡中抽取卵母细胞，每次可获得 8～10 枚卵母细胞，经体外培养后进行受精处理。也可采用超排的方法对供体牛进行处理，通过 B 超监测卵泡生长情况，每次可获取 10 枚以上卵母细胞。在经过短暂的成熟孵育后进行受精处理。

采集的卵母细胞绝大部分与卵丘细胞形成卵丘卵母细胞复合体（cumulus oocyte complex，COC）。无论采用何种方法，采集的 COC 都要求卵母细胞形态规则，细胞质均匀，外围有多层卵丘细胞紧密包围。在家畜体外受精研究中，常把未成熟卵母细胞分为 A、B、C 和 D 4 个等级。A 级卵母细胞要求有三层以上卵丘细胞紧密包围，细胞质均匀；B 级要求卵母细胞质均匀，卵丘细胞层低于三层或部分包围卵母细胞；C 级为没有卵丘细胞包围的裸露卵母细胞；D 级是死亡或退化的卵母细胞。在体外受精实践中，一般只采用 A 级和 B 级卵母细胞。

2．卵母细胞的成熟培养　卵母细胞的成熟是一个包括细胞核、细胞质、细胞膜、透明带等多方面在内的复杂生物学过程。在形态上表现为纺锤体形成，核仁致密化，染色质浓缩为染色体，第一极体排出，卵丘颗粒细胞扩散、膨胀和透明带软化等。超数排卵所获得的卵母细胞在体内已经成熟，不需要培养可直接与精子受精，而对于未成熟卵母细胞需要体外培养成熟才能进行体外受精。培养时，先将采集的卵母细胞在实体显微镜下经过挑选和洗涤后，再放入成熟培养液中培养。家畜卵母细胞的成熟培养液目前普遍采用 TCM199 添加孕牛血清、促性腺激素、雌激素和抗生素等成分。通常采用微滴培养法，微滴体积为 50～200μL，每滴中放入的卵母细胞数按每 5μL 一个单位计算。卵母细胞移入小滴后，放入二氧化碳培养箱中培养，COC 经成熟培养后，卵丘细胞层扩散，靠近卵母细胞周围的卵丘细胞呈放射状排列，出现放射冠。

家畜卵母细胞成熟培养液的研制已成为胚胎体外生产的重要内容之一。近期在卵母细胞培养液方面主要进行了以下几方面的改进。

1）*在培养液中加入卵泡液*　卵泡液作为卵母细胞发育的微环境在决定卵母细胞未来命运中起主要调节作用。多年来研究者在卵泡液对卵母细胞减数分裂具有抑制作用上已经形成共识，并先后在猪、牛、鼠卵泡液中分离获得了卵母细胞减数分裂抑制剂（oocyte meiosis inhibitor，OMI）。最近又从牛卵泡液中分离纯化出一种可溶性依赖蛋白激酶（cAMP-dependent protein kinase），当它处于高度磷酸化状态时能保持减数分裂静止。因而在体外培养液中添加卵泡液能使卵母细胞保持减数分裂休止状态。另有研究表明，猪卵泡液（pFF）能促进猪卵母细胞的体外成熟，增强精子穿入卵母细胞的能力，并刺激和调节雄原核的形成。

2）在培养液中加入细胞成分，如卵丘细胞、颗粒细胞　普遍采用将单层颗粒细胞添加到卵母细胞成熟培养液中，在成熟培养液中添加颗粒/卵丘细胞可模拟卵泡卵母细胞最终成熟时细胞内的相互作用，以期获得较高的卵母细胞成熟率、受精率及发育率。

3）添加生长因子和细胞因子　目前已经证实与卵母细胞成熟相关的因子有胰岛素样生长因子（IGF）、上皮细胞生长因子（EGF）、成纤维生长因子（FGF）、转化生长因子（TGF）、生长分化因子（GDF）、活化素、抑制素等。研究表明 IGF、EGF、FGF、TGF 对卵母细胞的核成熟和胞质成熟均有一定的促进作用，特别是在无血清存在的条件下。目前EGF（10ng/mL）被广泛应用于卵母细胞成熟培养，其他生长因子由于价格等原因，仅用于卵母细胞成熟培养的实验研究。

（三）体外受精

体外受精的成功与否不仅取决于卵母细胞的成熟和精子的获能，还取决于精卵相遇时间、精液品质、精子浓度、精卵比例等因素。常用的体外受精方法为：精子在基础液中离心洗涤 2～4 次以去掉精清（牛精子一般采用 BO 液或改良的 Tyrodes 液，山羊多用 MDM 液或不含 BSA 的 BO 液，猪用 TCM199 液）。用含有肝素的基础液将精子重悬浮，分离出活力强的精子置于获能液中，在培养箱内孵育一定时间使精子获能。将获能好的精子以一定浓度在受精液中与卵母细胞共孵育。为了取得更好的受精效果，可在受精液中加入促进精子运动的物质，如咖啡因、次黄嘌呤、肾上腺素、亚牛磺酸等。精子浓度过高容易引起多精受精，而过低又会影响受精率。通常用于体外受精的精子浓度为（1.0～5.0）$\times 10^6$ 细胞/mL，精卵比例为（10 000～20 000）∶1。在咖啡因等存在的条件下，精子浓度可降低为 0.5×10^6 细胞/mL，精卵比例可降低为（500～2000）∶1。

（四）受精的判定

卵母细胞体外受精成功与否通常以精子穿透率、原核形成率、受精分裂率和囊胚发育率来衡量。其中囊胚发育率最可靠，因为它可反映体外受精的质量。具体可在受精后 8～10h 对卵母细胞进行固定染色，观察进入卵母细胞的精子，计算出精子穿透率和多精受精率；在受精后 18～20h 固定染色，观察原核的形成，计算出双原核形成率。通常卵母细胞在乙酸∶乙醇或乙酸∶甲醇（1∶3，*V*/*V*）的固定液中固定 24～48h，然后用 1%间苯二酚蓝或 1%的地衣红的乙酸溶液染色观察。

（五）体外受精卵的培养

体外受精卵需在培养液（或输卵管）中发育到桑椹胚或囊胚后移植到受体，才能获得较高的妊娠率。早期胚胎的培养常采用微滴法，一般一枚胚胎用 3～10μL 培养液，5～10 枚胚胎放在一个小滴中培养以利用胚胎在生长过程中分泌的活性因子，相互促进发育，当胚胎发育到一定阶段时进行胚胎移植或冷冻保存。

体外培养哺乳动物早期胚胎（受精卵）的主要发育障碍是不可逆的发育阻滞。不同动物胚胎体外发育阻滞出现的时期不同，小鼠的胚胎发生在 2 细胞期，大鼠 8 细胞期，仓鼠 2～8 细胞期，牛、绵羊 8～16 细胞期，马、山羊 1 细胞期、2 细胞期和 8 细胞期，猪 4 细胞期。发育阻滞的出现与否是胚胎本身质量和培养条件相互作用的结果，在一定的培养条件下，某些特定品系的多数胚胎不会出现发育阻滞现象，而通过改善培养条件也能提高通过发育阻滞的胚胎比例。

如何克服胚胎体外发育受阻现象，将体外受精卵培养成具有活力和可操作的桑椹胚或囊胚，一直是胚胎体外培养研究的热点。

克服发育阻滞现象，主要可采取以下方法。

1．中间受体法　中间受体法即把体外受精卵放入结扎的中间受体兔或绵羊的输卵管中，培养至桑椹胚或囊胚，再移植到受体体内或冷冻保存。此方法的优点是胚胎质量高，对冷冻保存的耐受能力增强。但操作过程复杂，胚胎丢失严重，不适合胚胎的大批量生产。

2．共培养法　共培养法即体细胞与胚胎培养于同一液滴中。目前用于共培养的体细胞主要有输卵管上皮细胞（BOEC）、颗粒/卵丘细胞、子宫内膜细胞、成纤维细胞，以及水牛肝细胞、大鼠肝细胞等。关于共同培养体系对胚胎发育影响的确切机制尚不清楚，其作用机制可能是：体细胞产生促分裂因子；体细胞分泌物促进胚胎细胞的分化；体细胞可代谢或去除培养液中的胚胎毒性因子。

近年来，随着研究工作的不断深入，人们发现胚胎的发育阻滞也可以通过改善培养条件和在培养液中添加生长因子或细胞外基质因子来克服。需要指出的是，胚胎的体外培养是诸多因素综合效应的结果，过分重视某一因素的作用均不能取得预期的效果。因此，胚胎培养的研究要从培养液的成分和培养环境的整体效应来考虑。

三、显微操作辅助受精技术

在体外受精的基础上，随着显微操作技术和设备的完善，出现了显微受精技术，它是通过人为方法使精子和卵子完成受精过程，克服在某些情况下精子不能穿过透明带和卵膜的缺陷。这项技术起源于 20 世纪 60 年代，20 世纪 80 年代得到迅速发展，在医学上已成为治疗某些男性不育症的主要措施之一；在基础生物学中，它对研究哺乳动物受精和发育机理有很重要的价值；它还对挽救濒危动物和充分利用优良种公畜等有重要意义。显微受精过程不受精子数量、活力及形态等因素影响。显微操作辅助受精包括透明带打孔技术（zona pellucida drilling，ZPD）、透明带下注射技术（subzonal injection，SUZI）和卵胞质内注射技术（intracytoplasmic sperm injection，ICSI）。

（一）显微受精的基本操作方法

1．透明带打孔技术（ZPD）　运用物理或化学方法对卵母细胞的透明带进行打孔、部分切除或撕开缺口，为精子进入卵周隙打开通道，然后把卵子与一定浓度的精子共培养以完成受精过程。这种方法适用于具有一定运动能力，但顶体反应不全，无法穿过透明带的精子。它的优点是对卵子的损伤小，但对于靠透明带反应阻止多精入卵的动物则易造成多精子受精，影响胚胎继续发育。目前此方法仅在小鼠中取得成功，仅作为辅助手段，在生精细胞显微受精研究中采用。

2．透明带下注射技术（SUZI）　将一个或多个精子注入卵周隙被定义为透明带下受精。它是在 ZPD 的基础上为控制多精受精而采取的方法。透明带下注射时，注射针在第一极体区域穿过透明带，把握注射针压力以保证注射精子数量，针抽出后透明带自行封闭，以防止注入的精子溢出。透明带下授精对注入的精子数有严格要求：具有活力且已发生顶体反应的精子要单个注入；没有发生顶体反应的精子，注入的数目可加大。SUZI 的优点是对卵母细胞的损伤小，已在临床医学上得到运用，但多精入卵是制约这一技术发展的主要原因。

3．卵胞质内注射技术（ICSI）　卵胞质内精子注射对精子活力、形态和顶体反应没有特殊要求，只需注入单个精子即可，为提高受精率，注射后卵子需要人为激活。胞质内注射精子作为治疗男性受精障碍症的方法已在许多国家得以应用。ICSI 的优点在于：与 SUZI 及 ZPD 比较，ICSI 的受精率、胚胎移植率、妊娠率均有明显提高；ICSI 无须发生顶体反应，常规 IVF 技术、ZPD 和 SUZI 无法受精的严重男性不育患者，采用 ICSI 受精可获得妊娠，包括冷冻精子或精子数目极少的不育夫妇，无顶体的圆头精子，无法与卵母细胞融合或穿越透明带的顶体后鞘精子等；在显微注射前，精子不需要特殊处理；ICSI 受精结果不受精子浓度、精子活动度和精子形态的影响。

（二）ICSI 操作程序

ICSI 技术包括卵子的收集和处理、精子或精核的准备、精子或精核的显微注射及注射卵的激活。

1．卵子的收集和处理　目前进行 ICSI 的动物卵子可以用激素超排的方法获得，也可以通过收集屠宰场的卵巢，抽取未成熟卵子，进行体外成熟来获得。成熟的卵子在注射前要做某些处理，如用透明质酸酶除去卵子周围的卵丘细胞，对于脂肪含量较多的牛和猪卵母细胞，还可以对其进行离心处理使其透明化，有些动物的卵子在注射前还需人工激活。选择已经排出第一极体并且形态正常、质量较好的卵子，置入油盖微滴，即可备用。

2．精子或精核的准备　新鲜射出或从附睾不同部位收集的新鲜或冷冻-解冻精子均可以用于 ICSI。使用前可视实验设计的需要做相应的预处理，如精子冷冻-解冻处理、精子孵育获能、精子的超声波处理和蔗糖密度梯度离心以分离精子头。一般注射精子时，将制备好的精子置于加有 5%～10%的聚乙烯吡咯烷酮或甲基纤维素或透明质酸的操作微滴中。此外，精子孵育液中加入二硫苏糖醇（dithiothreitol，DTT），对某些种类动物精核解聚具有一定作用，可以提高雄原核的形成率。

3．精子或精核的显微注射　目前用于 ICSI 的方法有常规法和 Piezo-driven 法，两者主要在注射管及驱动力上有所区别。常规的注射针要磨尖（35°斜面），Piezo-driven 系统使用平口针即可。显微注射针的内径只能比精子头部的直径稍大一点，各种动物精子头部的直径不同，所需注射针的直径也不同，牛精子注射针的外径一般为 10μm，人精子的注射针外径一般为 7μm。注射精子操作中，如果是用有活力的精子进行注射，首先要用注射针在精子操作滴中将活力好的精子制动，破坏其尾部中段很小部位的质膜，使精子注入卵胞质后能较快地释放精子因子（sperm factor，SF）。精子制动后将单个精子从尾部吸入注射针开口端，而后转移至含有卵母细胞的操作液滴中，固定好卵母细胞后，先用注射针回吸少量细胞质，确定质膜已破裂，再将单个精子连同微量操作液注入卵胞质内。为减小注射针对卵母细胞骨架的损害，固定时使卵子的极体朝向液滴内相当于时针 12 点或 6 点的位置，注射针在相当于 3 点的位置穿过透明带，向着 9 点的方向深入胞质。

4．注射卵的激活 由于 ICSI 是一种非生理性的受精过程，越过了正常受精时精子必须经过的环节，省略了精卵质膜融合过程，因此除了小鼠、兔、人的卵子受到显微注射针的机械刺激和注入精子的生物刺激就可以获得较高的激活率外，其他哺乳动物仅凭上述两种刺激往往不能使卵母细胞完全活化，导致其激活率很低，因此需要另外辅助的激活处理。常用的激活方法有钙离子载体 A23189 处理、电激活、乙醇处理、离子霉素（ionomysin）＋6-二甲氨基嘌呤（6-DAMP）、离子霉素＋放线菌酮（CHX）等。目前较为有效的激活方法是先用 5μmol/L 的离子霉素激活处理卵子 5min，然后在含有 2mmol/L 6-DAMP 的培养液中培养 3h。

第五节 性别控制技术

动物的性别控制（sex control）技术是指通过对动物精子或早期胚胎的性别进行鉴定，以达到获得所期望性别的后代、控制后代出生时的性别比例的目的。为了提高动物的生产力，人们往往希望产生预期性别的动物，所以性别控制技术已经成为胚胎工程研究中重要的研究课题和研究方向。

一、动物性别决定原理

1923 年，Painter 证实了人类 X 和 Y 染色体的存在，指出当卵子与 X 精子受精产生雌性后代，而与 Y 精子受精则产生雄性后代。1966 年，Jacobs 等发现雄性决定因子位于 Y 染色体短臂上。1990 年，Sinclair 等在研究 XX 基因型两性人的 Y 染色体来源长度为 35kb 基因片段时发现了 Y 染色体上的性别决定区（sex determine region of the Y chromosome，*SRY*）基因，在不同哺乳动物中有很强的同源性。

除 *SRY* 外，还有多个基因与睾丸的决定相关。位于常染色体上的 *Sox9*（SRY Box gene-9）参与雄性性别决定调控，与支持细胞的分化有关；缪勒氏抑制物质基因（*MIS*），在性别分化过程中参与生殖管道的分化和发育；威尔氏瘤抑制基因（Wilm's tumor suppressor gene-1，*WT1*）的调控对于雌、雄性腺的形成是必不可少的；类固醇类生成因子（steroidogenic factor 1，*SF1*）基因参与性腺原基分化为睾丸的调控；DM 盒（Doublesex and Mab-3 Related Transcription Factor 1，*Dmrt1*）基因，与 *SRY* 一样，只在雄性胚胎中表达，参与雄性的性别决定过程；此外，还有一些与卵巢决定相关的基因，如 X 连锁的 *Dax-1* 基因，*Sox3*、*Wnt4* 等。

基于哺乳动物性别决定原理，目前应用较为广泛的性别控制方法主要有两种，一是利用 PCR 技术鉴定早期胚胎的性别；二是根据精子的物理特性分离 X 和 Y 精子，然后采用分离的 X 或 Y 精子使卵母细胞受精来达到控制性别的目的。

二、动物胚胎性别鉴定的传统方法

在畜牧生产中，性别筛选与经济性状筛选、良种选育及不利基因的排除具有极大的关联性，因此利用人工方法控制出生后代的性别比例，对于畜牧业生产具有重要意义。例如，乳制品和幼崽的生产需要雌性；肉用生产多使用饲料转化率高和肥瘦比例好的公畜；在繁殖生产中，选择具有优良性状的种公畜。植入前胚胎性别的鉴定方法有很多，也已经应用于生产中，但目前还没有一种可以兼顾准确性、对胚胎损伤较小或无损伤、操作简单、经济实用和不需要特殊仪器设备。

（一）染色体核型分析鉴定法

哺乳动物的核型是 XX 或 XY，不同物种间的染色体数目是不同的，但是在早期胚胎发育过程中，雌性胚胎的一条 X 染色体处于暂时失活状态，并形成巴氏小体（Barr body），因此可以从胚胎中取出小部分的细胞进行染色体分析，通过识别巴氏小体来鉴定胚胎性别。该方法准确性较高，但是技术要求较高，对胚胎的损伤较大，不适合在实际生产中应用。

（二）雄性特异抗原鉴定法

在雄性胚胎中，Y 染色体的基因产物特异表达，是雄性胚胎的特异性抗原，即 H-Y 抗原。利用 H-Y 单克隆抗体或血清检测是否存在 H-Y 抗原，对胚胎性别进行鉴定。主要方法有细胞毒性法、免疫荧光法和囊胚形成抑制法等。

1．细胞毒性法　将同品系的雄性细胞注射到近亲系的雌性动物体内制备 H-Y 抗体，然后利用 H-Y 抗体可以在补体存在的情况下与 H-Y 抗原阳性胚胎结合后产生细胞毒性的原理，使雄性胚胎卵裂球溶解或发育阻滞，正常发育为雌性胚胎。此种方法的鉴定率不高，且对雌性胚胎的后续发育造成不同程度的影响。

2．免疫荧光法　此类方法是将 H-Y 抗体作为一抗，与异硫氰酸荧光素（FITC）标记的第二抗体依次与胚胎共同培养，雄性胚胎上的 H-Y 抗原与一抗结合后再与二抗结合，在荧光显微镜观察下可以鉴定出显示荧光的 H-Y 阳性雄性胚胎和无荧光的雌性胚胎。该方法对于胚胎的损害较小，但是由于抗体特异性，背景荧光和人为主观判断等因素影响了鉴定的精确性，具有一定的局限性。

3．囊胚形成抑制法　将 H-Y 抗血清与桑椹胚共培养一段时间后，雄性胚胎的发育会被 H-Y 抗体抑制，不能形成囊胚腔，而雌性胚胎则可以继续发育为囊胚。以此为判断将两种性别的胚胎洗去 H-Y 抗体，更换新鲜培养基后分别培养，被抑制的胚胎可以继续发育。移植后两种胚胎的存活率与正常胚胎无差别。与免疫荧光法一样，此方法的鉴定准确性也取决于抗体的特异性。

（三）分子生物学方法

雄性特异性染色体 DNA 探针法，利用 Y 染色体上特异性的 DNA 片段设计探针，然后用放射性同位素或生物素标记，通过 Southern blot、巢式 PCR 等手段进行分析。该方法鉴定的准确率高，但对于胚胎发育有一定的影响，在应用上有一定的限制。

1．LAMP 法　环介导等温扩增（loop mediated isothermal amplification，LAMP）是一种新型基因扩增法。由于双链 DNA 在 65℃左右时处于动态平衡状态，其中任何一条引物对双链 DNA 的互补链进行碱基互补配对，另一条链都会脱落变成单链。基于这一特点该方法使用不同的引物，对目标基因的雄性胚胎的特异性核酸序列和雌雄共有核酸序列进行扩增反应，然后通过检测反应过程中的副产物焦磷酸镁形成的白色沉淀的浑浊度来判断胚胎的性别。该方法检测灵敏度极高，但容易出现假阳性结果。

2．PCR 检测法　聚合酶链反应（polymerase chain reaction，PCR）是目前应用最广

泛、准确性较高，具有商业应用价值的胚胎鉴定方法。PCR 法是利用 Y 染色体特异性片段或对 *SRY* 基因、锌指结构（*ZFY*）基因的检测，设计特异性引物，利用少量的胚胎细胞中 DNA 为模板，进行 PCR 扩增反应，扩增出目标片段的为雄性胚胎，否则为雌性胚胎。PCR 法灵敏度很高，可以在尽量减少胚胎细胞用量的同时保证检测的准确性，对于胚胎的后续发育影响较小。

现在已经知道多种哺乳动物 *SRY* 基因的序列，如牛、绵羊、小鼠、猪等，基于 *SRY* 基因建立的早期胚胎性别的鉴定体系引起了人们的极大兴趣。Mara 等利用 PCR 技术扩增 *SRY* 基因的方法，在体外鉴定了羊的早期胚胎性别，性别鉴定准确率为 87.5%。Peura 等和 Fajfar 等也分别应用此方法成功地鉴定了牛和猪早期胚胎性别。在我国，利用 *SRY* 基因进行性别鉴定方面也有许多研究，曾溢滔等利用此基因鉴定了牛早期胚胎的性别，获得了高成功率的性别鉴定引物，并取得了较好的性别鉴定结果（89%）。这些研究结果对推进性别鉴定在胚胎移植中的应用起到积极的作用。目前哺乳动物中牛胚胎的性别鉴定最为成熟，应用 PCR 技术鉴定牛早期胚胎性别提高了性别鉴定的灵敏度和准确率，与其他鉴定方法相比，缩短了性别鉴定所需要的时间，使得性别鉴定后的胚胎移植妊娠率大大提高。由于引物的特异性将直接影响到性别鉴定的准确率，因此 PCR 技术鉴定性别的关键是找到特异性强、灵敏度高的特异性引物。

SRY-PCR 鉴定法是目前应用最为广泛的哺乳动物胚胎性别鉴定方法，具有简单、快速、准确的特点，有很高的商业价值，市场上已有多种家畜性别鉴定的试剂盒出售，但也存在很多弊端，如取样过程中对胚胎的损伤、鉴定的技术操作程序及鉴定时间和假阳性等问题，这些都会限制该技术的应用和推广。其中最关键的问题就是防止假阳性的出现。传统的 *SRY*-PCR 技术只采用一对 Y 染色体特异性引物进行性别鉴定，所以极其微量的 DNA 污染都可能造成假阳性，这使得这种方法的准确性降低，但内参基因的引入能有效地克服假阳性的问题。与性别决定有关的基因有许多，其中位于 Y 染色体短臂常染色体区域的 *ZFY* 是一个主要的候选分子，而且在 X 染色体上还存在其同源序列 *ZFX*，因此 *ZFY/ZFX* 是性别鉴定较好的内参基因。1995 年，Pomp 等利用扩增 *SRY* 和 *ZFY/ZFX* 基因的方法鉴定了猪、牛、绵羊、山羊、小鼠、大鼠和犬早期胚胎性别，取得了较高的鉴定准确率（92%）。目前应用双重 PCR 法检测胚胎的 *SRY* 和 *ZFY/ZFX* 基因，进行早期胚胎的性别鉴定，胎儿出生后的性别符合率高达 100%。

目前为止，*SRY*-PCR 性别鉴定技术是较为理想的早期胚胎性别鉴定方法，研究主要从 *SRY* 基因和 *ZFY/ZFX* 基因两方面出发，设计筛选特异性引物来鉴定胚胎性别，可取得比传统检测技术更好的效果和准确率。

三、X、Y 精子分离技术

分离 X、Y 精子用于人工授精是目前畜牧业生产中实现性别控制的重要手段。由于 X 精子和 Y 精子所携带的性染色体不同，这两种类型的精子之间就必然存在着某些性状差异，这就使得利用某种相应的方法把它们分离开来成为可能，但必须保证分离操作不能影响特定类型精子的活力。目前已有许多关于 X、Y 精子分离技术体系，如密度梯度离心分离法、自由电泳分离法、精子表面抗原免疫学分离法、精子性别特异蛋白分离法和流式细胞仪分选法等。

（一）密度梯度离心分离法

该方法是根据 X 精子和 Y 精子在密度、体积和形状方面的差异将其分开。X 精子的 DNA 含量高于 Y 精子，导致 X 精子的密度及重量大于 Y 精子，在一定的介质中离心时 X 精子的沉降速度快于 Y 精子。Percoll 是一种密度梯度介质，由一种聚乙烯吡咯烷酮（PVP）包被的二氧化硅（SiO_2）所组成。Kaneko 等（1987）用 30%～90%的 Percoll，密度分为 7 个梯度进行分离，结果下层雌性精子率达 67%。Blotther 等采用 10 层不连续的 Percoll 梯度离心分离牛精子也获得成功，X、Y 精子纯度都达到 75%以上，两类精子作为体外受精后用 PCR 对胚胎进行检测，雌性胚胎为 75%，雄性胚胎达 92%。在我国，曹世祯等报道利用 Percoll 梯度进行精子分离，分离后用富含 Y 精子精液人工授精所生产的后代雄性比例分别为 64%和 53.7%，利用富含 X 精子的精液人工授精所生产的后代雌性比例分别为 60.5%和 65.4%。但因为该方法分离得到的 X、Y 精子的结果不稳定，重复性较差，不同的实验室得到的结果不一致，甚至还有人用同样的方法分离不开 X、Y 精子，所以一直没有被广泛应用。

（二）自由电泳分离法

这种方法是依据 X、Y 精子表面膜电荷的不同，通过电泳时 X、Y 精子在电场中向不同电极移动而达到分离的目的。Blotther 等用此方法处理牛的精液，在正极仅有少量的 Y 精子，而在近负极处有 80%的 Y 精子。但是应用此方法分离后的精子受到了很大的影响，活力大大降低。而且不同实验室用该方法得到的结果不尽相同甚至相反，有的认为是 X 精子表面携带的负电荷比较多，电泳过程中将会趋向阳极，而有的认为是 Y 精子表面携带的负电荷比较多。有人认为，实验结果的差异可能是由于精子成熟过程或活力变化时，其膜表面电荷随之改变所导致的。

（三）精子表面抗原免疫学分离法

免疫学分离法其中之一就是 H-Y 抗原分离法。Zavos 利用单克隆 H-Y 抗体处理兔和牛的精液，进行人工授精后得到的雌性后代分别为 79%和 74%。在我国，罗承浩等报道，用 H-Y 抗原法处理奶牛精子，受精后得到 81.8%的雌性率。Blecher 等通过应用 SDS-聚丙烯酰胺凝胶电泳（PAGE）方法成功分离得到了牛性别特异蛋白（SSP），并揭示有可能找到一种简便免疫学方法将 X 精子和 Y 精子分离。1999 年，Blecher 等用抗雌性 SSP 抗体对精液样本进行处理，导致了大约 50%的精子凝聚，而后将仍然具有活力的精子分离出来用于牛的 IVF，得到的雄性胚胎比例在 90%以上。

（四）精子性别特异蛋白分离法

随着近年来蛋白质组学的发展和应用，对于 X 精子和 Y 精子蛋白质库的了解和比较发现了越来越多的 X 精子和 Y 精子特异蛋白的表达差异。通过蛋白质组学结合其他几种精子蛋白质鉴定技术，鉴定出约 40 种在牛 X 精子和 Y 精子上有差异表达的蛋白质，这些蛋白质与能量代谢、细胞骨架结构、抗逆性和蛋白丝氨酸活性相关。根据这些差异，结合免疫学方法来分离 X 精子和 Y 精子也成为精液性别鉴定的新方法，有助于免疫性别鉴定技术的发展。近年来，Ymani 等利用牛 Y 精子中 SRY 的抗体来鉴定精液性别。他们开发的山羊抗牛重组 SRY 多克隆抗体能够特异性结合 Y 染色体精子，而不结合 X 染色体精子。之后他们还将单克隆抗体（SRY2mab）与琼脂糖柱结合，只有 Y 精子与色谱柱结合，这表明这种新方法可能用于 X 精子和 Y 精子的适当分离。然而，这种分离方案显著降低了精子活力。2019 年，Chowdhur 等针对牛 X 精子和 Y 精子分离开发了一种单克隆抗体——WholeMom，这种抗体特异性结合到 Y 精子头部而不与 X 精子结合，通过分离获得精子，获得了性别确定的牛胚胎，与对照组相比卵裂和囊胚发育率没有明显差异。最近，一种基于 X 精子上 Toll 样受体 7/Toll 样受体 8（TLR7/TLR8）激活的精子性别测定方法被开发出来。TLR7 和 TLR8 定位于细胞内，分别仅在 X 精子尾部和中段检测到。Umehara 和同事使用 TLR7/TLR8 化学配体瑞喹莫德（Resiquimod，R848）激活小鼠和牛 X 精子中的 TLR7/TLR8，导致糖酵解活性和 ATP 产生下降，从而降低了 X 精子的活力。通过这种方法，在体外环境下成功筛选出游动较快的 Y 精子和游动较慢的 X 精子，从而有效改变了小鼠后代的性别比例。将 R848 从培养基中移除，可以恢复 X 精子的活动能力。在公牛中，使用冷冻精液体外受精获得了 91.3%±2.8%的 XY 胚胎。然而，该方法还需要在新鲜精子上进一步优化，并利用人工授精进一步验证。

（五）流式细胞仪分选法

流式细胞仪分选法是根据哺乳动物 X 精子的 DNA 含量比 Y 精子多的原理（如牛相差 3.8%，猪相差 3.6%），利用特异性荧光染料（Hoechst 33342）将精子的 DNA 染色，然后根据荧光强度将含有单个精子的液滴充上不同的电荷，然后借助两块各自带正电或带负电的偏斜板，将 X 精子和 Y 精子分离开，并通过人工授精技术，使雌性动物按人们的期望生产出特定性别的后代（图 5-4）。

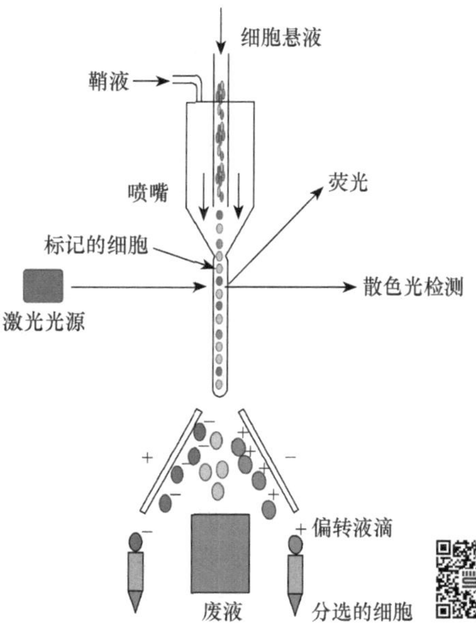

图 5-4　流式细胞仪分离 X、Y 精子原理示意图

流式细胞仪是 20 世纪 60 年代诞生的，这个发明激发了人们测定单个细胞 DNA 进行多种研究的兴趣，而利用精子染色体 DNA 量的差异来分离哺乳动物 X、Y 精子研究也从此展开。1989 年，Johnson 等首先报道用流式细胞仪成功地分离兔子的 X 和 Y 精子，并通过人工授精得到兔子后代，标志着这一技术的研究取得突破性和实质性的进展。但由于当时技术条件限制，对活的精子分离时，由于核的朝向不一致，加之尾部的影响而不能充分对所有精子准确区别和分离。经过了十几年的发展，流式细胞仪精子分离的速度与 20 世纪 90 年代相比已提高 30 多倍，分离 X 精子纯度在 85%～90%时，速度可以达到 1.1×10^6 细胞/h。2000 年，Johnson 分离牛、羊和猪的精子均获得高于 90%的 X、Y 精子群，并且分离后的精子仍具有较高发育能力。2006 年中国农业科学院广西水牛研究所利用流式细胞仪分离 X、Y 精子，获得了世界上首例性别控制雌性水牛。目前，流式细胞仪精子分离技术在分离精子方面开创了一个新局面，已经成为迄今最科学、最可靠、最高效的性别控制方法。但由于此技术成本高，分离速度慢和时间较长，分离后的精子

成活率受到一定影响等问题，该技术还没有在畜牧业生产上得到大面积推广。

在上述各种方法中流式细胞仪分选法的可行性和开发潜力是最大的，有着很好的发展前景。但只有在降低成本，提高分离速度的前提下才能满足生产上对性别控制精液的大量需求。但如果随着人们对性别调控机理的深入了解，将来或许能够找到成本更低，同时简便、快速的分离方法，从而实现对动物性别的精确控制。我国畜牧业的迅速发展促使研究人员更加重视家畜性别控制的研究，相信随着科技的进步，人类将最终实现按人类需要自由控制家畜性别的梦想。

四、利用基因编辑技术控制动物性别的研究

RNA 干扰技术和日益成熟的基因编辑技术逐渐在哺乳动物性腺发育、性别决定相关基因的功能研究和精确性别控制的研究中得到应用，以此来实现在动物体内进行单性别精子或胚胎的预筛选，获得相应性别的动物。为此，借助基因编辑技术分析 X、Y 染色体连锁基因在哺乳动物中的功能，以充分阐明 X、Y 染色体的生物学特性十分必要，并以此为基础提高性别控制精准度、提高其在相关农业上的应用。

ZFY 基因位于 Y 染色体的短臂上，是一个高度保守的基因，在精子发生中起着重要的作用，Zhang 等和 Xi 等分别在湖羊和牛上利用 RNA 干扰技术抑制 *ZFY* 的表达，发现精子形态异常，活力减弱，后代更倾向于雌性（雌性牛仔 72%，雄性湖羊比例 35.99%±5.23%）。*SRY* 基因是 Y 染色体特异基因，也是性别决定基因。在小鼠和兔中敲除 *SRY* 基因后，显示胎儿性腺脊的睾丸发育受到抑制，从而产生雌性表型 XY 雄性后代。2020 年，Kurtz 和 Petersen 在猪 *SRY* 基因的 HMG 结构域 5′部分上游诱导突变也成功获得了性别反转的后代。2021 年，Wang 等利用 TALEN 技术敲除牛成纤维细胞的 *SRY* 基因后结合体细胞核移植技术也获得了性别反转的后代，与小鼠、兔和猪上的发现是一致的。2021 年 Owen 和同事通过胞质注射利用 CRISPR/Cas9 技术将牛的 *SRY* 易位敲入常染色体的 H11 位点，获得一头公牛犊，希望在后代 XX 牛胚胎中，牛 *SRY* 基因的遗传足以触发雄性发育通路，来生产都是雄性的后代。Zuo 等利用 CRISPR/Cas9 技术对 Y 染色体特异性位点进行多重切割将小鼠 Y 染色体敲除，发现 79%～90%的小鼠是雌性的，其中雌性小鼠中 26%～60%是 Y 染色体丢失的基因编辑小鼠。此外，*UTY*、*DDX3Y*、*EIF2S3Y*、*NANOS2* 等与性别决定相关的基因也有相关的研究报道，目前尚未用于实际生产中。

性别决定是一个受多基因控制的协同过程，任何性别决定基因的缺失或突变都会极大地影响动物个体的性别。通过基因靶向与重要性状相关的特定单核苷酸多态性（single nucleotide polymorphism，SNP），或者生产具有期待性别的牲畜，已经取得一定的进展，但是要想在动物生产中取得令人满意的结果，仍有待证实，需要进一步研究和重大突破性进展。

第六节　胚胎分割与胚胎嵌合体技术

一、胚胎分割技术

高等动物如何由一个受精卵经细胞分裂、分化并发育为一个完整的个体，一直是人们致力研究的课题。胚胎分割是研究细胞分化、早期胚胎发育和胚胎细胞全能性的有力手

段。所谓胚胎分割是指将一枚胚胎用显微手术的方法分割成二分、四分甚至八分胚，经体内或体外培养，然后移植入受体中以得到同卵双生或同卵多生后代。这一技术在发育遗传学、生理学及生产实践上有着多方面的应用。例如，通过胚胎分割可以得到遗传上同质的后代，以研究在遗传背景完全相同的情况下环境因素对个体发育的影响；在家畜中，通过胚胎分割增加可移植胚的数量，提高家畜产量、提高优良品种的推广速度；利用孪生子进行药理研究可大大降低因个体差异而造成的误差等。胚胎分割技术已有许多年的历史，1959 年，Tarkowski 等发现一半卵裂球已被破坏的小鼠 2 细胞胚胎可发育至囊胚，并生出了后代。到目前为止，牛、羊、猪、小鼠、灵长类等哺乳动物不同时期的分割胚都已生出后代。近年来胚胎分割的方法不断得到改进，并与其他生物技术相结合取得了很多进展。胚胎分割技术可用于扩增可用的优良胚胎的数目和生产同卵双胎、同卵多胎的克隆动物，可用于濒危动物的保护，也可为早期胚胎遗传疾病的检查和性别鉴定等技术提供一种活体组织检查的方法。

（一）胚胎分割的方法

许多哺乳动物的胚胎从 2 细胞期到囊胚期都可以分割并生出后代，不同时期的胚胎可以采用不同的分割方法，以下介绍几种常见的胚胎分割方法。

1. 毛细管吹吸法　这种方法主要适用于分离 2 细胞到 8 细胞期卵裂球。在显微操作仪的帮助下，在无钙、镁离子的培养液中，用固定针吸住胚胎，用另一玻璃针挑开胚胎的透明带，内细胞团自透明带中脱出。再用仅能通过单个卵裂球的毛细管吹吸胚胎，得到单个卵裂球，再将卵裂球装入空的透明带中，体外培养至一定时期，移植入受体中。

2. 显微手术法　这种方法主要适用于分割桑椹胚和囊胚。在显微操作仪的帮助下，以固定针吸住胚胎，用玻璃针或显微手术刀将胚胎对称切割。切割桑椹胚，需要在不含钙、镁离子的培养液中进行，以降低细胞间的连接，降低由于切割造成的损伤。对胚胎的分割要注意对称，尤其是囊胚，要注意将内细胞团对称地一分为二。

3. 徒手分割法　徒手分割法主要适用于分割体积较大的胚胎，其优势在于可以不用显微操作仪。在体视显微镜下，用止血钳夹住切割刀片，将透明带切开一部分，再用直径略小于胚胎的毛细管吹吸几次使胚胎从透明带中脱出。手持玻璃针自上而下对称切割裸胚。这种方法多用于分割桑椹胚和囊胚。

4. 免疫手术法　免疫手术法是利用处于囊胚期的胚胎，其滋养层细胞之间已形成紧密连接，能阻挡外部抗体分子进入囊胚腔。具体方法是：将胚胎置于抗血清中，使滋养层细胞与抗体分子充分结合，然后在补体的协助下，利用免疫反应溶解外层的滋养层细胞，而未结合抗体分子的内细胞团则保持完整。这样分离的内细胞团可注射入另一胚胎的囊胚腔中，或与处于桑椹期的其他胚胎聚合，可产生嵌合体。这种方法已用于产生多种动物的嵌合体。

（二）分割对胚胎发育的影响

1. 透明带对于分割胚体内外发育的作用　透明带为哺乳动物胚胎所特有的结构，其主要作用是阻止异种动物精子受精和同种动物的多精子受精，以及保护受精卵在输卵管和子宫内正常运行，防止输卵管和子宫液的伤害及白细胞的吞噬，并使分裂阶段的卵裂球互相靠近，不致分离。早期胚胎在体内发育必须有透明带存在，Modlinski 和 Bzonson 等指出，没有透明带的胚胎容易粘到输卵管的管壁，不能进一步分裂。

从分割胚移植妊娠率的分析来看，对于各种动物胚胎分割时所处的发育阶段越早，对透明带的依赖性越强；晚期桑椹胚和囊胚有无透明带都可获得较一致的半胚妊娠率和出生率，而早期桑椹胚，装入透明带的半胚比不装透明带的半胚妊娠率高。

在半胚的冷冻保存实验中，透明带的有无对胚胎的存活有很大影响。Niemann 等冷冻牛囊胚和桑椹胚半胚时发现，包有透明带的半胚冷冻、解冻后移植的妊娠率显著高于无透明带的裸露半胚。

2．半胚移植数量与受体妊娠率的关系　研究结果表明，受体受胎率随半胚移植数量的增加而增加，对多胎动物尤其如此。当然，这里所说的半胚数的增加是在各种动物妊娠的合理数目之内，如牛为 2 枚。Brang 统计了牛单胚移植（整胚）和双胚（半胚）移植的平均妊娠率分别为 56.5%和 74%。

3．胚胎发育阶段对分割胚发育的影响　实验结果证明，不同发育阶段的胚胎，经分割后其发育潜能是有差异的。在进行牛的胚胎分割实验时发现，来自囊胚的半胚移入受体后，其妊娠率和胎儿成活率都高于来自桑椹胚的半胚。这可能是由于分割时，桑椹胚的细胞连接比囊胚阶段胚胎细胞之间的联系更容易遭到破坏，而影响了分割胚的进一步发育。

4．胚胎的分割程度对分割胚发育的影响　人们总想从有限的胚胎得到尽可能多的后代，因此将胚胎二分、四分甚至八分。Rho 等将牛的桑椹胚和囊胚四等分后移植给受体，只得到一个四分胚后代，四分胚的成活力远远低于二分胚。研究结果发现，随着分割次数的增多，单独分割胚所含细胞数量下降，而发生凋亡的细胞数量相对增多，内细胞团细胞凋亡现象尤为明显。这说明胚胎分割有一定的限度，在现有胚胎的培养条件下，随着分割次数的增多，分割胚的成活力会逐渐下降。

5．分割胚冷冻保存对其发育的影响　分割的胚胎、经过胚胎性别鉴定的胚胎如果能进行冷冻保存，可大幅度地扩大优良种畜胚胎的利用时间和空间，更能发挥出胚胎移植技术在生产实践中的作用。胚胎分割或胚胎取样后，因为分割过程引起的透明带损伤和胚胎细胞数量减少，经冷冻和解冻后在体内和体外发育能力进一步降低，其移植妊娠率低于完整的冷冻胚胎。鉴于此，冷冻时应该采用不同于整胚常规冷冻的方法。

除上述影响分割胚发育的因素外，品种差异、分割方法、胚胎质量、体外培养条件、受体状况、移植部位与时间、胚胎性别、分割液等都可能影响分割胚的发育，这些都是胚胎分割中有待解决的问题。

（三）胚胎分割技术的发展前景

胚胎分割技术经过近 60 多年的发展，在理论和技术方法上都已经日趋完善，对畜牧业生产和实验研究有着重要的作用，尤其是对大型农场动物进行良种繁殖时，可用胚胎分割方式增加胚胎数目及人造同卵双胎和多胎数目，移植后便可获得更多的良种。哺乳动物胚胎冷冻保存技术与胚胎分割技术结合，可以增加胚胎数目和提高产犊率，同时在加速家畜育种改良进程、建立基因库、保护资源等方面都有重要的意义。

二、胚胎嵌合体技术

嵌合体（chimera）一词源于希腊神话，指的是一种狮头、羊体、龙尾的怪物。引申到生物学上指的是由两个或两个以上具有不同遗传性状的细胞或细胞系组成的聚合胚发育而成的个体。一般在发育的很早期，如卵裂期甚至受精卵期所形成的嵌合体，称为原发性嵌合体（primary chimera），而在发育的晚期，如胚层已分化或器官开始形成后，通过组织移植或嫁接等方法所形成的部分组织或器官的嵌合，称为次生型嵌合体（secondary chimera）。通常所说的嵌合体指原发性嵌合体。

由于嵌合体本身的特性，在发育生物学、细胞生物学、胚胎学、生理学、免疫学、医学以及畜牧业等诸多方面，嵌合体都有着无限广阔的应用前景。

（一）嵌合体的制作方法

嵌合体偶尔在妊娠期间可自然产生，但大部分是人工制作的。目前，制作嵌合体的方法有两种，即囊胚注入法和聚合法（aggregation method），聚合法又包括全胚胎聚合法和卵裂球聚合法，可根据实验目的和实验条件进行选择。

1．囊胚注入法 囊胚注入法是指在动物胚胎发育到囊胚，分化为两种明显不同的组织——内细胞团和滋养层细胞（trophoblast，Tr）时，将目的细胞或细胞团注入囊胚腔，使之与内细胞团结合并发育，最终得到嵌合体个体的方法。注射的细胞可以是卵裂球、内细胞团细胞、绒毛膜癌细胞（embryonic carcinoma，EC）、ES 细胞、胚胎生殖（embryonic germ，EG）细胞，甚至是已经分化了的细胞。此外，也有人将某一囊胚的内细胞团（ICM）完全用另一囊胚的 ICM 代替，这种方法称为囊胚重组，曾被成功地用来进行种间怀孕，制备的嵌合体胎儿周围的胎膜来自另外一种动物。这种方法可广泛应用于研究基因型已知的 ICM 的发育能力和具有不同基因型的滋养层细胞之间在个体发育中的相互关系。

此法最早由 Gardner 于 1968 年提出，经过多方改良，成功率较高，适用范围较广，可用于种内或种间，供体和受体的发育阶段可同步，也可以是不同步的，它还适用于不能去透明带的动物，如兔等。该法是将几个 ES 细胞（一般 5～15 个）注入囊胚腔中。但囊胚注射法需要购买昂贵的仪器（显微操作仪等），而且技术难度较大，需要一定的时间才能掌握，不利于一般的推广。

2．聚合法 全胚聚合法是指将发育到一定时期（一般为 8 细胞至桑椹胚）的胚胎，去掉透明带后，将两个或两个以上的胚胎聚合在一起，形成一个胚胎后放入二氧化碳培养箱中培养至囊胚，再移植入受体动物体子宫内，最终获得嵌合体个体的方法。卵裂球聚合法则需在去透明带后将胚胎打散，从双方胚胎卵裂球中各取出一部分细胞（至少 2 个细胞）进行聚合，培养后移植。

（二）嵌合体制作的影响因素

1．胚胎的质量与状态 要获得较高的嵌合率，胚胎的质量是首先要考虑的问题，质量的好坏直接关系着嵌合的成败，因此胚胎的质量判定标准很重要。

根据胚胎的外观、细胞质均匀度及胚胎细胞的情况可将胚胎分成三个等级。A 级：形态典型，卵细胞和分裂球的轮廓清晰，细胞质分布均匀、致密。B 级：胚胎稍有变形，卵细胞和分裂球的轮廓清晰，细胞质分布较均匀，致密。C 级：胚胎明显变形，细胞轮廓不清，结构较松散，细胞质分布不均。制作嵌合胚胎实验时最好选用质量较好的 A 级和 B 级胚胎，以利于聚合的顺利进行。

利用胚胎分割技术，可以对胚胎进行切割，从而获得半胚甚至是 1/4 或 1/8 胚用于胚胎的聚合。实验发现，半胚和全胚聚合均能得到嵌合体，且能得到嵌合后代。吴耀民等发现全胚的聚合发育率显著高于半胚的发育率（$p<0.05$），这说明半胚存在某些发育方面的缺陷。

2．胚胎的发育时期　发育各个阶段的早期胚胎均可用于聚合，选择哪个阶段的胚胎用于实验，同样影响着胚胎的聚合率及聚合胚的发育率。一般采用 8 细胞早期的胚胎进行聚合。孙兴参等实验发现在相同条件下，8 细胞晚期胚胎的聚合率显著高于 8 细胞早期和桑椹期胚胎，但与 4 细胞期胚胎的聚合率差异不显著，8 细胞晚期聚合胚的发育率也明显高于其他发育时期，这可能与 8 细胞晚期胚胎发生了致密化有关。另外，此发育期的胚胎分裂球间建立了紧密连接和缝隙连接。此时进行细胞聚合，胚胎细胞间容易建立通信联系，能很好地发育，故他们认为在进行聚合时选择 8 细胞晚期胚胎最好。但这些是小鼠的研究，而关于聚合法制作其他动物嵌合体（胚）中聚合胚胎发育时期的研究则没有相应的报道。

（三）胚胎嵌合体技术的应用前景

对哺乳动物进行人为地改造以获得带有人们所期望性状的转基因动物，这是哺乳动物遗传工程研究的一项重大课题。哺乳动物发育的基因调控在过去由于种种原因（如哺乳动物突变种很少、生命周期长、胚胎在母体子宫中发育、数量少等）难以有很大进展。随着 ES 细胞的建立，可以在培养瓶中进行突变和筛选，并且筛选出来的突变细胞株可以经受反复的冻存和复苏，还可以进行嵌合体分析和分子遗传学分析。或运用体细胞遗传操作技术，在细胞水平上对带有遗传修饰的转化 ES 细胞进行有效的筛选，最终使目的基因整合到生殖细胞中，并传入后代成为种系嵌合体。由于嵌合体动物在胚胎发育过程中的特殊性，它不仅是遗传工程的重要组成部分，还在发育生物学、细胞生物学、胚胎学、免疫学、医学、畜牧学等方面均具有广泛应用价值。它既为这些研究提供特殊的动物模型，也可用于人工创造特殊的动物。

第七节　动物细胞核移植技术

一、动物细胞核移植技术定义及研究进展

（一）细胞核移植定义

细胞核移植（nuclear transplantation or nuclear transfer，NT）是德国 Spemann 于 1938 年提出来的，目的是想通过核移植研究不同发育时期胚胎细胞的发育全能性，也称为核移植，是指将一个核供体经显微操作方法移植到一个核受体中，并使之发育直到产生新个体的过程。核供体是指提供细胞核的细胞，可以是胚胎细胞或体细胞，也可以是单纯的细胞核。核受体是指去核的卵母细胞、去核的合子或去核 2 细胞期胚胎的卵裂球。依据供体核的来源可分为胚胎细胞核移植与体细胞核移植（somatic cell nuclear transfer，SCNT）。根据核供体和核受体是否为同一物种，核移植又可分为同种核移植和异种核移植。

胚胎细胞核移植又称为胚胎细胞克隆，是将一个来自处于早期胚胎阶段的卵裂球细胞核移入去除细胞核的卵母细胞中，经化学或物理方法激活，体外或体内培养，使其发育成一个新的胚胎。胚胎克隆技术的理论基础是早期胚胎细胞具有发育全能性。

体细胞核移植又称为体细胞克隆，是指将动物的体细胞经抑制分化培养，使细胞处于静息状态，采用核移植方法，将体细胞核移入去核的成熟卵母细胞中构建克隆胚胎，主要包括受体细胞和供核细胞的准备、核移植、重构胚的体外或体内发育观察和重构胚胎移入受体动物产生克隆动物。细胞核移植是产生克隆动物的有效方法，人们往往称之为动物克隆技术。

（二）细胞核移植研究进展

1．两栖类细胞核移植的研究　两栖类细胞核移植始于 20 世纪 50 年代。Briggs 和 King（1952）从美洲豹蛙囊胚顶部取出一个细胞，用玻璃微针管取出其中的细胞核，采用直接注射法将之注入去核的卵细胞中，有部分重构卵发育为囊胚，最后发育为蝌蚪。Gurdon 等（1958）利用非洲爪蟾晚期胚胎中的未完全分化的体细胞核进行核移植获得了数只爪蟾。在 1962 年以爪蟾幼体中完全分化的小肠上皮细胞为核供体克隆出爪蟾，证明了已经分化的细胞核不仅表达该细胞分化方向的遗传信息，还包含发育成一个完整个体所需要的全部遗传物质。McKinnel 等（1962）移植囊胚细胞核获得成蛙。Briggs 和 King（1960）及 DiBeradino 和 King（1967）移植原肠后期和神经胚细胞核均获蝌蚪。Smith 等（1965）移植原始生殖细胞核，DiBeradino 等（1971）移植精原细胞核，都获得蝌蚪。Kobel 等（1973）进行蝌蚪表皮细胞核连续移植获得蟾蜍。Gurdon 等（1974）从蝌蚪的皮肤细胞中提取出细胞核，其中 4%的核移植卵发育成了蝌蚪。Gurdon 等（1975）培养成体角化细胞核连续移植后可发育到蝌蚪。DiBeradino 等（1984）进行成蛙红细胞核移植，初次移植只能发育到孵化前蝌蚪，但将一代移核囊胚核再移植则产生了蝌蚪。两栖类细胞核移植实验说明：随着细胞分化，细胞核维持重构胚发育的能力逐渐减弱，某些胚后组织的细胞核可维持重构胚继续发育，连续移核可促进基因组再程序化提高发育全能性。

2．鱼类细胞核移植的研究　鱼类细胞核移植的研究始于 20 世纪 60 年代。将细胞核移植技术首先应用于鱼类研究的是我国的童第周教授，于 1963 年以金鱼（*Carassius auratus*）、中华鳑鲏（*Rhodeus sinensis*）等为材料，获得鱼类胚胎细胞核移植成功，并报道了鱼类细胞核移植，进行了同种囊胚细胞核移植、不同属间的囊胚细胞核移植、不同亚科间的囊胚细胞核移植的研究。1973 年以后，鲤鱼和鲫鱼之间、草鱼和鳊鱼之间成功完成了脊椎动物异种间细胞核移植。1980 年获得了第一批具有发育全能性的细胞核移植鱼。陈宏溪等（1981）把成年三倍体鲫鱼的肾脏细胞核移植到二倍体鲫鱼的去核卵子里，获得了三倍体的核移植鱼。鱼类细胞核移植实验说明：细胞质在发育中具有重要作用；在低等动物可进行异种间的细胞核移植。

3．哺乳类细胞核移植的研究

1）*胚胎细胞核移植*　Bromhall 等（1975）发展了一套哺乳动物核移植实验程序，利用煅烧拉制的细玻璃管进行操作，将兔的胚胎细胞核注射入去核卵母细胞，此重构胚胎能够发育到桑椹胚。Illmensee 和 Hoppe（1981）经直接注射法把小鼠内细胞团细胞移入合子中后去原核，出生了三只小鼠。McGrath 和 Solter（1983）发明了折离质膜去核和经膜融合移入细胞核的方法，取得合子核互换成功。Surani 等（1984）通过换原核的方法，构成不同性别的原核组合，证明雌雄配子核的基因印记。Willadsen（1986）采用透明带割口的两步法把绵羊 8～16 细胞期胚胎细胞核移植到去核卵母细胞中，获得了胚胎细胞克隆羊。应用同样方法进行胚胎细胞克隆获得了小鼠、牛、兔、绵羊、猪、山羊和猴等。在胚胎细胞核连续移植方面，Willadsen 等（1989）获得第二代连续移核牛。Bondioli 等（1991）获得牛第六代移核胚胎和第三代移核牛。Westhusim 等（1991）应用冷冻的桑椹胚作为核供体进行核移植，重构胚胎发育到着床。Sims 和 First（1993）进行牛胚胎干细胞样细胞核移植，出生犊牛。Kono（1993）应用体外成熟卵母细胞获得胚胎细胞克隆牛。First 等（1994）获得用发育到至少有 120 个细胞的晚期胚胎克隆牛。Collas 等（1994）将 ICM 细胞直接注射进去核卵母细胞，获得一头移核牛。邹贤刚等（1995）获得连续移核山羊。Campbell 等（1995）移植绵羊培养胚盘细胞核出生羔羊。Meng 等（1997）获得胚胎细胞克隆猴。Wakayama 和 Yanagimachi（1999）获得胚胎干细胞核移植小鼠。伴随着大量胚胎细胞克隆动物出生，克隆操作技术和基础理论也开始逐渐发展完善。除了引入电融合技术外，胞质内直接注射方法也获得了成功。

2）体细胞核移植　Wilmut 等（1996）将成年绵羊乳腺细胞移入去核卵母细胞后，获得体细胞克隆哺乳动物绵羊“多莉”（Dolly）。Schnieke 等（1997）应用胎儿成纤维细胞克隆出了绵羊。Kato 等（1998）利用输卵管上皮细胞获得克隆牛。Wakayama 等（1998）由小鼠卵丘细胞克隆了 27 只成活小鼠，其中 7 只是由克隆小鼠再次克隆的后代。Renard 等（1998）应用胎儿肌肉细胞克隆出了牛。应用转基因的胎儿成纤维细胞作为供体核，获得了牛、绵羊（Cibelli et al.，1998）和山羊（Baguisi et al.，1999）。Wakayama 和 Yanagimachi（1999）利用成年雄性小鼠体细胞成功地获得 1 只雄性小鼠。Shiga 等（1999）利用公牛的肌肉细胞克隆出 4 头小公牛。Well 等（1999）应用颗粒细胞获得克隆牛。Polejaeva 等（2000）应用卵丘细胞克隆出了猪。Onishi 等（2000）应用胎儿成纤维细胞获得克隆猪。Shin 等（2002）应用卵丘细胞克隆出了猫。Chesne（2002）应用卵丘细胞克隆出了兔。Jaenisch 等（2002）采用核移植方法重建了免疫缺陷小鼠的免疫功能，实现了治疗性克隆的概念性突破。随着核移植技术的发展，陆续获得了克隆马、大鼠、骡子、非洲野猫、犬、雪貂、狼、水牛、红鹿、单峰骆驼、非人灵长类长尾猕猴等。Zhou 等（2020）将单倍体小鼠胚胎干细胞中同时携带 4 个 H3K27me3 印记基因的单等位基因缺失体细胞作为供体细胞，核移植效率显著提高，同时防止了在克隆动物中经常观察到的胎盘和身体过度生长缺陷动物。目前全世界已有多种类型细胞，如胎儿成纤维细胞、乳腺细胞、卵丘细胞、输卵管/子宫上皮细胞、肌肉细胞和耳部皮肤细胞的体细胞克隆后代成功诞生。综上所述，体细胞作为机体中分化程度极高的细胞具有发育的全能性，能够在一定条件下去分化，重新指导胚胎发育。

3）异种动物体细胞核移植（异种克隆）　异种核移植最早在两栖类和鱼类中进行，在哺乳动物中研究较少。童第周等（1973）在金鱼和中华鳑鲏中进行鱼类亚科间细胞核移植并得到幼鱼。Wolf 等（1992）进行了将牛胚胎细胞核移入水牛、山羊、绵羊和仓鼠去核卵母细胞中的实验，发现异种重构胚的囊胚发育能力较低，牛与仓鼠的组合未能发生卵裂。梅祺等（1993）进行小鼠与兔的胚胎细胞核移植，有 5.4%的囊胚发育率。陈大元等（1999）将大熊猫成年体细胞与去核兔卵母细胞重建得到了异种体细胞克隆囊胚。Dominko 等（1999）把绵羊、猪、猴或大鼠的表皮成纤维细胞的核移到去核牛卵母细胞后，异种重构卵可发育到囊胚期。White 等（1999）把野绵羊皮肤成纤维细胞核移植到家绵羊（*Ovis aries*）卵中，重构胚在受体绵羊内妊娠 59d。Lanza 等（2000）把印度野牛（*Bos gaurus*）皮肤成纤维细胞核植入家牛卵内，重构胚移入家牛体内，出生一头正常野牛。Loi 等（2001）把欧洲盘羊颗粒细胞核植入绵羊卵内，重构胚移植到绵羊体内，出生一只正常盘羊。Meirelles 等（2001）将瘤牛的胚胎卵裂球移入黄牛卵母细胞，应用种间胚胎细胞核移植技术成功获得后代。陈大元等（2001）进行的大熊猫与兔的体细胞核移植获得了着床胚胎。Yang 等（2003）将猴体细胞移入兔卵获得囊胚发育。Woods 等（2003）应用骡成纤维细胞和马卵母细胞成功克隆一头骡。Chen 等（2007）将波尔山羊的皮肤成纤维细胞移入奶山羊去核卵母细胞中获得波尔羊。Wani 等（2017）以成年双峰驼的皮肤成纤维细胞移入单峰驼卵母细胞，获得异种克隆后代，在出生 7d 后死亡。在异种体细胞核移植中，不同种、亚种等亲缘关系较近的物种可以产生后代，而不同属、目等亲缘关系较远的物种很难产生后代。异种动物的核移植实验是研究核质相互作用关系、基因表达和线粒体遗传等核移植基础理论问题的良好模型，对物种的改良、拯救濒危动物及治疗性克隆具有重要意义。

核移植技术已应用于多种哺乳动物，并成功获得体细胞克隆动物。同时，核移植技术本身也得到改进，显微注射和手工操作都取得了很大的进展。在克隆效率相当的情况下，后者实现了方法的简单化和生产力的提高。手工操作方法只是在个别物种中获得成功，其广泛应用还有待于进一步的研究和证实。

4．动物细胞核移植技术的应用

1）繁殖性克隆

（1）细胞核移植能够快速复制出优秀种畜。畜牧业的生产效率主要由动物个体的生产性能和群体的繁殖性能决定。动物的繁殖性能是由它们的遗传特性决定的，利用细胞核移植技术可以更好地实现优良种畜的繁殖，可快速实现优良品质种群的扩大和优良品种的保存，提高畜牧业的生产效率。

（2）遗传上完全相同（克隆）的个体是最理想的实验动物。克隆动物是实验处理的完全对照，使实验中的遗传变异降低为 0。由于克隆动物比随机育种动物性状更一致，故实验中仅需要很少的动物，就可以达到很高的统计学可靠性。例如，在测量产奶量性状时，一头单合子双胞胎牛就能顶替 20 头随机育种的牛。

（3）细胞核移植对濒危动物的保护。世界各地每年要投放大量的资金来保护那些生产性能较差但具有某些独特性状的动物品种。通过动物细胞核移植技术可以增加濒危动物个体的数量，这对于避免该物种的灭绝具有重要意义，尤其是对于仅剩下一个或几个个体的物种，细胞核移植的作用就显得更为重要。但由于濒危物种的个体数量少，很难保证实验的需要，几乎不可能提供用于细胞核移植实验的个体。经异种核移植，把濒危动物的细胞核移植到普通动物的卵胞质中，重构胚发育并出生动物，有望拯救濒危动物。

（4）细胞核移植对动物遗传多样性的保存及丰富和改良地方品种，繁殖价值极高或经过特殊选配得到的动物个体，其中以繁殖具有巨大经济价值的转基因动物、基因打靶动物和一些濒临灭绝的物种，具有重要意义。转基因体细胞克隆技术可使转基因动物的转基因成功率明显提高，并使其获得生殖系传递。采用细胞核移植技术，可大大减少所要保护的动物数量。另外，把细胞核移植技术与冷冻技术结合起来，无须保存活体动物也可进行保种。

2）治疗性克隆　治疗性克隆是核移植技术的潜在应用，依赖于核移植技术和干细胞技术的结合。胚胎干（ES）细胞是具有形成所有成年细胞类型潜力的全能干细胞。诱导各种干细胞可定向分化，生产不具有排斥反应的人造同源细胞、组织或器官，来替代那些受损的体内细胞、组织或器官。例如，分化为多巴胺神经元可治疗帕金森病，分化为胰岛细胞可治疗糖尿病，分化为肝细胞可治疗肝纤维化，分化为肌细胞可治疗肌萎缩等。目前，已经能够分离和培养 ES 细胞分化成神经细胞、间充质细胞、肌肉细胞等，这些实验为治疗性克隆应用于人类临床带来了希望。

5. 细胞核移植发展的前景　核移植技术在基础研究中的应用为研究配子和胚胎发生、细胞和组织分化、基因表达调控、核质互作等机理提供了工具。动物核移植技术对促进畜牧业的发展、培育优良畜种、生产实验动物和转基因动物、生产人胚胎干细胞用于细胞和组织替代疗法、拯救濒危动物、保存和传播动物物种资源都具有巨大的应用价值。核移植与胚胎干细胞技术结合，生产人造同源组织或器官，可治疗多种疾病，其为细胞和组织替代疗法开辟了道路，在为需要的患者提供不具有排斥反应的细胞组织和器官方面显示出巨大潜力。

体细胞核移植的成功为转基因动物生产掀起一场新的革命，转基因动物研究是动物生物工程领域中最诱人和最有发展前景的课题之一，动物体细胞核移植技术为迅速放大转基因动物所产生的种质创新效果提供了技术可能。当今动物核移植技术最重要的应用方向之一，就是高附加值转基因核移植动物的研究开发。转基因动物可作为医用器官移植的供体、生物反应器，以及用于家畜遗传改良，创建疾病实验模型等。通过基因敲除细胞核移植技术，成功培育出了基因敲除动物，为人类精确改造动物的遗传组织提供了一条行之有效的途径。由于基因靶位操作技术和克隆技术的结合，能高效表达外源蛋白的各种生物反应器将被制备成功。这样，克隆动物就可成为“制药工厂”，为医用蛋白和蛋白质保健品的开发和生产开辟广阔的应用前景。

二、动物细胞核移植原理与方法

（一）细胞核移植原理

核移植所依赖的理论基础是来源于同一胚胎或细胞系的所有细胞核都含有与受精卵完全相同的遗传信息，从基因组成上应该具有与受精卵一样的指导个体发育的全部潜能。随着胚胎的发育与细胞分化，核的某些基因组发生了变化，导致这些基因组不能再恢复到从前的状态，从而使核的全能性丧失。目前的核移植程序可使附植前胚胎甚至经一定处理的体细胞核发生发育程序的重排（去分化）和发育程序重新活化（再分化），使初步分化的胚胎细胞核和已分化的体细胞核恢复到受精时的状态，以重新指导胚胎发育至正常个体。在细胞分化过程中，细胞核全能性的潜能不断得到限制。尽管核内的 DNA 序列没有发生任何变化，但是基因在特定的细胞内所表达的蛋白质成分是有限的。

随着胚胎的发育，胚胎细胞在形态和功能上发生分化。同时，细胞间联系的建立和细胞识别与通信影响着分化的类型与进程。分化具有渐进性和相对的不可逆性，随着分化的进行，逐渐出现特殊的细胞类型，并失去了再形成其他类型细胞的能力。哺乳动物早期胚胎发育过程中的细胞分化也是这样，胚胎基因组在特定发育阶段的特定激活和表达控制着发育的进程和细胞分化。哺乳动物胚胎形态学的最初分化发生在极化后的致密化期，致密化期在牛发生在 16～32 细胞、兔在 32～64 细胞、小鼠在 8～16 细胞。胚胎的致密化也是基因水平控制的分化事件，如细胞间的连接（间隙连接、紧密连接等）和细胞通信的建立，都依赖于这一时期胚胎基因的特定表达。随着胚胎的进一步发育，在囊胚期最先出现形态和功能上不同的两种分化细胞类型，即内细胞团细胞和滋养层细胞。早期的胚胎细胞在卵母细胞的转录因子作用下，基因组可以从头开始转录和翻译，因而具有发育全能性。

正常情况下，有些细胞如卵丘细胞、睾丸支持细胞、足细胞、神经细胞等大多处于自然休眠状态（G_0 期）。通过试验选用处于自然休眠期的体细胞作核供体，对处于细胞第二次减数分裂中期（MⅡ期）的卵母细胞进行去核，并将其作为核受体，从而获得体细胞克隆后代。利用“血清饥饿”等方法，可使诱导培养的体细胞处于 G_0 期，具有去分化和再分化的能力。运用处于自然非休眠期的体细胞作核供体也成功地进行了体细胞的克隆。这表明，除了供体核的细胞周期阶段之外，还有其他因素参与了细胞核的重编程（reprogramming），这还需进一步深入研究。体细胞核移植的成功，意味着卵子或卵母细胞可解除核组织的阻遏状态，使其恢复多能性，甚至全能性。

核移植过程中，供体核像正常受精卵的细胞核一样能够进行细胞周期活动，包括 DNA 的复制、染色体的凝集、核膜的破裂、染色体的分离（以及随后胚胎细胞的 DNA 复制和转录活动）。受体（卵子、卵母细胞、胚胎分裂球）的细胞质在细胞周期的调节因子——有丝分裂成熟促进因子（MPF）的作用下，具有再程序化供体核的能力，来改变供体核的结构。MPF 是负责核膜破裂和染色体凝集的蛋白激酶，其本身磷酸化的状态与周期蛋白有关。在细胞周期和成熟过程中，MPF 水平会发生起伏变化。

通过电刺激、钙离子载体等方法激活卵母细胞，使卵母细胞从 MⅡ期中解放出来，并恢复到“受精”时的状态。由精子诱发的正常卵母细胞激活可引起卵母细胞质 Ca^{2+}浓度脉冲性规律升高，并一直持续几个小时，电刺激等引起的卵母细胞质的激活可能不在于电刺激本身，而在于电刺激等引起的膜穿孔（或通透性增大）进一步引起离子流动。在受精和卵子的激活过程中，MPF 活性会快速下降，细胞继续进行周期活动。如果 MPF 活性没有下降，染色体破坏和非整倍体的现象就会增加。大多数哺乳动物核移植，受体细胞用的是 MⅡ期的卵母细胞，已经通过第一次减数分裂，释放了第一极体。这样，供体核和受体的细胞质在复制时间上和染色体的倍数上保持了一致性。受体细胞质和供体核的细胞周期的一致性有利于供体核的重编程，所以提高了核移植的成功率。

哺乳动物核移植中，核受体胞质处在分裂期，而供体核多处在间期。这种核、质的不同步可能是影响核移胚发育的主要因素。以 MⅡ期卵母细胞作为受体，只有 G_1 期或 G_0 期供体核适宜作供体。两栖类的核移植胚胎获得了较高的发育率，可能是由于低等动物的分子调节机制不如高等动物的精确。尽管以 G_1 期分裂球作为供体时，核移植胚胎获得了较高的发育率，但在自然状态下，早期胚胎中处在 G_1 期的分裂球所占比例很小。如果将胚胎中的分裂球进行同步处理，既费时，所用试剂也可能对核移植胚胎产生不利影响。因而，用人工激活的方法使卵母细胞从分裂停滞中释放出来，使胞质进入“间期”环境，可能有利于核移植胚胎的发育。

在核移植后，供体核内的蛋白质很容易被母本储存的蛋白质替代，以利于胚胎发育时细胞核的组装。因此，受体细胞质这种编程供体核的能力将影响染色体的组成、发育阶段的时序性及基因组的潜能。在卵母细胞成熟的过程中，核质蛋白会被磷酸化。动物细胞核移植的成功证实了基因组并没有经历一个不可逆的改变，体细胞核的再程序化实际上是限制基因组潜能的生化变化的可逆过程。对于体细胞克隆来讲，重编程过程是最关键的环节，研究信号转导、有丝分裂、核质互作等机制将有利于提高动物核移植的效率。

（二）哺乳动物细胞核移植方法

应用细胞核移植可以产生数量较多的核移植后代。在哺乳动物细胞核移植技术操作过程中，主要包括供体细胞的准备、受体细胞的准备、卵母细胞去核、供体核移植、细胞融合、活化、重构胚的培养等步骤。

1．供体细胞的准备 细胞核移植的供体细胞有早期胚胎细胞、干细胞和体细胞三类。来源于胚胎的供体细胞核，实质上是把供核胚胎分散成单个卵裂球，每个卵裂球就是一个供体细胞核。为取得卵裂球，可用 0.2%链霉蛋白酶预处理胚胎，消化透明带，然后用吸管把胚胎分散成单个卵裂球，主要用于鼠、兔和羊等的胚胎细胞核移植。或用尖锐的吸管穿过透明带吸出胚胎中的卵裂球，主要用于猪和牛的胚胎细胞核移植。对于体细胞，经胰蛋白酶消化后，将细胞接种培养，待细胞传至 3～8 代用于核移植。

2．受体细胞的准备 过去曾用去核受精卵和去核 2 细胞胚为细胞质受体，现在大部分用去核的 MⅡ期卵母细胞，重构胚的发育率较高。受体卵母细胞来源比较广泛，可以用超数排卵获得的体内成熟的卵母细胞，也可从屠宰场收集卵巢采集卵母细胞体外培养成熟。目前多采用去核的 MⅡ期卵母细胞作为受体胞质。

3．卵母细胞去核 卵母细胞去核的方法有多种。目前，常用的有细管吸除法、半卵法和紫外线照射法等。

1）细管吸除法 用微细玻璃管穿过透明带，在第一极体下盲吸，将第一极体连同其下质膜包围的部分胞质和其下方的 MⅡ期染色体除去。不同种动物卵母细胞通过盲吸法去核，其去核效率不尽相同。兔卵母细胞胞质较清亮，去核时可在去核管内看到 MⅡ期染色体。Stice 和 Roble（1988）报道兔卵母细胞去核率达 92%。Prather 等（1988）报道牛和绵羊卵母细胞胞质中因存在大量脂滴，中期染色体去核成功率仅为 65%。Prather 等（1989）报道猪卵母细胞去核率为 74%。

2）半卵法 用微细玻璃针在透明带上做一切口后，用微细玻璃管吸去一半胞质至另一空透明带，将卵母细胞胞质一分为二，然后用 Hoechst33342 染色和短时紫外线照射（5～10 秒）。卵母细胞经荧光染料染色后，核清晰可见，在荧光显微镜下操作，使去核率达 100%。

3）紫外线照射法 此方法是借鉴两栖类核移植实验的方法，在小鼠和兔，用紫外线照射卵母细胞，使其中染色体失活达到去核目的。但经紫外线照射处理的染色体仍具有一定的活性，常造成核移植胚的染色体异常，对细胞有较大损伤，影响核移植胚的发育。这一方法有明显的缺陷，其应用受到很大限制。

4）微分干涉相差显微镜法 处于第一次减数分裂后期和末期的小鼠卵母细胞，在微分干涉相差显微镜下，含有染色体的纺锤体清晰可辨。因此，在这一时期对卵母细胞去核，可使去核率大为提高，且不必用荧光染色。

5）离心法 利用细胞核与细胞质的密度不同，细胞核的密度大于细胞质，用离心的方法可去掉没有透明带的卵母细胞的核。

6）化学试剂法 应用放射菌酮等处理处于第一次减数分裂中期的卵母细胞，染色体相互结合紧密，不易分开，形成染色体复合体。在卵母细胞排出极体时，染色体复合体随第一极体一起排出。这样可使卵母细胞去核，去核成功率达96%。

4．供体核移植　按供体核移入部位的不同分为带下核移植和胞质内注射。借助显微操作仪用移植微管吸取一个供体卵裂球或细胞，放入一个去核卵母细胞的卵周隙中，并使供体细胞与卵质膜接触。胞质内注射时，用注射针将卵母细胞的质膜刺破，再将细胞核直接注入卵母细胞质内，即完成移植过程。

5．细胞融合　经带下核移植操作的卵子需进行融合处理，使供体核进入受体胞质内，形成重构卵。融合包括化学融合、病毒融合及电融合等。化学融合是利用聚乙二醇（PEG，分子质量为1000Da）处理而导致细胞融合的方式。病毒融合是将仙台病毒（HVJ）与供体核注入透明带下使重构卵融合。电融合是将操作后的卵母细胞和卵裂球复合体放入电解质溶液中，在一定强度的电脉冲作用下，使卵裂球与卵子相互融合。在电刺激过程中，两者的接触要与电场方向垂直。

目前常用电融合法，广泛用于小鼠、家兔、牛、羊和猪的细胞融合。电融合除完成细胞融合外，电刺激还能激活卵母细胞。

6．活化　在正常受精过程中，精子穿过透明带触及卵黄膜时，引起卵子内钙离子浓度升高，卵子细胞周期恢复，启动胚胎发育，这一现象称为激活。激活重构卵，可刺激卵母细胞内储钙的释放，而这种内储钙的释放是受精后开始卵裂的信号。在细胞核移植过程中，通常需要化学激活或电激活进行活化处理，使之发育。化学激活是利用化学激活剂对重构卵进行激活。电激活是用一定强度的电脉冲作用于重构卵，造成卵母细胞内外膜结构出现瞬时通道，胞质内的钙离子进入受体核区，激活细胞核，恢复细胞周期，启动重构卵的发育。

7．重构胚的培养　移核后的重构卵需要在中间受体或体外培养一段时间以观察其发育能力。然后，将发育的移核胚进行冷冻保存或胚胎移植。

8．胚胎移植　将移核胚移入输卵管或子宫内，以期产生核移植动物。一般来说，1细胞至8细胞胚胎需经输卵管移植。可采用经输卵管喇叭口移植或膨大部移植。子宫内移植适于8细胞或桑椹胚到囊胚期阶段的胚胎。胚胎移植时，应注意受体状况，做好受体动物的饲养和管理，及时检查妊娠情况，使其顺利产生核移植动物。

9．手工核移植技术　体细胞核移植技术通常是利用显微操作仪进行相关操作获得克隆胚，是目前生产克隆动物的主要方法，但成本高、效率低、不易推广。手工核移植技术也称为手工克隆（hand-made cloning，HMC），是仅需普通的体视显微镜、切割刀和电融合仪即可完成全程操作的简单的核移植方法，具有成本低、操作简便及效率相当等优势，更易于推广应用。该技术由Peura等（1998）在进行牛胚胎细胞克隆时建立，Vajta等（2001）进一步完善了此方法，并获得了体细胞克隆牛。Ribas等（2005）获得核移植小鼠。Kragh等（2009）获得7只患阿尔茨海默病的转基因小型猪。随着HMC技术的不断完善，将在核移植领域和动物克隆产业化生产中发挥重要作用。

（三）常见动物的核移植操作实例

1．一步法小鼠胚胎细胞核移植　当用MⅡ期卵母细胞作为核受体时，去核前，通常将受体细胞置入含细胞松弛素（CB）和乙酰甲基秋水仙碱（colcemid）或秋水仙素类的培养液中短期培养，以提高卵母细胞的柔软性。然后，用固定吸管固定卵母细胞，在其对侧用去核吸管直接穿入透明带到卵周隙，连同第一极体及其下方的胞质一同吸出。移植时沿去核时的孔将供体核注入卵周隙。重构卵操作完成后，在培养液中洗 3～5 次，置培养液中培养，恢复 30～60min 后，以备融合。将重构卵置于细胞融合液中平衡 3min 后，加入融合电极之间的电场中，调节重构卵的方向，使两细胞间的接触面与电极平行。利用电脉冲刺激供体核与受体胞质，可获得较好的融合效果，而且电融合可使膜融合与卵母细胞活化同步进行。将脉冲刺激后的重构卵移出电极间至培养液滴中，37℃培养 30min，检查融合情况。然后，在培养液中洗 5 次，再放入培养液滴中培养。

2．二步法和半卵法牛胚胎细胞核移植　在核移植前，可选用体外成熟卵、质量差或老化卵，制作一部分空透明带。选择良好的体外培养 42h 的成熟卵母细胞或利用刚从体内采集的成熟卵，切开透明带。用固定吸管固定住卵母细胞切缝的对侧，将吸管自透明带切缝处插入卵周隙，慢慢吸取一半卵胞质。吸入后，从卵周隙中抽出吸管，调整吸管使之与固定吸管相抵，断开与卵母细胞的联系，将胞质分成两等份。把吸得的一半卵胞质自空透明带的切缝处注入，由此得到两个半卵，移入无 CB 的 DPBS 中培养。经 Hoechst33342 染色后，选择无荧光的半卵作为核受体。核供体可选用桑椹胚，将其解离为游离的卵裂球。将半卵和卵裂球移入操作液中，把卵裂球移入半卵的卵周隙中。应用电融合方法刺激重构卵。融合后的胚胎可采用中间受体输卵管培养或体外培养。确定胚胎的发育情况，选择良好的胚胎移植到适宜的受体牛体内。

3．小鼠体细胞核移植　取自 hCG 注射后 13h 的卵母细胞，去除卵丘细胞后，放入 CZB 液。使用前在 37℃、CO_2 培养箱中培养。操作时，将卵移入含 5μg/mL CB 的 HEPES-CZB 中，然后去核。将去核的卵子转入无 CB 的 CZB 中，在 37.5℃恢复 2h。之后，先用内径约 7μm 的注射针将供核细胞吸进、吐出，反复几次，破坏细胞膜，暴露细胞核，将细胞核直接注射到卵胞质内。核注射完成后，将重构卵移到含 10mmol/L Sr^{2+}和 5μg/mL CB 的无 Ca^{2+}的 CZB 中处理 6h。激活后，将胚胎放入无 Sr^{2+}和 CB 的 CZB 中，在 37.5℃、5% CO_2 中培养。分别将 2～8 细胞期胚胎或桑椹胚/囊胚移植到假孕受体小鼠内，待其产仔。

4．羊体细胞核移植　供体细胞培养传至 3～6 代时用于核移植。培养液中的胎牛血清（FCS）浓度从 10%降至 0.5%，并继续培养 5d，使细胞进入并停止于 G_0 期。将去核卵移入含 10% FCS 的无 Ca^{2+}、Mg^{2+}的 M2 液中，37℃下恢复。然后将处于 G_0 期的细胞注射到去核卵的卵周隙中。通过电刺激使供体细胞融入受体胞质，同时也使卵母细胞激活。将融合后的重构卵移植到同期发情的羊输卵管中，或进行体外培养，将发育到桑椹胚和囊胚期的胚胎移植到同期发情的受体羊子宫中，待其生产核移植羊。

5．牛体细胞核移植　核供体细胞经培养传代 3～8 代后，通过血清饥饿法使其进入 G_0 期。自屠宰场收集卵巢，采集卵母细胞，经体外培养（IVM）20～22h 后，选择形态良好的卵母细胞作为受体胞质。将供体细胞注射入去核卵的卵周隙中。重构卵进行电融合、激活处理和体外培养。将培养得到的良好囊胚移入同期发情的受体母牛子宫中，待其产下核移植牛。

6．大熊猫体细胞核移植（异种核移植）　大熊猫的骨骼肌、子宫上皮、乳腺上皮细胞等可作为供体细胞，经培养传代后，用于核移植。兔卵母细胞可作为大熊猫体细胞的受体胞质。将供体细胞移植到去核卵的卵周隙中，经电刺激后使之融合，同时激活卵母细胞。将重构卵体外培养或移入兔输卵管中进行中间受体培养。供体细胞都可支持重构卵发育到囊胚，经染色体和线粒体 DNA 分析，重构胚的细胞核来自大熊猫。大熊猫的体细胞在去核的兔卵胞质中可以去分化、恢复全能性和替代合子核进行卵裂，并支持早期重构胚的发育。

三、细胞核移植影响因素

目前核移植技术的成功率仍很低，影响核移植成功率的关键在于将发育不同时期的供体核移入相应的不同时期的受体胞质中，便于细胞质调控细胞核的发育。

（一）供体细胞和受体胞质的选择

供体细胞与受体胞质各自所处的细胞周期与移核胚的发育能力有关，细胞周期阶段对细胞核移植胚胎的发育和染色体组成、结构有很大影响，而且不同动物个体有所不同。用 DNA 复制前期（G_1 期）细胞作核供体，第二次减数分裂中期（MⅡ期）卵母细胞为受体，核移植胚胎发育率较高。早期胚胎细胞大多数处于 DNA 合成期（S 期），当它们被移植到去核的 MⅡ期卵母细胞后，在成熟促进因子的作用下，DNA 的复制停止，染色体提前凝聚，出现畸形染色体导致胚胎发育率下降。采用同步化处理可以解决供体细胞周期与受体细胞周期的关系问题。为提高哺乳动物细胞核移植胚发育的效率，需考虑供体核与受体胞质的相互协调。目前，对早期胚胎的发育进行调控，使胚胎细胞同期化在 G_1 期，或预先激活卵母细胞使成熟促进因子浓度降低，以提高胚胎移植效率。

受体卵母细胞去核率影响核移植效率，应用适合的去核方法极为重要。细胞核是否完全去除，直接影响受体胞质环境。卵母细胞染色体去除不完全，可导致核移植胚的非整倍性，从而造成卵裂异常、发育受阻和早期胚胎死亡。通用的受体胞质是 MⅡ期的卵母细胞，其遗传品质在核移植时没有特殊要求，但支持重组胚的发育能力非常重要。多胎动物如猪、羊和家兔等可采用超数排卵方法，取得高质量体内成熟卵母细胞。对牛和马等大家畜来说，卵母细胞的体外成熟是经济而理想的方法。

（二）细胞融合与卵母细胞活化

供体核要进入受核细胞，必须使去核卵母细胞与供核细胞组成的复合体发生融合。用灭活的仙台病毒融合时须考虑病毒对胚胎发育的影响，并且要防止病毒扩散而发生污染。聚乙二醇（PEG）融合法简便，每次可融合多枚胚胎，但 PEG 对胚胎有较大毒性，影响核移植胚的发育。现在应用最多的是电融合法，效率高，对胚胎发育几乎没有不利影响。但融合效率与脉冲电场、脉冲持续时间、脉冲次数、融合液、卵裂球的大小和卵子的日龄有密切关系，不同动物，以上参数都略有不同。

受体卵母细胞胞质的激活，影响着核移植胚的发育能力。在融合过程中，卵母细胞也可被激活，但激活率不高。电激活法是最常用的方法，为了提高电激活率和核移胚发育能力，可以采用多次电脉冲刺激、延长脉冲时间、电融合液中加入 Sr^{2+}、三磷酸肌醇等，提高卵母细胞激活率。

（三）端粒长度缩短问题

端粒（telomere）是染色体端部特化部分，因无黏性而能防止染色体黏着。端粒由高度重复的短序列核苷酸组成，具高度保守性。细胞每复制一次端粒核苷酸就减少 50～100bp。端粒复制要靠端粒酶（telomerase）。正常细胞缺乏此酶，故端粒随细胞分裂而变短，细胞衰老。而生殖细胞和癌细胞则都有此酶，因此不衰老。Shiels 等（1999）发现 Dolly 等三只克隆羊的端粒限制性片段平均长度（TRF）都比同龄对照羊短。供核细胞培养时间越长，TRF 越短。Tian 等（2000）和 Betts 等（2001）都证明克隆牛的端粒不缩短。Wakayama 等（2000）证明克隆小鼠的端粒也恢复到原有长度。Yang 等（2001）在牛体外受精、孤雌生殖和克隆各阶段早期胚胎都检测到了端粒酶活性，囊胚活性最高。Betts 等（2001）发现牛克隆胚胎最初接受了供核细胞在体内、外所获得的基因组修饰，端粒缩短，但在后来的发育过程中又擦除了这些修饰，端粒长度恢复。

（四）X 染色体灭活

雌雄动物的基因剂量补偿是通过灭活雌性动物的一条 X 染色体来实现的。正常情况下，着床前胚胎的两条 X 染色体都活性。后来，上胚层中 X 染色体随机灭活，而滋养层细胞则专门灭活父系 X 染色体。Eggan 等（2000）发现小鼠克隆胚胎胚体的 X 染色体灭活方式是随机的。克隆胚的滋养层保留了原有体细胞的 X 染色体灭活状态。Yang 等（2002）发现死亡克隆牛 X 染色体连锁基因在同一器官中有的表达，有的不表达，说明 X 染色体灭活不完全。死亡克隆胎盘 X 染色体随机灭活，但活克隆为父系 X 染色体灭活。

（五）克隆胚胎某些基因的重编程异常

受精后父系和母系基因组都发生广泛的去甲基化。Dean 等（2001）发现牛正常胚胎在 8 细胞前，甲基化程度进一步下降，到 16 细胞时又开始再甲基化。克隆 1 细胞胚胎的甲基化程度下降，但以后并不进一步去甲基化，而是提前发生再甲基化。克隆桑椹胚所有卵裂球的核都高度甲基化，类似于供核胎儿成纤维细胞。Kang 等（2001）证实牛着床前核移植胚胎中有些重复序列的甲基化异常。

总之，动物细胞核移植技术本身尚需不断完善，有许多未知之处需进一步研究和探索。胚胎发育机制及调控等基础性问题也需深入研究。细胞核移植技术的成功及其应用前景是非常乐观的。随着动物细胞核移植技术研究的进一步发展和完善，核移植各个环节的效率会不断提高，核移植胚胎的发育率也会不断提高，细胞核移植技术不仅为发育生物学等许多基础研究提供理论依据，而且将给畜牧业带来明显的经济效益，为细胞核移植走向生产化、商业化提供可能，该技术将在诸多领域内创造出巨大的优势和价值，不断造福人类。

小　　结

动物胚胎工程是以胚胎移植为基础，通过人工操作着床前胚胎，定向控制动物性状使之更好地满足人类需求的一系列生物技术的总称。本章重点讲解了胚胎工程技术中的胚胎移植技术（包括胚胎冷冻保存技术）、体外受精技术（包含胚胎培养和显微受精技术）、性别控制技术、胚胎分割和胚胎嵌合技术等。胚胎移植是所有胚胎工程技术的基础，是实现胚胎操作后出生动物的唯一途径；胚胎冷冻技术促进了胚胎移植的发展，也为保种工作提供了新的方法；体外受精技术所获得的动物又称试管动物，该项技术在畜牧生产、医学研究及濒危动物保护等方面具有十分重要的应用价值；显微受精技术为克服在某些情况下精子不能穿过透明带和卵膜的缺陷提供了新的解决方式；性别控制技术可以使人们高效地获得特定性别的动物；胚胎分割和嵌合是两种反向的胚胎操作技术，胚胎分割是将一枚胚胎分成多份的过程，而胚胎嵌合是将多个胚胎或胚胎与干细胞聚合为一枚胚胎的过程，胚胎分割可以用于生产同卵双生动物，也可以用于早期遗传检测；胚胎嵌合在发育生物学、细胞生物学、胚胎学、生理学、免疫学、医学及畜牧业上都有着广阔的应用前景。介绍了动物细胞核移植技术的基础理论和基本实验技术。动物细胞核移植技术的日趋成熟，必将促进其在畜牧生产、濒危动物拯救和种质资源保护中的应用，也为动物生物反应器的研究开发、疾病实验模型及为人类组织或器官移植、医用蛋白和蛋白质保健品的开发和生产也开辟了道路。

思　考　题

1. 什么是哺乳动物胚胎工程技术？包含哪些具体的技术？
2. 胚胎移植技术的生理学基础是什么？
3. 胚胎移植技术的基本原则是什么？
4. 胚胎移植技术的基本环节是什么？简单描述具体方法。
5. 简述胚胎移植技术的意义。
6. 何谓 IVF？其关键技术环节有哪些？
7. 何谓 ICSI?
8. 何谓胚胎嵌合体？嵌合体的制作方法有哪几种？
9. 哺乳动物性别决定原理是什么？哺乳动物性别控制的主要技术有哪些？
10. 举例说明细胞核移植技术在畜牧生产中应用。
11. 细胞核移植技术能够为人类带来哪些影响？

第六章　转基因动物技术

学习要点：了解转基因动物技术概念、外源基因导入方法；掌握转基因动物的建立方法与检测技术；熟悉常见转基因动物的建立方法；掌握动物生物反应器概念和建立方法；了解转基因技术的安全及伦理问题。

第一节　转基因动物技术概述

一、转基因动物技术的发展历程

“转基因”（transgenic）动物这一术语由 Gordon 和 Ruddle 首先提出，是指通过基因转移携带外源基因的动物，转基因动物被认为是引入或整合外源基因后特定的变异物种。将功能基因导入动物体内的技术为分析复杂的生物学过程与系统提供了一种十分有力的工具。而对于那些生命周期长的家畜动物，转基因技术能够使其快速地进行遗传改造，从而降低育种的时间和成本。

1966 年，Lin 等首次报道了显微注射的方法后，美国科学家 Gordon 等开始探索制备转基因动物的可能性。1977 年，Gordon 在用 mRNA 和 DNA 注射爪蟾卵的实验中，观察到所转移的核酸能以适当方式进行转录翻译。1980 年，Gordon 等使用原核显微注射法将 *CAT* 基因注入小鼠受精卵中，在所产小鼠的组织细胞中检测到外源基因的整合。1982 年，Palmiter 等利用该技术首次获得了整合外源生长激素基因的转基因小鼠，这标志着动物基因工程领域的研究进入了一个崭新的阶段。之后，世界各国纷纷开展此方面的研究，并将研究对象逐渐扩展到猪、牛、羊等大家畜。同时，在介导外源基因整合的方法和转基因动物的制备上不断改进优化。原核显微注射作为第一种生产转基因动物的方法，效率低下且只能随机整合转入的基因。而反转录病毒载体和精子载体的出现提供了新的基因整合策略，Robertson 等在 1986 年首次使用反转录病毒载体实现了胚胎干细胞中外源 DNA 的整合，并获得可遗传外源 DNA 的转基因小鼠。1989 年，Lavitrano 等使用精子载体结合人工授精技术生产转基因小鼠。但是上述方法所制备的转基因动物是嵌合体动物，即由不同基因型细胞构成的动物，这种形态不利于外源基因的稳定遗传。1997 年，英国用体细胞核移植技术制备了世界第一只克隆哺乳动物绵羊“多莉”，实现了由单个细胞发育成完整个体的创举，也解决了转基因嵌合体的困扰。此后，体细胞核移植技术成为制备大型转基因动物的主要手段。PubMed 网站的一项统计显示，在家畜中，约 70%的转基因动物和 50%的基因敲除动物是通过体细胞核移植技术产生的。而后，转座子系统和 ZFN、TALEN、CRISPR/Cas9 等基因工程核酸酶在哺乳动物细胞中的运用，实现了对特异性碱基序列的识别和切割，从而达到更为精准和高效的基因打靶。

1985 年，Lovell-Badg 提出利用转基因动物乳腺生产重组蛋白质的科研思路。1987 年，

Gordon 证明了转基因小鼠乳腺能分泌有生物活性的人组织型纤溶酶原激活物（t-PA）。在以后短短的几年内，先后报道了利用不同的乳蛋白基因启动子及调控区指导不同目的基因在乳腺中表达分泌的研究，这些研究表明了乳腺特异性表达的转基因动物作为商用生物反应器的可行性。但这些研究的不足在于外源基因在动物基因组的整合是随机的，这会引起外源基因表达水平的不稳定性或低水平表达，甚至不表达，并对动物本身的发育造成不可预计的影响。1997 年，Schnieke 等通过体细胞核移植技术制备了表达人凝血因子Ⅸ的转基因绵羊，这为转基因动物的生产提供了新思路。随着基因打靶技术的发展和完善，利用体细胞基因打靶与核移植技术生产转基因动物的研究使外源基因的定位整合成为现实，它有效地克服了转基因随机整合带来的位置效应。所谓位置效应，即由于转基因的整合基因座不同，受其周围染色体侧翼区（如沉默子和增强子）的影响不同，从而导致转基因表达水平不一致或表达抑制的现象。2000 年，英国科学家将 *AAT* 基因定位整合到羊胎儿成纤维细胞的 Procollagen 基因座，用转基因细胞生产的克隆绵羊，成为世界首例基因打靶家畜。其羊乳中的 AAT 蛋白含量达到 650mg/L，远远超过了随机整合转基因绵羊的 18mg/L 的水平。

二、转基因动物技术的现状

目前，转基因动物已经成为改进动物生产性能最有效、最令人振奋的研究手段之一。实现对动物基因组的改造，制作解决特殊生物学问题所需的动物模型，科学家开创出诸多影响深远的研究与应用。转基因小鼠的研究成果标志着现有重组 DNA 技术与动物细胞、胚胎培养与操作技术的集成，为基因表达调控乃至细胞和生理过程调节的研究提供了有力手段。基因组测序技术的发展揭示了大量未知序列信息的功能，包括启动子、编码区和已知等位基因的未知突变。体细胞核移植技术和基因打靶技术的发展使基因定点表达及控制特定基因定时定量表达的操作成为现实。这些技术的发展为生产转基因动物带来了新的可能性，无论是生物医学研究模型还是与生产更相关的农业应用。

转基因技术不仅可作为动物分子育种的重要手段之一，而且转基因动物的应用为从胚胎学到病毒学的许多学科和研究领域提供了各种模型和用于生物制品生产的生物反应器。目前，转基因动物的研究主要集中在以下几个方面。

（1）人类与动物疾病的遗传学基础和疗法的设计与检验。通过转基因可以获得各种动物模型。

（2）人类与动物的抗病力。从基础研究和伦理的立场上看，转基因动物有利于开发增强人类健康所需要的动物模型。

（3）基因治疗。生长、免疫学、神经学、生殖和血液学紊乱的模型已经出现。避免和矫正遗传紊乱现在有可能用各种实验模型来解决。

（4）药物与产品、检验筛选。转基因动物系统已用于毒理学筛选程序。从基本的研究观点来看，为了解疾病的病因、研究药物的药物动力学和疗效的评估，筛选有用的动物个体模型是必不可少的。产品安全性检验的可比较性和可靠性要求也很关键。

（5）通过“分子牧场”开发新产品。利用家畜在特异的器官和体液中定点生成生物医学蛋白质的特点，通过转基因动物表达组织型纤溶酶原激活物（t-PA）、人抗胰蛋白酶等，进行药物产品的生产。

（6）深加工农业。从长远来看，有可能培育出具有增强性状的、对人类食品有深刻影响的动物，其影响所及可从生产效率到食品供应的内在安全性。

目前，动物转基因技术已经扩展到各种动物，包括转基因大鼠、兔、猪、产乳动物（羊和牛）、家禽和鱼类。转基因动物研究伊始，需要解决的基本问题是有关外源基因在发育中或在特定发育途径中的作用。正常情况下，基因功能可受到顺式作用元件和反式作用因子的制约。对转基因动物来说，宿主基因组中顺式作用元件、反式作用因子以及基因的整合或插入过程，会同时对内外源基因产生影响，利用插入编码蛋白质报告基因（如生长激素或 LacZ 构件）的转基因动物进行分析表明，这三种因素对基因表达的效率、组织分布和发生时序有重要影响。如今，外源基因在很大程度上已经可以实现特定时空的整合和表达。除了生产转基因动物外，我们还可以使用基因编辑技术在特定位点引入突变、改变单核苷酸或使用同源依赖性修复替换等位基因。在家畜和野生动物物种中进行的大规模基因组和作图工作发现了更多影响生产和疾病特征的等位基因和基因座。结合基因打靶技术在特定位点直接引入突变的能力和同源性定向修复策略，可以在一代遗传的时间内高效地在品种和物种之间直接转移等位基因。

三、转基因动物与分子育种

转基因育种就是利用转基因技术将外源基因转移到动物受精卵或早期胚胎中，使其在受体动物基因组中整合并稳定表达，从而产生具有新的遗传特性的动物。转基因育种作为动物分子育种的主要内容之一，标志着人类可以冲破自然壁垒，避开物种间的生殖隔离，实现不同种属的动物，甚至是动、植物之间的基因交流，培养出自然界和常规育种难以产生的具有优良性状的动物品种，因此具有广泛的应用前景而备受重视。

利用转基因技术可改善动物的生产性状、获得具有优良性状的个体，如通过转基因提高家畜的饲料转化率、增重、减少脂肪、改善肉质、降低生产成本，以及增加产蛋量、产奶量，提高繁殖率等。受 Palmiter 转基因“巨型小鼠”的启发，将人的生长激素基因导入猪的受精卵，获得的后代转基因猪与同窝非转基因猪比较，生长速度和饲料利用率均显著提高，胴体脂肪率明显降低。1987 年，Pursel 等用带有金属硫蛋白基因启动子（mMT）的牛生长激素融合基因通过显微注射法，获得 8 头可表达牛生长激素的转基因猪，其体格大，日增重增加，饲料转化率提高。在家畜中转入人源化的秀丽隐杆线虫脂肪去饱和酶基因 *fat-1*，编码脂肪酸去饱和酶，使家畜的肌肉中含有更丰富的 omega-3 脂肪酸，从而提高肉制品的风味。Damak 等（1996）将小鼠超高硫角蛋白启动子与绵羊的 IGF1 cDNA 融合基因显微注入绵羊原核期胚胎，获得的转基因羔羊在 14 月龄剪毛时净毛平均产量比其半同胞非转基因羊提高了 62%。其中公羔羊产毛量提高的幅度高达 92%，母羔羊达 34%。Carlson 等（2016）将无角基因转入两头雄性奶牛，获得能够在后代中产生稳定遗传的无角奶牛，缩短了无角牛的选育年限，减少了去除牛角的人力损耗和动物福利损害。除了家畜，转基因鱼的育种研究也得到进一步发展，我国已培育出个体大的金鱼、鲤鱼、团头鲂。湖南师范大学生物系选育了四倍体鲤鱼和鲫鱼新品种，用四倍体鱼与二倍体鱼杂交，可得到三倍体鱼，已用于大面积生产。

针对一些种属特异性疾病，科学家也想出了从抗病动物中克隆出目的基因，导入易感品种的基因组中的策略，若目的基因能够在受体基因组中表达，那么转基因动物便能对相应病毒产生一定的抵抗力，由此培育出相应的抗病品系。早在 20 世纪 60 年代，人们就发现具

有 *MX* 等位基因的小鼠对 A 型和 B 型流感有天然的抵抗力。Carber 等（1991）将克隆的小鼠 *MX* 基因的有义链和反义链插入禽反转录病毒载体中，并以之转染鸡胚胎成纤维细胞（CEF），结果表明，插入有义链反转录病毒载体转染的 CEF 对人流感病毒、禽流感病毒的感染具有抵抗作用。继之，有人将小鼠抗流感病毒基因导入猪体内，使转基因猪增强了对流感病毒的抵抗能力。中国农业科学院兰州兽医研究所曾将抗猪瘟病毒的基因导入猪的受精卵，获得抗猪瘟病毒的猪。目前人们正在研究给猪和绵羊导入产生特殊抗体所必需的基因，给鸡导入为病毒膜蛋白编码的基因等。如这些方案在哺乳动物中有效，就有可能培育出一系列对病毒有遗传免疫力的品系。转基因动物技术的逐渐成熟和越来越多的转基因动物问世，为动物育种开辟了一条全新的途径。

四、转基因动物的应用展望

自转基因“超级小鼠”诞生以来，转基因动物的研究经历了多年的发展已成为生物技术研究领域中最具活力和商业化前景的热点。其研究对象极其广泛，涉及小鼠、家畜、禽类、鱼类等。转基因动物的应用为从胚胎学到病毒学的许多学科和研究领域提供了各种模型和用于生物制品生产的生物反应器。目前，转基因动物的应用主要集中在以下几个方面。

（一）动物疾病模型

动物疾病模型在人体解剖学和生理学研究中的应用可以追溯到公元前 6 世纪，20 世纪 30 年代 Albert 利用猴研制脊髓灰质炎疫苗，胰岛素是 20 世纪 20 年代用犬科动物发现的。动物疾病模型极大地促进了疫苗、抗生素的发展，以及我们对人类疾病过程的基本理解，为现代医学的理解和进步做出了重大贡献。但是人类的许多疾病在动物中并不存在，或只在高等哺乳动物中出现，致使研究模型难以获得。而通过转基因技术可以获得具有类似发病过程的疾病模型。

1．心血管疾病模型　心血管疾病作为威胁人类身体健康的头号杀手，相应的动物模型有助于对发病机制、治疗靶点和药物开发进行研究。Kwan 等（2007）通过在斑马鱼心脏肌球编码基因 *Cmlc* 后加入绿色荧光基因 *EGFP*，获得可以通过荧光变化观察胚胎心脏发育变化的斑马鱼模型。小鼠基因敲除模型，如载脂蛋白 apoE 和低密度脂蛋白受体 Ldlr 的基因敲除，是最为经典的动脉粥样硬化模型，超过 95%的动脉粥样硬化研究基于 *apoE* 或 *Ldlr* 敲除模型开展。肾素血管紧张素系统是降低高血压研究的关键，而转人源肾素基因 *REN* 大鼠的制备能够用于研究高血压的基因表达概貌和药物治疗作用的评估。人源肾素基因 *REN* 和血管紧张素原基因 *AGT* 的双转基因大鼠能够用于研究探讨高血压中终端器官损伤的原因和肾素在妊娠期高血压中的作用，以及环孢霉素等药物的防护作用。另外，具有人源 *ApoE*、*IL-11*、*PCSK9* 等基因的转基因小鼠被用于验证相应基因在心脏器官发育过程中的功能。

2．遗传疾病模型　具有主要组织相容性复合体的 *HLA-B27* 等位基因的人类易感关节炎，通过整合人源 *HLA-B27* 的大鼠进行研究，能够在大鼠中获得与人相近的疾病发生过程，从而适用于关节炎机制和阻断的研究，如通过改变细胞毒性 T 淋巴细胞识别肽的运输。β-地中海贫血是一种由于 β-珠蛋白基因突变引起的遗传性溶血性贫血。通过基因打靶用

突变的人源 β-珠蛋白基因替换小鼠 β-珠蛋白基因，获得了 654 型、41-42 型、重型等多种地中海贫血疾病模型，准确地模仿了 β-地中海贫血患者的这种突变中发现的缺陷剪接，使体内使用特异性修复剪接的潜在治疗方法得到进一步研究。

3．肿瘤发生模型　随着人口老龄化，癌症的发病率不断上升。为了预测肿瘤临床前模型，以推动合理的免疫治疗、药物开发、治疗组合和减少临床试验的失败，科研工作者尝试了大量的转基因动物模型。肿瘤免疫学中最常用的小鼠模型包括将组织相容性癌细胞系接种到免疫活性近交系小鼠中，而通过向癌细胞内转入荧光蛋白，可以通过观察荧光查看癌细胞的扩散情况，也可用于跟踪早期免疫应答期间肿瘤抗原向髓系细胞的转移。含有由小鼠的白蛋白启动子和 SV40 大 T 抗原组成的转基因模型全都出现肝损伤所导致的恶性赘生物，表现出与化学诱发的肝肿瘤有些相似的表型。带有 PEPCK 启动子和 SV40 大 T 癌基因的转基因大鼠在 5～8 月龄出现胰腺癌瘤并转移。Adam 等（2007）利用病毒致癌 cDNA（如 Tp53、c-Myc 和 H-Ras）转化的原代猪细胞并进行自体移植，证明猪的肿瘤发生与人类相似。由乳腺肿瘤病毒（MMTV）启动子控制的 *Erbb2* 转基因小鼠展示了诱导针对乳腺癌基因 *Erbb2* 的治疗性免疫应答的治疗方案的可能性。我们也可以将人类基因引入肿瘤模型中，以探索这些基因在肿瘤模型中的潜在体内效应。人源抗原呈递糖蛋白 CD1D 基因的敲入，使产生的转基因小鼠可以更准确地在体内模拟人类不变的自然杀伤 T（iNKT）细胞反应，用于未来的 iNKT 细胞靶向抗肿瘤治疗的研究。

4．神经性疾病模型　阿尔茨海默病正在迅速成为 21 世纪最致命和负担最重的疾病之一。绝大多数的阿尔茨海默病疾病模型来自表达导致淀粉样斑块和神经原纤维缠结形成的人源基因 *APP*、*PSEN1* 和 *MAPT* 的转基因小鼠，这些模型为理解阿尔茨海默病的发病机制和评估新治疗策略提供了手段。同样作为神经退行性疾病的帕金森病，其遗传模型主要是通过转 *α-Synuclein* 和 *LRKK2* 基因或敲除 *Parkin*、*DJ-1* 和 *PINK1* 等基因来制备，以研究这些基因在帕金森病病理学中的分子机制。相比上述两种疾病，亨廷顿舞蹈症的发病机制得到了较为详尽的解释，在这过程中转人突变亨廷顿基因的果蝇、小鼠和猴起到举足轻重的作用。但是由于果蝇和小鼠模型的药物治疗效果与实际临床结果大相径庭，而猴子模型过于昂贵，科研工作者又将目光瞄准了猪模型。Yan 等（2018）将人突变亨廷顿基因插入猪的内源性亨廷顿基因的表达框中，培育出带有突变基因的猪，进一步推动神经性疾病的药物研发进程。

5．代谢性疾病模型　全世界有超过 3.5 亿人受到糖尿病的影响，它已成为严重的公共卫生问题。通过植入人源外周血的核细胞/造血干细胞，在免疫缺陷小鼠体内创造类似于人类免疫系统的条件，可以为 1 型和 2 型糖尿病创建特定的模型。此外，心血管和肾脏保护相关基因的敲除，如 *eNOS*、*B2R*，也常用于制备糖尿病疾病模型。转入人源肾素-血管紧张素系统或糖代谢相关的基因，如肾素原和钙调蛋白，也是糖尿病小鼠模型中诱导病变恶化的常用策略。在骨质疏松症的研究中，雌激素对骨细胞的直接作用机制已经通过各种 Esr1 条件敲除小鼠得到解析。*Cyp1b1* 敲除小鼠验证了 *Cyp1b1* 基因对脂肪代谢的影响，在此基础上，通过将人 *CYP1B1* 基因替换鼠源 *Cyp1b1* 基因，构建了 *CYP1B1* 人源化小鼠，有效地阐明 *CYP1B1* 在肥胖等代谢性疾病发展、内源性代谢和外源性代谢方面的生物学效应。

（二）异种器官移植

器官移植的主要障碍是可移植器官的缺乏。全球器官移植数量由 2015 年的 12.66 万例，增长至 2019 年的 15.38 万例，增幅超过 21.4%。2020 年，由于受新型冠状病毒感染疫情影响，全球器官移植数量下降至 12.96 万例。利用转基因动物生产可用于人体器官移植的动物器官可能是解决世界范围内普遍存在的器官短缺问题的有效途径。目前研究最多的器官供体动物是猪。猪作为人类器官移植的供体动物具有以下优势：妊娠期短，产仔多，后代生长快，与灵长类动物不存在伦理学问题，最重要的是，猪的不同发育时期，如心脏、肾等与不同年龄的人的器官在大小上比较接近，极有可能代替患者的某些器官。

然而，免疫排斥、炎症和凝血功能障碍等问题阻碍了异种器官移植的研究。通过靶向 *GGTA1* 基因消除猪细胞表面的半乳糖被认为是抑制免疫排斥反应最可靠的方法。两个独立的研究小组于 2002 年首次建立了 *GGTA1* 基因敲除（GTKO）猪，这是猪异种移植研究中的里程碑事件。在 GTKO 猪的基础上，*CMAH*、*B4GALNT4* 等功能基因的敲除进一步降低了移植受体的体液免疫反应。人源 *CD46*、*CD55*（Lee et al.，2011）、*CD59*、*C1INH* 和 *PD-L1* 在猪细胞上的表达显著提高了细胞免疫的抵抗力。由于猪和灵长类动物之间的生理不相容性，大多数猪抗凝剂在阻断灵长类凝血系统方面无效。向狒狒移植了转人源 *HO-1*、*TBM*、*EPCR*、*vWF* 基因猪器官，能够减少异种器官移植后炎症和凝血功能障碍的情况。目前，猪心脏器官移植的研究走在最前列，Mohiuddin 等（2016）将转人源 *CD46*、*TBM* 的 GTKO 猪的心脏异位移植到狒狒体内，最终移植后的狒狒存活了 945d。其他转基因猪的器官如角膜、皮肤、肾脏、肝脏也在非人灵长类动物有过移植的尝试，并获得了一些成功。2022 年 1 月，美国马里兰大学医学中心为一名 57 岁的心脏病患者进行了一场世界瞩目的心脏移植手术，而这枚心脏正是来自于一头进行了 *GGTA1* 基因敲除等 10 处基因编辑的转基因猪，最终该患者在移植后存活了 59d，这个事件成为医学发展史上的创举。

到目前为止，已经报道了多种用于异种器官移植的转基因猪，这些猪器官的临床前应用已在世界范围内进行。随着越来越多令人鼓舞的临床前研究的出现，我们相信异种移植将在不久的将来成为常规临床实践。

（三）新型药物的生产

自 1982 年第一个重组药物人胰岛素上市以来，生物技术药物在不断的创新中迅猛发展，为制药工业带来了革命性的变化。根据 Frost & Sullivan 数据，全球生物医药市场 2016～2021 年年均复合增长率为 3.9%，预计 2025 年全球生物医药市场收入将达到 17 110 亿美元，2021～2025 年预期年均复合增长率为 5.3%。这些生物技术药物绝大多数是采用现代生物技术利用哺乳动物细胞或者原核细胞生产，但也有少数为转基因动物生产。利用转基因动物生产的药用蛋白主要是通过血液、尿液和乳腺排出。其中，动物乳腺是目前公认的生产重组蛋白质的理想器官。利用转基因制药具有设备简单、不耗能、无环境污染，品种多、产量高、质量好，生产周期短等优点。目前新药的开发周期需 15～20 年，利用转基因动物乳腺生物反应器，只需约 5 年；生产成本低，用其他生产工艺（如哺乳动物细胞培养方法）来生产 1g 药物蛋白，成本需 800～5000 美元，而利用转基因动物只需 0.02～0.50 美元。目前，已经获得美国食品药品监督管理局（FDA）批准的转基因动物生产的新药有重组抗凝血酶 Atryn、重组人 C1 酯酶抑制剂 Ruconest、重组溶酶体酸性脂肪酶 Kanuma 和重组人 α-乙酰氨基葡糖苷酶 SBC-103。

（四）生物反应器制备

转基因动物的问世为利用基因工程手段获得低成本、高活性和高表达的产物开辟了一条重要途径。使用转基因动物作为生物反应器，优越性包括：①表达产物能充分修饰且具有稳定的生物活性；②产品成本低，可以大规模生产；③产品质量高、易提纯。目前，已成功制备的生物反应器如下。

1. 血液　大家畜血液容量大，可作为转基因家畜专一表达的组织，利用动物血液进行转基因生物反应器的研究已取得一定进展，血液生物反应器在生产人血红蛋白、抗体或非活性状态的融合蛋白有着得天独厚的优势。Lo 等（1991）在转基因猪、绵羊的血清中得到高水平表达的小鼠 IgA。Weidle 等（1991）在转基因小鼠、兔和猪表达出小鼠克隆抗体，但产生抗体的浓度比较小，而且含有一些包括内源蛋白质抗体的杂种分子。Swanson 等（1992）利用转基因猪血液系统成功表达了人血红蛋白。Massoud 等（1996）成功地在转基因兔的血清中高水平地表达了肝脏特异性 A1 抗胰蛋白酶。Tomizuka 等（1997）将人的部分染色体基因引入小鼠的胚胎细胞并成功遗传到后代，后代小鼠免疫后便可以获得具有生物学功能的人源抗体。

2. 尿液　尿液是生物制药业中生产促性腺激素的天然材料。研究结果表明，将人类的生长激素基因置于小鼠膀胱上皮细胞特异性启动子 UPII 基因的下游，能够使人源生长激素在尿液中获得特异性表达，其表达量可达 100～500ng/mL。Zbikowsba 等（2002）利用尿调蛋白启动子指导人重组促红细胞生成素在转基因鼠尿中表达，表达量达到 6mg/L。如果外源蛋白在尿液中的修饰加工比在哺乳动物细胞中更为完备，或者外源蛋白的副作用对动物本身影响不大，那么尿液将是生产重组蛋白的重要材料。与乳腺生物反应器相比，尿液是一个比较容易收集的体液，周期较短，转基因动物出生后不久就可以从动物尿中收获表达产物，而且外源基因表达的产物不进入血液循环，直接通过收集尿液来获得。

3. 精液　在一些动物体，特别是猪中，精液是一种较多的生物学液体，而且容易收集。Dyck 等（1999）利用特异表达模型构建基因小鼠，成功在转基因鼠精囊的上皮细胞中表达出了人生长激素。但是，关于精液中能表达的蛋白质的复杂程度及分泌的机制目前尚不明确，精液作为生物反应器的可能性尚需进一步研究。

4. 禽蛋　禽蛋中的蛋白质主要包括卵黄蛋白和清蛋白，而清蛋白又是一个复杂的蛋白群。Crittenden 和 Salter（1990）曾提到利用鸡输卵管表达重组蛋白的可能商业价值。在转基因鸡蛋中生产一类重组蛋白——免疫球蛋白具有应用价值。每 1000mL 卵黄蛋白中含有 400mg 高表达的 IgY，而在白蛋白中含有 IgM 和 IgA。已证明 IgY 作预防抗体有潜在应用价值，可使动物和人免受某些病原体浸染，因而可以用转基因的方法生产出高水平特异克隆的 IgY。Rapp 等（2003）在鸡蛋蛋清中成功地表达出了人 α-干扰素。从转基因鸡蛋中提取的人类溶酶体酸性脂肪酶和重组人 α-乙酰氨基葡糖苷酶也成功获得了美国 FDA 批准，证明了这个系统有进行商业生产的潜力。

5. 蚕茧　某些昆虫的茧含有非常丰富的能形成丝的蛋白质，是生产外源蛋白的理想生物反应器。Yamao 等（1999）利用重组的杆状病毒载体成功地将目的基因整合入家蚕的染色体上，在其丝腺中表达，并能遗传给后代。Song 等（2014）利用家蚕丝腺制备的人源类胰岛素生长因子，能够有效提纯并成功用于降低糖尿病小鼠模型的血糖水平。Wang 等（2019）成功地在蚕茧中表达重组人酸性成纤维生长因子，并证明了其产物的生物活性。蚕能大量地繁殖，是一个能生产完整蛋白质的加工厂，但是其表达外源基因的效率及蛋白质的加工成熟情况还需做进一步的研究。

6．唾液 唾液腺是一种外分泌器官，可以自然地表达多种生物活性蛋白并将其分泌到唾液中。此外，许多种类的动物分泌大量的唾液，通常比产奶量大，如猪和奶牛平均每天能分泌 15L 和 60～190L 唾液。而唾液在雌雄动物的整个生命周期中都会持续产生，具有无性别及生长周期限制、易于收集纯化等优点，因此也是生产外源蛋白可用的渠道。Mikkelsen 等（1992）利用小鼠 *PSP* 基因启动子成功地在小鼠唾液中特异性表达人源凝血因子Ⅶ。从小鼠颌下腺中纯化的商品化小鼠 NGF 在中国已被批准用于治疗一些神经损伤和变性疾病。而 Zeng 等（2017）则构建了在唾液腺中特异表达人源 NGF 的转基因小鼠，从其唾液中可纯化分泌人源 NGF。动物的唾液腺用作合成外源蛋白的生物反应器的可行性已经得到证明，并且从各种家畜唾液腺中长期收集大量唾液的技术可行性提高，转基因动物的唾液腺可能为生产治疗性蛋白质提供一个有吸引力的系统。

7．乳腺 乳腺是目前生产外源蛋白最为有效的生物反应器，哺乳动物乳腺上皮细胞在哺乳期合成大量乳汁蛋白。转基因奶牛乳腺产生的每升牛奶可含 1～14g 重组蛋白，每天可从奶牛身上收集 50L 或更多的牛奶。用乳腺进行生物反应器研究来获得基因表达产物比较简单，并且能够稳定遗传，成本较低，适合大规模生产。同时乳腺可进行基因转录后的修饰，可使表达产物具有生物活性。表达产物随乳汁排出体外，不会在体内蓄积而产生有害影响。目前，转基因兔乳腺设计用于生产重组人葡糖苷酶、人纤溶酶原激活剂和 C1 酯酶抑制剂等。转基因山羊已被用于生产包括人粒细胞集落刺激因子、人糖蛋白 α-甲胎蛋白、人类超氧化物歧化酶 CuZn-SOD 和 EC-SOD、人乳铁蛋白和抗凝血酶在内的重组蛋白。奶牛乳腺反应器用于生产乳铁蛋白和人血清白蛋白。其中，转基因动物乳腺生产的抗凝血酶（ATryn®）和 C1 酯酶抑制剂（Ruconest®），已经得到美国 FDA 批准用于治疗人类疾病。

（五）环境保护

当下的发展背景下，我国人民生活质量不断提高，对于肉类产品的需求量不断提高，畜牧养殖行业持续发展，各地畜牧养殖产业规模持续扩大。大规模的畜牧养殖产生大量畜禽粪便及其他排泄物，对水资源、土地资源及大气环境造成了一定程度的危害。其中，氮、磷元素是最严重的污染源。在猪的生产中，饲料来源的氮和磷只有 1/3 被成功消化并进入代谢，而剩余的氮和磷则通过尿液和粪便流入水和土壤中。因此，提高饲料的消化利用率，畜禽生长得越快，它们产生的代谢废物中的氮和磷则越少。利用转基因技术，将一些畜禽原本不具备的消化酶基因转入其基因组中，使畜禽消化道内能够表达相应消化酶以提高相应物质的消化能力，促进饲料的消化利用率，也减少过多的养分通过排泄物进入环境。Golovan 等（2001）制备了在唾液腺中产生植酸酶的转基因“环保猪”，增强猪在不含植酸酶的情况下对饲料中磷的消化。2010 年，加拿大政府宣布圭尔夫大学培育的环保猪符合加拿大环境保护法的要求，允许在经批准的受控程序下商业化养殖。Zhang 等（2018）在猪唾液腺中同时表达 β-葡聚糖酶、木聚糖酶和植酸酶三种微生物酶，从而提高了转基因猪对饲料中非淀粉多糖和植酸的消化率，生长率提高了 23.0%～24.4%。并且，转基因猪的粪便氮磷含量比同窝出生的野生型减少了 23.2%～45.8%，进一步增加了缓解养猪业产生的环境污染的可能性。

五、转基因动物亟待解决的问题及对策

（一）亟待解决的问题

1．转基因动物的培育效率低、成本高　自我国政府在 2008 年启动了转基因生物新品种培育科技重大专项以来，我国转基因技术进展迅速，获得一批具有重要应用价值和自主知识产权的基因，培育一批抗逆、优质、高产、高效的重大转基因动物新品种，但是目前转基因动物的培育效率仍然较低，导致其培育成本较高。导致转基因动物培育效率低下的主要原因有以下两方面，一是目的基因整合与表达的效率较低，虽然目前 CRISPR/Cas9 技术相比 TALEN 技术和 ZFN 技术提高了目的基因整合的精确性，降低了脱靶率，但基因整合效率仍有待进一步提升；二是动物体细胞核移植的效率低，大多数转基因动物的培育都需要通过开展体细胞核移植（克隆）来实现，然而目前哺乳动物体细胞核移植的效率很低，且家畜繁殖和生产周期较长，因此获得转基因家畜的时间比获得转基因植物的时间长、成本高。

2．公众对转基因技术的认知不足　有调查表明，我国公众自认为了解转基因的仅占 26%，只有 17.8%的公众认为转基因食品是安全的（崔凯和 Sharon，2020）。而且来自由科技日报社和中国科学技术发展战略研究院组织的“公众对转基因技术的态度调查”报告显示，我国公众对转基因的接受度近年来呈持续快速下滑趋势。人们往往会害怕自己不了解的事物，加之一些媒体及网络信息的不客观报道，导致公众对该技术存在极大的认知偏差，从而使转基因技术被“妖魔化”，有关转基因的谣言已经影响到转基因技术的健康发展，严重阻碍了我国转基因技术产业化发展步伐。实际上，经过科学严格的安全评价、获得政府审批的转基因产品是安全的。2016 年，美国、英国、法国、德国、日本、澳大利亚、俄罗斯等 10 多个国家的 100 多位获诺贝尔奖科学家联名签署公开信，呼吁尊重关于转基因安全性的科学判断和科学结论。

（二）对策

1．加强转基因技术的研究力度　政府应该继续加强对我国转基因技术研究的资助力度。研究学者要针对制约动物转基因发展的技术性问题开展科研攻关，如怎样提高外源基因整合与表达效率及提高家畜动物体细胞核移植效率都是目前亟待深入研究的技术问题。同时，研究学者要深入开展动物基因组和功能基因组研究，解析动物重要性状形成的分子机制，获得更多具有自主知识产权的可用基因及其表达调控元件，提升具有重要应用价值的基因克隆研究源头创新能力。

2．提高转基因技术的科普力度　转基因技术的发展及其产业化的推进离不开社会大众的支持，这就需要政府、专家和媒体加强科普和宣传，提高社会大众对于转基因产业化重要性和转基因技术安全性的认识，消除对转基因技术的疑虑，消灭那些刻意将转基因“妖魔化”、误导公众的谣言信息制作和传播的市场。另外，青少年对转基因的态度将在很大程度上影响其在中国的发展，因此提高转基因科学素养，应该从青少年做起。同时，要加强政府对转基因食品安全的监管和立法，并及时公布农业转基因生物相关法规、指南及安全审批等信息，最大限度地满足公众知情权。

第二节　转基因动物的建立方法与检测

一、建立转基因动物的方法

（一）显微注射法

1．DNA 显微注射　显微注射是指借助显微操作仪将外源基因直接注入受精卵原核的方法。1980 年，自 Gordon 等首次将显微注射技术用于小鼠受精卵的基因导入以来，该技术已广泛用于制作转基因动物，并成为目前一种常规的基因转移方法。该方法对外源基因的大小没有特别限制，整合率较高，但不易操作且整合位点较随机，不利于研究基因的具体结构、功能和表达调控。

2．利用显微注射法制备转基因动物

1）供体雌性动物的超排处理　给供体雌性动物注射孕马血清促性腺激素（PMSG）和人绒毛膜促性腺激素（hCG）进行超数排卵处理，促使动物在短时间内产生大量卵子，用于转基因处理。

2）收集超排卵　从这些供体的输卵管中取出受精卵，并进行体外培养。

3）DNA 显微注射　检查鉴定后，将外源基因注射进受精卵的雄原核（精原核）中。其中，所用的外源基因通常为删除了原核载体序列的线性 DNA。哺乳动物的精子进入卵细胞后的 1h 内，精原核和卵细胞的核是分开的。等到卵细胞核完成减数分裂，成为卵原核时，核融合才开始进行。

DNA 显微注射对精原核注射效果较好，因为精原核比卵原核大，容易观察和操作。在显微镜下找到处在精原核状态下的受精卵，并对受精卵进行取向和固定，然后进行 DNA 显微注射。注射完成后，对胚胎进行检查鉴定，并将适当数目的受精卵用外科手术方法移植到假孕雌性动物的子宫内。然后让其自然发育成胎儿并生产。

4）胚胎移植　以转基因小鼠的制备为例，具体操作步骤见图 6-1。

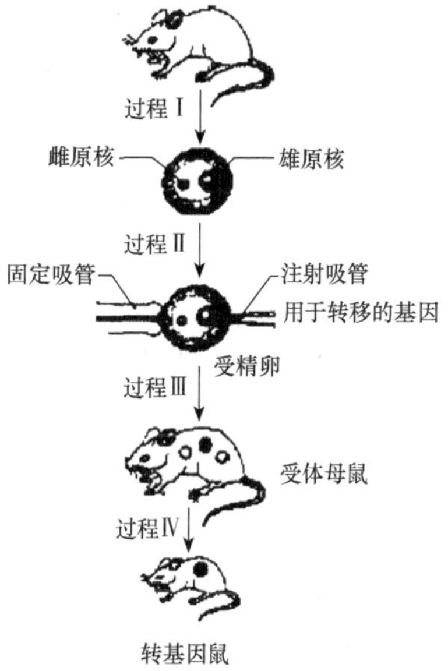

图 6-1　通过显微注射法生产转基因小鼠示意图

（引自 Richardson et al.，1997）

（二）胚胎干细胞介导法

利用胚胎干细胞介导法制备转基因动物，主要包括以下几个步骤。

1．饲养层细胞的制备和冲胚　选取妊娠初期动物用于胚胎成纤维细胞饲养层制备和冲胚。

2．分离胚胎干细胞　挑取扩展充分、囊胚内细胞团明显的囊胚，采用胰酶＋乙二胺四乙酸处理后，机械法分离培养胚胎干细胞，并进行碱性磷酸酶染色和 Oct-4 免疫荧光染色鉴定。

3．转入培养皿中培养传代　胚胎干细胞用含有白血病抑制因子（LIF）和饲养层细胞（feeder cell）的培养基（高糖）来阻止细胞的分化。为细胞提供包被有 0.1%明胶的平板作为黏附细胞的基质。建议每 2～3d 按 1∶8 的比例传代细胞 1 次，细胞传代以后，在将细胞接种在 0.1%明胶包被的培养皿之前，通过预先将细胞接种在没有经过包被的组织培养板 2h，使分化细胞黏附，从而将分化和未分化细胞分开。将细胞全程置于 37℃、5% CO_2、100%相对湿度条件下培养。对于饲养层细胞，就需要采用丝裂霉素 C（mitomycin C，MMC）进行处理，抑制饲养层细胞增殖，但仍然能保持其分泌 LIF 的活性。

4．胚胎干细胞及其转基因 通过显微注射法或者同源重组等方法将携带有外源基因的 ES 细胞注入动物的早期胚胎内，可产生嵌合体及转基因动物。其中同源重组法的技术相对简单，由基因组靶细胞同源的侧翼序列建立携带选择性标记（通常是新霉素抗性基因）的靶点载体，转染导入胚胎干细胞系。同源侧翼序列能指引插入片段导入基因组，而通过选择性标记突变的基因替代原始的野生型序列。然后，把成功导入的胚胎干细胞系注射到囊胚（32 细胞期）或与桑椹胚（8～16 细胞期）共培育，形成转基因（或嵌合）胚胎。

5．植入代孕动物体内 转基因（或者嵌合）胚胎经过一定时间的体外培养之后，就可以通过胚胎移植技术移植到经过处理的受体子宫内，然后在受体子宫内发育成一个正常胎儿，出生后经过检测验证是否为转基因动物。

（三）精子载体法

1．精子载体 精子具有吸附外源 DNA 的能力，受精时，将外源 DNA 带入受精卵中从而形成转基因动物。研究结果表明，在精子头部赤道段和顶体后区膜上分布有 30～35kDa 的蛋白质，可与外源 DNA 非特异性结合，并且这种结合是可逆的，能被带负电荷的酸性蛋白所置换，DNA 分子所带负电荷越多越易与精子结合，也更易穿透精子。外源 DNA 与精子的结合强度受精子膜上 MHCⅡ调节，精清中抑制因子 1（IF-1）抑制精子与外源 DNA 结合，可保证物种的稳定遗传，IF-1 作用区域为完整精子顶体后区，IF-1 的抑制作用无种的特异性，在该蛋白质存在时，35kDa 蛋白质与 DNA 的结合受到抑制。

据测定，山羊精子对外源 DNA 的携带力为 30.57%，牛为 31.16%，绵羊为 27.21%。精子结合外源 DNA 的量是恒定的，部分外源 DNA 在 CD4 蛋白的作用下进入精子核内，并牢固结合在精子核骨架上，然后整合到染色体中，少数外源 DNA 在精子核区内以附加体形式存在，外源 DNA 整合到染色体的过程中，在重组位点两侧总是表现出具有重复序列的特性，说明重组并不是随机发生的，精子染色体中可能存在某些优先选择的重组位点。

2．精子载体法转基因操作步骤 精子与外源基因结合常用的方法有睾丸直接注射法、精子与外源基因体外孵育法、电穿孔法、与脂质体结合介导法及孵育后精子头部注入卵母细胞等。这里主要介绍睾丸直接注射法。此法的原理是将外源 DNA 或质粒制备成脂质体，通过对睾丸多次注射转染精子干细胞，在注入时，进样器针尖将曲细精管划破，质粒脂质体复合物从伤口处进入生精小管，从而完成对生殖细胞的转染。另外部分未进入生精小管的质粒脂质体复合物通过注射进入睾丸的组织液中，通过体液循环到达生精小管内，进而完成对生殖细胞的转染，该方法目前在小鼠、大鼠、山羊等动物中均有成功的报道。具体步骤如下。

（1）将构建好的含有外源基因的基因表达元件用脂质体包被，将脂质体分别进行睾丸组织和输精管注射多点注射，于注射 30～40d 后采集精液，提取精子基因组 DNA，用 PCR 和

Southern 杂交检测基因在精子中的整合阳性率。

（2）交配与后代的外源基因的检测。让携带有外源基因的雄性动物与雌性动物正常交配，再利用 PCR 和 Southern 杂交检测后代动物中外源基因的整合与表达情况。

（四）体细胞核移植法

1．体细胞核移植与动物转基因　自从 Willmut 等（1997）第一次报道从成年体细胞成功产生真正意义上活的“克隆”个体以来，通过含有外源基因体细胞的核移植，已经成为制作转基因动物的一条新途径。

动物克隆及基因编辑技术

Schnieke 等（1997）用脂质体介导的方法将人凝血因子Ⅳ基因与新霉素抗性基因共同导入绵羊胎儿成纤维细胞中，经遗传霉素（G418）及 Southern 杂交筛选后，将含上述两种基因的细胞与去核卵母细胞融合，激活并培养至囊胚期后移入受体母羊体内，最终制成了世界上第一批转基因克隆绵羊，这些绵羊体内含有人类凝血因子Ⅳ基因，成为通过克隆法制备转基因动物的成功实例。Cibelli 等用同样的方法获得了三头含 *LacZ* 基因的转基因牛。Alexander 等将转基因公羊精子给正常母羊人工授精后，利用怀孕后 40d 的胎儿成纤维细胞作为核供体，获得了三只转人抗胰蛋白酶（AAT）基因的奶山羊，三只母羊乳汁中 AAT 的含量为 1～5g/L。

2．体细胞核移植制作转基因动物的程序　体细胞核移植制作转基因动物的程序包括：体细胞采集和培养、体细胞转染、卵母细胞的成熟培养、转基因体细胞核移植、胚胎体外培养和外源蛋白表达检测等，具体操作过程详见本书第五章内容。

（五）反转录病毒感染法

反转录病毒感染法是利用反转录病毒的侵染能力将外源基因整合到宿主基因组中，反转录病毒作为一种 RNA 病毒能够在反转录酶的作用下反转录成双链 DNA，随后整合到宿主细胞染色体上长期稳定表达。常用的包括杆状病毒载体、反转录病毒载体、SV40 载体、痘病毒载体等，主要技术要点包括构建反转录病毒载体，包装细胞，重组反转录病毒感染早期胚胎，将携带目的基因的转移载体和包装载体共转染到包装细胞，收集细胞后病毒转导靶细胞，在目的基因整合表达后，利用显微注射技术将克隆有外源目的基因的反转录病毒载体注射到处于减数分裂中期的卵母细胞中，随后培育出转基因动物。

该方法具有诸多优点：反转录病毒能直接感染胚胎，不易诱发宿主免疫反应；感染率和整合率高，对技术要求不高；反转录病毒载体 DNA 没有合成病毒蛋白的能力，因而不会产生对宿主细胞有害病毒颗粒；外源基因多属单拷贝整合；宿主范围广等。但这种方法也有其缺点，该方法拷贝数较低，反转录病毒载体容量有限，要求导入的外源基因小于 10kb；同时反转录病毒 DNA 可能随外源基因一起整合到宿主染色体上；反转录病毒本身序列可能干扰外源基因表达；反转录病毒本身存在致癌作用，安全性有隐患；外源基因进入生殖系统较困难，得到的转基因动物大多为嵌合体。

（六）其他方法

原始生殖细胞（PGC）技术的操作程序包括以下几个步骤。

1）胚胎 PGC 的分离培养与传代　将 PGC 悬液接种在饲养层上，置于 37℃、5% CO_2

的培养箱中培养，以后每天观察、换液。换液时需先将新鲜培养液在培养箱中静置平衡 1h 以上。吸出 2/3 原培养液，加入等量预平衡的新鲜培养液。用 PBS 清洗去除死细胞，再加胰蛋白酶及 EDTA 消化液，约 1min 后待饲养层和 PGC 集落出现裂隙之前，即加入培养液轻缓吹打，将饲养层上贴附的部分单细胞和小细胞团先离散下来（每个小细胞团含有 5～10 个细胞），吸出第一次离散出的细胞悬液，再加入新鲜消化液作用至细胞间出现裂隙，轻轻晃动培养瓶待瓶壁上的细胞开始脱落时，加入培养液轻缓吹打后，与第一次消化下来的细胞悬液一起移入经明胶处理过的培养瓶中，在 37℃、5% CO_2 的培养箱中孵育 1h 后，一同消化下来的成纤维细胞大部分已经贴壁，而 PGC 和少部分成纤维细胞仍以游离状态悬浮在培养液中，此时，再吸取不含组织碎片的上层细胞悬液移入新的饲养层上继续培养。胚胎 PGC 可用碱性磷酸酶（AKP）活性检测法进行鉴定。

2）胚胎 PGC 的转染　可以用电穿孔法、磷酸钙法等碱性转染，其中电穿孔法的步骤为：待 PGC 生长至指数生长期，用 EDTA-胰酶消化收集细胞，PBS 洗 2 次后加入电穿孔缓冲液悬浮细胞，并用记数板记数，调整细胞浓度。吸取细胞液，小心注入 2mm 电极杯中。取 2～8μg 质粒及 5μL DMSO 加入电极杯中，混合均匀。将电极杯装入电极槽内，静置 1min，在电压为 180～380V 条件下作用 40～100μs 进行电穿孔。操作完毕后，电极杯室温或 4℃放置 10min，小心地将细胞转移至明胶包被的 24 孔板中进行培养。

3）外源基因的鉴定　可以用酶切法或者分子杂交法进行鉴定。目前，应用胚胎 PGC 制作转基因动物的研究主要应用在鼠、鸡等动物上。

二、提高外源基因的整合与表达效率的方法

（一）采用适当的外源基因导入方法与整合方式

外源 DNA 导入受体细胞后，在宿主染色体上的整合机制，目前尚处于试验研究探索阶段。一般认为，外源 DNA 进入受体细胞并非全部立即整合到染色体中，一部分外源 DNA 拷贝在染色体 DNA 复制和细胞分裂几次之后丢失，只有部分整合入染色体。外源基因导入采用的方法不同，整合机制不同。反转录病毒整合的频率最高，有利于整合基因的表达调控，但该方法由于病毒容量的限制，要求外源 DNA 片段不能太大，且得到的动物是嵌合体，从而使反转录病毒介导的方法在一定程度上受到限制。同源重组虽然整合频率不高，但对靶细胞和外源 DNA 的影响较小。并且，同源重组是目前能精确修饰基因组的最有效办法，使外源 DNA 与受体细胞基因组上的同源序列发生重组，并整合到预定的位点上，定向改变细胞或整体的遗传结构和特征。一般来说，通过显微注射法将外源 DNA 导入细胞后，大部分在细胞经过几次分裂后就丢失，只有一小部分 DNA 得以整合。因此，从技术角度来说，显微注射受到 DNA 浓度、缓冲液的组成成分、外源 DNA 的构型及注射部位等因素的影响。随着所注射外源 DNA 浓度的增加，整合效率提高，但大量外源 DNA 的注射将使细胞成活率降低。实验证明，将 DNA 浓度稀释到 1～2ng/μL，使 DNA 拷贝数为数百个时，整合的总体效率最高。对缓冲液的选择，多采用 5～10nmol/L Tris-HCl（pH 7.5）和 0.1～0.25mmol/L EDTA。另外，采用细胞核注射，线状 DNA 分子整合效率远高于超螺旋 DNA 分子的整合效率。

关于 DNA 随机整合机制，Brinster 等提出这样的假说：DNA 随机整合在染色体 DNA 的断裂处，这些断裂决定其整合率，注射的 DNA 末端和染色体的断裂点之间的相互作用使

外源 DNA 整合进基因组。由注入的 DNA 分子游离末端所诱导的修复酶可能引起染色体的随机断裂，断裂处可能就是外源 DNA 的整合位点。正因为如此，插入位点常常出现宿主序列的重排、缺失、重复或易位，但是导入的 DNA 也并非总能整合到宿主基因组中。小鼠实验证明，无论是注入基因拷贝数，还是整合位点均是多变的，通常单一染色体位点可随机整合几个拷贝，但也有例外，如多位点整合或重排分子的自主复制，这些变化可能是注射后胚胎成活率不高的原因。

Costantini 在 1986 年发现将人 β-珠蛋白基因转入 β-地中海贫血小鼠中时，如果转基因的拷贝数大于 50，则地中海贫血可被校正，而拷贝数低到 1 时则无效。这说明，转基因整合的拷贝数也有可能影响转基因的表达和功能的发挥。Tseng 和 Patrick 研究均表明，细胞内质粒拷贝数增加会提高转基因的表达，大量拷贝数可以增加 DNA 在细胞内的降解中存在下来的可能性。

（二）利用位点独立性元件提高转基因的整合表达效率

近年来，有关整合位点的研究是人们一直关注的，目前转基因的整合具有位置效应已被公认。从理论上讲，顺式作用元件决定着外源基因的特异性表达，但 Chada 等在 1986 年的研究表明，使用结构相同的外源基因所制备的转基因动物，其表达水平存在着很大的差异，即使携带组织特异性调控元件的外源基因，其表达也并不一定具有明显的特异性。Leder 等（1986）将融有乳腺病毒启动子的癌基因 *c-my* 导入小鼠，发现 *c-my* 基因的表达并不完全定向于乳腺，在某些转基因鼠的其他组织也有肿瘤的自发形成，此类研究表明：整合位点对转基因的表达影响很大。整合位点对表达的影响可通过在转基因构件中加入调控因子来解决。核基质黏附区（matrix attachment region，MAR）或基因座控制区（locus control region，LCR）的序列可产生拷贝数依赖或不依赖位置的转基因整合表达。这种位置效应不仅影响外源基因的表达水平，而且也影响外源基因的发育模式，以致具有同一外源基因但不同染色体整合位点的转基因小鼠中，该基因的转录就在不同时期和不同组织中被激活。一般来说，转基因的整合位点是高度可变的，由于受整合位点周围染色质区的影响，在许多情况下表达水平及组织特异性表达也受影响。但已有实验指出，在转基因鼠的整合位点上一些基因独立表达。在某些情况下，这种表达的提高，是由于受到转基因编码 5′端或 3′端侧翼区 DNA 的影响，它可能具有转录的调控作用。

核基质黏附区和基因座控制区的研究，使外源基因整合并提高表达出现突破性进展。MAR 元件被置于人 β-珠蛋白 DNA 结构域的界限区，能起到转录激活作用，并显示出与核基质分子较高的亲和力。MAR 的研究为转基因的随机整合的位置独立性和高水平表达提供了参考。

（三）选择合适的目的基因与表达载体

外源基因能否在插入转基因动物自身序列后稳定表达并遗传给后代是构建转基因动物的关键点。目的基因结构对转基因动物外源基因表达水平的影响已经引起人们的注意。目的基因采用基因组序列可以提高表达水平，但很多情况下由于基因组序列很大，而且有时内含子比外显子还大，操作起来相当困难，因而很多学者提出使用微小基因进行转基因研究。微小基因在构建过程中，删除了某些相当大的内含子，因而便于操作。然而靠近 5′端的内含子应最大限度地保留，以利于 mRNA 的正确拼接。

外源基因在转录表达过程中的错误拼接是影响转基因表达的因素之一。英国爱丁堡大学动物遗传研究所在对凝血因子Ⅸ转基因小鼠的研究发现，凝血因子Ⅸ的乳腺表达量非常低。他们利用 RT-PCR 从小鼠乳腺中获得了凝血因子Ⅸ基因。序列分析表明，该基因在小鼠乳腺组织中存在翻译水平的剪切错误。他们将 RT-PCR 获得的该基因重新构建后又获得了转基因小鼠，结果得到了凝血因子Ⅸ的高水平表达。在我国，卢一凡等在 1998 年关于修正了 RNA 的错误剪接对基因表达水平的影响研究中发现，修正后的 *G-CSF* 基因在乳腺中的表达水平是修正前的 5.4 倍。另外，转基因表达载体的结构也是影响转基因表达的一个重要因素，除转基因位点独立性元件等以外，载体的原核序列也是一个要考虑的因素。Chada 和 Townes 等研究发现，当携带有质粒载体的 β-珠蛋白基因转入小鼠中时，珠蛋白基因不表达或表达极低；当删除载体序列时，β-珠蛋白的表达可提高 100～1000 倍。尽管并非所有的转基因表达都受载体序列抑制，但在转基因工作中，考虑载体序列对表达的影响还是必要的。

（四）通过共注射提高外源基因的表达水平

不同的基因构件以首尾相连的形式共整合，在某种程度上形成相对独立的区域，或形成一个开放的染色体域，将特定的高水平表达基因与构件共注射，可以协同作用，从而提高外源基因的表达水平。这一方法是英国以 Clark 为首的研究小组首先于 20 世纪 80 年代中期提出的，他们将凝血因子Ⅸ与抗胰蛋白酶基因和 β-乳球蛋白（β-lactoglobulin，BLG）基因启动子相连的载体进行了共注射，成功在鼠的乳腺组织中高效表达了人抗胰蛋白酶因子基因。Pieper 等（1992）将人血清白蛋白（human serum albumin，HSA）克隆成 3 个片段，结果在建立的转基因鼠中均发现 HSA 完整基因，并检测到 HSA 的表达。Perry 为了研究细胞周期中外源基因的最佳整合时期，将精子与小于 5kb 的外源基因共注射入卵母细胞，得出细胞分裂中期外源基因整合入细胞的效率最高（11%～47%），且 95%能遗传给后代。Wong 和 Capecchi 将两个均含有仓鼠腺嘌呤磷酸核糖转移酶基因的质粒共注射入大鼠细胞中使之短时表达，测其表达效率，结果表明，线状 DNA 分子的整合效率高于闭环 DNA 分子，如将两种线状 DNA 分子共注射，其整合效率比共注射两种闭环 DNA 分子高 20～70 倍，且线状 DNA 能在宿主基因组中稳定整合。Ankowsky 等用共注射法研究了双基因转基因动物的制作策略，一种是两种基因各带有自己的启动子元件，共注射入受精卵雄原核；另一种是把两种基因共同克隆于同一启动子的控制之下共注射，发现此两种策略均节省时间，同时提高了基因整合的百分率（相对于单个基因）。Small 把两种分别含 SV40 和 *v-myc* 的质粒共注射入小鼠胚胎，得到 13 只活鼠，其中一只的组织中有 SV40 和 *v-myc* 基因。在我国，陈汉源等用共注射法建立了 *myc* 和 *ras* 癌基因共整合转基因小鼠，有 4 只含有 *myc* 和 *ras* 基因，其中两只发生肿瘤。1998 年，周江等利用 β-乳球蛋白及长效组织纤溶酶原激活剂启动子（β-lactoglobulin-long acting tissue plasminogen activator，BLG-LAtPA）载体与鼠乳清酸蛋白（whey acidic protein，WAP）共注射，提高了 LAtPA 在转基因小鼠乳腺中的表达水平。

（五）减少外源基因的表观遗传修饰

外源基因在整合到转基因动物基因组后会受到表观遗传修饰，造成其表达效率低下和转录受阻。这与 DNA 损伤引起的基因表达低下和外源基因在世代传递中丢失不同，因为表观遗传修饰并不影响基因的核苷酸序列，但影响外源基因的转录活性进而影响表达效率。外源基因的沉默大多是受到 DNA 甲基化的影响，外源基因启动子区及编码区的甲基化会造成其沉默。DNA 甲基化的产物主要是 5-甲基胞嘧啶，当载体序列中的胞嘧啶含量较低时，可以有效减少外源基因的甲基化，从而达到提高外源基因表达效率的目的。此外，组蛋白乙酰化在表观遗传修饰中也发挥重要作用，包括乙酰化和去乙酰化两种调控模式，乙酰化会使组蛋白赖氨酸残基乙酰化从而激活基因转录，而去乙酰化则抑制基因转录。在细胞核内，这两个过程处于动态平衡，共同发挥作用调控组蛋白的乙酰化状态，从而调节外源基因的表达效率。一般来说，DNA 甲基化和组蛋白乙酰化能协同作用影响外源基因的表达，组蛋白乙酰化使转录效率提高，去乙酰化会使基因沉默，而组蛋白去乙酰化是 DNA 甲基化发生的先决条件。外源基因的插入位点也会影响其表观修饰发生的概率，当选择非编码 RNA 转录的区域作为插入位点时，外源基因不易受到表观遗传沉默；而插入位点位于重复序列区域时，外源基因容易受表观遗传修饰沉默，但目前对于这种现象的具体原因尚无统一定论。在制备转基因动物过程中加入针对特异表观遗传修饰抑制分子或药物，能有效提高转基因动物制备的效率，目前相关研究仍在进行中。

三、转基因动物检测

（一）外源基因的整合检测

外源基因的整合检测是指通过一定的方法对经过一系列转基因技术操作后所得到的动物是否为转基因动物，即它的基因组中是否包含外源目的基因。常用的检测方法主要包括以下几种。

1. DNA 斑点杂交（DNA blot hybridization）　通过直接将变性的待测 DNA 样品点在尼龙膜（或硝酸纤维素膜）等固体支持物上，然后和探针杂交，从而检测样品中是否存在目的 DNA 序列。根据点样方式和样品点的形状不同可分为斑点杂交、狭缝杂交、打点杂交。当目的基因与内源基因组 DNA 无同源性时可用该方法，为避免假阴性，可同时用质粒 DNA（1～10pg）作阳性对照。该方法在分析基因组 DNA 时，对样品纯度要求低、快速、简便、经济、灵敏度高（能从 2～5μg 的基因组 DNA 中检出单拷贝基因），尤其对大批子代动物的粗筛颇具优越性，应作为首选方法。但该方法易出现假阳性。

2. PCR（polymerase chain reaction）　PCR 技术是 DNA 体外扩增技术，基本原理同体内 DNA 的复制一样，均需经过 DNA 模板解链、引物结合及模板指导下的链延伸三个过程，在 PCR 反应中是靠温度的调整和聚合酶的共同作用完成的。若 PCR 体系中有一对方向相对的引物，通过反复变性、复性、延伸过程，则在短时内可将两引物间模板扩增至百万倍。由于 PCR 所需样品少、灵敏度高而且操作简便因而逐渐用于转基因动物外源基因整合、表达的检测，可极大提高转基因效率，减少人力物力的浪费。该方法要求待分析的基因组 DNA 样品应尽可能纯化，否则会干扰本反应，降低检测的灵敏度和重复性；此外用于大批量检测时，费用较昂贵。

检测转基因动物的 PCR 技术包括定性 PCR、巢式和半巢式 PCR、多重 PCR、实时荧光 PCR、热不对称交错 PCR 和数字 PCR。定性 PCR 分为筛查法、基因特异性法、构建特异性法和转化体特异性法 4 类。筛查法通过根据启动子、终止子、标记基因和目标序列设计引物后进行扩增，该方法操作简单，但特异性差，适用于大规模样品检测或转基因动物的初步检测。基因特异性法是根据目的基因设计引物进行检测，在实际操作过程中，能够获取远远大于启动子和终止子数量的基因数量，因而比筛查法更具特异性。构建特异性法是将引物设计在转化载体中具有完整表达目的基因能力的基因盒上，相较前两种方法具有更高的特异性。但无法鉴定具有相同外源基因的转基因动物。转化特异性法是根据外源DNA 与寄主 DNA 结合位点和边界序列设计引物，由于边界序列的唯一性，该方法的准确性较高。巢式 PCR（nested PCR）与半巢式 PCR（semi-nested PCR）是在普通 PCR 基础上建立起来的一种 PCR 技术。巢式 PCR 对两对 PCR 引物进行扩增：第一对 PCR 引物扩增片段和普通 PCR 相似，第二对引物称为巢式引物，与第一次反应产物的序列互补。第二次 PCR 扩增产物为目的条带。而半巢式 PCR 仅需一对半引物，即第一对引物中的一个引物和新设计的另外一个引物形成一对新的 PCR 引物。巢式 PCR 与半巢式 PCR 的优点在于：即使第一次扩增产生了错误片段，第二次扩增也能在错误片段上进行引物配对，从而降低了假阳性出现的概率，并且大大降低了检测下限，提高了检测灵敏度。而正因为需要进行两次 PCR，所以第二次 PCR 扩增时易引起交叉污染。此方法常与其他检测技术联用，如实时荧光 PCR、Southern blot 等。多重 PCR 法是设计一对以上的引物扩增目的片段，相较于普通 PCR 有更高的特异性和灵敏性，但由于多对引物进行反应时会存在抑制，在实际操作中需要探索合适引物。实时荧光 PCR 法是定量的 PCR 技术，在 PCR 反应进程中加入荧光基团，根据荧光信号积累实时记录 PCR 反应过程并进行分析，该方法具有更高的灵敏性和特异性，但当转基因动物中存在与目标片段同源性高的片段时会出现假阳性。热不对称交错 PCR 是非酶链 PCR 介导的基因组步移的典型方法。其基本原理是，根据目标片段的已知序列区域设计嵌套的特异引物（special primer，SP)，然后将它们分别和一个具有低退火温度、短的任意简并引物联用，根据引物长短和特异性差异设计不对称循环温度，并通过三级 PCR 扩增反应得到特异性产物，最终对产物进行测序获得 T-DNA 插入位点的侧翼序列，该方法操作简便、成本低，只要设计好几对引物，就可以用基因组DNA 作模板，直接筛选到目标序列，但此方法因其为连续的嵌套反应，所以若其中一轮出现失误，就会直接影响下一轮工作。数字 PCR 通过将 DNA 模板稀释几十甚至几万倍之后，将其分配到不同的反应单元，从而使得每个单元包含一个或多个拷贝的目标分子（DNA 模板)，然后在每个反应单元中分别对目标分子进行 PCR 扩增，扩增结束后对各个反应单元的荧光信号进行统计学分析。与传统定量 PCR 技术相比，数字 PCR 不依赖于扩增曲线的循环阈值进行定量，不受扩增效率影响，可实现绝对定量分析，具有更高的准确性和灵敏度。但数字 PCR 仪器昂贵，而且所用试剂、耗材成本高，不适于基层现场使用。

3．Southern 印迹杂交（Southern blot hybridization）　Southern 印迹杂交技术是通过探针和已结合于硝酸纤维素膜（或尼龙膜）上的经酶切、电泳分离的变性 DNA 链杂交，检测样品中是否存在目的 DNA 序列的方法。该法不仅灵敏而且准确，因而广泛用于转基因阳性鼠的筛选和鉴定。当转入基因与内源基因组 DNA 有较高同源性时，仍可用此法。此法对样品的质量和纯度要求较高，操作烦琐，费用也较高。

4．荧光染色体原位杂交（fluorescence *in situ* hybridization）　染色体荧光原位杂交是确定转基因在染色体上确切位置的重要手段，其原理是利用碱基互补的原则，以放射性同位素或非放射性同位素标记的 DNA 片段作探针，与染色体标本上的基因组 DNA 在“原位”进行杂交，经放射自显影或非放射性检测体系在显微镜下直接观察出目的 DNA 片段在染色体上的位置。最早同位素标记多采用放射性较低的 ^{3}H、^{35}S 及 ^{125}I，它们具有定位精确的优点，但放射自显影时间长而且操作较麻烦，随着荧光显微镜技术的发展，尤其是计算机图像处理系统的应用，增强了对荧光信号的分辨率，促进了非同位素在染色体原位杂交中的应用。

5．整合拷贝数的检测　外源基因的拷贝数通常以每个单倍体细胞中整合外源基因的分子数计算。测定拷贝数的方法有斑点杂交技术和 Southern 印迹杂交等。其基本原理是在杂交实验中设置一系列阳性标准对照，然后将待测样品的结果（曝光或显色程度等）和阳性对照比较，进而确定转基因整合的拷贝数。该杂交与普通的杂交不同，是一种定量杂交，需要高度纯化和已准确定量的基因组 DNA。一般点膜量为 0.5μg、1μg、2μg、4μg、8μg 基因组 DNA，然后用 1～100pg 的梯度转基因片段为阳性对照和定量标准，最后计算出每个细胞中外源基因的拷贝数。一般来说基因水平检测，可选用 Southern 印迹杂交（或在子代动物数量较少时，可直接选 Southern 杂交）结合斑点杂交和 PCR 检测。若转基因与内源性基因同源性较小，且检测数量大，首先选斑点杂交进行粗筛，然后做 Southern 印迹杂交，以便对完整的外源基因进行鉴定和确定其是否整合，再用染色体原位杂交和定量斑点杂交分别做整合位点和拷贝数的鉴定。若同源性较高，只要选用适当限制性内切酶酶切后也可用 Southern 杂交分析。还可设计高特异性引物的 PCR 法做外源基因是否整合的鉴定。

（二）转基因的表达检测

1．转录水平检测　从 mRNA 水平检测外源基因是否表达，通常在做完整合检查并有足够子代动物数时进行，可采用 Northern 印迹杂交、RT-PCR、引物延伸分析、RNase 保护分析、RNase S1 保护分析等。其中，最常用的为以下三种。

1）*Northern 印迹杂交（Northern blot hybridization）*　该方法是通过探针和已结合于硝酸纤维素膜（或尼龙膜）上的 RNA 分子杂交，检测样品中是否存在目的 RNA 序列。该技术操作简便，在转基因和内源基因同源性较小时，可用于转基因表达的检测。但是如果两者同源性较大，则方法受限，且操作步骤烦琐。

2）*反转录-聚合酶链反应（RT-PCR）*　RT-PCR 技术基本原理是以总 RNA 或 mRNA 为模板，反转录合成 cDNA 的第一条链，经这条链为模板，在有一对特异引物存在的情况下进行 PCR 检测转基因是否表达，还可进行定量。该方法可快速、精确地检测和定量分析半衰期较短和低丰富的 mRNA。同 PCR 一样，该方法的不足在于重复性不好、难度大、费用更昂贵。

3）*RNase 保护分析*　在 RNA 探针和靶 RNA 分子杂交时，如果二者的同源性不同，则形成杂交体的结构不同。同源性 100%，杂交体完全互补成双链分子；若同源性较低，杂交体因不完全互补将产生大小不同的单链环。因此，用 RNase 处理杂交体时完全互补的杂交体不被 RNase 水解（被保护），而未杂交的单链和杂交体中的单链环则被水解。对探针分子而言，同源性不同的靶 RNA 分子对探针的保护程度不同，电泳，自显影后，可得到不同长度的带型，故可以鉴定样品中的 RNA 分子。从理论上讲，当外源基因的 RNA 和内源性 RNA 只要有一个碱基不同，即可通过 RNase 保护分析将两者加以区分。由于该法具有高度的灵敏性，且不受同源性的限制，和 Northern 印迹杂交相比更为准确，故被广泛应用于转基因转录水平的检测。但该方法操作步骤烦琐。

上述方法中 RT-PCR 和 RNase 保护分析法最灵敏，RNase S1 保护分析次之，再者为引物延伸分析，最后是 Northtern 印迹杂交。若转基因与内源基因同源性较小，可用 Northern 印迹杂交；若同源性较大，则选用 RT-PCR 或 RNase 保护分析。

2．翻译水平检测　在蛋白质水平检测转基因是否表达包括两个方面，即转基因的 mRNA 是否被翻译和被翻译的蛋白质是否有生物学功能，常用的方法如下。

1）*免疫检测技术*　采用涉及免疫学的一些方法，直接检测具有抗原性的蛋白质类表达产物的存在：①免疫荧光抗体法。此方法利用待检细胞株先后与第一抗体（被检蛋白的单克隆抗体或多克隆抗体）、第二抗体（葡萄球菌蛋白质 A-FITC 或抗鼠 Ig 标记荧光素）反应，再用荧光显微镜观察照相。该方法简单易行，不需要特殊仪器，不需要进行蛋白质的提取，适用于蛋白质的定性研究。②免疫沉淀法。免疫沉淀法可用于检测并定量分析多种蛋白质混合物中的靶抗原。这种方法很敏感，可检测出 100pg 的放射性标记蛋白。当与 SDS-聚丙烯酰胺凝胶电泳并用时，即可用来分析外源基因在原核和真核宿主细胞中的表达情况。③Western 印迹分析。Western 印迹分析是 20 世纪 70 年代末至 80 年代初在蛋白质凝胶电泳和固相免疫测定的基础上发展起来的，它结合了凝胶电泳分辨力高和固相免疫测定的特异敏感等多种优点。与免疫沉淀法比较，这种方法不需要对靶蛋白进行同位素标记，具有从混杂抗原中检测出特定抗原，或从多克隆抗体中检测出单克隆抗体的优越性，还可以对转移到固相膜上的蛋白质进行连续分析，具有蛋白质反应均一性、固相膜保存时间长等优点，因此该技术被广泛用于蛋白质研究、基础医学和临床医学研究。④酶联免疫吸附测定（ELISA）。该方法由 Engrall 和 Perlmann 于 1977 年创立，以酶作为标记物或指示剂，进行抗原或抗体的检测。该方法特异、敏感，与放射免疫法比较，具有所需仪器设备简单、试剂价廉、无放射性危害等优点。ELISA 方法中所用的酶有辣根过氧化物酶（HRP）、碱性磷酸酶、β-半乳糖苷酶等。由于 HRP 活性强、价廉、性质稳定，故在 ELISA 中使用最广。目前我国复旦大学遗传学研究所创新地使用了双抗体夹心 ELISA 法，并检测了转基因细胞中的人凝血因子Ⅸ。一般来说，Western 印迹分析更适用于少量样品的定性检测，而 ELISA 方法可一次方便检出几十甚至几百个样品。

此外还包括免疫组织化学技术，该技术是指带显色剂标记的特异性抗体在组织细胞原位，通过抗原抗体反应和组织化学呈色反应，对相应抗原进行定性、定位、定量测定的一项技术。但该方法在切片制作过程中易脱片，存在非特异性染色假阳性的缺点。

2）*生物化学性质和生物学活性分析*　除直接测定基因表达产物外，还可通过定性或定量测定表达产物的生物化学性质和生物学活性，来鉴定表达产物的存在。其指标有酶活力测定、受体蛋白分析和激素活性检测等。

三代测序（third-generation sequencing，TGS）技术是近年来提出的一种新技术。它可以对 DNA 片段进行大规模测序。三代测序技术的典型特点是单分子检测，以长读长为优势，实现了对碱基序列的实时读取，测序时间得以缩短。目前使用最多的是单分子实时测序技术和纳米孔单分子测序技术。三代测序在基因组重复区域或结构变异的检测等领域具有非常明显的优势，适用于对未知序列转基因动物的分析。此外，对于转基因动物来说除了以上方法分析外，还需要从遗传学上，在动物整体水平上观察表型的改变，分析基因型对动物整体性状和生理功能的影响，来进一步鉴定基因的性质。

第三节　常见转基因动物的建立

一、转基因猪

（一）制作方法

我国从 1985 年开始有转基因动物的研究报告。1992 年北京农业大学陈永福等首先获得成功，他们将 *MT-PGH* 基因导入猪胚胎，移植后产 136 头仔猪，经检测其中出现了整合和表达的个体。在转基因猪的研究中，显微注射法是最主要的方法之一，此法的主要程序就是将外源基因 DNA 通过显微注射的方法导入猪的受精卵中，再移植给受体母猪而产生转基因猪。目前，经显微注射转染的猪胚胎外源基因整合率为 0.91%，其整合效率是比较低的。这也是此法产生的转基因猪成本较高而阻碍大量生产的重要原因之一。为此，许多研究者在基因构件的设计、显微注射各技术环节的改进与完善等方面进行了大量研究，以期能够提高显微注射法产生转基因猪的效率，但成效不大。

此外，在转基因猪的研究中，精子载体法也是一种很有前途的方法。随着人工授精技术在猪生产和育种中的广泛应用和精子携带外源基因的机制不断被揭示，此种方法会被广泛使用。其中 Perandi 等运用精子载体法携带 *pSVZCAT* 基因，通过人工授精产生 82 只仔猪，经检测获得 5 只转基因猪。我国黄俊成等运用精子载体法得到 145 只仔猪，其中 8 只为阳性仔猪。

（二）转基因猪的应用

1．转基因猪技术在农业上的应用

1）提高生长性能或肉质改良　　提高猪的生长性能和肉品质是猪遗传育种的重要目标，转基因育种是实现猪产肉量快速增长和肉品质改善的重要途径。以提高生长速度和瘦肉率为目标修饰的基因有生长激素（GH）、胰岛素样生长因子（IGF2）、肌肉生长抑制素（MSTN）等的基因。提高猪肉中不饱和脂肪酸含量更利于健康。Saeki 等首次生产不饱和脂肪酸比普通猪高约 20%的转菠菜脂肪酸脱氢酶基因猪。2006 年，Lai 等在猪中过表达秀丽线虫 *fat-1* 基因，成功培育出了富含 ω-3 脂肪酸的转基因猪。2017 年，Zheng 等利用 CRISPR/Cas9 技术将外源性小鼠解偶联蛋白 1（uncoupling protein 1，UCP1）基因定点插入猪内源性 *UCP1* 基因位点，成功获得转 *UCP1* 基因猪。该基因编辑猪弥补了仔猪自身产热能力的不足，降低了仔猪因寒冷应激而死亡的概率，同时还减少了猪体内脂肪沉积，提高瘦肉率。

2）提高饲料利用率，减少环境污染　　氮、磷是猪粪尿的主要污染物成分，同时也是饲料中重要营养成分。提高氮、磷的生物利用率，不但可节约饲料成本，且能明显减少粪尿中氮、磷污染物及臭气的排放，减少环境污染。2001 年，Golovan 等首次采用原核显微注法生产了转植酸酶基因猪，该转基因猪在唾液中表达的植酸酶可提高猪对植酸磷的消化率，从而减少猪排泄物中的磷含量。Zhang 等将 4 个来自微生物的酶类基因整合到猪胎儿成纤维细胞基因组上，利用体细胞克隆技术培育出转 4 种酶基因的新育种材料，该猪在饲养过程中氮、磷排出显著减少，同时对饲料中营养物质的摄取和吸收增加，该研究有望缓解养猪业的环境污染和粮食消耗等问题。

3）增强抗病性　　培育抗病力强的新品种，从遗传本质上提高猪对疾病病原的免疫力，减少抗生素的使用，对促进养猪业的发展乃至人类健康和环境保护都具有重要的研究意

义和应用价值。近年来，利用转基因和基因编辑技术，科研人员在猪抗病育种中获得了较大进展。口蹄疫是由口蹄疫病毒（foot and mouth disease virus，FMDV）引起的一种偶蹄动物急性、高度传播性疾病。2015 年，Hu 等成功制备了靶向 FMDV 的转干扰 RNA 的转基因猪，该猪能有效抑制 FMDV 的繁殖，不表现出感染病毒后的临床症状和病理特征。

蓝耳病全称猪繁殖与呼吸障碍综合征（porcine reproductive and respiratory syndrome，PRRS），是一种由 PRRS 病毒（PRRSV）引起的繁殖障碍和呼吸系统的传染病，是目前危害养猪业最严重的病毒性疫病之一。研究表明，清道夫受体 CD163 是 PRRSV 的主要受体。从 2013 年起，Prather 团队针对 PRRSV 的受体做了多种基因敲除猪，发现 CD163 第 7 外显子双等位基因敲除猪攻毒后未表现出临床症状，具有良好的抗蓝耳病能力。自此之后多家育种公司和科研院所开启了抗猪蓝耳病基因编辑猪育种，并成功获得了抗猪蓝耳病猪群体。

2．转基因和基因编辑猪在医学领域的应用

1）*生物反应器*　人们可以将编码具有医用价值的人体蛋白基因转移给猪，使其在猪的血液或乳腺等组织中表达，从而可以在乳汁或血液中获取转基因表达产物。作为生物反应器的转基因猪又可无限扩繁，且饲养成本低。这些生物反应器的发展与应用极大程度上弥补了小鼠等生物反应器蛋白表达总量相对较少、活性不高等缺点，为推动重组蛋白的应用做出了重要贡献。

2）*疾病模型*　相对于小鼠等模式动物，猪的生理学、解剖学和遗传学特征与人类非常接近，是一种研究人类疾病的最佳动物模型。作为研究人类疾病的理想模型，利用基因敲除猪建立的疾病模型在研究心血管疾病、神经退行性疾病、免疫缺陷、脂代谢异常、癌症方面都做出了卓越贡献。

3）*异种器官移植*　猪的器官在体积和组织结构上和人类器官非常相似，被认为是人体异种器官来源及异种细胞再生的首选动物。但直接将正常的猪器官移植至患者体内，会出现一系列的免疫排斥反应。2002 年，赖良学首次报道通过同源重组方法敲除猪 α-1,3-半乳糖基转移酶（α-1,3-galactosyltransferase，GGTA1）基因，阻断 Gal 表位的生成，有效克服异种器官移植的超急性排斥反应。后续多个团队先后利用基因编辑技术成功获得与免疫相关基因敲除的猪模型。这些特异性抗原敲除猪模型的建立，将为扫除猪器官用于人体移植的安全障碍，推动猪器官的临床应用奠定基础。

同时，整合在猪基因组中的猪内源性反转录病毒（porcine endogenous retrovirus，PERV）对患者也具有潜在风险。当猪的细胞和人的细胞接触时，内源性反转录病毒可能会从猪的基因组“跳”到人的基因组，导致跨物种感染。2015 年，Yang 等利用 CRISPR/Cas9 技术在全基因组范围内敲除猪肾细胞系中所有 62 个拷贝的 PERV 基因，使人感染 PERV 的风险下降至以前的 1/1000；随后 Niu 等成功获得世界首批内源性反转录病毒灭活猪模型，为实现猪器官的异种移植提供了关键技术。综上所述，转基因或基因编辑猪的研究为打破人类器官移植资源匮乏的现状带来了曙光。

二、转基因鼠

小鼠是转基因技术开发的主要平台，转基因鼠的制作方法详见本章第二节。转基因鼠已经广泛地用于与人的疾病有关的重要试验研究，如人类高血压模型、关节炎模型、癌发生模型、人类心脏移植模型的制作，用于探讨人类疾病的发生机理及其治疗。

精准高效的基因编辑为单基因突变疾病的临床治疗奠定了基础。镰状细胞病是由 β-

珠蛋白基因突变引起的。2021 年 Nweby 等利用腺嘌呤碱基编辑器，在镰状型白血病患者的造血干细胞和祖细胞中将目标 AT 碱基对转换为 GC，使 80%的致病等位基因转化为非致病。经过编辑的人类造血祖细胞移植到免疫缺陷小鼠体内 16 周后，68%的等位基因为非致病型，缺氧诱导的镰状红细胞减少至 1/5，为单基因病自体治疗奠定了基础。

小鼠模型结合 CRISPR 高通量基因筛选技术可以高效获得目的基因及治疗靶点（图 6-2）。调节性 T 细胞中的 *Foxp3* 基因是抗肿瘤免疫的关键基因。为了筛选促进或降低 *Foxp3* 表达的调控因子，2020 年 Cortez 等建立了靶向 500 个转录因子的 sgRNA 库，转入原代调节性 T 细胞中。根据转基因细胞 *Foxp3* 的表达量，发现了数个未知的 *Foxp3* 调节因子。以上策略可广泛应用于筛选癌症和自身免疫性疾病的调节性 T 细胞免疫疗法新靶点。

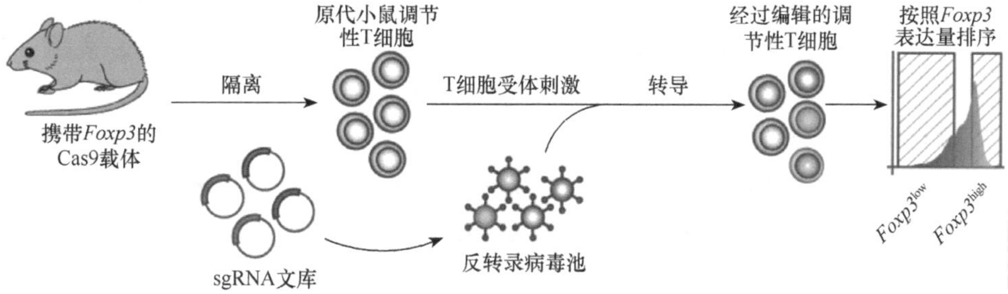

图 6-2　原代小鼠调节性 T 细胞中整合 CRISPR 筛选平台的示意图（引自 Cortez et al.，2020）

建立靶向 sgRNA 库，将原代小鼠调节性 T 细胞分离出来，由反转录病毒介导，在 T 细胞受体的刺激下进行转导，得到经过编辑的调节性 T 细胞，根据转基因细胞 *Foxp3* 的表达量，筛选 *Foxp3* 调节因子

小鼠受精卵中高效的基因组编辑技术推动了基础研究的进展。多能干细胞在不同的物种中发生嵌合的能力是发育生物学和异种器官移植的重要问题。2017 年 Wu 等利用基因编辑技术建立异种囊胚互补系研究了上述问题。首先在小鼠和猪的受精卵中敲除某些器官形成的关键基因，导致动物器官生长迟缓或形态发生异常。然后将另一个物种的多能干细胞注射至敲除胚胎的囊胚腔并植入子宫，由于供体细胞含有正常的器官形成基因，产生嵌合体的目标器官将主要来自供体细胞，形成器官异种动物。大鼠-小鼠囊胚互补结果表明大鼠细胞可以嵌合至小鼠的多个器官（图 6-3）。人-猪互补表明中间型多能干细胞表现出更高程度的嵌合，并且能够在植入后的猪胚胎中产生分化的子代细胞，但是嵌合细胞比例较低。以上实验建立了基因组编辑介导的异种囊胚互补多功能平台，也为异种器官移植的研发奠定了基础。

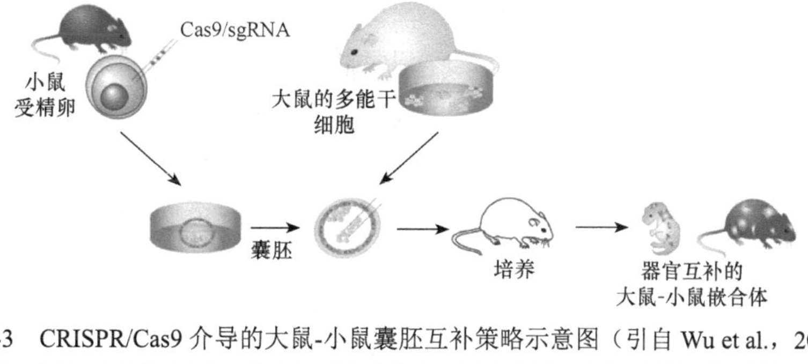

图 6-3　CRISPR/Cas9 介导的大鼠-小鼠囊胚互补策略示意图（引自 Wu et al.，2017）

首先在小鼠的受精卵中敲除某些器官形成的关键基因，导致动物器官生长迟缓或形态发生异常，将大鼠的多能干细胞注射至敲除胚胎的囊胚腔并植入子宫，形成器官异种动物

三、转基因羊

1. 制作方法　羊的排卵率较低，即使进行超排处理，得到的受精卵仍然较少。此外，受体母羊一次只能接受移植 1～2 个胚胎，显微注射还是生产转基因羊的主要方法，原核注射（PNI）是最早应用于产生转基因动物的技术之一，在动物转基因研究的第一个十年中，它是产生转基因动物的主要方法。通过将 DNA 构建体引入受精卵的原核并将注入的卵子转移给母羊，研究人员能够产生转基因动物，继 1997 年报道了第一代转基因克隆羊，以及 1999 年第一批转基因克隆山羊之后，大量转基因和基因靶向的克隆绵羊和山羊已生成。

此外，还有病毒载体、重组酶、转座子、RNA 干扰（RNAi）和内切酶介导的多种细胞和器官［体细胞、胚胎细胞、胚胎、精子、精原干细胞（SSC）、睾丸、乳腺］的转基因技术（图 6-4）。Hettle 等用猫白血病病毒作载体获得首例转基因羊，这种方法以病毒作载体可以定点整合，转染的效率较高。Denming 等获得的 *PrP* 基因敲除羊的研究首次证实了通过核移植生产基因敲除羊的可行性，Golding 等用 *GFP* 和 *Prp* 基因的 RNAi 结构转染山羊成纤维细胞，得到 1 只阳性羊胎儿，经检测，RNAi 抑制 *Prp* 基因表达。

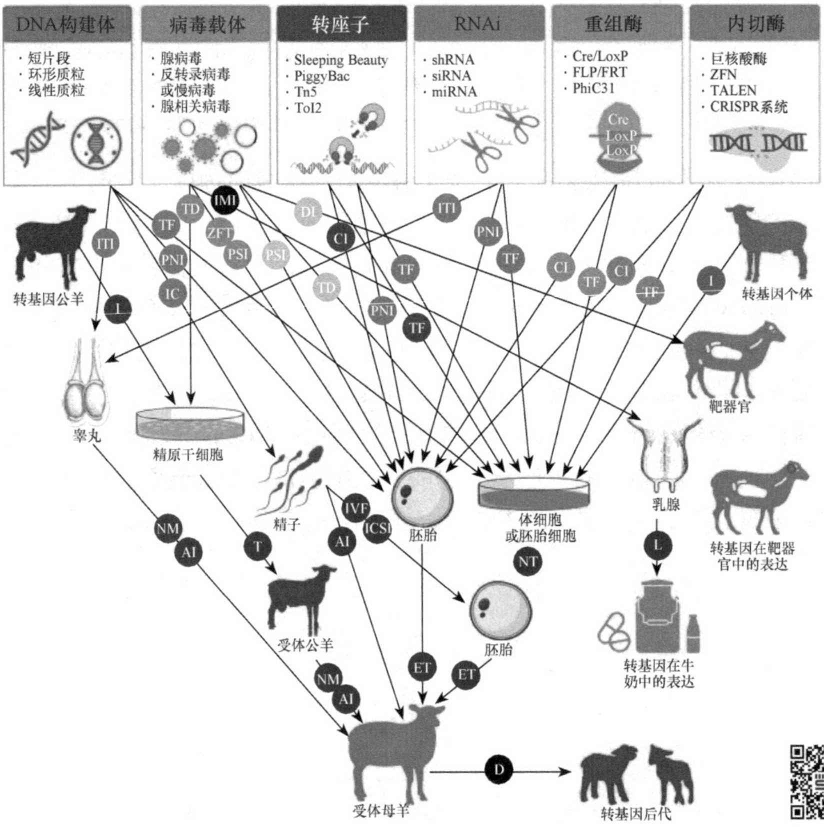

图 6-4　转基因羊形成（引自 Kalds et al.，2019）

PNI. 原核注射；NT. 核移植；CI. 细胞质注射；PSI. 卵黄周间隙注射；ZFT. 无带转导；TF. 转染；TD. 转导；IC. 孵育；DI. 直接注射；IMI. 乳内注射；IVF. 体外受精；ICSI. 细胞质内精子注射；AI. 人工授精；NM. 自然交配；ET. 胚胎移植；L. 哺乳；D. 分娩；I. 分离；T. 移植

2．转基因羊研究的应用

1）*转基因羊育种，提高羊的产毛（绒）性能* 绵羊和山羊是纤维生产的宝贵来源，许多研究人员希望改变与纤维质量和数量相关的基因，获得所需的和新的纤维特性。Powell 等将毛角蛋白Ⅱ型中间细丝基因导入绵羊基因组，获得的转基因羊羊毛中羊毛脂的含量得到明显提高。Damak 等将小鼠超高硫角蛋白启动子与绵羊的 IGF-1cDNA 融合基因显微注入绵羊原核期胚胎，得到转基因羊净毛平均产量比非转基因羊提高了 6.2%。Hu 等通过 CRISPR/Cas9 敲除 *FGF5*，获得的转基因绒山羊的羊绒产量和纤维长度均得到提高。

2）*提高羊的肉用性状及生长性状* Zhang 等采用单细胞克隆法获得 MSTNCas9/sgRNA4 阳性细胞系，然后采用体细胞核移植（SCNT）技术制备转基因绵羊，*MSTN* 基因缺失表达的转基因绵羊有 3 只，体重明显增加。Zhou 等通过将 BE3 mRNA 和 sgRNA 共注射到绵羊受精卵中，获得了点突变，导致抑制细胞因子信号通路 2（SOCS2）中 p.96R＞C（第 96 为氨基酸由精氨酸变为半胱氨酸）替换的羔羊，从而体重提高。在山羊中，CRISPR/Cas9 被用于针对山羊成纤维细胞中 4 个重要基因 *MSTN*、*BLG*、*PrP* 和核孔蛋白 155 基因（*NUP155*）的研究，并使用 SCNT 生成 3 只 *MSTN* 敲除山羊。

3）*转基因羊可作为动物乳腺生物反应器* Badge 等提出利用转基因动物乳腺生产重组蛋白。现通过羊乳腺生产各种目标产品已取得初步成功。Wright 等在绵羊乳房中成功地表达了人抗胰蛋白酶（mATT），且表达含量高达 35g/L。褪黑素作为一种有效的抗氧化剂，具有重要的营养和药用价值，Ma 等采用 CRISPR/Cas9 系统与显微注射相结合的技术，将由绵羊松果体中克隆得到的 *AANAT* 和 *ASMT* 转移到乳腺上皮细胞系，转基因阳性率约为 35%。

4）*改变羊奶成分* CRISPR/Cas9 被用于靶向山羊原代成纤维细胞中的 β-乳球蛋白基因（*BLG*），Zhou 等利用 CRISPR/Cas9 系统以山羊成纤维细胞中的 *BLG* 位点为靶点，在单细胞阶段将 Cas9/sgRNA 共注射到山羊胚胎中来产生敲除 *BLG* 的转基因山羊，结果显示 *BLG* 表达降低，羊奶中 BLG 蛋白产量下降。

5）*提高繁殖力* 绵羊 *BMPR-IB*（*FecB*）基因的突变已被证明可导致排卵率增加，从而增加产仔数。Zhou 等将 Cas9/sgRNA 和单链 DNA 寡核苷酸共注射到绵羊合子中，导致 p.249Q＞R（第 249 为氨基酸由谷氨酰胺变为精氨酸）替换。生长分化因子 9（GDF9）基因的点突变（g.231A＞g，p.Val397Ile）对绒山羊产仔数有很大影响，Niu 等将合成的 RNA 和单链寡核苷酸供体序列共同注射到山羊受精卵中，成功实现点突变。

四、转基因牛

1．制作方法 从首次通过原核注射（PN）将目的基因注射到受精卵中生产转基因牛开始，牛的基因组工程研究取得巨大进步。Cibelli 等采用体细胞克隆法及体细胞核移植，用标记基因对牛胎儿成纤维细胞进行基因修饰，产生了 3 头含有外源标记基因（*LacZ*）的小牛，该方法产生个体的外源基因整合率为 100%。SCNT 在转基因家畜生产中的应用是一个重大进展，但由于重编程异常和基因靶向效率低，其开发速度相对较慢。

Yutaka 等利用基因敲除生产出 α-1,3 半乳糖苷转移酶基因单等位基因的转基因牛，首次在牛中实现了基因打靶。Yum 等使用两个转座子系统（SB 和 PB）生成了健康的转基因牛。Chan 等用经过重组的携带外源基因的复制缺陷型病毒注入牛 MⅡ期卵子的透明带下并进行体外受精，最终获得转基因小牛。上述方法使外源基因定点整合效率大大提高。

2. 转基因牛研究的应用

1）*提高转基因牛的抗病力*　Wall 等通过转基因技术得到牛乳腺特异表达溶葡球菌酶的转基因牛，与非转基因牛相比，其乳房抗菌能力提高了 5 倍。张涌团队利用转录激活因子样效应物核酸酶（TALEN）靶向敲除 SP110 核体蛋白基因（*SP110*），生产出抗结核病的转基因牛；增加 *Nramp1* 基因的拷贝数可增强牛的抗结核功能，随后，该团队首次应用单一的 Cas9n 诱导牛基因在特异位点的插入，通过 ChIP-seq 确定了牛胎儿成纤维细胞（BFF）中一个不具有催化活性的 Cas9 蛋白的主要结合位点，创建了 Cas9 切口酶介导的基因编辑技术，获得了 *Nramp1* 基因编辑抗结核奶牛。

2）*生产无角牛，改善动物福利*　无角表型在某些牛品种中自然发生，并由一个单一的显性基因（*POLLED*）控制。利用 CRISPR 技术，可以将该基因整合到其他奶牛的基因组中，从而消除通过手术去除角或角芽的需要，减少动物在这一过程的痛苦。

3）*提高转基因牛的产肉性能*　肌生成抑制素（MSTN）是调控肌肉发育的负调控基因，该基因突变可导致动物出现“双肌臀”，Glim 等用 CRISPR/Cas9，以 *MSTN* 为靶点，将合成的 sgRNA 和 Cas9 微注射到体外牛受精卵中，结果有 17 头健康犊牛出生，其中 3 头的 *MSTN* 突变率分别为 10.5%、45.4%、99.9%，且 *MSTN* 突变率为 99.9%的后代具有双等位基因突变和双缺陷表型。过氧化物酶体增殖物激活受体 γ（PPARγ）是一种脂肪形成的正调节基因，PPARγ 的过表达可促进成熟脂肪细胞的产生，使肌细胞/成肌细胞分化为脂肪细胞，Ge 等用 CRISPR/Cas9 在牛基因组中进行 *MSTN* 点突变，同时定向插入 PPARγ，此方法可抑制 *MSTN* 的表达并促进 PPARγ 的表达。

4）*转基因牛可作为乳腺生物反应器*　1990 年，美国 Genpharm International 公司用酪蛋白启动子与人乳铁蛋白（hLF）的 Cdna 融合，获得世界上第一头名为 Herman 的转基因公牛，该公牛可用于非转基因母牛生产转基因后代，25%的后代母牛乳汁中表达了 hLF。1999 年上海交通大学医学遗传研究所也成功培育出我国首例转基因试管公牛“滔滔”，它的“女儿”产下仔牛后可能分泌含有人血清白蛋白的牛奶，这标志着我国转基因动物研究上了一个新台阶。张涌实验室通过 phiC31 整合酶系统和体细胞核移植生产出在牛奶中高度表达人血清白蛋白（HSA）的转基因牛，重组 HSA 的表达量为 4～8mg/mL，可以成为规模化生产 HAS 的生物反应器。

五、转基因禽类

1. 制作方法　禽类的发育与哺乳动物有很大不同，受精卵在输卵管中快速增殖，产卵时已经增至数万个细胞，且被大量的卵黄和生发细胞保卫，对受精卵和早期胚胎操作比较困难。目前禽类基因修饰的主要方法是通过原始生殖细胞（PGC）进行基因修饰。基本方法为：从胚胎血液或者性腺中分离培养 PGC；在体外对 PGC 进行基因修饰；将基因修饰的 PGC 注射到受体胚胎血管中；循环系统中的 PGC 可能植入发育中的宿主胚胎，并发生生殖系嵌合；孵化育成后检验受体中配子的突变率；利用嵌合个体作为亲本，通过杂交/回交获得纯合基因修饰的后代。2013 年 Schusser 等在 PGC 中使用同源重组技术首次敲除了鸡的免疫球蛋白基因。2014 年鸡基因组编辑首次被报道，该研究利用 TALEN 系统靶向敲除了卵清蛋白基因，证实了基因编辑的鸡 PGC 可通过增殖和分化过程向下一代进行生殖系传递。后续随着基因编辑系统的成熟，PGC 系统与 CRISPR/Cas9 技术结合产生了更多的基因编辑禽类（图 6-5）。

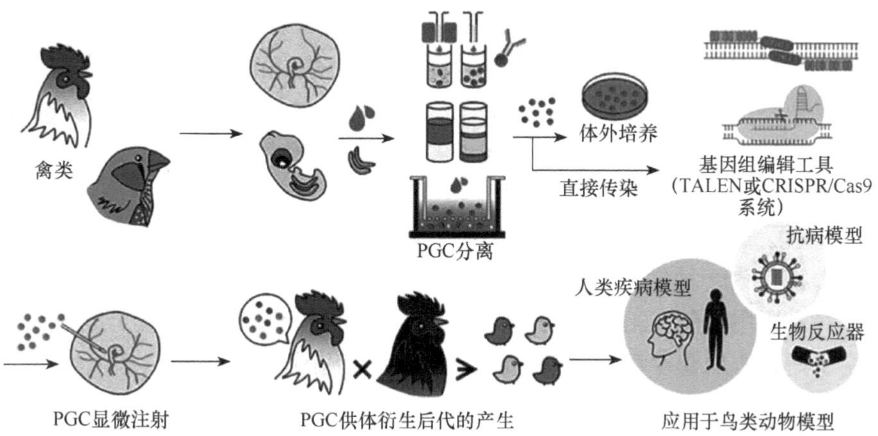

图 6-5　家禽的基因组编辑（引自 Park et al.，2014）

除了通过 PGC 介导，其他方法如精子载体法也可用于鸡的转基因。2019 年 Lee 等将携带有目标基因 CRISPR/Cas9 的 5 型腺病毒载体直接注射到鹌鹑卵的胚盘中，100 个注射的鹌鹑蛋中孵化出 11 个嵌合体，有 5 个嵌合体产生了杂合突变。该方法有应用于其他家禽的潜力。

2．转基因禽类研究的应用　家禽是全球范围内首要的动物蛋白来源，发育生物学和免疫学的重要模型，生物反应器的重要组成部分。家禽的基因编辑可以用于提高生产力、抗病力及繁殖力，蛋鸡性别选择，去除蛋清中的过敏原，定制鸡蛋生物反应器系统以提高产量等，在理论和实践方面都具有重大意义。2019 年 Lee 等报道了鸡的 Z 染色体进行基因编辑，可用于胚胎发生过程中的性别鉴定。该团队 2021 年又敲除了 *DMRT1* 基因，该基因是鸡的睾丸决定基因，敲除可以导致性腺雌性化。J 亚群禽白血病病毒（ALV-J）是禽白血病的病原，ALV-J 的复制依赖于功能性细胞受体，钠氢离子交换泵 1 基因（*chNHE1*）第 38 位的色氨酸残基缺失（ΔW38）纯合子鸡对 ALV-J 具有抗性。2020 年 Koslová 等通过精确基因组编辑生产了 ΔW38*chNHE1* 的鸡，对 ALV-J 感染有抵抗力。该研究在技术上的另一个亮点是将 PGC 移植入辐射去势的成年公鸡以提高嵌合率。

六、转基因鱼类

1．制作方法　显微注射法是生产转基因鱼的主要方法。1989 年，研究人员用显微注射技术将大鳞大麻哈鱼的生长激素基因及来自大洋鳕鱼的抗冻蛋白基因导入大西洋三文鱼的受精卵中，培养出第一条转基因三文鱼。随后，转座酶或内切酶Ⅰ-SceⅠ介导的转基因方法被开发出来，可以显著提高瞬时稳定表达效率。DNA 转座子是一种可移动的遗传元件，其插入位置可以在宿主基因组中发生变化，转座子通过转座酶的催化，从原始位置被切断，插入一个新的基因组位置，在目标点形成一个正向重复序列，随着技术的发展，转座子被广泛应用于基因诱捕，有报道指出，Tol2 转座因子被证明可以非常有效地将外源基因整合到斑马鱼基因组。

2．转基因鱼类研究的应用

1）作为水产动物，其重要经济性状得到改善

（1）提高生长性状。2015 年，美国 FDA 批准了一种作为可供食用的转基因三文鱼上市销售，这种鱼的生长速度可以达到普通三文鱼的 2～3 倍，大大缩短了三文鱼从幼苗到成熟

的时间，提高了饵料的利用率，且体型更大。

（2）提高抗病力与抗逆性。Yazawa 等将携带有鸡蛋白溶菌酶基因的重组质粒导入斑马鱼胚胎中，发现转基因后的斑马鱼对细菌性疾病有一定的抗性。Gong 等将美洲黄盖鲽的抗冻蛋白注入虹鳟体内，虹鳟抗冻能力显著增强。Guan 等将透明颤菌血红蛋白（VHb）基因导入斑马鱼基因组中，转基因斑马鱼对低溶氧耐受能力显著增强。

2）*作为模式生物，可用于疾病研究*　斑马鱼因体型小、胚胎透明、体外受精、繁殖力强等特点，被作为一种脊椎动物模型，在生命科学领域发挥着重要作用。Lu 等构建的转基因斑马鱼品系可用于研究帕金森病中相关神经细胞的发育过程。也有学者建立了转基因斑马鱼模型用于研究心血管疾病的发病过程及相关致病基因。

七、转基因昆虫

转基因技术在模式昆虫中的研究应用：果蝇作为一种模式生物，研究历史悠久。1983年，Engle 等在果蝇体内发现 P 转座子，随后该转座子被用于果蝇的转基因编辑。Sun 等通过 CRISPR/Cas9 技术在果蝇体内诱导了 *HP1c* 突变，用以研究 HP1c 在肿瘤中的作用关系，对构建人类疾病模型具有借鉴作用。家蚕作为鳞翅目模式昆虫，已有不少利用转基因技术对家蚕基因功能及性别控制的研究，Chen 等利用家蚕 PiggyBac 转座系统与 CRISPR/Cas9 系统，生产出敲除 *ie-1* 基因和 *me53* 基因的转基因家蚕，添毒实验结果表明转基因家蚕具有显著的抗家蚕核型多角体病毒（BmNPV0）能力。Xu 等使用 TALEN 技术将蚕丝蛋白重链基因 *FibH* 替换为蛛丝蛋白基因 *MaSp1*，MaSp1 肽的存在显著改变了真丝纤维的力学性能。

转基因技术在农业害虫中的研究应用：利用 CRISPR 系统对害虫进行基因编辑，可有效防治农业害虫。Chan 等开发了一种基于 ReMOT Control 的 CRISPR/Cas9 方案，将以卵巢为靶点的肽配体（BtKV）与 Cas9 融合并直接注射到成年雌性体内，对后代基因组进行有效的遗传编辑，为解决烟粉虱胚胎小、注射难度大的问题提供了新方法。研究发现，在甜菜黏虫中进化出了对阿维菌素的抗性，严重威胁到这类杀虫剂的效力，Zuo 等组装甜菜黏虫基因组并鉴定到 17 号染色体的 15～16Mb 为阿维菌素抗性位点，通过 CRISPR/Cas9 基因编辑，敲除该区域内与阿维菌素抗性有关的 *CYP9A186* 基因，获得了转基因甜菜黏虫。

转基因技术在经济昆虫蜜蜂中的研究应用：2014 年，Schulte 等运用显微注射法将质粒 PiggyBac 驱动的串联元件注射进意大利蜜蜂卵中，实验中用到的 2 种质粒 6×P3-rubia 与 Am-actin5c-egfp 均在蜂王及其子代中检测到荧光阳性，这是首次实验证实目的基因整合进蜜蜂基因组中，获得转基因蜜蜂。Liu 等使用 CRISPR/Cas9 技术对蜜蜂寄生性锥虫 *Lotmaria passim* 进行基因编辑，通过同源定向修复（HDR）的方式插入目的基因，成功使后代携带上荧光标记或是获得潮霉素抗性。

第四节　动物生物反应器

一、动物生物反应器的概念

动物生物反应器是利用转基因动物活体的器官或组织，通过实验手段，将外源目的基因导入动物细胞中，稳定地整合到动物基因组中，高效表达某种外源蛋白的器官或组织，并遗传给子代的动物，进行工业化生产功能蛋白质的技术，是当前生物技术的尖端和前沿研究项目。转基因动物在生物反应器领域具有广泛的用途，动物生物反应器的研究开发重点是动物乳腺反应器和动物血液反应器，即把人体相关基因整合到动物胚胎里。基因通常在转基因动物的血液循环系统或乳腺中表达，将这种转基因动物作为一种生物产品制造工厂，进而生产人类所需的具有医药价值的生物活性蛋白质药物，包括治疗用药物、激素和抗体等，目的是利用转基因活体动物的某种能高效表达外源蛋白的器官或组织，来进行工业化生产活性功能蛋白的技术，这些蛋白质一般是药用蛋白或营养保健蛋白。现在用于表达的生物反应器包括动物血液、泌尿系统、精囊腺、乳腺等，还包括禽蛋和昆虫（家蚕）个体等。

动物生物反应器中能够表达的生物制品主要包括：①高附加值产品，如增加奶酪中酪蛋白水平；②提高营养价值产品，人源化如乳清蛋白、乳铁蛋白、溶菌酶等人母乳中的重要成分；③治疗或预防人类疾病的蛋白质；④生物材料，如胶原质、蛛丝蛋白。其中动物乳腺作为生物反应器，生产贵重的蛋白质是动物生物反应的一种重要形式，其生产成本低、产品纯度高、经济效益好，具有极高的商业应用前景。动物生物反应器与其他的生物反应器，即细菌基因工程、细胞基因工程相比，具有不可替代的优点。其他细胞基因工程产物往往不具备生物活性，产物必须经过糖基化、羟基化等一系列修饰加工后，才能成为有效的药物，而且因为动物细胞的培养条件要求相当苛刻，成本太高，限制了规模生产。动物生物反应器具有产品质量高、容易提纯的特点，弥补了其他各类基因表达系统的缺陷。转基因动物的问世，为利用基因工程手段获得低成本、高活性和高表达的产物开辟了一条重要途径。作为生物反应器的转基因动物，主要利用其乳腺组织和血液组织进行定位表达，特别是用乳腺组织生产具有生物活性的多肽药物和具有特殊营养意义的蛋白质，已成为一个新的转基因方向。

二、乳腺生物反应器

（一）乳腺生物反应器原理

动物乳腺生物反应器（mammary gland bioreactor）指用重组 DNA 技术和转基因技术，将某种具有重要价值的生物活性蛋白的目的基因转移到尚处于原核阶段（1～2 细胞的受精卵）的动物胚胎中，经胚胎移植，得到转基因乳腺表达的个体（图 6-6）。外源基因在乳腺特异性表达需要乳蛋白基因的一个启动子和调控区，即在乳腺组织特异性启动子元件驱动下，需要一个使外源基因在动物的乳腺中高效表达，并引导泌乳期乳蛋白基因表达分泌到乳汁中的序列，这样才能将外源基因置于乳腺特异性调节序列控制之下，使其在乳腺中表达，再通过回收奶获得具有生物活性的目的蛋白。

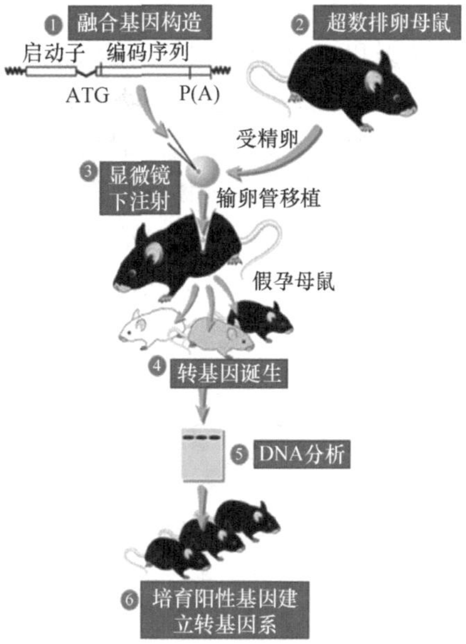

图 6-6　动物乳腺生物反应器流程

动物乳腺有广泛表达外源基因的能力，可以生产各种蛋白质和多肽，从小分子肽到大分子蛋白质，从分泌型蛋白到内膜蛋白、多聚蛋白、二价抗体等，显示动物乳腺是一种很好的生物反应器，在生产高附加值蛋白质方面具有广泛用途。用动物乳腺生产重组蛋白质产品有产品活性高、产量高、产品易于纯化、生产成本低等优势。

1983 年，我国科学家施履吉院士在国际上首次提出了“转基因动物乳腺生物反应器”的概念。目前乳腺生物反应器是转基因技术的一个热点，通过遗传操作可以改变乳汁的成分，从而获得较理想的具有生物活性的蛋白质。用乳腺进行生物反应器研究来获得基因表达产物比较简单，并且能够稳定遗传，成本较低适合大规模生产。同时乳腺可进行基因转录后的修饰，使表达产物具有生物活性，表达产物随乳汁排出体外，不会在体内蓄积而产生有害影响，因而用乳腺进行基因表达应该是很理想的。

乳汁蛋白主要有酪蛋白（casein）和乳清蛋白两大类，占乳汁总蛋白的95%以上。酪蛋白主要有 αs1、αs2、β、κ 四种，乳清蛋白主要有 α-乳白蛋白、β-乳球蛋白、乳清酸蛋白（啮齿类特有）。目前已阐明大鼠乳清酸蛋白基因（*WAP*）、β-乳球蛋白基因（*BLG*）、牛 αs1-酪蛋白基因、牛 αs2-酪蛋白基因、β-酪蛋白基因、牛 κ-酪蛋白基因，小鼠、大鼠、山羊、牛、豚鼠的 α-乳白蛋白基因的结构。由于乳汁蛋白大部分由单拷贝基因编码，泌乳期基因表达活跃，因而用乳汁中高表达蛋白的调控成分来指导外源基因在乳腺中的表达，能获得外源基因的高表达。表达的效率和组织特异性主要由 5′ 端和 3′ 端的调控序列和乳核特异因子（specific mammary nuclear specific factor）激素受体复合物结合位点等因素决定。乳腺表达载体构件主要有 4 种：*WAP* 基因表达构件、*BLG* 基因表达构件、牛 αs1-酪蛋白基因表达构件和 β-酪蛋白基因表达构件。

动物乳腺组织特异性高效表达载体是研制动物乳腺生物反应器的重要生物元件，外源基因在动物乳腺中的高效表达，必须依赖好的表达载体。建立动物乳腺生物反应器首先需要保证目的蛋白在乳腺特异性表达，这就要求表达载体蛋白的启动子调控元件应选用动物乳蛋白的基因启动子元件。目前，用于转基因动物乳腺特异性表达的调控元件主要有以下四类：①β-乳球蛋白（BLG）基因调控元件；②酪蛋白基因调控序列，常用牛 αs1-酪蛋白、β-酪蛋白基因和羊 β-酪蛋白基因的调控序列；③乳清酸蛋白（WAP）基因调控序列；④乳清白蛋白基因调控序列，在用动物乳腺生物反应器生产外源蛋白的研究中，多采用前两种启动子。

从理论上讲，任何一种乳蛋白基因都可以用来制作乳腺组织特异性表达载体。但是，由于研究动物乳腺生物反应器的先驱者偏爱，国际文献中报道的外源基因在动物乳腺中实现高效表达，使用的基因表达载体局限于用 3～4 种乳蛋白基因构建的表达载体。表 6-1 列出这些载体表达外源基因的情况。

表 6-1　表达外源基因常使用的表达载体

载体名称	目的基因	受体动物	表达水平	作者	年份
BLG	抗胰蛋白酶	绵羊	16g/L	Wright 等	1993
	EPO	家兔	1g/L	Korhonen	1997
β-casein	凝血酶III	山羊	6g/L	Meade 和 Groet	1996
	抗胰蛋白酶	山羊	14g/L	Meade 等	1994
	单抗	山羊	10g/L	Meade 等	1999
αsl-casein	IGF-1	家兔	1g/L	Brem 等	1985
WAP	第八因子	猪	3g/L	Paleyanda 等	1997

虽然动物乳腺生物反应器技术还有待于进一步改进，但根据目前已取得的成效，已经证明其是一种优良的反应器。

第一，乳腺生物反应器生产目标产品的产量高，非常容易收获。

乳用品种的牛、羊和猪等动物，产奶能力很强，乳中蛋白质含量高，通过转基因技术使乳腺合成蛋白质能力的一小部分改为合成目标产品，产量就相当可观。目前，在绵羊奶中表达外源基因的生产水平已经稳定地达到 15g/L，山羊达到 6g/L，兔达到 10g/L，猪达到 1g/L。假如要设定一个既不影响奶本身的特性，又不危及动物健康的目标产品产量，一般认为 2g/L 是一个理想的水平。假如一头奶牛的奶中目标产品的含量达到了这个水平，那么每头奶牛可以在一年中生产某种纯产品 20kg，对许多产品来讲，几头牛的产量已经相当可观。从乳腺中生产的产品非常容易收获，乳牛和乳用山羊的挤奶过程早已实现机械化操作，有全套的设施可供使用，即使猪的挤奶也已研制出机械化挤奶器。从奶中把主要蛋白质和脂肪去掉，是一种传统的工艺，制酪业已有成熟的技术可供借鉴，去掉酪蛋白和乳脂之后，乳清中含有的蛋白质种类很少，目标产品变成主要的蛋白质。因此，用动物乳腺生产目标蛋白的精制品，比用细菌发酵和动物细胞大规模培养的工艺更为简便和有效。

第二，动物乳腺生产的产品质量好。

动物乳腺组织不仅能按照遗传信息来合成任何一种蛋白质，而且具备一整套机制对翻译的产品进行天然的后加工，如剪切掉引导肽序列。动物乳腺可以对表达的蛋白质进行糖基化、磷酸化等修饰和组装多聚体分子等一系列加工，单体可正确聚合成有天然活性的多聚体蛋白。因此，动物乳腺生物反应器生产出来的产品质量最接近天然产品。细菌系统、植物系统、真核细胞系统虽然各有优点，但都不具备乳腺组织这种全面的蛋白质后加工能力。

第三，用动物乳腺生物反应器生产的产品成本低。

由于动物乳腺生物反应器生产蛋白质能力强，从奶中收集粗产品比较容易。饲养动物是一个畜牧生产过程，动物乳腺表达的外源基因可以稳定遗传，当获得具有高效表达的转基因动物后，进行扩繁只是畜牧生产过程，维持生产的成本很低，不需要复杂的设备和消耗昂贵的培养基，总的运转成本和单位运转成本都很低。对一些昂贵的产品来讲，原料生产成本几乎可以忽略不计。例如，用血液来源的凝血因子治疗一个先天性贫血患者，每年的治疗费用可达 10 万美元，用治疗一个患者的钱，足足可以饲养和维持 20 头生产某种凝血因子的奶牛，这些奶牛每年可以生产上百千克的凝血因子。

第四，从奶中提取产品比较简单。

在研究动物乳腺生物反应器的初期，曾经有人提出从奶中分离目标产品可能比较复杂，实践证明，这种担心可能是多余的。乳品生产和加工早已实现机械化操作，有成熟的技术和设施，乳清中含有的蛋白质种类较少，便于从中分离纯化重组蛋白，产品易于纯化。英国 PPL 公司曾经装备了一个实验车间，用来研究从羊奶中提取 α1-抗胰蛋白酶（AAT），实验证明，在按照制酪业的工艺将奶中的脂肪和酪蛋白除去以后，用工业层析技术就可以将产品提纯，纯度达到 99%。由于乳清中产品浓度很高，可以直接从乳清中提纯终末产品，既不必像微生物发酵工艺中那样须事先收集菌体，进行破壁和除去大量菌体蛋白，也不必像真核细胞大规模发酵那样，由于培养基中产品浓度太低，需要先经过浓缩的步骤。

第五，安全性好。

由于乳腺是一个外分泌器官，乳汁不进入体内循环，因此基本上不会影响转基因动物本身的生长和生理代谢。正因为如此，动物乳腺生物反应器已成为一项蓬勃发展的高新技术，具有广阔的应用前景。

尽管转基因动物乳腺生物反应器的研究面临着许多需要解决的理论和实验技术问题，并且目前表达的药用蛋白也仅十余种，但乳腺生物反应器技术在生产药用蛋白和改善牛羊奶的营养价值方面的优势、潜在的经济利益和社会效益是无法估量，同时更多研究者对乳腺系统基因表达调控机制深入了解和技术路线的完善，都必将提高乳腺表达系统的表达效率和药用蛋白产物的质量，降低生产成本，为乳腺生物反应器的商品化铺平道路，造福于人类。

（二）乳腺生物反应器构建方法

乳腺生物反应器的构建，与常规转基因技术相比具有明显的差异，不同点主要在载体的构建方面。传统的转基因构件是将外源 DNA 片段克隆到普通质粒基础上构建而成，一方面外源 DNA 片段来自 cDNA，基因的调控元件不全，没有基因内序列，所以不能有效表达并且易受整合位点附近基因组增强子的“位置效应”的影响；另一方面调控序列一般分散于基因的 5′ 端、3′ 端及基因内区且距离非常远，而这些表达载体自身容量又十分有限，不可能将整个调控区域都装进去，常常只是将乳蛋白的一些调控元件人为地拼凑在一起，而这些调控元件之间的序列并非毫无作用，并且有许多调控元件未被发现，所以用大小有限的载体制备的转基因动物，很难产生模拟基因表达各个方面的模型。乳腺表达载体是利用乳蛋白基因调控序列与目的基因融合来达到调控目的基因在乳腺特异表达的目的，乳蛋白基因座自然成为基因打靶方法制备乳腺生物反应器的首选基因座。而另有研究显示，具有前后 50kb 序列的乳蛋白转基因大鼠不受整合位点的影响，而只有上下游 20kb 序列的转基因鼠则呈现位点依赖性的表达。那么如果利用大容量载体，将乳蛋白的整个基因座包括所有调控序列全组装到一个载体，那么就可能不存在位置效应。酵母人工染色体、细菌人工染色体等大容量的人工染色体载体已经发展起来，为解决这一问题提供了手段，成为避开基因打靶制备乳腺生物反应器的另一途径。

乳腺反应器建立的一般过程：①目的基因及乳腺特异蛋白表达启动子序列的获得。利用常规的 PCR、RT-PCR 等分子生物学技术获得完整的目的基因（基因组 DNA 或 cDNA）及特异性启动子序列；通过核酸内切酶酶切，将所得片段连接构建特异性表达载体，包括启动子序列、目的基因、neo 序列及部分具有表达增强的增强子等调控序列。②对已构建的表达载体进行检测，将表达载体转染至动物乳腺细胞培养，提取细胞分泌蛋白，检测目的基因表达情况。③利用显微操作等方法将有效的乳腺特异表达载体转入受体胚胎细胞，构建能够在乳腺特异高效表达外源基因的转基因动物——乳腺反应器（图 6-7）。

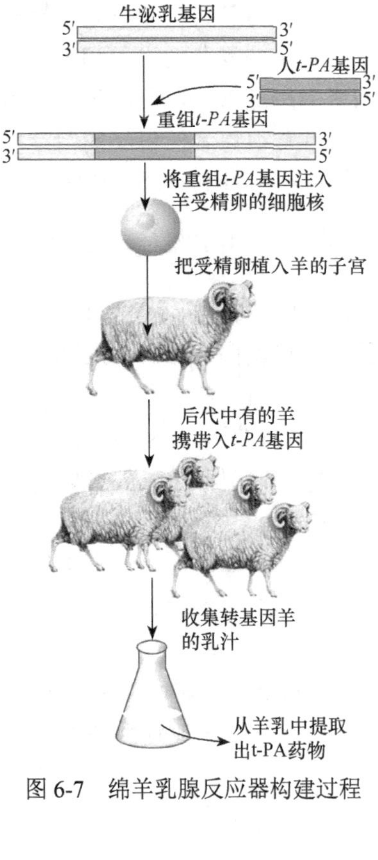

图 6-7　绵羊乳腺反应器构建过程

乳腺动物反应器建立的关键在于乳腺组织特异性表达载体构建的合理性和有效性，这包括外源基因在活体动物组织中分泌表达，表达是否具有组织特异性，表达水平及其蛋白质是否具有全部的生物学活性。目前，国外一般采用 β-乳球蛋白（BLG）、乳清酸蛋白（WAP）、酪蛋白的启动子及部分内含子进行乳腺特异性表达的调控；采用基因组 DNA 或小基因替代 cDNA，以提高基因表达水平；采用 YAC 携带大容量的外源基因和侧翼序列，消除基因的位置效应。另外，还需要采用定点整合法，将外源基因定点整合到乳腺特异表达的区域，或在其启动子控制之下，以便从大量的转基因动物中筛选出表达效率高的动物。乳腺组织特异性表达载体作为一种重要生物元件，受知识产权法规的保护，国外公司已纷纷申请专利。英国 PPL 公司申请了 BLG 的专利，美国 Genyme 公司申请了 β-casein 的专利，而荷兰的 Pharming 公司申请了 αs1-casein 的专利。为了确保我国动物乳腺生物反应器技术的发展不会受到外国专利的限制，我国在项目中特别安排了课题，构建我国特有的动物资源——牦牛乳蛋白基因为出发材料的表达载体，在项目执行期间已完成了 BLG 和 αs1-casein 表达载体的构建，并申请了专利保护。以后我们利用我国物种资源丰富的有利条件，还可以构建我国特有的动物资源乳蛋白基因为启动材料的表达载体。

三、其他生物反应器

（一）动物血液生物反应器

外源基因在血液中表达的转基因动物叫作血液生物反应器，外源基因表达的产物可以直接从血清中分离出来。目前为止，该反应器主要用来生产人血红蛋白、血清蛋白、人免疫球蛋白、抗体、干扰素和胰蛋白酶等重组蛋白，已有多种通过转基因动物生产的具有生物学功能的人血红蛋白问世。

动物血液生物反应器是利用血液定位表达的转基因动物生物反应器，但是利用动物血液生物反应器具有缺陷，由于血液循环系统与动物的健康密切相关，故不能在血液中表达有可能会影响动物健康的产品，如生产有活性的蛋白质或多肽（如激素、细胞分裂素等）进入转基因动物血液循环时影响动物的健康，所以动物血液生物反应器适合生产人血红蛋白、抗体或生产非活性状态的融合蛋白。

大家畜动物血液生物反应器血液容量大，可作为转基因家畜专一表达的组织。虽然血液生物反应器生产的蛋白质或多肽进入转基因动物血循环时，会影响该动物的健康（如重组后表达的激素、白细胞介素、t-PA 等具有生物活性的蛋白质很难在不影响转基因家畜健康的情况下表达），但是这种生物反应器却适合生产人血红蛋白、抗体或非活性状态的融合蛋白。目前人们已用这种反应器生产具有功能的人血红蛋白。Behringe 等（1989）报道，在转基因小鼠中表达了 α-球蛋白和 β-球蛋白。Swanson 等（1992）用人 LCR 区与两个拷贝的人 α′基因、一个拷贝的人 β′基因连接进行重组构建，获得了 3 头表达人血红蛋白的转基因猪，并成功分离到人血红蛋白，而且证实了重组血红蛋白与人血红蛋白的氧结合特性是一致的。该转基因猪表现正常，并未出现贫血症。该实验表明，用转基因家畜生产人血红蛋白是可行的，尤其在目前全血供应不足的情况下，该研究很有价值。

此外，还可以用血液生物反应器生产诊断或治疗用的抗体。Ebert 等（1993）已在转基因小鼠中获得了表达小鼠 IgA 的转基因猪和绵羊，通过表达抗体的家畜可大批量生产提高动物抗病力和治疗及诊断用的单克隆抗体。血液生物反应器的生产与乳汁的生产不同，为获得血液须宰杀动物，因而其代价是很大的。不过，由于人血红蛋白等价格昂贵，该种生物反应器仍有一定的商业价值。

（二）动物尿腺（膀胱）生物反应器

继血液和乳腺生物反应器之后，人们开始了以膀胱作为生物反应器的研究。膀胱生物反应器的原理是利用膀胱尿乳头顶端表面可表达尿血小板溶素的膜蛋白，将外源基因插入其5′端调控序列中，从而指导外源基因在尿中表达。相比乳腺和血液生物反应器，膀胱生物反应器具有产物周期短，不受性别和年龄的限制，使用周期长（一生都在产尿），尿液容易收集，且尿中几乎不含脂肪和其他蛋白，容易纯化等优点。现在用膀胱来生产药用蛋白的报道较少，但有资料报道，人们曾用膀胱生物反应器生产出人生长激素，而且取得了初步成果。虽然膀胱生物反应器的应用较少，但它却有着自身的优点：第一，可直接非侵入性地收集产物；第二，从尿中获得产物经济有效纯化方法多，提纯药用蛋白可省去分离脂肪的步骤；第三，生产周期短，雌雄动物均可获得表达产物。尿液早已是生物制药业中生产促性腺激素的天然材料。

研究结果表明，将人类的生长激素基因置于小鼠 *uroplakin 11* 基因启动子的下游，在尿液中获得特异性表达，其表达量可达 100～500ng/mL。Zbikowska 等（2002）利用尿液蛋白启动子指导人重组促红细胞生成素在转基因鼠尿中表达，表达量达到 6mg/mL。Kerr 等（1998）假设如果外源蛋白在尿液中的修饰加工比在哺乳动物细胞中更为完备，或者外源蛋白的副作用对动物本身影响不大，那么尿液将是生产重组蛋白的重要材料。与乳腺生物反应器相比，尿液是一个比较容易收集的体液，周期较短、转基因动物出生后不久就可以从雌雄动物尿中收获表达产物，而且外源基因表达的产物不进入血液循环，通过收集尿液来获得。

（三）动物精囊腺生物反应器

在一些动物体（特别是猪）中，精液是一种相对大量的生物学液体，而且容易收集。利用小鼠 P12 启动子在雄性动物副性腺中特异性表达模型，已从转基因小鼠的精液中表达了人生长激素。Dyck 等（1999）在转基因鼠精囊的上皮细胞中表达出了人生长激素。关于该系统能表达的蛋白质的复杂程度及分泌的机制目前尚不明确。

（四）鸡蛋生物反应器

由于鸟类生物学特点不同，其原核较小，目前比较成熟的原核显微注射技术不太适用于鸡，一般用反转录病毒实现基因转移，也有许多实验室用 PGC 转移法、胚胎干细胞法、脂质体转染法、电融合技术等进行转基因鸡的研究。目前，对家禽输卵管生物反应器的研究主要在输卵管形成蛋中表达的蛋白质上，目的基因表达产物直接进入蛋内，不影响禽类的生命活动，此蛋白质简单易分离和提纯。转基因家禽输卵管生物反应器利用血清中含量丰富的卵清蛋白的基因调控序列，来构建包含目的基因的输卵管特异性表达载体，通过显微注射等手段，将基因表达载体导入鸡等家禽动物体内，使目的基因在输卵管细胞中得以表达并在蛋清中获得相应的目的基因表达产物。

目前家禽生物反应器主要对禽蛋进行研究。因为禽蛋产量高、周期短，卵清蛋白启动子是最强的组织特异性启动子之一；蛋白质成分简单易分离提纯，且外源基因表达的产物直接进入蛋中，不参与机体的代谢活动，所以转基因家禽是比较理想的生物反应器。虽然家禽转基因技术相对落后，但由于家禽具有周期短、生产性能高、研究成本低，而且表达产物更接近天然状态和易于纯化等优点，输卵管生物反应器被称为继乳腺生物反应器后最具发展前景的动物生物反应器。鸡蛋中的一些内源性蛋白质，如溶菌酶、卵白蛋白、抗生物素蛋白已纯化出来用于工业和其他用途，采用转基因的途径对这些蛋白质进行修饰有一定价值。此外，用鸡卵清蛋白基因侧翼序列可以构建转基因鸡输卵管表达系统。

最近，用转基因家禽的蛋来生产重组蛋白药物受到了人们的重视。与其他现有的方法相比较，利用转基因家禽的蛋来生产重组蛋白具有降低成本、提高效率等很多优越性。现在通过生物工程利用大肠杆菌来生产的重组蛋白效率低，而最主要的缺点是成本高使药物十分昂贵。在美国，一般来讲，每生产 1g 重组蛋白需要 1000 美元。由于鸡的特殊生物学特性（世代间隔短、群体大、生产水平高、维持费用低和人工授精等技术的应用）使鸡蛋相对来讲变得十分便宜（一个蛋仅几美分）。由于鸡蛋又是十分丰富的蛋白质来源，利用转基因家禽的蛋来生产重组蛋白，可以使蛋白质的提纯简单化，可以大大降低生产成本，提高生产效率。

人重组蛋白生物试剂的需要量很大，特别是人的血清蛋白（如凝血因子、血清蛋白和血红蛋白）及免疫球蛋白。目前，在我国这些蛋白质主要是从血液中提取，因此十分昂贵，并且可能增加传播疾病（如艾滋病和传染性乙肝）的可能性。对于有些蛋白质，它们的生物学功能依赖于合成后的修饰（如蛋白质的磷酸化）。而这些需要修饰后才具有生物活性的蛋白质又无法从转化的大肠杆菌中生产。因为大肠杆菌属于原核生物，不具有真核细胞修饰这些蛋白质的酶系统。因此，用转基因家禽蛋作为生物反应器来表达这些蛋白质可能避免上述缺点，成为有效、可行和最经济的方式来生产具有生物活性的人类重组蛋白的方法。

通过转基因家禽的蛋来生产免疫球蛋白是转基因家禽的另一应用。每个卵黄可能含有 400mg 的 IgY，因而，在鸡蛋中表达一种外源免疫球蛋白可能不会产生副作用。同时，禽的 IgY 不能固定哺乳动物的补体，而且还能与葡萄球菌 A 蛋白结合或与哺乳动物的球蛋白形成交叉反应。IgY 的这些特点，可以用于免疫检测和酶联免疫吸附测定（ELISA），在美国利用转基因鸡蛋来生产各类抗体已经给抗体的生产提供了一个新的途径。

四、生物反应器存在的问题与发展前景

转基因动物生物反应器在过去短短几十年时间内已取得惊人的成就，其巨大的经济和社会效益也是毋庸置疑的。虽然动物生物反应器在生产中应用仍处在初级阶段，但人们对它的应用前景保持乐观态度，动物生物反应器的出现，给生命科学研究产生很大影响，在人类健康医疗领域有着广阔的应用前景。

尽管如此，我们还必须正确面对一些需要解决的问题，就是建立优质转基因动物生物反应器品系周期较长，成本高，前期投资巨大，还有涉及的技术难点多，技术尚不够成熟。因此，寻找简易、可靠、高效、安全的转基因技术成为转基因动物生物反应器广泛用于生产实践亟待突破的难关，有许多问题需要解决。

（一）构建动物生物反应器成功率低

转基因动物生物反应器的“非预期效应”——整合效率低，成活率低，表达受“位置效应”的影响，不能稳定地生产目的产物，这是目前几乎所有从事转基因动物研究的实验室都面临的问题，也是制约着这项技术广泛应用的关键。目前最常用的转基因动物显微注射法获

得转基因动物的阳性率（阳性子代动物/出生子代动物总数）为 10%～25%，结果重复性差，甚至无法重复，转基因动物的成功率较低。转基因小鼠乳腺生物反应器虽然成功率较高，但是存在表达水平低和自身泌乳量低等限制难以满足需要。而转基因羊、转基因猪和转基因牛等大型动物乳腺生物反应器虽然泌乳量较高，但是成功率较低且技术难度大。随后的研究虽然使成功率有所提高，但总的成功率还是较低，限制了其应用，还有待于进一步的研究。

（二）造成宿主基因突变问题

由于难以控制外源基因在宿主基因组中的位置，外源基因在动物基因组中的随机整合，可能会引起宿主细胞基因的插入突变、缺失突变及宿主基因的扩增重排和移位，也可能激活正常状态下处于关闭状态的基因，从而导致动物表型的改变甚至造成动物不育或死亡。基因打靶技术能够使目的基因定点整合，因此避免了对动物生物反应器宿主基因的损伤，提高了阳性率。

（三）外源基因表达水平不高

转入的外源目的基因在转基因动物特定器官中是否高效表达是动物生物反应器研究成败的关键。许多外源基因的表达与其宿主染色体上整合位点有关，但乳汁蛋白基因表达调控机理、目的基因在宿主染色体上整合的详细机制、基因表达调控元件在不同家畜表现差异的原因和乳腺细胞对蛋白质的加工修饰机理，目的基因在宿主染色体上整合及其特异性表达问题，包括目的基因整合位置、拷贝数、整合机理及与宿主染色体之间的相互作用等问题还不是很清楚。所以外源基因的表达难以控制，或表达低下等常常发生。

（四）反转病毒转染法研究中存在的问题

病毒载体可能从整合位点上脱落，恢复病毒特性，对宿主细胞的功能造成影响，甚至使动物死亡。反转录病毒载体容纳外源基因的 DNA 片段较小（≤10kb），而且获得的子代动物嵌合体的比例大。因此，此项技术的应用也受到了一定的限制。

（五）安全性问题

转基因动物生物反应器还存在一些安全性问题，如外源基因的插入可能造成的基因污染、转基因动物生物反应器产物可能存在免疫原性等。目前转基因动物的研究存在理论基础薄弱、技术不完善等问题，使得转入的基因在受体动物基因组中存在着随机整合、调节失控、遗传不稳定、表达率不高等问题。动物生物反应器表达产物的分离与纯化也存在问题，可能会出现要纯化的产物含量低的现象，还要确保去除引起人类变态反应的非人类蛋白。另外，转基因产品必须与人体产生的蛋白质高度相似，以免人体对它产生免疫反应，这些方面的问题也不容忽视。

动物生物反应器对传统伦理是一种挑战，对人类的生存有一定的负面作用。但是构建动物生物反应器技术的诞生是科学发展史上的一大创举，它标志着人类对动物遗传物质的工程操作已进入一个崭新阶段。转基因动物的研究本来就是一个不断探索和创新的过程，我们相信，只要针对不同动物选择相适应的转基因技术，采用高效特异的表达载体，将体细胞核移植技术与 iPS 技术、基因靶位技术、慢病毒介导技术、ZFN 技术、TALEN 技术、CRISPRi 技术等相结合，对动物基因组进行高效定点修饰，实现外源基因的时空和可控表达，能够建立简单、廉价、高效、稳定、易推广的转基因技术体系，使转基因动物生物反应器快速产业化，真正造福于人类。

这项技术的深入发展必将为基础生物学科的发展及解决世界人口、粮食、环境及健康等重大问题提供良好途径。该研究提供给人们的机遇是无限的，人们可以利用它来生产多种医药生物蛋白制品、血液替代品，生产“代用器官”以用于治疗人类的疑难病，有人建议用其整合技术进行转基因家畜的生产。目前利用动物生物反应器生产药用蛋白的市场潜力巨大。2006 年，美国 GTC Biotherapeutics 公司生产的人类第一个转基因动物（羊）乳腺生物反应器新药——用于治疗遗传性抗凝血酶缺乏症的 ATryn 获欧洲医药评价署（EMEA）批准上市，2009 年又被美国食品药品监督管理局（FDA）批准。该药物的上市标志着转基因动物药品真正迈入产业化时代。紧随其后，荷兰 Pharming Group NV 公司生产的来自转基因兔的重组 C1 酯酶抑制剂 Ruconest 成为第二个被批准上市的转基因动物药品（2010 年和 2014 年分别获 EMEA 和 FDA 批准）。该药主要用于治疗成人及青少年遗传性血管性水肿患者急性发作。这两种药物的年市场价值分别达到 10 亿～30 亿美元和 5 亿～12 亿美元，展现了转基因动物制药的良好前景。2011 年 12 月，中国在无锡召开动物生物反应器产业高峰论坛，决定将实施重组人乳铁蛋白、重组人血白蛋白、重组人第八凝血因子等多个重大产业转化项目，说明我国已进入动物生物反应器产业化的时代。

目前，动物转基因技术的研究和应用，有的处在实验阶段，而有的已逐步走向商业应用阶段。虽然动物生物反应器的研究仍面临着诸多困难，但随着相关理论技术和评价体系的完善，动物生物反应器将给人类医药卫生、生物改良带来不可估量的巨大变革，形成市场前景广阔和利润巨大的新生物制药行业。

第五节　转基因动物安全性评价

随着全球经济和新技术革命的发展，以基因工程为核心的现代生物技术已于 20 世纪 80 年代后期得到了迅猛的发展，为解决人类面临的资源、环境、农业和医药等问题发挥了极其重要的作用。转基因动物在疾病模型、医药、品种培育、环境保护及资源保藏等领域取得了突破性进展，在畜禽育种和生物反应器等方面的发展尤为迅速。随着转基因动物应用范围的不断扩大，一场席卷全球的关于转基因动物及其产品是否安全的激烈争论也爆发了。主要的问题在于转基因技术在研发应用阶段所带来的未知成分，包括人类及动物的健康风险、转基因动物产品的食用安全、转基因动物对生态环境的安全等，因此转基因动物的安全性评价尤为重要。如何在不影响健康及环境的前提下最大限度地提高转基因技术所带来的经济效益和社会效益，是各国所要迎接的巨大挑战。

转基因动物的生物安全性不仅关系到人类健康、环境和社会，而且在当前国内、国际政治和经济形势下，能够保障食品安全和农业可持续发展，促进农业增效和农民增收，提升我国转基因生物的研发能力，提高我国农业的国际竞争力，这对我国畜牧业发展和提高国民生活水平都具有十分重要的意义。因此，对转基因动物生物安全性问题的分析与研究，将有助于更好地加强转基因动物的应用与管理，为转基因动物生产提供更为广阔的发展空间。本节仅对转基因动物安全性评价原则及评价内容进行介绍。

一、转基因动物安全性评价原则

（一）实质等同性原则

“实质等同性”（substantial equivalence）概念是 1993 年经济合作与发展组织（OECD）在转基因食品安全中提出的，“实质等同性”已被很多国家在转基因生物安全性评价上广泛采纳，意思是指转基因物种或其食物与传统物种或食物具有同等安全性。对于转基因动物来说，“实质等同性”是指转基因动物或转基因动物食品与传统的动物或食品在安全性上没有差异。对于转基因动物来说，“实质等同性”要比较的主要内容如下。

（1）生物学特性：包括迁移方式和能力，建群能力，泌乳能力，形态和健康状况，对人畜的攻击性、毒性等，在自然界中的存活能力，对生态环境影响的可能性等。

（2）营养成分：包括主要营养因子（蛋白质、脂肪、碳水化合物、维生素、矿物质等）、抗营养因子（影响人对食品中营养物质吸收和对食物消化的物质）、毒素（对人有毒害作用的物质）、过敏原（造成某些人群食用后产生过敏反应的一类物质）等。

总之，转基因动物与传统动物比较除了目的基因外，其他指标没有显著差别就是“实质等同性”。然而，Millstone 等于 1999 年对“实质等同性”原则提出异议。他们认为“实质等同性”的概念不清楚，容易引起误导（Millstone et al.，1999）。Millstone 等的观点是：要用最终食品的化学成分来评价食品的安全性，而不管转基因作物或转基因食品的整个生产过程的安全性，包括人体健康安全和生态环境安全；只要某一转基因食品成分与市场上销售的传统食品成分相似，则认为该转基因食品同传统食品一样安全，就没有必要做毒理学、过敏性和免疫学试验。但就目前的科学水平而言，科学家还不能通过转基因食品的化学成分准确地预测它的生化或毒理学影响。因此，“实质等同性”依然被大家广泛采用。目前，转基因动物安全评价中将“实质等同性”原则与其他评价原则结合起来使用。

（二）个案分析原则

由于转基因生物及其产品中导入的基因来源、功能各不相同，受体生物及基因操作也可能不同，所以必须有针对性地逐个进行评估，即个案分析（case by case）原则。目前世界大多数国家立法机构都采取了个案分析原则。

（三）预防原则

虽然尚未发现转基因生物及其产品对环境和人类健康产生危害的实例，但从生物安全角度考虑，必须将预防（precautionary）原则作为生物安全性评价的指导原则，结合其他原则来对转基因动物及其产品进行风险分析，提前防范。

（四）逐步深入原则

转基因动物及其产品的开发过程需要经过实验研究、中间试验、环境释放和商业化生产等环节。因此，每个环节上都要进行风险评估和安全性评价，并以上步实验积累的相关数据和经验为基础，层层递进，确保安全性，即逐步深入（step by step）原则。

（五）科学基础原则

安全性评价不是凭空想象的，必须以科学原理为基础，采用合理的方法和手段，以严谨、科学的态度对待，即科学基础（science-based）原则。

（六）公正、透明原则

安全性评价要本着公正、透明（impartial and transparent）的原则，让公众信服，让消费者放心。

二、转基因动物自身安全性评价

（一）转基因动物安全管理基本内容

根据《农业转基因生物安全管理条例》（2017 修订）及其配套管理规章的规定，我国对转基因动物实行安全评价、生产许可、经营许可、加工许可、产品标识和进口审批等制度。在我国进行转基因动物研究、试验、生产、经营、加工、进出口等活动，均需依照《农业转基因生物安全管理条例》规定进行安全评价，并遵守《农业转基因生物安全评价管理办法》（2022 修订），按照行政审批程序提出申请，取得行政许可后方可进行。而安全评价则是这些行政审批所必需的工作，安全评价工作便是对转基因动物进行技术检测、鉴定、监测和监控，是加强对转基因动物及其产品安全管理的核心和基础。围绕着安全评价工作的展开，我国建立起了包括专家体系、检测体系、监测体系和标准体系四方面的安全管理技术支撑体系。专家体系负责法律制度的完善、统筹生物安全评价管理工作；检测体系针对转基因外源基因、生态环境影响和食品安全的检测等工作进行鉴定并出具技术测试报告；监测体系对转基因动物的研究、试验、生产、经营、加工、进出口等活动开展全程跟踪及长期监测；标准体系为上述体系及安全评价内容提供标准化支持及指南。安全管理技术支撑体系的建立为转基因动物安全管理工作提供了重要保障。

（二）转基因动物安全评价内容

目前国际上的安全性评价以国际食品法典委员会（CAC）标准为基础，以《转基因动物的食用安全评价指南（CAC/GL 68－2008）》为指导。我国主要依据《农业转基因生物安全评价管理办法》和《转基因动物安全评价指南》对转基因动物进行安全评价，政府专门成立了农业转基因生物安全委员会，负责对申报的转基因动物及其产品进行审查。我国转基因动物安全性评价主要内容包括分子特征、遗传稳定性、健康状况、功能效率评价、环境适应性、转基因动物逃逸（释放）及其对环境的影响及食用安全（图 6-8）。

动物经过转基因后，表型及基因型的改变都可能带来潜在的风险。目前科学技术的发展研究还不能完全精确地预测某个基因在一个新的环境中会产生什么样的相互作用，而转基因动物基因的表达受环境等诸多因素影响，因此分子特征的测定尤为重要。要完全精确地预测转基因动物的后代遗传稳定性尚有困难，因此要用适宜的观察手段考察目标性状在对转基因动物一生及其所产生后代的表现，研究后代与父代母代在遗传上的差异，至少连续追踪 2 代。另外按照个案分析原则，对转基因动物可能导致的兽药残留、重金属、毒素等主要污染物的蓄积进行评价。

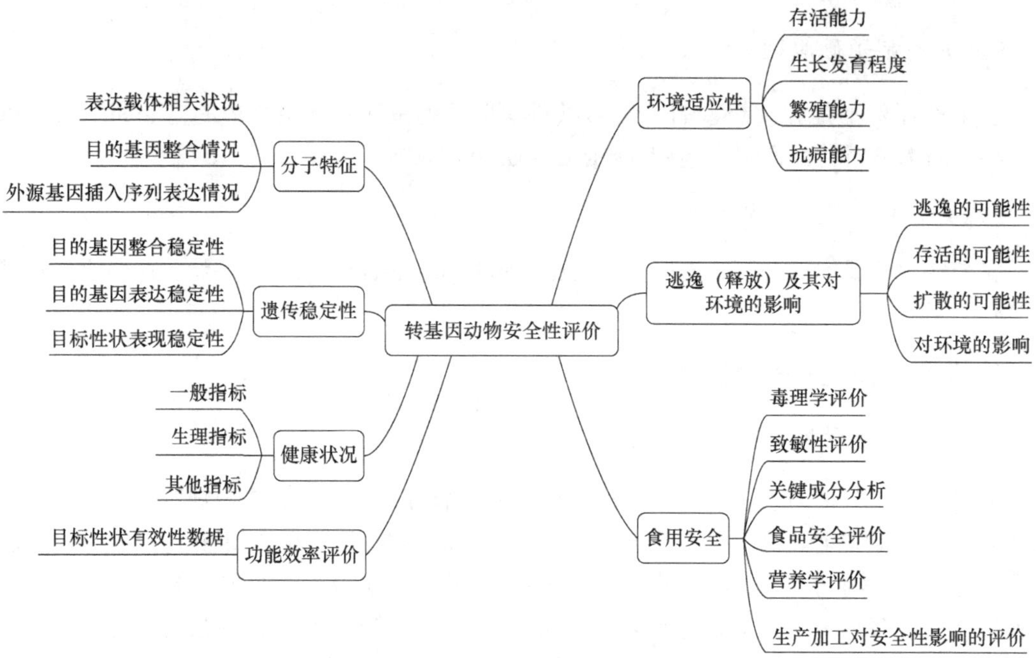

图 6-8　转基因动物安全性评价

目前，基于我国转基因动物安全性评价原则，将转基因动物评价等级分为：①对人健康和生态环境尚不存在危险，对人健康和生态环境未曾发生过不良影响，或演化成有害生物的可能性极小，或仅用于特殊研究，存活期短，自然环境中仍难以存活；②对人健康和生态环境具有低度危险，但通过采取安全控制措施可避免其危害；③对人健康和生态环境具有中度危险，但通过采取安全控制措施基本上可以避免其危害；④对人健康和生态环境具有高度危险，而且尚无适当的安全控制措施来避免其危害。

同时，我国是对转基因食品进行强制性标识的国家，规定禁止进口或者出售没有进行标识的转基因食品。2015 年《食品安全法》便将转基因食品的标识上升到了法律的层面，明确指出了生产经营转基因食品应当按照规定显著标示，从而保障了消费者的知情权。

虽然转基因动物具有潜在的风险，但相比转基因动物的优势来说，这种潜在风险阻挡不了转基因动物研究和产业化的发展步伐。此外，安全是个相对概念，即便是人们经常食用的传统食品以及不少药品也存在风险，并不是绝对安全的，如花生、大豆、牛奶、鸡蛋等致敏性食物和毒蘑菇等毒性食物。因此，“零风险”的食品是不存在的。事实上，生物安全是一种个案处理事件，这就是要评价的原则也是评价的基础。随着研究的深入，未来将会进一步完善各种转基因动物的安全评价标准，确保转基因动物研究及其产品的安全性，推动转基因动物产业化的发展。

小　结

转基因动物技术是把有功能的外源基因或基因簇导入动物基因组中去，并使其在后代中能够得到表达的一种操作技术。外源基因导入动物细胞的方法有多种，有些借助载体，有些不需载体，其方法有 DNA 显微注射法、胚胎干细胞介导法、精子载体法、体细胞核移植法、反转录病毒感染法和原始生殖细胞技术等。外源基因导入细胞后是否整合、表达还需要进行进一步检测确认，通常的检测有外源基因的整合检测和外源基因的表达检测。外源基因的整合检测的方法有 DNA 斑点杂交、PCR、Southern 印迹法、染色体原位杂交等；外源基因的表达检测又包括转录水平检测、翻译水平检测等。目前已建立常见的转基因动物，包括转基因鼠、猪、牛、羊，以及转基因禽类、鱼类和昆虫等。利用转基因动物活体的器官或组织，能高效表达某种外源蛋白，形成动物生物反应器已成为一个新的转基因方向，并具有广阔的商业化利用前景。转基因动物及其产品的安全性问题及由其引起的社会伦理问题在近些年受到空前关注，主要的问题在于转基因技术在研发应用阶段所带来的未知成分，包括人类及动物的健康风险、转基因动物产品的食用安全、转基因动物对生态环境的安全等，因此转基因动物的安全性评价尤为重要。

思　考　题

1. 转基因动物的制作方法有哪些？各自的优缺点是什么？
2. 转基因动物的检测方法有哪些？
3. 设计一种你认为最有效、最完善的转基因动物的制作与检测试验方案。
4. 试说明转基因动物的应用前景。
5. 转基因动物安全性评价原则有哪些？

第七章　动物分子育种技术

学习要点：了解动物分子育种的概念、任务和内容、分子标记的概念、检测方法；掌握数量性状基因定位的方法、分子标记的筛选与应用；了解分子标记辅助选择和数量性状基因的定位、分子育种在畜禽遗传育种中的应用。

第一节　动物分子育种概述

自 20 世纪 80 年代以来，随着信息技术和分子生物学技术的迅猛发展，动物分子育种技术的研究取得了一系列突破性的进展，动物的育种技术已逐渐从宏观的群体水平进入微观的分子水平。动物分子育种是一种直接改良动物个体选择、保护品种遗传资源、利用 DNA 水平的杂种优势的新型育种技术，其目的不仅在于改良畜禽的重要生产性状，还在于创造一些非常规的经济性状。与传统育种方法相比，动物分子育种是直接在分子水平上对性状的基因进行选择，选种的准确性大幅度提高，克服了传统选种方法的效率低、遗传进程缓慢等缺点，是传统动物育种理论和方法的新发展。近几十年来，动物育种取得了巨大的成就，然而，它是建立在遗传学理论基础上的。遗传学从产生发展到现在的分子数量遗传学，经历了经典遗传学、群体遗传学、数量遗传学和分子遗传学。随着人们对计算机科学、信息科学及动物育种等相关学科和技术的深入探索，动物育种学依据分子数量遗传学理论开辟了动物分子育种的新篇章，转型为从过去对表型数量性状的操纵，到对基因或基因型数量性状的直接操纵，大大促进了分子育种甚至常规育种方法与育种技术的发展。

一、分子育种的概念

分子育种（molecular breeding），就是将基因工程应用于育种工作中，通过基因导入培育符合有一定要求的新品种的育种方法，是利用数量遗传学理论和分子遗传学技术来改良畜禽品种的一门新兴学科，是传统动物育种理论和方法的新发展。

分子育种的概念分为广义和狭义的定义，本章所讨论的是狭义分子育种，主要包括标记辅助选择、分子设计与基因组选择（genomic selection）育种。标记辅助选择是利用与重要经济性状连锁的 DNA 标记或功能基因来改良动物品种的现代分子育种技术。分子设计育种以生物信息学为平台，以基因组学和蛋白质组学等若干个数据库为基础，综合作物育种学流程中的作物遗传、生理、生化、栽培、生物统计等所有学科的有用信息，根据具体作物的育种目标和生长环境，用计算机设计最佳方案，然后开展作物育种试验的分子育种方法。基因组选择则是利用基因组中所有或大部分标记开展基因组育种值预测。标记辅助选择与基因组选择的主要区别是利用 DNA 标记的规模，前者主要是利用单个或少数 DNA 标记开展育种，而后者则利用很多 DNA 标记或所有标记开展育种。

二、分子育种的任务和内容

（一）分子育种的任务

在分子遗传学和分子数量遗传学的理论和技术指导下，动物分子育种的应用渗透到了动物的起源和分化、杂种优势分析、分子标记辅助选择、基因定位、全基因组选择、转基因动物生产和遗传资源保护。

1．动物的起源与分化　育种学家和遗传学家关注的问题一直是动物起源和分化，这也是有效育种工作的根本。野生祖先的起源、驯化的时间和地点是在动物起源和分化研究中最基本的问题。虽然家畜的起源早在达尔文的物种起源理论就已经讨论过，但是对于家畜的进化却知之甚少。在进化过程中，DNA 分子的突变以几乎恒定的速度发生和积累，这种情况被称为进化时钟。因此 DNA 不仅是主要的遗传物质，也是生物进化信息的主要载体。

近年来，随着分子遗传学、生物信息学和计算机技术的飞速发展，人们可以根据 DNA 分子水平来探讨家畜的起源。利用系统进化树根据家畜与野生祖先的遗传距离来判断其祖先。基于这一原理，研究人员利用线粒体脱氧核糖核酸序列信息，基本上确定了大多数家畜物种的野生祖先。例如，基于线粒体和核基因组序列重构了绵羊属物种种间系统发生关系，结果支持绵羊属的亚洲起源论。还有学者分析了中国西南地区的 5 个地方绵羊品种的线粒体序列，通过系统进化分析表明西藏地区的 3 个绵羊群体有 A、B、C 共 3 个单倍型群，而云南地区的 2 个绵羊群体只有 A、B 单倍型群，该结果也得到了其他学者的验证，而且西藏绵羊遗传多样性高于云南绵羊。根据对家驴和所有野驴物种的线粒体 DNA（mitochondrial DNA，mtDNA）控制区序列分析表明，家驴存在两个世系的野生祖先，分别是现存的两个非洲野驴亚种，即努比亚野驴和索马里野驴。

2．杂种优势分析　杂种优势（heterosis）是指不同品种或品系间个体杂交，杂种后代在生长潜力、生活力、生产性能和适应性能等方面高于亲本均值的现象。杂种优势在现代的畜牧业中，尤其是在肉用畜牧业当中得到了广泛的应用。目前，肉用仔鸡在一些畜牧业发达的国家中几乎全是杂种，商品猪肉有 90%以上产自杂种猪，杂种优势普遍应用于肉牛、肉羊、蛋鸡等。杂种优势的遗传机制最开始主要用显性学说和超显性学说来解释。显性学说认为杂种优势是同一位点等位基因相互作用的结果，超显性学说认为杂种优势是基因间相互作用的结果。而 Turbin 等（1961）认为“杂种优势不能用任何一种遗传原因来解释，也不能用遗传因子相互影响的一种形式加以说明，因为这种现象是各种遗传过程不同作用的总效应。”遗传平衡学说认为杂种优势是显性和超显性共同作用的结果。

杂种优势的大小受到多种因素的影响，杂种优势的评价是一项很复杂工作，也是育种学家一直探索的问题。随着分子遗传学和分子生物学技术的发展，人们在 DNA 水平上发现了大量的遗传多态性现象，这些现象的变异称为分子遗传标记，可利用这些分子遗传标记预测杂种优势。利用分子遗传标记预测杂种优势，其准确性取决于数量性状基因座（quantitative trait loci，QTL）的覆盖率。探索和定位杂种优势的 QTL，综合特异性标记和非特异性标记构建预测杂种优势的分子模型，是解释和预测动物杂种优势的有效途径。例如，在家猪 QTL 的研究中，发现 5 个染色体区域对杂种优势有显著影响，表明寻找和定位杂种优势 QTL 是解释和预测动物杂种优势的有效途径，建立基于综合和非特异标记的杂种优势预测分子模型对于加快育种进程和提高育种效果具有重要意义。

3．分子标记辅助选择　分子标记辅助选择（marker-assisted selection，MAS）是利用表型信息结合基因型信息来选择个体的一种技术，可以提高选择的准确性和强度。MAS 的实质是以多种分子标记为前提和基础，如限制性片段长度多态性（RFLP）、单链构象多态性（SSCP）、微卫星标记等，是常规选择的辅助手段。它实现了从表型选择到基因型选择的重大转变，提高了选择准确性，加快了遗传改良速度。较传统的指数选择方法，在遗传力和家系共同大小的性状上，MAS 的效率高 3～4 倍。通过标记辅助选择将少数优良目的基因导入受体群体不仅可追踪，还可加快导入速度和减少横交固定的世代数，分子标记辅助选择的效率比传统的子代测定高 20%～30%。目前，分子标记辅助选择在生产实践中已有一些成功的实例。例如，一些主要的标记基因已应用于猪的分子标记辅助选择育种中，*FSH-β* 和 *ESR* 基因的标记已纳入种猪改良公司（PIC）的猪分子育种计划中。MAS 在我国撒坝猪、太湖猪和淮南猪品种中也进行了应用，取得了良好的效果。还有牛双肌基因和鸡矮小基因等标记基因也得到了广泛的应用。

4．基因定位　基因定位是指基因所属连锁群或染色体及基因在染色体上的位置的测定。基因定位是遗传学研究中的重要环节，也是遗传学研究中的一项基本工作。基因定位更是未来品种改良的主要手段，许多国家已将动物基因定位研究纳入国家重点研究。

在遗传学的早期研究中并未发现果蝇等生物的基因在染色体上的位置和生理功能有什么关系，但后来发现一些有类似表型效应的基因是紧密连锁的。例如，1945 年刘易斯在果蝇中发现与中胸发育有关的几个基因相邻接，构成一个复合座位或称基因复合体或拟等位基因系列；1960 年莫诺和雅各布报道大肠杆菌与乳糖发酵有关的几个基因紧密连锁，构成一个操纵子，可见基因的位置并不是和它们的功能完全不相关，因此基因定位有助于了解基因的功能。1913 年布里奇斯首先在果蝇中通过 X 染色体的不分离现象证实了白眼基因（white，*w*）在 X 染色体上。同年斯特蒂文特根据两个基因之间的距离越远则交换频率越高这一假设，首先在果蝇中进行了基因定位工作。

5．全基因组选择　全基因组选择是利用覆盖全基因组的高密度单核苷酸多态性（SNP）标记，结合表型记录或系谱记录对个体育种值进行估计，其假定这些标记中至少有一个标记与所有控制性状的 QTL 处于连锁不平衡状态。在全基因组选择中，参考群是指有基因型和表型信息的群体，根据参考群的数据进行建模，预测只有基因型个体的表型值。全基因组选择的效率主要受参考群的大小、规模及和候选群的关系等因素影响外，同时还受标记密度、表型记录个体数、估计染色体片段效应等因素影响。全基因组选择方法在奶牛上获得突破，在后备公母牛的选择上，基因组育种较传统育种的估计育种值可靠性大幅增加，达到 23%，相当于 11 头后备母牛的可靠性。

6．转基因动物生产　借助基因工程技术将确定的外源基因通过生殖细胞或早期胚胎导入动物体的染色体上，称为转基因。含有转基因的动物称为转基因动物。

自 1980 年 Gordon 等利用显微注射技术将重组 DNA 导入小鼠受精卵并获得第一只与外源基因整合的小鼠以来，转基因动物的研究引起了人们极大的兴趣并取得了迅速的进展。Palmiter 等（1981）将大鼠生长激素基因与含有小鼠金属硫蛋白基因启动子的 DNA 片段融合，通过显微注射将小鼠受精卵注入受体，并将其移植到受体中，获得了“超级小鼠”，其体积几乎是正常小鼠的两倍。利用转基因动物生产人类药用蛋白等非常规畜牧产品，是目前世界上转基因动物研究的热点之一。其中，通过动物“乳腺生物反应器”生产人类药用蛋白的研究已取得初步成功。从 1987 年 Gordon 等在转基因小鼠乳汁中得到人组织纤维蛋白溶酶原激活剂（t-PA），至今已有数十种人体蛋白在家畜乳腺中表达，这些蛋白质可以用于治疗人类相关疾病。一些药物蛋白如从转基因山羊获得的抗凝血酶，从转基因绵羊得到的 α-1-抗胰蛋白酶，还有来自转基因兔的 α-葡糖苷酶等正用于临床试验。近年来许多生物技术公司竞相开展转基因动物乳腺生物反应器的研究，并利用转基因动物大量生产人类活性蛋白质，使转基因动物技术由实验研究向产业化发展。1996 年中国工程院院士、上海医学遗传研究所所长曾溢涛教授成功获得了 5 头整合有人凝血因子Ⅸ基因的转基因山羊，其中一头已于 1997 年 9 月进入泌乳期，其乳汁中含有一种共有活性的治疗血友病的人凝血因子Ⅸ蛋白。2003 年 11 月 21 日，美国得到的一种能发红色荧光的转基因斑马鱼。

7．遗传资源保护　遗传资源保护的实质是全面地保存现有基因库中的所有基因资源，无论这些基因目前是否具有利用价值。动物遗传资源的日益减少引起了世界各国的广泛关注，世界各国纷纷采取各种手段和方法对动物遗传资源进行保护。我国是世界上畜禽遗传资源最为丰富的国家之一，虽然大多数品种存在生长缓慢、经济效益低等特点，但仍有耐粗饲、肉质好、抗逆性强等特点。目前，在动物遗传资源保存中主要采用活体原位保存和超低温保存配子或胚胎。随着分子生物学技术的发展和畜禽基因组计划的实施，基于基因组遗传信息的基因组文库技术正在深入研究，为遗传资源的保存提供了新的前景和思路。

（二）分子育种的内容

分子育种涵盖了分子标记辅助选择、基因组选择、基因编辑和转基因四个方面的内容，通过多种技术的集成与整合，对育种程序中的诸多因素进行模拟、筛选和优化，提出最佳的符合育种目标的基因型及实现目标基因型的亲本选配和后代选择策略，以提高动植物育种中的预见性和育种效率，实现从传统的“经验育种”到定向、高效的“精确育种”的转化。

分子标记辅助选择育种

1．分子标记辅助选择　可用于未克隆基因；可以帮助传统育种高效地实现多基因的聚合；对于数量基因性状的选育，也是一个不错的辅助工具。其特点是：完全不涉及转基因育种操作，与传统育种相同，只是增加了“分子标记”作为工具，能够更快速、有针对性地对目标性状进行选择，特别是对于品质、抗性等需要一定条件才能考察到相应性状的目标性状选择，更加方便。技术利用的门槛相对较低，只需要对基因进行相对精细的定位，就可以应用，不需要明确基因的每一个碱基序列，也不需要进行基因克隆。

2．基因组选择　基因组选择是由 Meuwissen 等于 2001 年提出，是最新一代的育种技术。随着高通量基因分型技术成本的下降和统计分析技术的完善，基因组选择在不久的将来会成为最重要的主流育种手段。关于基因组选择的概念和应用前面已有介绍，这里不再赘述。

3．基因编辑　基因编辑技术最适合用于由于蛋白质功能缺失，产生有利性状的目标性状改良。其特点是：过程涉及转基因的操作，但改良单株可以不含转基因；精准的定点修饰；对已克隆基因进行操作，需要明确基因序列；可以创制原始突变体。

4．转基因　转基因技术适合抗虫、抗除草剂等需要利用外源基因才能行使功能的目标性状改良。其特点是：插入序列随机整合至基因组中；必须清楚地知道目标基因的碱基序列，基因克隆是基础；可以创制原始突变体。关于转基因的详细内容在第六章有详细讲解。

三、分子标记的概念

广义的分子标记（molecular marker）是指可遗传的并可检测的DNA序列或蛋白质。

狭义的分子标记概念是指能反映生物个体或种群间基因组中某种差异的特异性 DNA 片段。它直接反映基因组DNA间的差异，这些DNA碱基序列变异主要有DNA重排、碱基替换、缺失、插入、倒位、易位和序列重复等多种形式。分子标记正是以物种内这种存在着极为丰富的DNA碱基序列变异为基础而开发出来的。

DNA 分子标记的优势：①数量丰富，基因组变异极其丰富，分子标记的数量几乎是无限的，且均匀分布；②大多数分子标记为共显性，对隐性性状的选择十分便利；③不受季节、环境、表达的限制，在生物发育的不同阶段，不同组织的 DNA 都可用于标记分析；④表现为中性，不影响目标性状的表达，与不良性状无连锁；⑤检测手段简单、迅速，并易于实现自动化，开发和使用成本低。

虽然至今没有一种 DNA 分子标记能完全具备上述理想特性，但分子标记技术在过去的30多年得到了突飞猛进的发展，已相继出现数十种，并且它们各具特色，为不同的研究目标提供了比较丰富的技术手段。

理想分子标记的要求：①具有高的多态性；②共显性遗传，即利用分子标记可鉴别二倍体中杂合和纯合基因型；③能明确辨别等位基因；④遍布整个基因组；⑤除特殊位点的标记外，要求分子标记均匀分布于整个基因组；⑥选择中性（无基因多效性）；⑦检测手段简单、快速（如实验程序易自动化）；⑧开发成本和使用成本尽量低廉；⑨在实验室内和实验室间重复性好（便于数据交换）。

四、分子标记的类型

根据核心技术的不同，可将分子标记大致分为三大类：①以分子杂交（Southern 杂交）为核心的分子标记，包括限制性片段长度多态性（restriction fragment length polymorphism，RFLP）、染色体原位杂交（*in situ* hybridization，ISH）、DNA指纹（DNA fingerprinting，DFP）等；②以聚合酶链反应（polymerase chain reaction，PCR）为核心的分子标记，包括随机扩增多态性 DNA（random amplification polymorphism DNA，RAPD）分析、简单序列重复（simple sequence repeat，SSR）或简单序列长度多态性（simple sequence length polymorphism，SSLP）、简单序列重复区间扩增（inter-simple sequence repeat，ISSR）、扩增片段长度多态性（amplified fragment length polymorphism，AFLP）、序列标签位点（sequence tagged site，STS）、序列特征化扩增区域（sequence charactered amplified region，SCAR）、随机引物PCR（arbitrarily primed PCR，AP-PCR）、相关序列扩增多态性（sequence-related amplified polymorphism，SRAP）等；③新型分子标记，即基于 DNA 芯片技术的标记技术，如单核苷酸多态性（single nucleotide polymorphism，SNP）、表达序列标签（expressed sequences tag，EST）、反转录转座子（retrotransposon）等。

（一）以分子杂交（Southern 杂交）为核心的分子标记技术（第一代分子标记）

1. RFLP　RFLP 是人类遗传学家 Bostein 在分子克隆技术基础上于 1980 年提出而建立的第一代分子遗传标记。特定生物类型的基因组 DNA 经某一种限制性内切酶完全酶解后，会产生分子质量不同的同源等位片段，或称限制性等位片段。限制性片段可在琼脂糖凝胶上进行电泳，从而可以依其分子大小分离出片段。RFLP 技术利用放射性同位素（常用 ^{32}P）或非放射性物质（如地高辛）标记探针，与转移于支持膜上的总基因组 DNA（经限制性内切酶消化）杂交，通过显示限制性酶切片段的大小来检测不同遗传位点等位变异。

凡是可以引起酶切位点变异的突变，如点突变（新产生和去除酶切位点）和一段 DNA 的重新组织（如插入和缺失造成酶切位点间的长度发生变化）等均可导致限制性等位片段的变化，从而产生 RFLP。图 7-1 更具体地说明了 RFLP 方法的基本原理。图中 A 和 B 分别来自两个不同个体的同一基因位点 DNA 片段。片段 A 具有两个酶切位点 ei 和 ej，切割后生成 DNA 片段 ei-ej，其长度为 1000bp，片段 B 的这两个位点之间由于碱基替代增加了一个新的酶切位点 e′，切割后产生片段 ei-e′和 e′-ej，长度分别为 800bp 和 200bp，但只有 800bp 片段含有探针 DNA 序列（图 7-1a）。在凝胶电泳中，DNA 泳动速度与本身长度成反比。片段 A 产生一条带，片段 B 产生两条带（图 7-1b）。经过用放射同位素标记的探针 DNA 序列杂交和放射自显影后，片段 A 显示 1000bp 区带，片段 B 显示 800bp 区带（图 7-1c）。由于片段 B 中的 200bp 片段长度不同，这一探针序列便可作为标记基因或多态性片段来识别其所在或相邻基因位点。

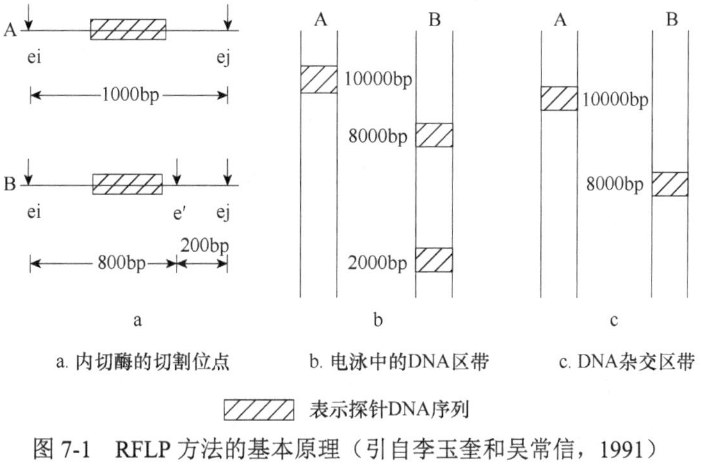

图 7-1　RFLP 方法的基本原理（引自李玉奎和吴常信，1991）

RFLP 的优点主要表现在：①可靠性较高，因为它由限制性内切酶切割特定位点产生；②来源于自然变异，依据 DNA 上丰富的碱基变异，不需要任何诱变剂处理；③多样性，通过酶切反应在 DNA 水平上来反映所有差异，且 RFLP 标记遍布于整个基因组，故而在数量上几乎没有任何限制；④共显性，RFLP 标记能够区别杂合体与纯合体；⑤无表型效应，不受发育阶段及器官特异性限制。

但是 RFLP 也有其固有的缺陷：①操作烦琐、相对费时、周期长，且 DNA 需要量大、要求高、检测技术繁杂；②具有种属特异性，且只适应单/低拷贝基因，限制了其实际应用；③RFLP 标记通常要使用同位素杂交，对实验员的健康较为不利，即使使用非放射性的

Southern 杂交技术，仍然耗时费力；④由于它的信息产生是因为碱基突变而导致的限制性酶切位点的丢失或获得，所以 RFLP 多态位点数较少，多态信息含量较低。故而 RFLP 标记存在一定的局限性，较难以用于大规模的育种实践中。

RFLP 在基因组遗传图谱构建、基因定位及分型、生物进化和分类及疾病的基因诊断等研究中得到了广泛的应用。

2．ISH 和 FISH　ISH 是 DNA 探针与染色体上的 DNA 杂交，并在染色体上直接进行检测的分子标记技术。它比较简便、结果直观，在用整个基因组 DNA 或基因组特异重复序列作探针时，可以明显区分不同物种的染色体组成。但其灵敏度和分辨率很大程度上依赖于制片技术和观察设备，一般实验室无法满足需要。

ISH 最早被用于染色体组型和核酸分布的分析，后来，随着技术的发展，它被用于基因染色体定位的研究，特别是非同位素标记技术的发展，使得 ISH 的应用日益广泛。目前它已被用于肿瘤的细胞遗传改变、人类的早期发育、核与基因组的分子结构、不同种属间的基因图谱比较、动物的细胞发生和无数的基因定位研究。

荧光原位杂交（FISH）是在同位素原位杂交技术基础上从 20 世纪 70 年代逐步发展起来的，其基本原理仍是用已知的标记单链核酸为探针，按照碱基互补的原则，与待检材料中未知的单链核酸进行特异性结合，形成可被检测的杂交双链核酸。由于 DNA 分子沿着染色体纵轴呈线性排列，因而可用探针直接与染色体进行杂交从而将特定的基因定位在染色体上。

FISH 与其他原位杂交技术相比具有以下优点：不需要放射性同位素、实验周期短、非特异杂交信号污染少、标记的探针稳定、检测简便快速、灵敏度高和安全等。尤其是荧光信号可以被特定的相机或激光扫描显微镜检测并记录下来，通过数字成像显微技术可以获得更为准确的图像。

3．DNA 指纹分析　由于不同个体串联重复序列的数目和位置不同，形成的杂交谱带具有个体的特异性，人们称为 DNA 指纹（DNA fingerprint）。1980 年，Wyman 和 White 在人类基因库中的 DNA 随机片段中发现了高度多态的重复序列区域。1982 年，Bell 等在人类胰岛素基因附近发现了一个重复率非常高的序列。1985 年，Jeffreys 等发现了一个小型卫星站点的关键序列，并将其用作探针得到第一个杂交模式的图谱，因为它和人类的指纹一样具有个体特异性，所以又称为 DNA 指纹模式。

DNA 指纹分析技术原理：DNA 指纹的图像在 X 射线胶片中呈一系列条纹，很像商品上的条形码。各种分析方法均以 DNA 的多态性为基础，产生具有高度个体特异性的 DNA 指纹图谱，由于 DNA 指纹图谱具有高度的变异性和稳定的遗传性，且仍按简单的孟德尔方式遗传，成为最具吸引力的遗传标记。如图 7-2 所示，F 为父亲，S 为儿子，M 为母亲，U 自称是 S 的父亲。在杂交图谱中 S 的带型有 5 条与 M 的一致，而另外 5 条与 F 的一致，而 U 只有一条与 S 一致。因此，可以肯定 S 是 F 与 M 所生，而不是 U 与 M 所生。

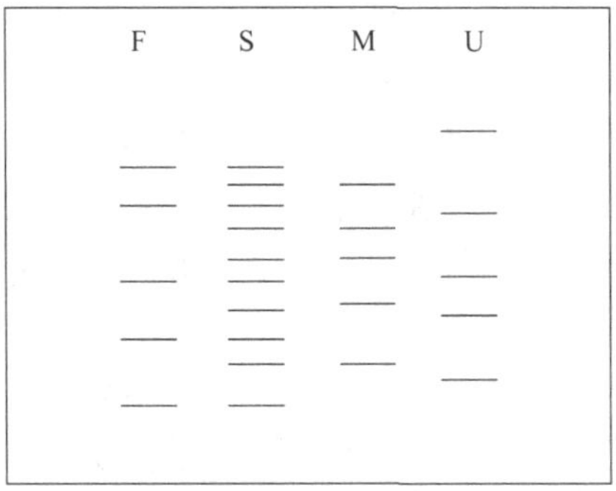

图 7-2　DNA 指纹用于亲子鉴定的示意图

DNA 指纹分析技术具有以下特点：①遗传方法简便。DNA 指纹带与人类指纹不一样，是能被遗传的。

DNA 指纹图谱带遵循简单的孟德尔遗传方法，后代图谱的每个谱带都可以在父母的图谱上找到，但不包括因为基因突变生成的个别新谱带。②多个位点。高分辨率 DNA 指纹通常由 15～30 条带组成。单个 DNA 指纹探针可同时检测基因组中数十个位点的突变。③高变异性。DNA 指纹显示出个体或群体之间的高度变异，换句话说，不同个体或群体的 DNA 指纹是不同的。④物种特异性和个体识别。使用相同探针针对不同物种（品种）的动物生成的 DFP 图像在谱带数量、深度和谱带分布方面具有不同的特点。使用不同探针获得的同一个人的 DFP 图像不一样，并且信息量不断累积。

（二）基于 PCR 反应的分子标记技术（第二代分子标记）

1. RAPD　RAPD 标记技术是一种用于检测随机扩增 DNA 的分子技术，是由美国科学家 Wiliams 和 Welsh 于 1990 年分别研究提出的，这是基于 PCR 的一系列随机排列的单链寡核苷酸（通常是使用 9～10 个碱基的聚合物）作为引物，对所研究的基因组 DNA 进行 PCR 扩增，产生不连续的 DNA 产物，然后用电泳技术检测 DNA 序列的多态性，这些扩增片段的多态性反映了基因组相应区域的多态性，即遗传材料的基因组 DNA 如果在特定引物结合区域发生 DNA 片段插入、缺失或碱基突变，就有可能导致引物结合位点的分布发生相应的变化，导致 PCR 产物增加、缺少或发生分子量变化。

PCR 技术的基本原理：使用人工随机合成的 DNA 分子作为引物，以从组织中分离的 DNA 作为模板，将两者混合后进行变性、退火，在较低的温度条件下基因组中两个反向重复序列相互补充形成双链。然后在 *Taq* DNA 聚合酶的作用下扩增，DNA 分子中与某一个引物互补的两个反向重复序列之间的序列长度为 2～3kb 时，新的链可以用作下一步合成的模板。这样，每次扩增后的 DNA 量会呈几何数增加，因此理论上在 n 次 PCR 合成后可形成 2^n 条新链。

RAPD 标记的主要特点有：①不需要 DNA 探针，设计引物也无须知道序列信息；②显性遗传（极少数共显性），不能鉴别杂合子和纯合子；③技术简便，不涉及分子杂交和放射性自显影等技术，实验设备简单、周期短；④DNA 样品需要量少（15～25ng）、无放射性、引物价格便宜、成本较低；⑤RAPD 标记多数为显性标记，信息不完整，且扩增出的产物稳定性差、实验重复性较差、结果可靠性较低。

2. SSR　SSR 是 20 世纪 80 年代末期发展起来的一种分子标记，是一类由几个（多为 1～5 个）碱基组成的基序（motif）串联重复而成的 DNA 串联重复序列，其长度一般较短，广泛分布于基因组的不同位置，如 $(CA)_n$、$(AT)_n$、$(GGC)_n$ 等重复。微卫星 DNA 的丰富多态性主要表现在两个方面：核苷酸重复单元数量的多态性和等位基因区域的多态性，一般情况下，微卫星 DNA 核心序列的重复越多，等位基因的数量就越多，多态性就越丰富。不同遗传材料重复次数的可变性，导致了 SSR 长度的高度变异性，这一变异性正是 SSR 标记产生的基础。

SSR 基本原理：尽管微卫星 DNA 分布于整个基因组的不同位置，但其两端序列多是保守的单拷贝序列，因此可以根据这两端的序列设计一对特异引物，通过 PCR 技术将其间的核心微卫星 DNA 序列扩增出来，利用聚丙烯酰胺凝胶电泳分析技术比较扩增带在胶板的不同距离来判断不同生物体的特定 SSR 座位多态性，就可获得其长度多态性，即 SSR 标记。微卫星标记作为继 RFLP 之后的第二代分子标记，越来越受到研究者的青睐。

SSR 标记的主要特点有：①多态性检出率高、多态信息含量大；②共显性；③实验操作简单、快速；④结果稳定可靠、重复性高；⑤引物可在近缘物种间交叉使用。尽管微卫星 DNA 标记具有上述优点，但该技术的应用受到一些因素的限制：首先，微卫星的筛选过程复杂；其次，微卫星 DNA 的检测需要高分辨率的检测方法，理论上最高分辨率应该能够区分一个碱基差异。尽管当前常用的聚丙烯酰胺凝胶电泳（PAGE）银染技术可以满足此要求，但该过程很复杂，难以检测大样本量，并且需要许多人力和物力。

近年来，随着国内外学者对其结构、遗传特性、发生机制等研究的不断深入，它在构建遗传连锁图谱、评估遗传多样性、绘制系统发生树、疾病诊断及亲子鉴定等方面越来越显示出巨大的优势，并已在人和动植物的遗传研究中得到广泛应用。

3．AFLP　AFLP 标记是选择性扩增基因组 DNA 酶切片段所产生的扩增产物的多态性，其实质也是显示限制性内切酶酶切片段的长度多态性，只不过这种多态性是以扩增片段的长度不同被检测出来。该技术结合了 RFLP 的稳定性和 PCR 技术的简便高效性，同时又能克服 RFLP 带型少、信息量小及 RAPD 技术不稳定的缺点。

AFLP 标记的主要特点有：①由于 AFLP 分析可以采用的限制性内切酶及选择性碱基种类、数目很多，所以该技术所产生的标记数目是无限多的；②典型的 AFLP 分析，每次反应产物的谱带在 50～100 条，所以一次分析可以同时检测到多个座位，且多态性极高；③表现共显性，呈典型孟德尔式遗传；④分辨率高，结果可靠；⑤目前该技术受专利保护，用于分析的试剂盒昂贵，实验条件要求较高。

4．STS　STS 是指基因组中长度为 200～500bp，且核苷酸序列已知的单拷贝序列，通过 PCR 可将其专一扩增出来。其基本原理是依据单拷贝的 RFLP 探针、微卫星序列、Alu 因子等两端序列，设计合适的引物，进行 PCR 扩增，电泳显示扩增产物多态性。有时扩增产物还需要特定的限制性内切酶酶解后才能表现出多态性。

STS 标记的主要特点有：①标记来源广，数量多；②共显性遗传，可区分纯合子和杂合子；③技术简便，检测方便；④与 SSR 标记一样，开发依赖于序列分析及引物合成，成本较高；⑤多态性常常低于相应的 RFLP 标记，这是因为 STS 仅仅检测该引物所分布区域的片段差异或酶切位置差异，而 RFLP 标记的多态性往往可能是探针以外区域的差异，这一部分差异无法转化成 STS 标记的多态性。

STS 将来对于许多不同实验室的基因图谱和测序数据进行定位和定向时非常有用，并且 STS 在人类基因组的物理图谱中也具有界标的作用。表达序列标签（EST）就是那些来自 cDNA 的 STS。

5．SSCP　聚合酶链反应-单链构象多态性（PCR-SSCP）分析是指等长的单链 DNA 因核苷酸序列的差异而产生构象变异，单链 DNA 构象分析对 DNA 序列的改变非常敏感，常常一个碱基差别都能显示出来。1986 年，根据单链 DNA 在非变性 PAGE 上的游动行为检测点突变，这种方法得到了不断的发展和改进，并已成为检测点变化的成熟方法。在非变性 PAGE 中的表现为电泳迁移率的差别，单链 DNA 片段呈复杂的空间折叠构象，这种立体结构主要是由其内部碱基配对等分子内相互作用力来维持的，当有一个碱基发生改变时，会或多或少地影响其空间构象，使构象发生改变，空间构象有差异的单链 DNA 分子在聚丙烯酰胺凝胶中受排阻大小不同。因此，通过非变性 PAGE，可以非常敏锐地将构象上有差异的分子分离开，通常将此方法称为单链构象多态性。

该标记技术的基本原理是在低离子浓度下通过变性剂或低离子高温处理将 PCR 扩增的目标片段解链，确认在单链状态，然后在具有特定浓度的非变性聚丙烯酰胺凝胶中电泳，单链 DNA 的迁移率不仅与 DNA 浓度有关，而且主要取决于单链 DNA 形成的空间形态。

SSCP 是一种简便、灵敏、不需要酶和探针的 PCR 鉴定技术，但该技术也存在一些缺点：①有的变异不易检测到；②只能检测到小片段 DNA（2kb 以下），200bp 以下效果更好；③易出现假阳性。

（三）基于测序为基础的新型的分子标记（第三代分子标记）

1. SNP　SNP（single nucleotide polymorphism，SNP）即单核苷酸多态性，是指由单个核苷酸碱基的改变而导致的核酸序列的多态性，在不同个体的同一条染色体或同一位点的核苷酸序列中，绝大多数核苷酸序列一致，而只有一个碱基不同的现象。它包括单碱基的转换、颠换、插入及缺失等形式。SNP 标记是美国学者 Lander 于 1996 年提出的第三代 DNA 遗传标记。

SNP 的原理：从分子水平上对单个核苷酸的差异进行检测，可帮助区分两个个体遗传物质的差异。SNP 基于自身的双等位标记这一特点，在检测样品时不需要像检测 RFLP、SSR 标记那样测量片段的长度，而是通过测序直接进行序列比对来发现差异。

SNP 作为一类新兴的遗传标记，主要有以下几方面的优点：①密度高。据估计 SNP 在人类基因组的平均密度为 1/1000bp，在整个基因组的分布达 3×10^6 个，遗传距离为 2～3cM，密度比微卫星标记更高，可以在任何一个待研究基因的内部或附近提供一系列标记。②具有代表性。某些位于基因内部的 SNP 有可能直接影响蛋白质结构或表达水平，因此，它们可能代表性状遗传机制中的某些作用因素。③遗传稳定性。与微卫星等重复序列多态性标记相比，SNP 具有更高的遗传稳定性。④易实现分析的自动化。

然而，SNP 标记在实际应用中也存在一些问题：①存在连锁不平衡的两个 SNP 之间的距离，目前尚无定论，这个问题直接关系到怎样降低遗传分析所需的 SNP 的数目；②群体过程的复杂性、多因子性状的遗传异质性及对照选择的不合理性等因素有可能掩盖真实的相关性；③数据分析方法的有效性也会直接影响分析结果的准确性。对这些问题的解决需要数学、遗传学、分子生物学、信息学等方面的科学工作者的共同协作。该标记主要在种族遗传学、疾病易感性研究、药物基因组学研究和育种上应用。

2. EST　表达序列标签（expressed sequence tag，EST），是指从 cDNA 文库中随机挑取克隆并对其 3′端或 5′端进行单轮测序所获得的短 cDNA 序列，一般长度为 300～500bp。

EST 技术是在人类基因组计划实施过程中，由美国国立卫生研究院生物学家 Venter 于 1991 年提出的发现基因的新战略，是一种相对简便和快速鉴定大批表达基因的技术。由于 EST 是短的核苷酸序列，而且根据构建文库时所采用引物的差异，所测定的序列可以是 cDNA 的各个区段，包括 5′端和 3′端，以及 5′上游非翻译区（5′-UTR）和 3′-UTR，也可以是 cDNA 的任何内部序列。因为 cDNA 来源于 mRNA，所以每一个 EST 均代表了文库构建原组织的基因组 DNA 中一个表达基因的部分转录片段。

EST 标记的优越性：①如果发现 1 个 EST 标记与 1 个经济性状在遗传上是连锁的，它很可能直接影响这一性状；②那些与某些候选基因或特定组织中差异显示的 EST 具有同源性的 EST，能够成为遗传图谱的特定目标；③EST 来源于编码 DNA，通常其序列保守性程度较高，EST 标记在家系和种界间的通用性比来源于非表达序列的标记更高。正因如此，EST 标记特别适用于远缘物种间比较基因组研究和数量性状位点信息的比较。

近年来，随着 EST 计划在不同物种间的扩展和研究内容的深入，来源于不同物种、不同组织、不同细胞类型和不同发育阶段的表达基因序列的数目急剧上升，EST 标记已成为生物研究的基本工具，广泛应用于新基因的发掘和遗传图谱的构建，如构建遗传学图谱、分离与鉴定新基因、基因差异表达的研究、基因的定位克隆、制备 cDNA 芯片等。

3．DArT　多样性芯片技术（DArT）是一种基于杂交的分子标记技术，利用芯片技术来辨认和检测 DNA 多态性的分子标记，用于基因组型分析，具有高质量、高通量、低成本且不需要已知序列信息等优点，是 Jaccoud 等于 2001 年开发的多样性微阵列技术。

DArT 技术原理：将不同样本的基因组 DNA 等量混合后进行限制性内切酶消化，酶切后的片段与接头连接，用与接头对应的选择性引物扩增连接产物得到基因组代表性片段，并通过一系列过程将该基因组代表固定到玻片上制备芯片。由于不同样本的基因组 DNA 序列有差异，因而与芯片上同一点序列杂交的效率不一致，芯片上只有与探针 DNA 互补的点才具有杂交信号。通过扫描仪可辨识不同颜色杂交信号的强弱或有无来确定待检测样本的遗传差别，在 DArT 多样性分析中表现不同杂交信号强度或有无的点就是一个 DArT 标记，即基因组代表中的一个多态性片段，可作为新的 DNA 标记用于其他研究。

DArT 技术可应用于基因组研究的许多方面，如遗传连锁图谱的构建、标记辅助育种、遗传多样性分析、遗传分类及进化的分析等。优点是高通量、低成本，可用于没有序列信息的任何物种，自动化，不需要凝胶电泳，标记的发现和检测是平行进行，稳定可靠，重复性好，受发育阶段时空表达和染色体倍性的影响很小。缺点是显性标记，不能区分纯/杂合型。

4．KASP　KASP 是竞争性等位基因特异性 PCR（Kompetitive allele specific PCR）的缩写，可在广泛的基因组 DNA 样品（甚至是一些复杂基因组的 DNA 样品）中，对 SNP 和特定位点上的插入缺失标记（InDel）进行精准的双等位基因判断。

KASP 技术原理：KASP 反应需要 PrimerMix 和 MasterMix 两种主要成分。PrimerMix 由两条末端碱基不同的等位基因正向引物与一条反向引物构成，两条正向引物 5′端分别连有不同序列的检测引物序列。MasterMix 包含两条带有不同荧光的检测引物。

KASP 可应用于 QTL 精细定位、种子质量控制、大样本量的分子标记验证、分子辅助育种、种子资源鉴定等工作，可以在短时间内准确判断分子标记类型及广泛应用于全基因组关联分析（GWAS）定位、QTL、基因组选择等后续分子标记验证工作上。

KASP 的特点：①优异的准确性。独立评价的准确性＞99.8%；业内领先的 SNP 和 InDel 分析的转化率＞90%。②超强的灵活性。设计的高度灵活性带来更高的成功率；支持低/中/高通量研究及单个重复实验；对液体处理系统、PCR 仪和荧光分析仪等设备有良好的兼容性。③前所未有的低成本。不需要昂贵的双色标记探针，同样成本获得两倍数据量；DNA 样本需求低（根据基因组大小不同只需 0.1～10ng）；不需要全基因组扩增。④高效的成熟技术。工作流程已经在世界上高通量的基因分型实验室广泛使用。

五、分子标记的测定方法

1. RFLP 标记的测定方法　当前的 RFLP 研究方法可以概括为两种：一种是标准的 RFLP 分析方法，适用于分析目标序列含量相对较高的样品。利用特定的限制性内切酶切割不同个体的基因组 DNA，就可以得到长短、数量、种类不同的限制性 DNA 片段，通过电泳和 Southern 杂交转移到硝酸纤维素膜或尼龙膜上，选用一定的 DNA 标记探针与之杂交，放射自显影后就可得到反映个体特异性的 DNA 限制性片段多态性图谱。例如，mtDNA、rDNA 或 PCR 扩增产物，然而，由于需要探针制备、筛选限制性内切酶和烦琐的操作程序，这些标准的 RFLP 分析方法的应用受到了限制。第二种是 PCR-RFLP 分析，是将 PCR 技术与 RFLP 分析相结合应用于 DNA 多态性的快速检测的方法。PCR-RFLP 方法使用 PCR 技术扩增确定等位基因特异性的 DNA 区域，用限制性内切酶消化扩增的产物，然后通过电泳分离。根据获得的限制性片段长度多态性图谱，可以判断不同的等位基因特异性。PCR-RFLP 分析克服了标准 RFLP 分析需要大量 DNA 的缺陷，可研究少量 DNA 样品，并且在用限制性内切酶消化后，可通过溴化乙锭（EB）染色直接检测 PCR 扩增产物。

2. ISH 和 FISH 的检测方法　ISH 和 FISH 技术大致分为三个步骤：①组织切片的制备，可以是石蜡切片也可以是冰冻切片，切片材料可以是组织切片、细胞爬片和血涂片等。②探针的制备，可采用同位素标记探针，杂交后通过放射自显影显示杂交信号，也可以采用非放射性大分子如生物素、地高辛等标记特异核酸片段，杂交信号经酶联显色或荧光显色得以显示。③杂交。

组织切片制备方法（以组织样为例）：①将组织样放在 4%多聚甲醛中，4℃过夜固定。②将固定组织样用 1×PBS 冲洗。③梯度乙醇脱水：75%→85%→95%→无水乙醇。④透明、浸蜡、包埋。⑤切片机切片，片厚 8μm，切片贴于用多聚赖氨酸处理的载玻片上，40℃烤 24h，再在 50℃条件下烤片 1h 使切片粘牢。

探针的制备：将获得目的基因进行克隆纯化，用地高辛（DIG）或同位素标记成 cRNA 探针。

杂交过程如下。

（1）组织切片的预处理：将处理好的切片取出，用二甲苯脱蜡 3 次，再用无水乙醇浸泡，将脱水后的载玻片用 1×PBS 清洗。之后放入 25μg/mL 蛋白酶 K 溶液中，于 37℃孵育 20min。

于 0.1mol/L 甘氨酸中浸泡 10min；之后 PBS 洗涤 2 次，每次 3min；在配制好的 0.1mol/L 三乙醇胺中加入 0.25%乙酸酐，浸泡 15min；用 2×SSC 溶液洗涤 10min；每片滴加 50%去离子甲酰胺 50μL，之后用封口膜封好，45℃孵育 30min。

（2）预杂交及杂交：先在每张切片上滴加 50μL 预杂交液，42℃预杂交 45min；取下封口膜，取出转录好的 cRNA 探针 10μL，按照加入 tRNA∶杂交缓冲液的量为 10μL∶97μL 的比例混合杂交液，并且加热到 85℃变性 10min，立即把混合好的杂交液冰浴 2～3min；在处理好的组织切片上滴加含有探针的杂交液，立即用封口膜覆盖；在杂交湿盒中底部加入纱布或定性滤纸，加入适量 2×SSC 溶液，放入加入杂交液的切片，80℃变性 5min，45℃杂交过夜。

（3）杂交后洗涤：杂交后取出组织切片，用 2×SSC 洗涤液在 37℃下洗涤 3 次，每次为 20min；用现配制的 NTE 溶液在 37℃下洗涤 2 次，每次 5min；在现配制的 NTE 中加入

RNA 酶，在 37℃下浸泡组织切片 30min；用现配 NTE 溶液于 37℃下清洗 10min，然后用 1×SSC 溶液清洗 10min，0.5×SSC 溶液清洗 10min，0.2×SSC 溶液浸泡 60min；室温下 1×PBS 清洗 10min，0.2×PBS 清洗 10min。

（4）显色：待切片稍干后滴加现配制抗体，用封口膜封好后在 37℃下进行显色反应 4～12h，显色结束后，用 0.05×PBS 洗涤 4 次，每次 10min；用现配制的 TSM1 溶液洗涤 2 次，每次 5min；用现配制的 TSM2 溶液洗涤 2 次，每次 5min；待片子稍干后滴加显色液，在湿盒中于黑暗处室温下进行显色反应 12～16h；用 0.05×PBS 洗涤 2 次，每次 5min；然后用乙醇梯度脱水，1%伊红染色 2min，之后用 95%乙醇脱水 2min，无水乙醇脱水 2min，重复一次；二甲苯透明 2 次，每次 2min；最后用中性树胶封片，于 37℃烘干备用。

3．DNA 指纹的检测方法 DNA 指纹技术可以大致分为以下步骤。

（1）DNA 提取和酶切消化溶解核细胞的细胞膜和核膜，释放出染色体 DNA，去除蛋白质，并通过沉淀获得纯净的 DNA。DNA 分子被切成各种大小的 DNA 片段。

（2）利用电泳分离和转移。用琼脂糖凝胶电泳法把 DNA 片段分离开，将双链 DNA 片段放入碱性溶液中，将双链 DNA 解散成单链 DNA 片段，然后通过 Southern blot 将 DNA 片段转移到尼龙膜或硝酸纤维素膜。

（3）探针标记。膜固定后，DNA 片段与放射性标记的已知碱基序列的 DNA 探针杂交。通常使用同位素磷酸用于在 DNA 片段和探针之间形成碱基对，这步骤与染色相似。

（4）显影。将含有探针和 DNA 片段的膜置于不透明的放射自显影盒中，在－70℃下保存 3～4d，然后碱基对通过放射线进入 X 射线片上，图像是不同长度的 DNA 片段，即 DNA 指纹。

4．RAPD 的检测方法 RAPD 反应条件很严格，DNA 纯度和浓度、Mg^{2+}浓度、引物和 dNTP 浓度及 *Taq* DNA 聚合酶浓度等许多因素都会影响测试结果是否正确。

RAPD 标记技术检测步骤如下。

（1）DNA 的提取，根据所研究材料的不同，获取完整和一定浓度的 DNA。

（2）利用一个随机引物（一般为 10 个碱基）通过 PCR 反应非定点地扩增 DNA 片段。

（3）扩增片段经琼脂糖凝胶电泳或聚丙烯酰胺电泳分离。

（4）溴化乙锭染色或银染等专一性染色技术即可记录 RAPD 指纹。

（5）进行 DNA 多态性分析，将多态数据输入具体的软件，一般采用类平均法（UPGMA）进行分析，构建亲缘关系的树状图。

RAPD 所用的一系列随机引物的序列各不相同，结合位点不同，扩增得到的 DNA 片段的区域不同。如果基因组的这些区域发生 DNA 片段或碱基的插入、缺失等突变，就可能导致这些特定结合位点、扩增片段发生相应的变化，而使 RAPD 扩增产物在电泳图谱中 DNA 带数增加、减少或片段长度发生相应变化，从而可以检测出基因组 DNA 在这些区域的多态性。

5．SSR 的检测方法 目前获得微卫星 DNA 的传统方法主要有两种，一种是通过构建基因组文库，核心重复序列探针标记，杂交筛选，测序和设计特异性引物等一系列步骤。另一种是可利用近缘物种间某种染色体片段的同源关系，以已知的微卫星 DNA 引物作跨物种使用，从中筛选出适宜于另一物种的微卫星 DNA 标记。

微卫星 DNA 的筛选主要有以下步骤。

（1）构建基因组文库。提取基因组 DNA，酶切后与载体连接，将连接产物转移至大肠杆菌中，涂板后于 37℃培养，用 α-DNA 互补法筛选阳性的重组质粒。

（2）转移膜、杂交、测序。质粒 DNA 变性后将其转移到尼龙膜或硝酸纤维素膜上，标记的探针与膜上的重组质粒 DNA 杂交、检测，然后选择强信号。测序信号强的阳性质粒根据测序结果选择合适的微卫星序列作为分子标记。

（3）微卫星 DNA 的检测。DNA 多态性可以通过 PCR 技术结合电泳技术进行，即将微卫星 DNA 特异定位于染色体上的特定位置，以与两侧保守 DNA 序列互补的方式设计特定的寡核苷酸引物，并通过 PCR 扩增基因遗传结构的差异。常用的检测方法包括简单的序列长度多态性检测方法和荧光标记 PCR 方法。此外，使用微卫星侧翼区域扩增技术、SSCP（单链构象多态性）技术等都可以用来检测微卫星 DNA。

（4）结果分析。使用标准分子质量作为测量每个条带分子质量的标准，记录片段大小。根据分析软件的具体要求，以及每个位点的等位基因频率和各组多态位点的比例，计算预期的平均杂合度、固定系数等多种群多态性和分化指标及与经济性状相关指标。

6. AFLP 的检测方法

（1）模板 DNA 的制备。首先提取基因组 DNA，进行浓度和纯度测试，然后使用 6 个碱基识别位点的核酸内切酶和 4 个碱基识别位点的核酸内切酶进行酶切，生成 3 种 DNA。它形成了 *Mse* Ⅰ、*EcoR* Ⅰ-*Eco*R Ⅰ和 *Mse* Ⅰ-*Mse* Ⅰ片段。在 T 连接酶的作用下，将完全消化的 DNA 片段与两种核酸内切酶的相应接头连接，以形成具有接头的特异性片段，也就是模板 DNA。

（2）PCR 扩增。一般酶切片段要进行两次连续的 PCR 扩增，以提供大量的模板，并产生清晰、重复性高的扩增结果。第 1 次扩增为预扩增，扩增所用的引物 3′端有 1 个选择性碱基。预扩增产物经稀释后接着进行第 2 次选择性扩增，使所需模板量不受限制。所用引物 3′端有 3 个选择碱基的延伸，通过 3 个选择碱基的变换获得丰富的 DNA 片段。

（3）扩增产物的检测与分析。扩增产物一般在 4%～6%的变性聚丙烯酰胺凝胶上电泳，然后根据引物的标记物质进行相应的产物检测。检测方法主要包括放射自显影检测、银染检测和荧光检测等，检测结果通过 GeneScan、Gelcompar、BandScan 和 NTSYSpc21 等相关软件进行数据分析。

7. SSCP 的检测方法

（1）设计特定的 PCR 引物来扩增目标 DNA。PCR-SSCP 技术适用于检测小的 DNA 片段，因此通常长度小于 500bp，并且由于 DNA 太长，所以长度较小单链可能会形成稳定的发夹结构。

（2）非变性聚丙烯酰胺凝胶是制备凝胶并加样的材料。此凝胶的制备过程与常规的聚丙烯酰胺凝胶电泳相同，不同质量分数的凝胶检测范围不同。通常使用 8%～12%的凝胶；丙烯酰胺与 *N,N*-亚甲基双丙烯酰胺的比例通常为 29∶1。为了提高分离度，有时需要在凝胶中添加 5%～10%甘油或 10%蔗糖。将 1μL PCR 扩增产物添加到 5μL 上样缓冲液中，并在沸水浴中沸腾 5min 以进行变性处理，冰浴（防止 DNA 链的再生），5min 后取样为宜。

（3）电泳与染色。电泳一般采用普通垂直板电泳，电泳缓冲液大多数采用 1×TBE 或 0.5×TBE，但以 TAE、TGE 作为缓冲液的也有报道。电泳温度常采用室温，但也可在低温（4℃）下进行的，恒温极为重要，可采用恒温板电泳，也可在冷库中进行，或用电风扇吹玻板，以帮助散热。电泳以低压长时间效果较好，电压为 8～12V/cm，电泳时间随 DNA 片段的长度不同而异，为 3～12h。最初 SSCP 采用放射性同位素如 ^{32}P 或 ^{33}P 标记 1 种核苷酸的方法，其电泳条带采用 X 射线曝光进行放射自显影，但现在大多数采用溴化乙锭染色或银染，这 3 种方法各有利弊。银染基本程序：将凝胶用去离子水洗 2～3 次，浸入 10%乙醇和 0.5%冰醋酸溶液固定 6min，用去离子水洗 2～3 次，再浸入 0.2% $AgNO_3$ 溶液中 10min；用去离子水洗 3～5 次，然后浸入 1.5% NaOH 和 0.4%甲醛溶液中显色 7min。最后，用 0.75% Na_2CO_3 终止显色。

（4）结果分析。理论上来说，凝胶电泳时一般形成 2 条单链带，但是检出 3 或 4 条单链带也不足为奇。非特异性扩增和双链不完全变性及一种 DNA 单链有时可能会形成 2 种或多种构象等。另外，PCR 产物进行单链凝胶电泳之前，通过加热变性产生单链，如变性不彻底，残留双链也可形成 1 条带，都会造成多态性解读困难。在进行 SSCP 操作时，特别注意的是设置对照，包括上样缓冲液不加变性剂、未经变性处理的 PCR 产物和已知具有点突变的片段长度相似的 DNA 作为对照。

8. SNP 的检测方法　SNP 技术检测方法种类较多，现介绍以下 5 种方法。

（1）阵列杂交分析。基于寡核苷酸与不同靶序列变异配对时的杂交稳定性差异原理，主要有两种形式：一是等位基因特异性寡核苷酸杂交探针与 DNA 样品的多重 PCR 产物阵列杂交，适用于扫描多个样品中数个等位基因，如多重等位基因特异性诊断分析；二是 ASO 探针与寡核苷酸阵列杂交，适用于多个 SNP 的平行分析，成功的关键在于要同时制备数千个用于平行检测的 PCR 产物。

（2）同源杂交。基于 PCR 的同源杂交有两种方法可用于等位基因区分。一种是 TaqMan 系统。该法利用 *Taq* 酶的 5′核酸外切酶活性，切割与 PCR 扩增产物结合的 DNA 探针，此探针带有一个供体-受体荧光染料对，两者能发生荧光共振能量转移。*Taq* 酶切割使供体染料与淬灭的受体染料分离，结果使供体染料的荧光极大增强。TaqMan 在 PCR 的同时既可得到检测结果，又可将 PCR 污染的风险降至最低。但该方法对反应试剂及反应条件有严格要求，由于需要重叠光谱，不能同时用两个探针进行分析。另一种是分子信标。供体和受体荧光染料分别位于有互补序列的探针两侧，当未与靶序列杂交时，探针形成一个“发夹环”结构，使供体-受体染料对相互靠近而产生淬灭。反之，探针与正确的靶序列杂交时，染料对分离，荧光信号可增强至 900 倍。探针的发夹结构设计使错误杂交更加不稳定，增加了对 SNP 的选择性。探针与靶序列的杂交设计在 PCR 的退火步骤，而不像 TaqMan 那样设计在延伸步骤，从而增加了检测的灵敏性。由于无须供体与受体染料的重叠光谱，该法可以同时使用 4 个或更多不同标记的探针。

（3）基因芯片技术。基因芯片又称为 DNA 芯片或生物芯片，是用标记的探针与特定的 DNA 样品杂交，然后通过检测杂交信号的强弱判断样品中靶分子的数量。由于该技术可以将大量的探针同时固定于支持物上，所以一次可以对大量的 DNA 分子进行检测分析，从而解决了传统核酸印迹杂交技术复杂、自动化程度低、检测目的分子数量少、效率低的问题。

基因芯片检测技术的主要过程：首先，用生物素标记扩增后的靶序列或样品，然后再与芯片上大量的探针进行杂交；其次，用含链霉素的荧光素作为显色物质，图像的分析则用激光共聚焦显微镜或其他荧光显微镜扫描，由计算机搜集荧光信号，并对每个点的荧光强度数字化后进行分析。由于完全正常的 Watson-Crick 配对双链与错配碱基的双链分子相比具有较高的热力学稳定性，所以前者的荧光强度要比后者强 5%～35%。从这一点来说，该方法是具有一定特异性的，而且荧光信号的强度还与样品中靶分子含量呈一定的线性关系。因此基因芯片已广泛用于 SNP 检测和多态性分析等方面，又包括固态芯片和液态芯片。

固态 SNP 芯片分型具体做法是通过 SNP 与固体表面的靶标结合而不是基因组序列，这样可使多达 10 000 个个体的 DNA 固定到一张芯片上分析，体现了基因芯片的优势。

基于 SNP 的靶向测序基因型检测（genotyping by target sequencing，GBTS）技术（液态芯片）随着从 3G 时代的高成本固相芯片和随机测序式基因型检测发展到低成本、对检测平台要求较低、基于靶向测序基因型检测的液相芯片，基因型检测技术完成了向 4G 时代的转变。

GBTS 技术的基本流程包括：利用甲基化敏感内切酶介导的简化基因组技术，捕获基因富集区域 DNA，构建简化基因组文库；通过重测序鉴定出多态 SNP 位点；利用标记技术，开发 40～50kSNP 的原始 GBTS 标记或基于 mSNP 的 240～270kSNP 标记；经过优化和精选，最后形成高效、低成本的 GenoBaits 或 GenoPlexs 标记。

（4）直接测序法。直接测序是最容易实施的 SNP 检测方法，即通过对不同个体同一基因或基因片段进行测序和序列比较，以确定所研究的碱基是否变异，其检出率可达 100%。采用直接测序法，还可以得到 SNP 的类型及其准确位置等 SNP 分型所需要的重要参数。随着 DNA 测序自动化和测序成本的降低，直接测序法将越来越多地用于 SNP 的检测与分型。

（5）限制性酶切法。如果 SNP 产生或消除了某个限制性内切酶位点，则可以通过对 PCR 产物酶切、电泳后检测，推测有 50%的 SNP 并不导致酶切位点的改变，在 PCR 中引入错配引物可克服这一不足。该方法适宜于非大量的寻找或检测。

9. 全基因组关联分析方法　全基因组重测序技术主要使用第二代测序技术（NGS）和第三代测序技术。第二代测序技术是高通量测序，中心思想是边合成边测序，即用不同颜色的荧光标记 A、T、C、G 4 种碱基，然后根据新合成末端的标记来确定待测 DNA 的序列。大致流程是构建测序文库→进行锚定连接→预扩增→单碱基延伸测序→数据分析。第三代测序技术于 2011 年正式推广，在进行基因组测序时，不需要 PCR 扩增，直接测序，能单独测序每条 DNA 分子，因此又被称为单分子测序技术，测序成本更低。有单分子荧光测序（SMRT 技术）和纳米孔测序（电泳技术）两大测序技术。

10. EST 的检测方法

（1）以 cDNA 为探针建立 EST 标记。与一般的 RFLP 标记相似，EST-RFLP 标记是共显性标记，可靠性高，只不过所用的探针是 cDNA，即 EST 本身。这种标记方法在揭示动物的遗传信息和加速比较基因组研究等方面都起到了重要作用。但是，它需要对探针进行标记，而且技术要求较高。因此，其多态性的产生依赖于探针与不同限制性内切酶之间的组合。这也是早期建立 EST 标记和将其绘制到遗传图谱的主要方法。

（2）以 PCR 为基础建立 EST 标记。以 PCR 为基础的标记技术难度较小，使用成本较低且准确度又较高。所以，建立以 PCR 为基础的 EST 标记更易为人们所接受。由于 EST 来源于编码序列，具有很高的保守性。因此，以 PCR 为基础的 EST 标记在种内的多态性较低。通过以下几种策略，可提高多态性 EST-PCR 标记的频率：第一，在设计引物时，尽量使引物靠近 3′端或 5′端非翻译区段，因为这些区域在不同材料间的变异性较高；第二，对无多态性的扩增产物用不同的限制性内切酶消化，然后对酶切产物进行电泳分离。这种策略实质是在确定了扩增产物的数目或分子质量大小差异的基础上，进一步检测扩增片段内部的核苷酸序列差异，其多态性的产生依赖于引物与限制性内切酶位点的组合，即通常所说的切割扩增多态性，故可提高多态性 EST-PCR 标记的频率。

11．DArT 的检测方法

（1）使用特定的基因组复杂性降低方法产生基因组代表性片段。

（2）构建 DArT 文库：取基因组 DNA 加入酶切反应混合体系进行酶切。

（3）芯片的制备：将克隆转化物置于 PCR 扩增盘中，采用菌落 PCR 原理直接扩增，PCR 扩增后的产物可温浴干燥，然后再用乙醇洗涤两次最后加入芯片点样缓冲液保存准备点样，点样后的载玻片上 DNA 不稳固必须要经过 DNA 与基片高温再水合、紫外线交联固定及干燥等处理使 DNA 稳定结合在载玻片上。

（4）待测样品的制备：待测样品 DNA 采用和前面文库构建相同的方法进行限制性酶切、PCR 扩增、样品 DNA 沉淀、洗涤等处理。

（5）待测样品与芯片杂交：将处理过的样品 DNA 再经过变性处理然后加入荧光标记。常用的荧光标记物有 CY3、CY5、FITC、TRITC 等，将标记好的待测样品 DNA 和芯片杂交。

（6）信号扫描及数据处理：扫描仪对基因芯片的图像进行扫描后得到 TIFF 格式的扫描图像，然后通过图像分析软件对图像进行分析。

12．KASP 的检测方法

（1）样本及基因组 DNA 提取：常规方法。

（2）特异性引物设计：根据目的基因的序列特征设计的 KASP 引物，包含两条正向引物和一条反向通用引物，其中待测的 SNP 即为两条正向引物末端碱基。

（3）竞争性等位基因 PCR：上述三条引物即为 KASP 反应中的 PrimerMix，反应体系中另外一个主要成分是 MasterMix，它能够检测两条正向引物中带有的不同荧光。通过两个等位基因特异性正向引物的竞争性结合，实现了双等位基因的识别。

（4）利用荧光信号扫描仪进行扫描，生成图像文件，通过软件转换成数据信号值，根据荧光信号的散点图判定基因型。如果给定 SNP 的基因型是纯合的，则将仅生成两种可能的荧光信号之一。如果基因型是杂合的，则将产生混合的荧光信号。因此，根据检测 PCR 扩增产物的不同荧光信号来进行 SNP 分型。

第二节　数量性状基因

一、数量性状的分子标记

（一）数量性状的分子标记筛选

1．分子标记辅助选择（MAS）产生的背景　迄今为止，动物育种方法基本上是以数量遗传学原理为理论依据，提出了定量描述群体数量性状遗传规律的三大参数之后，估计遗传参数成为数量遗传学的核心内容，因为借助遗传参数可从表型值估计育种值，并以此做出育种决策。

在育种值估计方面，其发展大体经历了三个阶段：①个体选择或选择指数法阶段；

②群体比较法阶段；③混合线性模型法阶段，主要是最佳线性无偏预测（best linear unbiased prediction，BLUP）方法。这些方法的产生提升了数量性状遗传方差及育种值估计准确性。但是随着数量性状中具有较大效应的基因被发现及微效多基因的说法修正，忽略单一基因效应会对育种值准确性产生较大影响，因此，以遗传标记与 QTL 间的连锁关系理论为基础，产生了分子标记辅助选择（MAS）方法。

2. 分子标记辅助选择的前期工作

1）*构建基因图谱* 基因图谱是指综合各种方法绘制成的基因在染色体上的线性排列图，将真正具有影响作用的基因定位于这个图谱上。进行基因定位时，第一步就需要以分子标记线性排列构建标记连锁图谱，相对饱和的基因图谱能完成更加精细的基因定位工作。目前人们还在研发新的遗传标记进行基因图谱的研究，完善图谱的饱和程度，为动物分子标记筛选提供更加全面的基因图谱资料。

2）*进行基因标记* 进行基因标记即建立目标基因与分子标记间的连锁关系。分子标记筛选的准确性取决于分子标记与目标基因的连锁程度，即重组率。分子标记与目标的紧密连锁（最好是 1cM 或更小，或共分离）会极大地提高选择的准确性，同时也可以进一步对目标基因进行精细定位（扩大选择作图的群体、选用其他群体、采用不同探针等），使目标基因两侧均有标记，且距离在 15cM 之内（大于 15cM 难以发生染色体双交换）。

3）*自动化检测* 分子标记筛选也要求对育种群体进行大规模检测，简单、快速、准确性高的方法是必要的，因此 RFLP 等自动化低、周期长、步骤多的一些方法就不如 RAPD、SSR 等以 PCR 为基础的方法应用广泛。同时 AFLP 结合两类分子的特点，可检测到更高多态性，在分子标记筛选中有很大的发展潜力。

3. 分子标记辅助选择的影响因素

1）*分子标记与目标基因的连锁距离* 分子标记与 QTL 或目的基因的连锁越紧密，发生重组的可能性就越小，越能提高选择的准确性。基因间的重组发生会导致连锁不平衡的降低，从而降低分子标记辅助选择的作用。因此，对于动物数量性状的分子标记筛选而言，标记辅助选择的遗传进展会随重组概率的增加而降低。

2）*选用的 QTL 数目与效应* 数量性状是由多个基因共同作用影响的，因此如果影响某一数量性状的 QTL 数目较多并且效应较大，其分子标记辅助选择的效果会较好。但是如果 QTL 的效应不好，分子标记筛选的价值就比较低，并不能取得预期效果。同时有研究表明，如果数量性状的 QTL 太多，也会影响 MAS 的选择效率，同时也有研究表明，随着 QTL 的遗传方差增大，取得的遗传进展也会随之增加。

3）*相关性状的遗传特性* 相对于限性性状、低遗传力性状及抗病性状来说，MAS 法的选择效率在高遗传力性状及早期表达性状要低。但是并不能直接说低遗传力性状选择效果更好，倘若遗传力相当低，会影响检测概率及 QTL 的连锁效应，最后降低分子标记筛选的选择反应。

4）*群体规模* 影响数量性状的分子标记筛选还有一个重要因素——群体规模。通常来说，随着群体规模的不断增加，分子标记筛选的效果会越来越好。但是，群体规模过于庞大，也会增加分析的复杂性，进而影响筛选的结果。因此，想要达到理想的筛选效果，要选择合适的群体规模。

5）*选择世代数* 选择世代数的增加并不会提升分子标记筛选的准确性和效率，这是因为长期的连续选择会降低分子标记与 QTL 之间的连锁不平衡，降低选择效率。

（二）数量性状的分子标记应用

目前，DNA 分子标记技术已经广泛地运用到对于动物重要经济数量性状的研究，寻找相关的分子标记构建遗传连锁图谱，并对重要功能基因进行分析，选择经济效益高的良种，已经成为较为成熟的养殖业发展技术手段之一。以下主要介绍应用较为广泛的 RFLP、SSCP、微卫星和 SNP 在动物重要数量性状分子标记的运用。

1．RFLP 在动物数量性状分子标记方面的应用　RFLP 是指用限制性内切酶消化不同个体的 DNA 之后产生的酶切片段在长度及数量上的差异，其多态性是因为在 DNA 某个区域发生缺失、插入、点突变而引起酶切座位的丢失或获得。相比其他分子标记技术，RFLP 的可自动化低、多态性检出率低，但是可靠性高、重复性好，因此在实验室中应用较多。将 RCR 引入 RFLP 分析（PCR-RFLP），大大提高了多态片段筛选概率。

在猪生产实践中，运用 PCR-RFLP 方法，许多育种工作者进行了和生产性能密切相关的数量性状候选基因研究，检测到许多候选基因的多态性位点和这些多态性位点对性状的影响。宋玉等（2017）采用 PCR-RFLP 方法对猪 *IGFBP3* 基因内含子 2 的 *Tas* I 限制性酶切位点进行多态性分析，发现在大白猪和杜洛克猪中 GG 基因型猪具有体高与瘦肉率较高、生长较快的特点；郭咪等（2015）发现氧化型低密度脂蛋白受体 *OLR1* 基因中第 4 内含子的 PCR-Pag1-RFLP 位点与脂肪的有关性状具有显著相关性。

2．SSCP 在动物数量性状分子标记方面的应用　SSCP 检测是一种基于 DNA 构象差别来检测点突变的方法。相同长度的单链 DNA，如果碱基序列不同，形成的构象就不同，这样就形成了单链构象多态性。在 SSCP 引入 PCR 技术后，进一步提高了检测突变的准确性和便捷性，为分子标记辅助选育工作奠定了良好基础。

李邵华等（2002）采用 PCR-SSCP 技术对猪的 *MSTN* 基因外显子 2 和外显子 3 的多态性进行了检测，结果在外显子 2 和 3 上均发现了多态性位点，并将多态性位点与生产性能的相关性进行了分析，结果表明第 2 外显子的多态性与生产性能基本无关，第 3 外显子的多态性与猪的背膘厚显著相关（$P<0.05$）。Haruna 等（2020）利用 PCR-SSCP 方法研究了新西兰 722 头多品种牛中肌肉生长抑制素基因 *MSTN* 的变异情况，为进一步研究该基因变异影响新西兰牛生长和胴体性状奠定了基础；Patra 等（2021）利用 PCR-SSCP 技术发现水牛及其他牛种中 *MCH1* 基因 7、8 外显子存在差异，水牛呈现出更高的单核苷酸多态性。

3．微卫星在动物数量性状分子标记方面的应用　微卫星 DNA 是 DNA 分子中的一个片段，以 2～6bp 的核苷酸序列［称为核心序列（core sequence）］首尾相连方式串联重复且均匀地分布在整个基因组的高度重复序列，一般长几十至几百 bp。微卫星与其他分子标记相比，具有多态性高、呈共享性遗传、可用 PCR 扩增检测座位，且等位条带便于识别等特点。

近年来，国内外育种学家将微卫星运用到生长、抗病等性状相关标记筛选的研究中心，在猪、牛等畜牧类动物中取得了较大的进展，已经筛选到一些与肌肉发生、肉质及产奶性状等相连锁的微卫星标记。Charlier 等（1995）发现比利时蓝牛 2 号染色体上 *mh* 基因是双肌性状的主效基因；Lee 等（2006）利用微卫星标记分析了猪的胴体品质，发现在猪 6 号染色

体 *SW71* 周围，存在着影响脂肪沉积的 QTL。Wu 等（2021）在青海八眉猪中发现 3 个新的 SSR 位点，其中（ATC）*n*-P1（ATC 重复序列，且能被 P1 引物对扩增出来）位点与青海八眉母猪的产卵率显著相关；王宏洋等（2020）利用上海小型猪、巴马小型猪、五指山小型猪、藏香猪品种建立的 SSR 文库测序数据，再以杜洛克猪作为对比发现，2518 个多态性 SSR 对 4 个品种都是通用的，表明它们可能会影响基因的编码和调控区域。

4．SNP 在动物数量性状分子标记方面的应用　单核苷酸多态性主要是指在基因组水平上由单个核苷酸的变异所引起的 DNA 序列多态性。它是人类可遗传变异中最常见的一种，占所有已知多态性的 90%以上。SNP 在人类基因组中广泛存在，平均每 300 个碱基对中就有 1 个，估计其总数可达 300 万个甚至更多。SNP 是一种二态的标记，由单个碱基的转换或颠换所引起，也可由碱基的插入或缺失所致。SNP 既可能在基因序列内，也可能在基因以外的非编码序列上。运用 SNP 标记对于基因组作图和数量性状位点基因的鉴别目前运用广泛，但其耗费较大，一些中小型实验室还是以传统的分子标记筛选方法检测少量的 SNP 位点。

Nkrumah 等（2005）对牛瘦素基因启动子的 SNP 多态性与生长性状进行关联分析，发现 TT 型比 CC 型血清瘦素浓度高 48%（$P<0.001$）、背膘厚度增加 39%、大理石纹评分高 13%。刘德武（2005）对猪 *IGFBP3* 基因的 2 个位点进行了基因型与生产性状的关联分析，在 A952G 位点上，发现不同基因型与达 100kg 日龄和腿臀围两个性状存在显著差异。赵杰等（2019）选取 10 个来自牛肉相关基因的 SNP 位点及一套阳性对照用以区分牦牛及其他牛的肉类，根据其多重等位基因特异性聚合酶链反应及毛细管电泳分析得出牦牛肉一般产生 1～3 个扩增子，而普通牛肉会产生 5 个或更多扩增子峰。何毅等（2021）发现在猪 *EXOC4* 的内含子周围 5～10Mb 内有 6 个 SNP 位点与卵巢重量、数量及黄体数相关。

二、数量性状基因的定位

20 世纪 90 年代以来，随着分子生物学技术的发展，基因定位工作有了飞跃的发展，各种家畜、家禽基因图谱的构建已经取得极大的成就，应用各种遗传标记所组成的饱和遗传图可以将一个数量性状分解成多个数量性状基因，并进行定位。目前借助分子生物学技术进行 QTL 检测的方法主要有两类，一类是标记 QTL 连锁分析，也称为基因组扫描；另一类是候选基因分析。

（一）标记 QTL 连锁分析

这类方法是基于遗传标记座位等位基因与 QTL 等位基因之间的连锁不平衡关系，通过对遗传标记从亲代到子代遗传过程的追踪及它们在群体中的分离与数量性状表现之间的关系的分析来判断是否有 QTL 存在、它们在染色体上的相对位置及它们的效应大小，因而这类方法的前提是：要有理想的遗传标记；要有合适的群体用于进行分析；在该群体中有仍在分离的 QTL。

1．标记 QTL 连锁分析的基本步骤

（1）进行试验设计。用来进行标记 QTL 连锁分析的群体常被称作资源群体，由于在一般的家畜群体中标记与 QTL 可能处于连锁平衡状态，所以需要设计特定的资源群体，以产生足够的连锁不平衡。

（2）选择遗传标记。根据所选择的资源群体、试验经费、技术水平、工作条件等选择适当类型和数目的标记。

（3）收集数据。主要有两方面的数据来源：一是对分子遗传标记基因型的测定；二是对需要检测的数量性状表型值的测定。

（4）构建标记连锁图谱。判断所测定的标记属于哪一个连锁群（染色体），估计标记间的相对距离（以重组率或图距表示）及标记的排列顺序。

（5）QTL 的检测与参数估计。根据已经确定的遗传图谱，利用测得的标记基因型信息和表型值，通过统计分析对 QTL 进行检测及其有关参数（在染色体上的位置、基因频率、效应大小等）的估计。

试验设计用于标记 QTL 连锁分析的试验设计大体上可以分为两大类：一类是基于近交系或品系杂交的试验设计；另一类是基于家系的试验设计。

2．标记 QTL 连锁分析的优缺点

1）优点

（1）成功率较高。理论上说，只要试验设计合理，标记数目足够多，分析方法得当，如果在标记连锁群中有仍在分离的 QTL 且效应足够大，用这种方法总可以将其检测出来。

（2）可以检测出基因组中的所有（效应较大的）QTL。由于 DNA 标记可覆盖整个基因组，我们就可以在整个基因组中搜索 QTL，即所谓的基因组扫描。

2）缺点

（1）成本高，耗时长。由于对每个个体都要测定大量标记（覆盖整个基因组）的基因型，对于基于近交系或品系的试验设计，还要通过杂交来建立专门的资源群体，所需费用是很高的，也需要较长的时间。当然随着分子生物技术的进一步发展，测定标记基因型所需的费用和时间会逐渐降低和缩短。

（2）统计分析难度较大。这表现在 3 个方面：一是这个方法通常涉及较复杂的统计分析方法和大量复杂的计算，尤其是对于基于家系的试验设计；二是在进行假设检验时，一般来说检验统计量的确切分布是未知的，只能用近似分布来检验或用数据重排（data permutation）的方法来确定其分布，但这又大大加大了计算量，只能用于一些较简单的分析方法（如回归分析）；三是在涉及多性状和多个染色体的分析时，很难确定一个显著临界值就能保证总体上犯一型错误的概率小于 5%。

（3）很难精确定位。用这种方法只能给出 QTL 位置的一个估计值和一个置信区间，这个估计值的精确性一般较低，置信区间往往可达 20cM 以上，影响 QTL 定位精确性的因素很多，如标记密度、试验设计、样本大小、分析方法、QTL 效应的大小等，要提高精确性就要从多方面入手，难度很大，费用也会大幅度增加。

（4）不便应用。实际用于生产的家畜育种群一般都是远交群体，在这些群体中，标记与 QTL 的连锁关系是因家系而异的，用标记 QTL 连锁分析找出的 QTL，尤其是用基于近交系或品系杂交的试验设计找出的 QTL，很难直接用于这些群体。

（二）候选基因分析

候选基因分析是从一些可能是 QTL 的基因（候选基因）中筛选 QTL。候选基因是已知在性状的发展或生理过程中具有某种生物学功能并经过测序的基因，可以是结构基因或者是在调控或生化路径中影响性状表达的基因。

1．候选基因分析的基本方法

（1）候选基因的选择主要依据所掌握的生物学或生理学知识。例如，我们知道雌激素、促卵泡素、促黄体素等在动物的繁殖过程中都有重要作用，因而可将雌激素受体基因、促卵泡素 β 亚基基因、促黄体素受体基因等作为候选基因。另一途径是选择在人类或小鼠或其他物种中发现的具有较大效应的突变基因作为候选基因，因为这些基因可能对我们所研究家畜的相应性状也有重要作用。此外还可根据标记 QTL 连锁分析的结果，在可能存在 QTL 的区域内去选择那些已经定位的基因，这些基因将有较大的可能性成为 QTL。

（2）获得用于扩增基因的引物序列。通常可从现有的基因数据库中去寻找特定基因的序列信息，如果数据库中没有所研究的畜种或与之相近物种的该基因的序列信息，可从几个其他物种的序列信息中找出一个比较一致的序列，再根据该序列来设计引物。如果这些物种的序列没有一致性，则需要用特定的技术为所研究的物种测定该基因的序列并设计引物。

（3）揭示候选基因内的多态性。在一个基因内部通常会有一些中性的多态位点（site），这些位点一般会与那些决定候选基因功能的功能位点之间存在很强的连锁不平衡，因而这个基因内的任何多态位点和它的调控序列对于候选基因分析都将是很有用处的。用于研究基因内多态性的技术有很多，目前常用的主要是基于 PCR 技术的方法，如 PCR-RFLP（基于 PCR 的 RFLP）和 SSCP 方法。

（4）建立对所揭示的多态位点进行大规模基因型测定的实用方法。对所发现的候选基因内的多态位点要测定每个个体的基因型，由于候选基因内的多态位点可能会很多，而且要对大量的个体进行测定，所以需要建立一个可靠而快捷的测定方法。PCR-RFLP 和 SSCP 是目前用于大规模基因型测定的主要方法。

（5）选择用于进行候选基因分析的群体。这个群体要用来获得 DNA 样品和表型信息并研究候选基因与性状的关系。原则上，任何群体都可用于候选基因分析，可以是正在进行常规育种的商业化育种群，也可是一个未经过选择的地方品种群体。但如果用两个近交系或品系（种）杂交所得到的群体则有一定缺陷，因为在这些群体中，基因之间容易处于高度连锁不平衡状态，这样就很难判定所发现的性状与候选基因之间的关联是由于候选基因本身引起的，还是由于另一个与候选基因连锁的基因引起的。

（6）研究候选基因与性状的关系。我们可以研究候选基因内各个多态位点与性状的关系，也可研究整个候选基因与性状的关系，后者可能会增加基因型测定的成本和工作量，但会提高统计检验的效率。可用一线性模型，其中将候选基因（或多态位点）的等位基因或基因型作为固定效应，用最小二乘分析或广义最小二乘分析检验候选基因与性状的关系，并估计候选基因的效应大小。

（7）证实所发现的候选基因与性状的关系。候选基因与性状的关系通常只是在一个特定群体的某一特定世代中发现的，因而这种关系可能仅存在于该特定群体甚至该特定世代中。例如，该候选基因可能与某个真正影响该性状的 QTL 处于暂时的连锁不平衡状态，这个 QTL 与候选基因并不一定紧密连锁，甚至可能位于另一染色体上，这种情况的发生可能纯粹是由于机遇，也可能是由于样本的因素。例如，如果在样本中有很多某个公畜的后代，该公畜携带了所考察候选基因的某个特定的等位基因，如果该公畜在所考察的性状上有较高或较低的育种值，就会造成该等位基因与性状的表现相关联的假象。即使候选基因与一个 QTL 紧密连锁，所造成的候选基因与性状的关系也可能仅限于某一特定的群体中。此外，候选基因与性状的关系也可能是候选基因的等位基因与其他遗传背景的互作所引起的。因此，有必要对在某个群体中发现的候选基因与性状的关系加以进一步证实，这包括在同一群体的多个世代中证实，在同一品种的多个群体中证实，以及在不同的品种中证实。

2．候选基因分析的优缺点

优点主要为：①统计检验效率较高。也就是说，如果候选基因确实就是 QTL，则检验出它是 QTL 的可能性较大。②应用范围广。因为候选基因分析只需要一个世代的群体，因而可用于任何可测定表型值群体。③成本低，容易实施。由于是对单个基因进行分析，而不是对整个基因组进行扫描，而且可用于任何群体，所以成本较低，实施起来也比较容易。④便于应用。一旦确定了某个候选基因就是 QTL，就可直接应用在个体遗传评定中，而不需要借助其他标记的信息，不用像经过标记 QTL 连锁分析所发现的 QTL 那样，还要考虑标记与 QTL 的连锁关系。而且对经过候选基因分析所发现的 QTL 可直接利用克隆和转基因等技术进行畜群改良。

缺点主要为：①不能找出所有的 QTL。由于只能用已知生物学功能的基因作为候选基因，所以就不可能用候选基因分析找出那些生物学功能未知的 QTL。②难以确定候选基因就是 QTL。除非候选基因的效应非常大，如前面提到的一些主效基因，否则很难断定候选基因就是 QTL，在候选基因的效应得到明确的证实以前，不能轻易地下结论，很有可能我们所发现的候选基因的效应实际上并不是它本身的效应，而是它与一个或几个与之相邻的 QTL 之间的连锁不平衡所造成的。当然，对于长期实行随机交配或远交的群体来说，大部分基因座位之间都应处于连锁平衡状态，只有少数连锁相当紧密的基因座位之间才会出现连锁不平衡，在这种情况下，由于候选基因和 QTL 之间几乎不发生重组，对于分子标记辅助选择来说，这种由连锁不平衡所引起的候选基因的间接效应可以当作候选基因的直接效应来看待。

三、数量性状基因定位方法

基因定位是利用各种方法将某一基因定位在某条染色体上某个特定位置。基因定位可从遗传重组值、家系分析、细胞、染色体和分子水平进行，同时由于使用手段的不同又派生出多种方法，不同方法又可联合使用，互为补充。现仅就几个主要方法加以说明。

（一）遗传重组值定位

每一条染色体实际上都是一个连锁的基因群。同一染色体上两个基因之间的距离越远，则发生交换的机会越多。所以测定杂交子代中重组体的多少，就可以知道有关基因的距离，这是最基本的定位方法。两个基因之间的距离以厘摩（cM）或摩尔根单位（M）表示。M 是遗传重组率（交换率）r 的函数，1cM 为同源染色体在配对中期交换值为 1%的长度，其所含的 DNA 分子序列长度随物种及染色体部位等而异。平均而言，人类的 1cM 约为 100×10^4bp，水稻约为 36×10^4bp。由于在遗传实验中测定的是 r，而构建图谱要用 M，因而 r 与 M 经常互换。遗传重组值的实验设计主要采用测交（二点测验、三点测验等）的方法进行。

（二）体细胞杂交法

体细胞是生物体除生殖细胞外的所有细胞。与基因定位有关的是体细胞杂交（somatic cell hybridization）。细胞杂交又称为细胞融合（cell fusion），是将来源不同的两种细胞融合成一个新细胞。大多数体细胞杂交是用人的细胞与小鼠、大鼠或仓鼠的体细胞进行杂交。这种新产生的融合细胞称为杂种细胞（hybrid cell），含有双亲不同的染色体。杂种细胞有一个重要的特点是在其繁殖传代过程中保留啮齿类一方染色体而人类染色体则逐渐丢失，最后只剩一条或几条，其原因至今不明。这种仅保留少数甚至一条人类染色体的杂种细胞正是进行基因连锁分析和基因定位的有用材料。由于人和鼠类细胞都有各自不同的生化和免疫学特征，Miller 等运用体细胞杂交并结合杂种细胞的特征，证明杂种细胞的存活需要胸苷激酶（TK）。但凡含有人 17 号染色体的杂种细胞都因有 TK 活性而存活，反之则死亡，从而推断 *TK* 基因定位于 17 号染色体上。这是首例用细胞杂交法进行的基因定位。由此可见，研究基因定位时，由于有杂种细胞这一工具，只需要集中精力于某一条染色体上，就可找到某一基因座位。

（三）克隆嵌板法（clone panel method）

用基因定位的方法，选择 3 个都保留有 4 条人染色体的杂种细胞克隆，但染色体各不相同。如果某一表型特征只出现于克隆 A、C 而不见于 B，就可决定该特征的基因只能在 3 号染色体上，因为 A、C 克隆都有 3 号染色体，而 B 克隆则无，其他亦可同理判断。这是应用杂种细胞保留或丢失人染色体有时有重叠现象而设计的一种简便的判断方法。这样，3 个克隆可对 8 条（$2^3=8$）染色体做出判断；如果是 5 个克隆（$2^5=32$），就可对人类 22 条常染色体和 2 条性染色体做出判断。例如，半乳糖激酶（GK）、尿苷-磷酸激酶（UMPK）和氨基己糖苷酶 A（HEXA）的基因就是用此法分别定位于人的 17 号、1 号和 15 号染色体上。此外，还可对杂种细胞进行特殊染色，来识别杂种细胞中人和鼠染色体，以助基因定位。

（四）原位杂交和荧光原位杂交

重组 DNA 技术的建立与分子杂交相结合，从分子水平研究基因定位，发展了一系列有效方法。例如，原位杂交（*in situ* hybridization）就是分子杂交技术在基因定位中的应用，也是一种直接进行基因定位的方法。分子杂交的基本原理是碱基的互补配对，同源的 DNA-DNA 链或 DNA-RNA 链在一定条件下能结合成双链，用放射性或非放射性物质标记的 DNA 或 RNA 分子作为探针，可探测到细胞基因组中的同源部分。1977～1978 年首次将分子杂交法应用于基因定位，即用 α-珠蛋白及 β-珠蛋白基因的 cDNA 为探针，与各种不同的人/鼠杂种细胞进行杂交，再对 DNA 杂交情况进行分析，找出 cDNA 探针与人染色 DNA 序列间的同源互补关系，从而将人 α-珠蛋白及 β-珠蛋白基因分别定位于 16 号和 11 号染色体上。

（五）连锁分析法

基因定位的连锁分析是根据基因在染色体上呈直线排列，不同基因相互连锁成连锁群的原理，即应用被定位的基因与同一染色体上另一基因或遗传标记相连锁的特点进行定位。

生殖细胞在减数分裂时发生交换，一对同源染色体上存在着两个相邻的基因座位，距离较远，发生交换的机会较多，则出现基因重组；若两者较近，重组机会较少。重组 DNA 和分子克隆技术的出现，发现了许多遗传标记——多态位点，利用某个拟定位的基因是否与某个遗传标记存在连锁关系，以及连锁的紧密程度就能将该基因定位到染色体的一定部位，使经典连锁方法获得新的用途，成为人类基因定位的重要手段。

第三节　分子育种在动物中的应用

一、标记辅助选择

假如我们所要评定的性状有某些 QTL 或主效基因存在，并且能直接测定它们的基因型，或者虽不能测定它们的基因型，但知道它们与某些标记的连锁关系（如通过标记 QTL 连锁分析发现的 QTL），而我们可以测定这些标记的基因型，这时我们就可将这些信息用到个体的遗传评定中，这无疑提高了评定的精确性。这就是所谓的标记辅助选择（marker-assisted selection，MAS）。

到目前为止，在家畜育种中个体遗传评定是基于表型信息和系谱信息进行的。虽然最佳线性无偏预测（BLUP）方法为我们提供利用这种信息进行育种值估计的最佳手段，但在有的情况下这种基于 BLUP 的选择仍不能取得理想的效果。对于低遗传力的性状和阈性状，由于在表型信息中所包含的遗传信息很有限，除非有大量的各类亲属信息，很难对个体做出准确的遗传评定。再如限制性性状，对不能表达性状的个体一般只能根据其同胞和后裔的成绩来对其进行评定，如果仅利用同胞信息，则由于同胞数有限，评定的准确性一般较低；如果利用后裔信息，而且后裔数很多（如在奶牛中的情形），评定的准确性可以达到很高，但世代间隔拖长，每年的遗传进展相对降低。还有胴体性状，一般也只能进行同胞或后裔测定，而且由于性状测定的难度和费用都很高，测定的规模也受到限制，评定的准确性和世代间隔都受到影响。因此能将标记辅助选择应用在家畜育种的遗传评定中，将会提高评定的精确性。

（一）标记辅助选择的基本原理

较理想的情况是我们能够直接测定 QTL 或主效基因的基因型，这样在选择时我们就可以直接选择那些具有理想基因型的个体，这时也称为基因辅助选择。但目前已发现并且得到证实的这样的基因并不多，较典型的有影响猪瘦肉率的氟烷基因、影响肉牛肌肉生成的双肌基因及影响猪产仔数的雌激素受体基因。这种选择虽然非常简单，但也存在一定的危险性：①在有的基因中可能存在多个突变位点，这些突变都可引起该基因的有利效应。例如，牛的双肌基因就是这种情况，而对基因的 DNA 检测往往只是针对一个突变位点的，当在该位点上没有检测到有利突变时就不予考虑，这就可能会漏掉那些在其他位点上有有利突变的个体。如果能同时检测所有的突变位点，就可避免这种情况发生。②在候选基因分析中，如果有的基因本身对所考察的性状并没有影响，但由于在用于候选基因分析的群体中，该基因与真正影响性状的 QTL 处于连锁不平衡状态，则可能会错把该基因当成影响该性状的主效基因。如果对这个基因未做进一步的证实，就将它用于基因辅助选择，可能会造成很大的误差，因为在候选群中该基因可能与 QTL 处于另一种连锁状态。

（二）影响标记辅助选择相对效率的因素

不同的情况下应用标记辅助选择所带来的额外遗传进展是不一样的，影响标记辅助选择相对效率的主要因素如下。

1．QTL 效应的大小　QTL 效应的大小可以用总的遗传变异中由 QTL 所引起的变异所占的比例来度量。显然，QTL 效应越大，标记辅助选择的相对效率就越高，随着 QTL 方差（与总遗传方差之比）的增大，MAS 所带来的额外的遗传进展也增大。

2．标记与 QTL 的连锁程度　当 QTL 的基因型不能直接测定时，需要利用标记的信息来推测 QTL。显然，标记与 QTL 连锁得越紧密，这种推测的可靠性越高，因而标记辅助选择的相对效率就越高。

3．选择的世代数　一些研究表明，标记辅助选择的效率在短期选择中有明显的优势，但在长期选择中它的优势就逐渐消失，其累积遗传进展甚至会低于常规的选择方法。造成这种现象的原因：一是 QTL 有利基因在标记辅助选择（尤其是基因辅助选择）中很快固定；二是标记辅助选择造成了剩余多基因部分的遗传进展降低。

4．常规选择的效率　一般来说，如果常规选择已经非常有效，标记辅助选择的优势就不明显；反过来，常规选择的效率越低，标记辅助选择的优势就越大。而造成常规选择效率低下的因素有：①性状的遗传力低；②性状是限性表达的；③性状难以测量或测定成本太高；④性状不能活体测量。

（三）应用标记辅助选择的必要前提

（1）父亲的标记与 QTL 的连锁相已知。对群体中一个任意公畜，并不知道 M 是与 Q 连锁的还是与 q 连锁的，这样在其后代中就无从根据标记基因型来进行选择，因此在进行标记辅助选择之前首先需要确定在每个家系中亲本的标记与 QTL 的连锁相。这需要至少两代的信息，确定连锁相的基本依据是在后代中重组型个体的理论比例一定小于非重组型的个体，因为重组率不大于 0.5。如果能观察到该公畜的后代中携带不同标记等位基因（如 M 和 m）的个体在表型上有差异，则可推断该公畜的标记与 QTL 的连锁相。

（2）父亲在标记和 QTL 上都必须是杂合子。如果在 QTL 上是纯合子，后代从父亲处获得的 QTL 等位基因都相同，选择就失去了意义。如果在标记上是纯合子，也无法根据标记来推断 QTL 等位基因的传递情况，这样的标记称为无信息标记，这时我们可以重新选择一个与 QTL 连锁的标记，以确保该父亲在标记上是杂合子。

（3）必须能够准确判断后代从父亲那里获得了哪一个标记等位基因，这样才能根据父亲的标记与 QTL 的连锁相来推断后代从父亲处获得了哪一个 QTL 等位基因。假设母亲的标记基因型是 mm，她必定要传递一个 m 给后代，因而很容易判断后代从父亲处获得了 M 还是 m。如果母亲的标记基因型未知，则当后代的标记基因型是杂合子时，无法判断它从父亲处得到的是 M 还是 m，如果母亲的基因型已知，但她和后代的标记基因型都是杂合子，同样无法做出判断。在这种情况下也可以另外选择一个标记。

二、分子设计

（一）分子设计概述

动物品种的遗传改良是提高畜产品产量和品质最重要的推动力，但其潜力的发挥受到常规育种技术的严重制约，其主要表现为：①育种周期较长，如果要定向改良一个经济性状，从选择目标表型性状进行杂交到培育出新品种一般需要 10 年以上的时间；②育种效率较低，选育 1 个新品种往往需要上百个杂交组合；③对杂交后代的表型难预测，传统常规育种工作在很大程度上主要依赖于育种工作者的经验，对育种材料的遗传基础、配合力、环境影响了解较少，因此很难预测后代的表现。然而，由于动物大多数重要的经济性状都是由多小微基因控制的复杂性状，更为重要的是控制这些复杂性状的基因调控网络通常呈现“模块化”的特性，而现有的分子育种技术无法高效解决复杂经济性状的遗传改良。分子设计育种这一新型育种理念由此被提出。

设计育种（breeding by design）的概念在 2003 年由比利时科研人员 Peleman 和 Vandervoort 提出，认为分子设计育种应分 3 步进行，首先定位所有性状的 QTL，其次综合评定位点的变异程度，开展设计育种，最后实现育种目标。其中基因定位工作是分子设计育种的基石。分子设计育种属于生物技术育种的分支。世界生物育种技术发展已经历了 3 个主要阶段：①原始驯化选育。通过人工选择，优中选优，将野生种驯化为家养种并进一步选育为优良品种与种质。②常规育种。包括杂交育种、诱变育种、杂种优势利用等育种方法。杂交育种是通过父母本杂交并对杂交后代进一步筛选，获得具有父母本优良性状的新品种新种质；诱变育种是人为利用物理、化学等因素，诱发亲本材料产生突变，从中选育具有优良性状的新品种新种质。③分子育种。将分子生物学技术手段应用于育种中，通常包括分子标记辅助选择育种、转基因育种和分子模块育种等。④分子设计育种。将基因编辑、生物育种、人工智能等技术融合发展，实现性状的精准定向改良。

分子设计育种是指以生物信息学为平台，以基因组学和蛋白质组学等数据为基础，综合动植物育种学流程中的遗传、生理、生化、生物统计等所有学科的有用信息，根据具体动植物的育种目标和生长环境，在计算机上设计最佳方案，最终培育出符合育种要求的理想新品种。与传统育种技术相比，分子设计育种更为精确、更加高效率，能够实现从“经验育种”到“精确育种”的转变。

（二）分子设计育种的主要步骤

（1）研究目标性状基因及基因间的相互关系即找基因，提供能进行后续操作的目标基因。这一步骤包括构建遗传群体、筛选多态性标记、构建遗传连锁图谱、数量性状表型鉴定和遗传分析等内容。

（2）根据不同生态环境条件下的育种目标设计目标基因型，即找目标（或设计品种原型），这一步骤利用已经鉴定出的各种重要育种性状的基因信息，包括基因在染色体上的位置、遗传效应、基因到性状的生化网络和表达途径、基因之间的互作、基因与遗传背景和环境之间的互作等，模拟预测各种可能基因型的表型，从中选择符合特定育种目标的基因型，提出最佳选配策略。

（3）在全基因组水平上进行多模块优化组装，提供基因编辑、敲除/敲入、遗传修饰等手段获得育种人员所需要的理想基因组合，实现复杂性状的定向改良。

（三）分子设计育种的展望

我国的分子设计育种的研究起步稍晚，国务院已发布的《国家中长期科学和技术发展规划纲要（2006—2020）》中提出，将把动植物品种的分子设计育种作为我国前沿技术的重点研究领域。随着测序技术和大数据的发展，在未来的动物遗传育种中，分子模块设计育种必将持续发挥领军作用，其中亟待解决的问题主要包括3个方面。

1．分子模块的挖掘及调控网络的解析　在过去的几十年里，人们已挖掘并鉴定了一大批与动物重要经济性状密切相关的功能基因和QTL位点，包括生长速度、产仔数、饲料转化效率及抗病性等各个方面。但是关于这些重要经济性状的分子模块网络并不完全清楚，这极大地阻碍了基于分子模块调控的动物遗传改良。随着全基因组测序技术的不断发展和更新，较低的测序成本和高通量的测序数据使得大规模挖掘控制动物复杂性状的基因信息成为可能。尤其是性状记录完整的动物参考群建立，有关动物的生物信息学数据库的数据大幅增加。同时，转录组测序、蛋白质组测序和基因芯片等功能基因组研究平台和动物模型的构建，为深入研究动物相关功能基因的调控网络打下了良好的基础。今后还需要借助分子生物学、基因组学及表观修饰等技术，深入探索动物复杂经济性状的遗传基础及调控网络。

2．高通量表型的精准检测和利用　表型是基因型和环境型相互作用的结果，高效、准确的表型检测和分析是动物生产育种中十分关键的环节，也是优良品种筛选、精准育种的先决条件。随着测序技术的提高，动物基因组学、蛋白质组学及代谢组学等快速发展，而由于动物表型的高度复杂性和传统表型鉴定技术的限制，动物表型组学研究相对滞后，也使得相当一部分基因组信息无法被充分利用。因此，发展先进的表型鉴定技术、搭建高通量表型检测平台成为必然。在未来的农业生产中，如何利用先进的高通量表型检测技术和平台精准收集表型数据信息，并与基因组学等多学科技术相结合，深入挖掘与动物重要经济性状密切相关的分子模块，以促进动物高通量遗传育种将是今后人们关注的重点，也是实现动物复杂经济性状改良的理论基础。

3．多学科的交叉与融合　动物分子模块设计育种作为一个多学科的集合与交叉，是一项高度综合的系统工程，需要将基因组学、表型组学、计算生物学、系统生物学和合成生物学相结合，对控制动物复杂经济性状的分子模块进行解析、组装、耦合，并进行新型品种的分子设计和培育。但是，目前我国动物育种队伍比较分散，研究缺乏持续性和系统性。因此，在今后的育种工作中需要高度整合资源，加强多学科交叉和共性技术集成以加强动物分子育种平台的建设，完善和促进动物分子模块设计育种体系。利用分子模块设计育种技术无疑能够全面解析控制动物复杂经济性状的重要分子模块，通过多模块的耦合和组装模拟，实现复杂性状的定向改良，培育高产优质的动物新品种（系）。

三、全基因组选择

全基因组选择法（genomic selection，GS）就是使用覆盖整个基因组的高密度单核苷酸多态性从而估算个体基因组估计育种值（genomic estimated breeding value，GEBV），该技术于2001年首次提出，对比个体间遗传信息的差异，从表型差异解析，能够有效改良低遗传力性状的遗传进展，真正实现了分子水平上育种的重要突破。近年来，随着 SNP 分型技术的不断发展，芯片检测的成本不断降低，计算方法不断丰富，全基因组选择迅速成为动物育种工作中的热点技术，并且越来越多地应用到动物育种工作当中。

（一）全基因组选择的步骤

全基因组选择的流程包括参考群的建立、候选群的选择两个步骤。根据选择方法的不同，选择流程也有一定区别，大致可分为直接法和间接法。直接法在建立完参考群后，会结合基因型、表型值和系谱等信息，建立标记亲缘关系矩阵，结合特定的线性模型后计算出群体的综合选择指数；在第二步对候选群的选择时，待选择个体的基因型和系谱信息也可以直接加入计算模型计算得出 GEBV 和综合选择指数，从而进行个体的排序和选择。而间接法在第一步建立参考群时，通过结合个体的基因分型信息和性状表型值信息估计不同性状的 SNP 效应值，在第二步对候选群进行基因芯片分型后，依据参考群得到的 SNP 效应获得个体的 GEBV，进而确定综合选择指数。在应用全基因组选择技术时可以在动物候选群出生不久就对其进行选择，将世代间隔缩短，使选择准确性提高，从而提高群体的遗传进展。

（二）全基因组选择准确性的优点

20 世纪 90 年代后，分子遗传学的进步带来了分子标记辅助选择育种，MAS 通过分析与目标基因紧密连锁的分子标记的基因型，从而借助分子标记对目标性状基因型进行选择。MAS 包括两个步骤：首先检测感兴趣特征下的基因即 QTL，然后将 QTL 信息纳入 BLUP-EBV 的计算中。然而 MAS 存在一些局限性，需要先对主效基因或者 QTL 进行检测，在不同群体变化较大，标记可解释的遗传变异百分比较低，在动物育种中的应用非常有限。相比而言全基因组选择具有明显的优势，不需要进行主效基因或者 QTL 检测，不依赖于表型信息，能够捕获基因组中的全部变异，对于低遗传力、难以度量的性状提升效果明显，可通过早期选择缩短世代间隔。

（三）影响全基因组选择准确性的主要因素

全基因组选择的准确性受多个因素影响，选择的准确性可以由性状的 GEBV 准确性来体现。

1. 参考群规模大小　参考群规模是影响 GEBV 的重要因素之一。在对猪进行全基因组选择时参考群的大小应大于 1000 头才能达到较好的准确性。参考群的数量越大基因组选择的准确性会越高。

2. 遗传力的高低　随着遗传力升高，在进行全基因组选择时，其 GEBV 的准确性也越高。相对于高遗传力性状，低遗传力性状可以增大参考群数量来提高选择准确性。

3. SNP 密度和数量　SNP 与控制表型的主效基因的连锁不平衡程度受到 SNP 标记的密度和数量影响，当 SNP 标记密度越高、数量越大，SNP 标记与 QTL 连锁不平衡的可能性就越高，与影响目的性状基因的连锁不平衡（LD）值也越高，全基因组选择的准确性也会提高。

4. 参考群和候选群的遗传联系　在候选群应用全基因组选择技术时依靠参考群体得出的遗传参数进行计算选择，所以参考群与预测群体间遗传距离也将影响选择的准确性。参考群和候选群世代间隔数越小，准确性越高，当二者间隔在 1～2 代时预测效果较好。

5．参考群的更新 全基因组选择的选择效率随着世代的增加而降低，因此在进行 2～3 个世代的基因组选育之后必须重新估计参考群的遗传参数才能保持其选择准确性。在实际育种进程中，有基因型信息的候选群得到表型信息之后，可以加入参考群进行群体的更新，以提高 GEBV 估计的准确性。

四、分子育种的应用

近年来，以全基因组选择为主的分子育种技术在我国的动物育种实践中得到了一定程度的应用，表现出良好的应用前景。自 2000 年以来，已经针对大量的 SNP 开发出低成本的基因分型方法。2007 年，第一个商业化的 SNP 芯片生产出来，它携带了 54 001 个 SNP，超过 1500 个基因型被用于奶牛基因组评估中应该使用哪些 SNP。Wiggans 等的研究表明奶牛基因组预测的准确性在生产性状上超过了 0.8，而在生育力、寿命、体细胞数和其他性状方面超过了 0.7。这些高准确性反映了每个品种的各自参考群，并且这些群体中的许多动物已经被组装以能够进行基因组预测。他们的研究发现：参考群中的许多动物都是经过后代测试的公牛，其子代母牛均表现出高度准确的表型。此外，利用 GEBV 也可以预测参考群中动物的近亲。同时为了基因组的预测，全球范围内已经对约 200 万头奶牛进行了基因分型。基因组预测的高精度和通过低密度芯片进行基因型测定，可以以相对较低的成本获得基因组的准确预测。这些工作极大地缩短了奶牛的世代间隔，使得奶牛的选育工作从常规的 5～6 年减少到 1～2 年，极大地降低了生产成本，提高了生产者的收益。

在一些肉牛品种中，基因组选择已经被大规模应用。Lourenco 等在 2015 年的研究中统计得出，在美国，已经对 52 000 多头安格斯牛进行了基因组选育，并用于 GEBV 的评估。而在一般情况下，由于奶牛的参考群质量比肉牛高，所以肉牛基因组预测的准确性一直低于奶牛。为了弥补肉牛参考群动物数量少的问题，也有研究者使用多品种参考群，Bolormaa 等发现，这种方法略微提高了准确性，但是仍然不如同数量的动物来自同一品种的参考群。Akanno 等在 2014 年也表明，用几个美国纯种的参考群在加拿大的杂种群内预测时，准确率很低。因此，基因组选择在肉牛育种中没有像奶牛育种那样被广泛使用，部分原因也是准确率较低，同时也是因为经济上的优势没有那么大。基因组选择还是对传统上难以选择的性状最有利。然而，肉牛中的几个重要性状使用常规的方法是很难选育的，如饲料转化率和牛肉品质。由于这些性状的记录成本也很高，因此建立一个庞大的参考群的成本很高，目前还没有这样的种群出现。但是对于这些性状，基于高密度 SNP 结合非线性分析的基因组选择可能也是最好的方法。

全基因组选择在种猪育种中的实施主要是针对屠宰质量、公猪身上无法记录的母猪性状、纯种动物身上无法记录的杂交性能等性状。2008 年，PorcineSNP60 基因芯片的研发给各国猪全基因组选择育种提供了有利条件，大量实验研究证明猪在使用 60kSNP 高密度芯片实验得到的 GEBV 准确性很高。丹育公司（丹麦）2010 年就针对部分性状及公猪膻味性状进行 GS 研究。Hypor 公司（荷兰）早在 2012 年就展开了猪繁殖、肉质和抗病性状基因组选择，应用取得较好效果。PIC 是拥有世界最大的猪育种数据库的种猪公司，该公司利用全基因组选择使总产仔数、生长速度、采食量和眼肌面积性状的估计育种值准确性都得到提高。温氏集团在我国是猪育种和商品猪生产的龙头企业，于 2011 年开始对种猪的饲料利用率、肉质等性状进行 GS 研究，2013 年获得了 1 头杜洛克特级种公猪，并开始配种应用。Christensen 等对丹系杜洛克公猪的日增重和饲料转化率等生长性能进行全基因组选择，获得了较传统选育方法更准确的 GEBV。Gjerlaug-Enger 等在对长白和杜洛克猪肉质（肌内脂肪含量）进行选育时发现全基因组选择育种值 GEBV（0.63）比传统估计育种值 EBV（0.36）高。Lillehammer 及 Simianer 等研究发现利用 GS 获得的 GEBV 进行母猪选留对提高母猪繁殖性能的遗传进展很有效。在国内大型猪场通过全基因组模型计算杂交产生的非加性效应，杂交群体进行杂交选育，可以提高猪场经济效益。

小　结

本章详细介绍了动物分子育种的发展概况，以及分子遗传标记的概念、原理、方法及其应用。由于近年来以分子遗传标记为主的分子育种技术发展非常迅速，分子育种的方法也很多，而且有些方法比较相似，有的方法之间相互联用，所以学习起来较易混淆，因此要求同学们在学习过程中要比较记忆，找到每种方法的特点及其适用的范围，要具体问题具体分析，灵活应用。

思 考 题

1. 名词解释：分子标记、扩增片段长度多态性标记、染色体原位杂交、单核苷酸多态性、物理图谱、遗传图谱、标记辅助选择、全基因组选择、分子设计育种。
2. RAPD 标记的一般步骤有哪些？
3. SSCP 的基本原理是什么？
4. SSR 标记的主要特点有哪些？
5. 基因作图有哪几种方法？
6. 简述标记辅助选择的基本原理。
7. 简述候选基因分析的基本方法。
8. 标记 QTL 连锁分析有哪些优缺点？
9. 试述分子标记辅助选择在家畜育种中的应用。
10. 简述分子设计育种的主要步骤。
11. 简述全基因组选择的主要步骤及其优缺点。

第八章　动物疾病分子诊断技术与基因工程疫苗

学习要点：了解动物疾病分子诊断技术的概念和主要任务；熟悉动物疾病核酸检测技术的主要方法、原理，了解其在感染性疾病和遗传性疾病中的应用；掌握动物免疫学诊断技术的概念及主要分类；掌握免疫标记技术的常用方法、原理和应用；了解基因工程疫苗的概念和类别。

第一节　动物疾病分子诊断概述

一、分子诊断学概述

分子诊断学是基于分子生物学理论和技术研究动物机体内源性或外源性生物大分子及大分子体系的存在、结构特征或表达调控变化的一门学科，其目的是为疾病的预防、诊断、治疗和转归提供理论依据。

分子诊断属于病因学诊断，其特点是以动物内源性致病基因或外源性病原基因为探查对象，基因检测的结果具有描述性和准确性等特点，可准确诊断机体基因型变异、基因表型的异常及外源基因侵入引起的疾病。目前，分子诊断学的研究对象已从核酸检测扩展到核酸与蛋白质等生物大分子综合诊断的水平，但核酸诊断仍然占据主导地位。

动物疾病分子诊断学的主要任务包括利用基础生命科学和兽医学相关理论知识和技术手段，研究动物疾病发生、发展和转归的分子机制，为疾病发生和发展的过程寻找准确、特异的诊断标识，并利用分子生物学技术建立基于这些诊断标识的快速、可靠的临床检测方法，为动物疾病的预测、预防、诊断和治疗提供技术手段。

二、分子诊断发展历程

分子诊断学的发展与分子生物学技术的发展密切相关，可分为三个阶段，分别以核酸杂交技术、聚合酶链反应（PCR）、生物芯片及测序技术的发明为里程碑。

早在 1949 年，Pauling 发现镰状细胞贫血患者的血红蛋白电泳结果异常，提出了分子病（molecular disease）的概念，但当时的技术还无法进行分子诊断。1953 年，DNA 双螺旋结构模型的提出为现代分子生物学拉开了序幕。1969 年，Gal 和 Pardue 建立了原位杂交（*in situ* hybridization）技术，由此，核酸分子杂交（molecular hybridization）技术成为第一代分子诊断技术。1975 年，英国生物学家 Southern 创建了 Southern blot，使分子杂交技术成为基因诊断中的一项重要技术。1976 年，美籍华裔科学家简悦威（Yuet Wai Kan）用液相 DNA 分子杂交进行了 α-地中海贫血的基因诊断，是世界上首例基因诊断。我国的分子诊断技术在 20 世纪六七十年代开始萌芽。1984 年，上海市儿童医院曾溢滔教授通过斑点杂交技术进行了 α-地中海贫血的产前诊断，研究成果在 *Lancet* 杂志发表，成为我国基因诊断领域的里程碑。

分子诊断技术的第二阶段始于 1985 年 PCR 技术的创建。PCR 技术操作简便，检测灵敏、快速，且不再依赖于放射性物质，使分子诊断技术得以走向临床诊断。基于 PCR 技术衍生出新的分子诊断方法，包括等位基因特异性 PCR（allele specific PCR，AS-PCR）、限制性片段长度多态性（restriction fragment length polymorphism，RFLP）分析、PCR 单链构象多态性（PCR single strand conformational polymorphism，PCR-SSCP）技术、变性高效液相色谱（denaturing high performance liquid chromatography，DHPLC）等。定量 PCR 技术（real-time PCR）进一步提高了分子检测的敏感度，可定量检测样本中特定的 DNA 或 RNA 片段，用于动物基因表达量的检测或外源入侵病原体数量的检测及增殖情况的动态监测。数字 PCR（dPCR）是最新的定量 PCR 技术，其基本原理是基于单分子进行核酸的定量，被认为是一种绝对定量方法。

2001 年 2 月，首张人类基因组序列图谱公布，随后其他物种基因组序列陆续公布，高通量测序技术日渐成熟，分子生物学研究进入基因组与后基因组时代。基因组学、蛋白质组学等高通量技术的发展成熟促使分子诊断技术进入以生物芯片（biochip）和下一代测序技术（next generation sequencing）为代表的第三阶段。这些高通量方法快速、准确、自动化程度高，随着成本的进一步降低和小型设备的开发，个体化的基因诊断可能普及。同时，蛋白质组学（proteomics）技术的发展加快了新的诊断标识和药物靶标的发现速度，蛋白质芯片（protein microarray）可对临床样本进行多种诊断标识的快速筛查，为分子诊断提供了有力工具。

三、分子诊断技术的策略和应用

分子诊断检测的对象包括动物机体基因结构、表达的异常、外源侵入性的基因及病原携带基因，而检测基因的存在、结构和表达异常则主要通过检测 DNA 或 RNA 实现（图 8-1）。目前，核酸的分子杂交、聚合酶链反应（PCR 及荧光定量 PCR）、DNA 测序技术及多种技术联合应用是动物疾病分子诊断策略的主要技术手段。此外，生物芯片、核酸测序等高通量检测技术也在逐步向临床应用发展。在基因结构水平，可用的检测方法包括 Sourthern blot、斑点杂交、原位杂交等核酸杂交技术，PCR、实时荧光定量 PCR、数字 PCR 等方法，

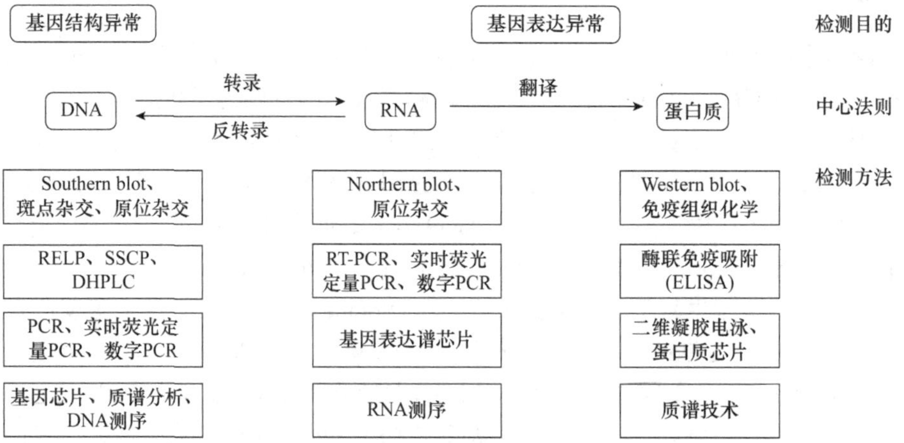

图 8-1　分子诊断技术策略

基因芯片和测序等高通量检测技术。在基因转录水平，常用的检测方法有 Northern blot、荧光原位杂交等核酸杂交技术，反转录 PCR（RT-PCR）、实时荧光定量 PCR 等方法，基因表达谱芯片和转录组测序等高通量检测技术。在蛋白质表达水平，常用的方法有 Western blot、免疫组织化学技术、酶联免疫吸附测定（ELISA）试验、蛋白质芯片、质谱技术等。

在动物疾病中，由病原微生物和寄生虫导致的疫病是严重威胁动物健康的主要因素，其中重大人畜共患病也严重威胁人类健康。在分子生物学技术发展成熟以前，对动物疫病的病原体检测多采用传统的微生物学、免疫学和血液学相关手段，在灵敏度、特异性和早期诊断方面受到限制。随着分子生物学技术的广泛应用和测序技术的成熟，多种人畜共患和动物源性病原微生物的基因组序列公布，为病原的分子诊断提供了基础。上述基于中心法则开发出的多种分子诊断策略可以早期、快速、敏感、特异地检测出动物和人体内感染性病原体的存在，并可对病原体进行定量和定位的检测，还可快速检测临床上普遍存在的多病原混合感染，从而实现准确的病因学诊断。此外，基于分子生物学方法，还可以对感染性病原体进行基因分型、溯源和耐药性监测，不仅可用于疫病的诊断，还可应用于动物疫病和重大人畜共患病的分子流行病学调查、动物疫病的预测预警及用药方案等研究。

第二节　动物疾病的核酸检测技术

一、核酸检测技术概述

疾病的核酸检测技术包括核酸分子杂交技术、核酸扩增技术（PCR）、生物芯片技术及核酸测序技术。相关技术的基本原理在第三章已介绍。

二、核酸检测技术的应用

（一）感染性疾病的核酸检测

感染性疾病是由病毒、细菌、真菌、支原体、衣原体、立克次体、螺旋体和寄生虫等病原体引起的疾病。除传统的微生物学、免疫学和血液学方法外，核酸检测技术已广泛用于感染性疾病的诊断和发病机制的研究中，包括如下几个方面的应用：①适用于检测不能或不易培养、生长缓慢的病原微生物，如结核分枝杆菌，并可能发现新病原或病原的变异体；②进行病原体感染的早期诊断，鉴定病原体的类型；③通过在感染的不同时间段定量检测病原体的核酸，动态监测疾病进展，掌握疾病的发展规律；④进行病原体感染的分子流行病学调查，对疾病进行溯源与追踪；⑤对病原体进行基因分型和突变位点分析，了解其进化特征，预测其进化发展规律；⑥检测病原体的耐药基因，为临床药物的有效选择提供科学依据。与血清学检测相比，核酸检测具有快速、灵敏、特异的优势。

感染性疾病的核酸检测对象是病原体的 DNA 或 RNA，检测的样本包括疑似感染动物的血液、唾液、组织、鼻腔或咽拭子、肛门拭子、粪便等，检测方法包括前文已介绍的常用核酸检测技术，可对样本中特定的病原体进行定性、定量和定位检测，或一次检测多种不同种类的病原体，也可动态监测病原体在动物体内的增殖和清除过程。为进一步确定病原体的特征，指导用药方案及制订预防措施，可对病原体进行基因分型、耐药基因检测和进化分析。

1．病毒感染的核酸检测　在重要的人畜共患病和动物传染病中，病毒引起的疾病占据重要地位，病毒病的早期诊断对提高其治疗效果和控制其传播有重要意义。病毒的直径在20～300nm，完整成熟的病毒颗粒包括内部的核酸和外部的蛋白质衣壳，部分病毒在核衣壳外有囊膜。根据病毒的核酸类型，将其分为脱氧核糖核酸（DNA）病毒和核糖核酸（RNA）病毒两大类。传统的病毒检测方法具有一定的局限性，如病毒的分离鉴定需要细胞培养技术，且部分病毒尚无可传代培养的细胞系。同时，部分病毒在感染早期由于滴度较低无法分离或用血清学方法检出。相比之下，核酸检测方法快速、灵敏，在临床使用时不需要分离病毒，在机体感染的不同时期均可检出，加之定量 PCR 和测序技术的成熟，病毒核酸检测的灵敏度和速度进一步提高，已广泛应用于人和动物病毒性传染病的诊断和流行病学调查。下面以流行性感冒（流感）病毒为例，介绍病毒感染的核酸检测依据及方法。

1）*流感病毒*　流感病毒（influenza virus）属于正黏病毒科流感病毒属，引起流行性感冒。根据核蛋白和基质蛋白的抗原性不同，流感病毒分为 A（甲）、B（乙）、C（丙）3 型，根据病毒颗粒表面的两种糖蛋白血凝素（hemagglutinin，HA）和神经氨酸酶（neuramidinase，NA）抗原性的不同，A 型流感病毒又可进一步分为不同的亚型。目前，A 型流感病毒有 17 个 HA 亚型（H1～H17），10 个 NA 亚型（N1～N10），HA 和 NA 之间组合可形成多个亚型，如 H1N1、H3N2、H5N1、H7N9，各亚型之间无交叉免疫力。在流感病毒的 3 型中，A 型变异性最强，致病性也较强，多次引起世界大流行，B 型和 C 型相对稳定，致病性较低。在易感动物方面，A 型流感病毒感染多种动物，包括人、猪、禽、马、海豹、鲸等，B 型流感病毒主要感染人，C 型可感染人和猪。一般人、马和猪感染后表现为上呼吸道症状，以发热、咳嗽、打喷嚏、流鼻涕、呼吸困难和乏力为主要症状，而家禽感染后症状表现多样，迅速死亡、呼吸道症状、产蛋下降及隐性感染都可出现，部分亚型的高致病性禽流感病毒可通过活禽传播给人类。猪是流感病毒基因重组的混合器，导致新的变异毒株出现。水禽对所有亚型的流感病毒均易感，是流感病毒的自然宿主。此外，水貂和海洋哺乳动物也能感染流感病毒，一般为自然散发。

2）*流感病毒的基因组特征*　流感病毒为有囊膜的单股负链 RNA 病毒，A 型和 B 型流感病毒基因组含有 8 个单独的单股 RNA 片段，C 型流感病毒基因组包括 7 个 RNA 片段，每个 RNA 片段编码 1～2 个多肽。A 型和 B 型流感病毒基因组的第 1～3 个节段编码 RNA 多聚酶（PB1、PB2、PA），第 4 个节段编码 HA，第 5 个节段编码核蛋白（NP），第 6 个节段编码 NA，第 7 个节段编码基质蛋白（M1 和 M2），第 8 个节段编码两种非结构蛋白（NS1 和 NS2）。B 型流感病毒基因组的第 6 个节段编码 NA 和 NB 两种蛋白，而 A 型的第 6 个节段仅编码 NA 一种蛋白。上述 HA、NA 和 M2 为 3 种膜蛋白，HA 和 NA 位于病毒表面，M2 为跨膜蛋白，M1 蛋白在囊膜内部，同时 M1 蛋白与螺旋状的核糖核蛋白（RNP）相互作用，RNP 由基因组的 8 个片段分别与 NP 结合在一起构成。同时，PB1、PB2 和 PA 与 RNP 结合，组成 RNA 聚合酶复合体。C 型流感病毒基因组的第 4 个节段编码一种包膜糖蛋白（HEF），具有红细胞凝集、脂酶及包膜融合三种活性。

流感病毒的 8 个节段是其发生基因重组的分子基础，当不同亚型的毒株感染同一个宿主细胞时，两个亲代病毒的基因节段能发生重组，产生拥有两个亲代病毒基因组部分片段的新的子代病毒。这种基因重组现象是流感病毒产生大片段抗原突变及产生新亚型的原因，也是历史上多次出现流感大流行的重要原因。同时，流感病毒的核酸为 RNA，而

RNA 多聚酶缺乏错配修复机制，使得流感病毒的核酸容易产生位点突变，这也是流感病毒变异性强的原因。

3）流感病毒感染的核酸检测方法　可采用核酸杂交、反转录 PCR（RT-PCR）、荧光定量 PCR、环介导等温扩增等技术检测咽拭子、气管拭子、血浆、病变组织器官或禽类的泄殖腔拭子等样本中的流感病毒 RNA，其中 RT-PCR 和实时荧光定量 PCR 方法最常用。扩增的目的基因片段可选择流感病毒 M 蛋白基因、NS 蛋白基因等的保守区域。

流感病毒的分型可用 RT-PCR、实时荧光定量 PCR、核酸依赖性扩增检测技术（NASBA）、核酸杂交和基因芯片等技术进行，针对的目标基因片段通常是高度保守的 NP 和 M 蛋白基因编码区。对流感病毒亚型的核酸检测一般选择 HA 和 NA 编码基因 5′端和 3′端的保守序列设计引物。针对 M 蛋白及不同 HA 或 NA 亚型的多重 PCR 可一次性鉴定流感病毒并对其分型。

此外，核酸检测方法也可鉴定流感病毒的耐药突变基因，可采用 RT-PCR、基因芯片、核酸测序等方法检测和分析 M2（金刚烷胺耐药位点）或 NA 蛋白（达菲耐药位点）的编码基因内的突变位点。

4）流感病毒核酸检测的意义　流感病毒感染的诊断方法包括病毒分离鉴定、核酸检测和琼脂扩散、免疫荧光、血凝抑制试验、ELISA 等血清学诊断方法。与其他方法相比，核酸检测技术具有敏感、特异、简便和快速的特点，适用于流感病毒的早期检测、分型和分子流行病学调查。对于人类健康而言，对流感病毒的分子诊断可预测疾病的发展进程和指导治疗方案。从公共卫生学角度来看，对流感病毒及其分型的核酸检测可监测流感病毒在不同动物种属中的流行、进化、变异和跨种传播规律，对疾病的预警和有效疫苗的研发起到指导作用，对于流感大流行的预测和控制有重要意义。

2．细菌感染的核酸检测　细菌在环境、人和动物机体的表面及机体内部普遍存在，其中部分致病菌或条件致病菌能导致被感染者出现临床症状，导致传染病的发生。目前对细菌病的控制仍然依赖于抗生素治疗，然而日益严重的细菌耐药问题导致临床治疗效果受到挑战，对致病菌的正确诊断及其耐药特征的检测和监测十分重要。传统的细菌学检测方法包括样本的涂片镜检、细菌分离鉴定、生化鉴定和血清学检测等方法，实验周期较长，检测的灵敏度有局限性，且部分病原菌无法在体外良好生长，导致假阴性结果的出现，核酸检测技术较好地解决了这些问题，借助高通量测序技术，不仅可快速、准确地检测到特定的病原菌，还可对病原菌进行分型、耐药基因和毒力基因的检测，提高了诊断的准确性，对治疗和控制方案提供了有效的指导。以下以结核分枝杆菌为例，介绍细菌感染的核酸检测依据及方法。

1）结核分枝杆菌　结核分枝杆菌（*Mycobacterium tuberculosis*，MTB）是一种纤细、平直或稍弯曲的革兰氏阳性杆菌，属于分枝杆菌科分枝杆菌属，为细胞内寄生菌，引起人和动物的结核病。MTB 按宿主特异性分为牛型、人型和禽型。牛型和人型 MTB 可感染人、牛、羊、猪、马、犬和猫等动物。禽型结核分枝杆菌可感染禽、人、牛、羊、猪、马、犬和猫等动物。MTB 含有丰富的脂类，因此对外界的抵抗力很强。但该菌的生长速度缓慢，不利于临床上的及时诊断和治疗。结核病属于慢性消耗性传染病，不同动物感染 MTB 的病理特征均是在多种组织器官形成结核性肉芽肿，即结核结节，继而结节中心出现干酪样坏死或钙化。目前，结核病对人类的感染率仍然居高不下，是导致人类死亡的主要传染病之一，并且艾滋病的流行造成了结核病发病率的进一步上升，导致临床上出现艾滋病与结核病双重感染的现象。此外，耐药结核菌在世界范围内已普遍存在，其中对两种一线抗结核药耐药的结核分枝杆菌被称为多重耐药结核分枝杆菌，对一线和二线抗结核药都耐药者被称为泛耐药结核分枝杆菌，耐药结核分枝杆菌的存在成为结核病治疗的重大难题。在畜禽养殖场中，牛场的结核病阳性率高，牛型结核分枝杆菌可传染给人类和其他动物，因此不仅对养牛业造成了重大经济损失，也严重威胁人类健康。

2）结核分枝杆菌的基因组特征　人型标准 MTB 是 H37Rv 株，其全基因组是环状双链 DNA，大小为 4 403 765bp，G+C 含量平均为 65.6%，编码 4033 个开放阅读框，功能已知的基因有 1734 个，605 个基因编码的蛋白质与其他细菌有同源性，1694 个基因编码的蛋白质为假设蛋白，功能未知。该菌株基因组中 ATG 是最常见的翻译起始密码子，使用频率约为 61%，GTG 作为起始密码子的频率也较高，约为 35%，远高于大肠杆菌和枯草芽孢杆菌。牛型 MTB 的代表菌株为大不列颠强毒株（AF2122/97），于 1997 年从疑似结核病的病牛肺部分离。该菌的基因组全长为 4 345 492bp，其 G+C 含量为 65.63%，有 3951 个基因编码的蛋白质，包括一个原噬菌体和 42 个插入序列。

在 MTB 的功能基因中，大多数编码脂类代谢酶，还包括一些富含甘氨酸的酸性蛋白质，可能与抗原变异、免疫逃避有关。从基因功能看，该菌具有合成所有必需氨基酸、维生素和酶辅助因子的潜在能力。在基因组中还存在许多耐药基因，编码水解酶、药物修饰酶和药物外排泵系统。编码核糖体蛋白 S12 的 *rpsL* 基因的突变或 *rrs* 基因编码的 16S rRNA 保守环状结构的突变会导致 MTB 对链霉素耐药，但对链霉素的耐药还存在其他分子机制。导致该菌对利福平产生抗性的原因是 RNA 聚合酶编码基因 *rpoB* 的突变。*katG* 基因的突变是该菌对异烟肼高水平耐药的原因，*inhA* 基因的突变则导致该菌对异烟肼低水平耐药。编码 DNA 拓扑异构酶的 *gyrA* 和 *gyrB* 基因突变可导致该菌对喹诺酮类药物产生耐药性。

3）结核分枝杆菌的核酸检测方法　该菌的 DNA 检测可用的方法有 PCR、荧光定量 PCR、免疫杂交 PCR、链替代扩增（strand displacement amplification，SDA）技术、环介导等温扩增（loop-mediated isothermal amplification，LAMP）技术、基因芯片技术和核酸测序等。PCR 检测的目标基因包括 16S rRNA 基因、IS6110 插入序列、MPB 64 蛋白编码基因、65kDa 抗原基因和染色体 DNA 的重复序列等。牛型 MTB 常用的靶基因为插入序列 IS6110 中的片段，扩增的敏感性和特异性较高。LAMP 是在链置换 DNA 聚合酶的作用下，在恒温条件下短时间内（15～60min）快速有效地扩增靶基因，结果直接通过肉眼观察是否有绿色荧光或白色沉淀即可判定，常用的靶基因有 *IS6110*、*gyrB* 等。采用基因芯片技术可同时区别多种分枝杆菌，并鉴定 MTB 的已知耐药基因，全自动核酸检测平台也可在鉴定 MTB 的基础上同时检测耐药基因。这些高通量技术都具有简便快捷和灵敏度高等优点。

核酸杂交和实时荧光定量方法可用于 MTB 的 RNA 检测。用针对 MTB rRNA 的特异性 DNA 探针，可检测样品处理后释放出的细菌 rRNA。此外，用实时荧光恒温扩增法可定量检测 MTB 的 mRNA。检测 mRNA 的意义在于细菌的 mRNA 半衰期很短，是活菌检测的理想标志物。检测 MTB mRNA 常用的目标基因为编码 α 抗原 85B（Ag85B）蛋白的基因。

MTB 的分型检测可采用限制性片段长度多态性（RFLP）技术、依赖核酸的序列扩增（nucleic acid sequence-based amplification，NSABA）技术、可变数目串联重复序列（variable number tandem repeat，VNTR）检测技术、基因芯片技术和核酸测序技术，其中以重复序列

IS6110 为探针的 RFLP 被认为是结核菌分型的"金标准"。VNTR 是指具有高度多态性、高度重复出现的 DNA 片段，在 MTB 中的分布表现出高度的个体特异性，基于 VNTR 的分型方法简便、重复性好，便于不同实验室间的结果比较，可用于 MTB 感染的流行病学调查。

MTB 的耐药基因检测方法包括核酸测序技术、线性探针分析（line probe assay，LPA）、PCR-单链构象多态性（PCR-SSCP）分析、PCR-异源双链形成分析、荧光定量 PCR 和基因芯片技术等，其中核酸测序技术是检测该菌耐药基因的"金标准"。LPA 是先用 PCR 扩增出靶序列，然后与膜上固定的探针杂交，经酶显色以鉴别基因突变，如检测利福平耐药基因 *rpoB* 基因的突变。PCR-SSCP 已广泛用于检测 MTB 对利福平和异烟肼的耐药基因，适合大批量标本的分析。PCR-异源双链形成分析可直接从痰标本中灵敏而快速地检测 *rpoB* 基因型，从而分析细菌对利福平的耐药性。荧光定量 PCR 和基因芯片技术也可用于利福平、异烟肼相关耐药基因的检测，如针对 *rpoB* 基因的多重半巢式实时荧光定量 PCR 可快速从痰液中检测 MTB 及其对利福平的耐药性。

4）结核分枝杆菌核酸检测的意义　结核病的常规诊断方法包括细菌的分离鉴定、细菌抗酸染色、结核菌素试验、抗体检测、γ-干扰素释放试验和核酸检测等。这些方法中细菌培养法比较缓慢，只对开放性患者或病畜有意义，结核菌素试验对早期感染难以诊断。γ-干扰素释放试验属于较新的方法，比较灵敏，特异性强，不受卡介苗接种和其他非致病性分枝杆菌的影响，应用比较广泛。核酸检测方法具有快速、准确和特异的优点。核酸检测不需要培养细菌，提高了检测的灵敏度和时效性，适用于早期诊断，并可区分 MTB 和其他分枝杆菌成员，可快速指导治疗。在人群和养殖场开展 MTB 的分子检测和分型可实现结核病的流行情况监测，对患病动物及时淘汰处理，并可完成流行病学调查及菌株在人和牛中相互传播的风险评估，为疾病控制提供依据。同时，对结核耐药基因的检测有利于临床用药方案的制订，对细菌核酸的定量检测可评价抗结核药物的效果。

（二）遗传及肿瘤相关疾病的分子诊断

在人类的遗传病和肿瘤诊断中，分子诊断技术已应用广泛。人类遗传性疾病分为符合孟德尔遗传规律的单基因遗传病和不符合孟德尔遗传规律的多基因遗传病（多因素性疾病）。分子诊断的目的是检测遗传病患者的 DNA、RNA、染色体、蛋白质和某些标志性代谢产物的变化，从而揭示与该遗传病发生相关的基因、基因型、基因的突变、基因的单倍体型和染色体核型等生物学标记。与传统的诊断方法相比，对这些生物标记的分子诊断准确性更高，可实现早期诊断，有利于在临床上对遗传型疾病进行早期预防、早期诊断和早期治疗。

在动物遗传病中，分子诊断技术也有重要的作用。对种猪的氟烷基因标记进行检测用于辅助选育抗应激品种。氟烷基因（halothane gene，*Hal*）是控制猪应激综合征（porcine stress syndrome，PSS）的主效基因。PSS 导致以灰白、柔软和渗水为特征的 PSE（pale soft exudative）猪肉的产生，给生猪养殖、猪肉加工和销售都造成了巨大经济损失。1991 年，Fujji 等建立了 PCR-RFLP 方法，用于氟烷基因的检测，操作简便，取少量的猪全血、肌肉组织和猪毛即可快速、准确地检测个体的氟烷基因型，在养猪业已广泛应用。荷斯坦牛隐性遗传缺陷病严重危害奶牛育种与养殖业，目前已知的荷斯坦牛常见遗传缺陷病种类包括牛白细胞黏附缺陷症（BLAD）、牛尿苷酸合酶缺乏症（DUMPS）、脊椎畸形综合征（CVM）、瓜氨酸败血症（CN）、凝血因子Ⅺ缺乏症（FXI）、红毛（RF）、短脊椎综合征（Brachyspina syndrome）、遗传性锌缺乏症（BHZD）、牛侏儒症（CD）等，相应的突变致病基因为 *CD18*、*UMPS*、*SLC35A3*、*ASS*、*FXI*、*MSHR*、*FANCI*、*SLC39A4*、*PRKG2*。对上述遗传病的分子诊断和筛选方法主要是基于 PCR 的检测，已建立的方法包括 RT-PCR、PCR-RFLP、PCR-SSCP、引物诱导限制性分析-聚合酶链反应（PIRA-PCR）、错配扩增突变分析-聚合酶链反应（MAMA-PCR）、创造酶切位点-聚合酶链反应（CRS-PCR）、高分辨率熔解曲线分析（HRM）技术等。基因芯片、质谱技术、荧光共振能量转移等高通量 SNP 分析技术也逐渐应用于牛隐性遗传缺陷病的规模化检测和筛选。

在肿瘤性疾病的诊断和治疗方面，分子诊断也发挥了重要作用，用于肿瘤的发生、复发与转移的诊断，疗效和预后的判断及人群普查。分子诊断的对象是肿瘤标志物。肿瘤标志物一般分为基因型标志物和基因表型标志物，其中基因型标志物是指基因本身突变和表达异常，能反映癌前启动阶段的变化；基因表型标志物则出现较晚，是指基因表达产物异常，表现为其所编码的表达产物合成紊乱，产生了胚胎性抗原、异位蛋白等。因此，寻找特异性基因型标志物进行肿瘤的基因诊断，对于肿瘤的早期发现、预防和治疗具有至关重要的意义。

第三节　动物疾病的免疫学诊断技术

一、免疫学诊断技术概述

免疫学诊断技术是利用抗原和抗体特异性结合的特性而建立的检测方法，广泛应用于传染病的诊断和防治、妊娠诊断和药物残留检测等领域。免疫学诊断能够用于抗原或抗体的定性、定量或定位，从而对传染病做出诊断；也可以测定特异性抗体的水平，对动物的免疫状况做出评估，指导动物养殖生产；还能够鉴定临床分离的毒株、菌株和采集的血清中抗原或抗体的血清型，作为流行病学调查的依据。

免疫学检测方法包括凝集试验、沉淀试验、酶联免疫吸附测定试验、免疫层析技术、免疫组织化学技术、免疫荧光技术、放射免疫测定技术及蛋白质芯片等一些免疫学新技术，以下介绍几种常用技术的原理和应用。

二、凝集试验

凝集试验（agglutination test）的原理是凝集反应，即颗粒抗原与特异性的抗体结合后形成肉眼可见的凝集块，主要用于鉴定病原，对病原体分型及检测血清中的抗体和抗体效价。在凝集反应中，抗原物质可以是红细胞、细菌或结合有抗原的乳胶颗粒等，称之为凝集原，其相应的抗体称为凝集素。

根据凝集反应的载体，凝集试验有玻片法和试管法两种，前者是将抗原和抗体在玻片上进行凝集反应，后者是在试管中将稀释的血清和颗粒性抗原进行凝集反应。根据试验原理，凝集试验可分为直接凝集试验和间接凝集试验。直接凝集试验的原理是将红细胞或细菌等颗粒性抗原与特异性抗体直接结合，观察红细胞凝集或细菌凝集的现象。间接凝集试验的原理是将可溶性抗原或抗体包被在与免疫反应无关的颗粒性载体表面，与相应抗体或抗原混合后，在电解质的作用下出现凝集现象。在间接凝集反应中，吸附抗原或抗体后的颗粒性载体称为致敏颗粒，常用的载体有动物红细胞和聚苯乙烯乳胶。由于载体颗粒大，增加了可溶性抗原反应的空间，因而反应的灵敏度高出直接凝集反应 2～8 倍，但其特异性稍差，可通过调整反应的电解质强度和 pH 提高特异性。

直接凝集试验常用于病毒及其抗体的检测，常用的试验为血细胞凝集试验（简称血凝试验）和血凝抑制试验。血凝试验的原理是红细胞表面具有某些病毒的受体，因此将分离的病毒与特定动物的红细胞孵育，可观察到红细胞凝集现象。能凝集红细胞的病毒很多，如流感病毒、新城疫病毒、口蹄疫病毒、细小病毒等，对这些病毒的确诊需进一步用血凝抑制试验进行特异性鉴定。血凝抑制试验是在血凝试验的基础上，将标准血清与未知病原相互作用后，再加入动物的红细胞，如果存在特定的病原，红细胞凝集现象就会被抑制，通过判断抑制现象的强度，可鉴定样品中是否含有特定的病毒，也可用已知病毒来鉴定未知血清。本方法可对病毒及其血清型做出定性检测，也可做抗体的定量检测。在血凝和血凝抑制试验中可以用新鲜采集的红细胞，但其保存时间较短，通常保存一周左右，也可用醛化后的红细胞，其有效时间较长，可在 4℃保存数周到数月。

直接凝集试验⊙

直接凝集试验也用于细菌性病原的诊断，如布鲁氏菌、鸡白痢沙门氏菌等细菌的检测，其优点是操作简单，并可快速观察结果。在布鲁氏菌虎红平板凝集试验中，将抗原性良好的布鲁氏菌的菌株灭活后用虎红染液染色，在乳酸缓冲液中制备成凝集反应抗原，取少量待检血清与该抗原在平板上混合，数分钟内观察结果，根据凝集块的状态判定反应强度。

间接凝集试验常用的方法有间接血凝试验和乳胶凝集试验。间接血凝试验用动物红细胞作为载体颗粒，将抗原或抗体致敏红细胞后检测抗体或抗原，用于病毒和细菌性病原或相应抗体的检测，如将灭活的猪瘟病毒致敏绵羊红细胞，制备成凝集原，能够用于检测猪瘟的抗体。乳胶凝集试验利用聚苯乙烯乳胶为载体，结合抗原或抗体。聚苯乙烯的特点是经过聚合得到高分子微球乳胶，对蛋白质、核酸等大分子物质具有良好的吸附能力。乳胶凝集试验的优点是快速、简便，在临床血清学诊断中应用广泛。例如，将灭活的伪狂犬病毒致敏孔胶颗粒，制备成孔胶凝集抗原，通过平板凝集试验可以快速检测伪狂犬病毒的抗体。

间接凝集试验⊙

三、沉淀试验

沉淀试验（precipitate test）的原理是基于可溶性抗原与抗体的特异性结合，当两者比例合适时能够形成不溶性抗原抗体复合物，在反应体系中出现不透明的肉眼可见的沉淀物，沉淀试验中的抗原抗体反应称为沉淀反应。沉淀反应中的抗原包括蛋白质、多糖和类脂等，如血清中的蛋白质、病毒的可溶性抗原、细菌的外毒素或内毒素、细胞裂解液、含病原的组织渗出液等。由于抗原分子较小，单位体积内与抗体结合的总面积较大，因此沉淀试验中通常稀释抗原，从而避免抗原过量。以下介绍几种常见的免疫沉淀试验。

1．环状沉淀试验　该试验在试管中进行，先将未稀释的血清加到直径小于 0.5cm 的小试管底部，然后加入稀释的可溶性抗原，抗原与抗体在两液体界面相遇能够形成白色的免疫复合物，肉眼可见沉淀环，因此称为环状沉淀试验。该方法主要用已知的抗体检测未知的抗原，如炭疽的诊断（Ascoli 试验）、链球菌血清型的鉴定和肉品的种属鉴定，其优点是简便易行，缺点是需要的血清较多。

2．琼脂扩散试验　该试验采用琼脂或琼脂糖作为基质，制成半固体凝胶，加入可溶性抗原和抗体后，能够在一定比例处形成肉眼可见的沉淀线。

琼脂扩散试验常用的类型有双向双扩散和双向单扩散。双向双扩散法是将 1%琼脂浇成 2～3mm 的凝胶板或平皿，在板上或平皿内打规则的圆孔，向不同圆孔内分别加入抗原或抗体，使得抗原和抗体在琼脂内逐渐扩散，一段时间后观察抗原抗体复合物形成的沉淀带。该方法可用于两种抗原的比较和鉴定，即不同检测样品中是否含有共同或不同的抗原，其沉淀带出现的几种类型如图 8-2 所示。该方法也可用于检测抗体，基本步骤是在琼脂凝胶上打梅花形圆孔，于中心孔内加入已知抗原，周围孔加入待测血清，同时设标准阳性血清做对照，其结果判定示意图见图 8-3。双向单扩散法是将含有抗体的血清与琼脂凝胶混合，在玻片或平皿上浇成半固体凝胶，随后在凝胶上打孔，于孔内滴加抗原，抗原向四周扩散过程中与凝胶中的抗体结合形成白色沉淀环，沉淀环的面积与抗原浓度成正比（图 8-4）。单扩散法多用于传染病病原的诊断，如鸡马立克氏病羽髓中抗原的检测，鸡法氏囊病原的检测。

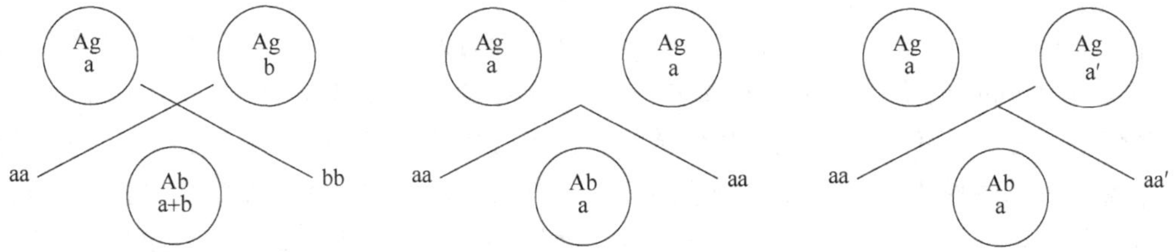

图 8-2　琼脂扩散试验双向双扩散法的结果类型

Ag a 和 Ag b 为单一抗原，Ab a 和 Ab b 为相应的抗体，而 Ag a′为与 Ag a 有部分相同的抗原

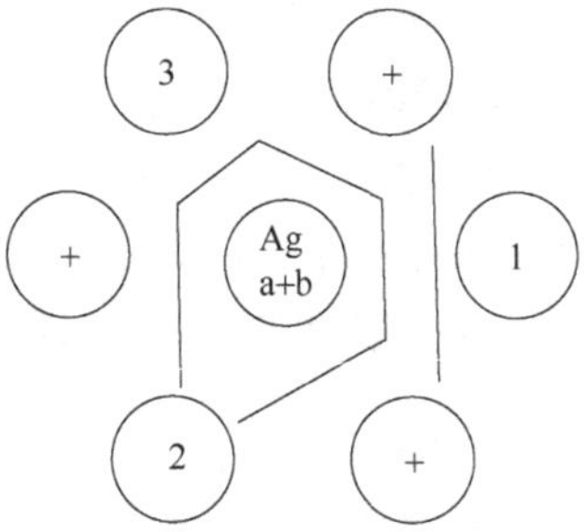

图 8-3　利用琼脂扩散试验双向双扩散法检测抗体

中心孔为两种抗原 Ag a 和 Ag b 的混合物，＋号为抗 Ag b 的对照阳性血清

结果判定：1 号样本为抗 Ag a 和 Ag b 阳性血清；2 号样本为阴性血清；3 号样本为抗 Ag b 阳性血清

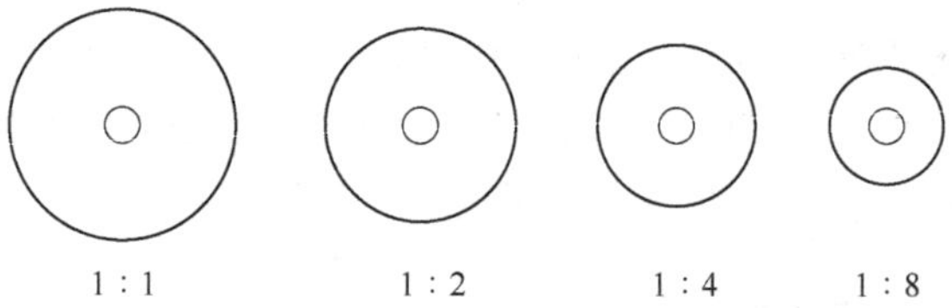

图 8-4　利用琼脂扩散试验双向单扩散法测定抗原

中心圆孔内为抗原，琼脂凝胶中含有血清，圆形面积示意扩散环的大小，数字表示中心抗原的稀释倍数，扩散环面积与抗原浓度成正比

重复加样，调整反应的缓冲液 pH 及离子浓度，在琼脂糖中加入聚乙二醇（PEG）等方法可提高琼脂扩散的灵敏性。该方法的优点是简便，易于观察结果，可用于定量测定血清中的 IgG、IgM、IgA 和补体 C3 等分子。其缺点是观察时间较长，需 1～2d 才能看结果，且灵敏度较差，可测定抗原的灵敏度为 10～20μg/mL。

四、免疫标记技术

免疫标记技术是将一些特殊物质标记在抗原或抗体分子上，通过化学或物理原理使得抗原和抗体的结合反应可见并通过仪器测定出来的技术。

（一）免疫酶技术

免疫酶技术（immunoenzyme technic）又称为酶标抗体技术，是依据抗原抗体反应的特异性和酶催化反应的高度敏感性而建立的抗原或抗体检测技术。该方法根据酶作用底物后显色的颜色变化来判断试验结果。其敏感度高，可以达到纳克（ng）水平，是目前应用最广泛的免疫检测方法。用于标记抗体的酶有辣根过氧化物酶（horseradish peroxidase，HRP）、碱性磷酸酶（alkaline phosphatase，AKP）和葡萄糖氧化酶（glucose oxidase，GO），以 HRP 使用较广。

1．免疫组织化学（immunohistochemistry，IHC）技术　免疫组织化学技术与 ELISA 方法类似，也是结合了抗原抗体反应的特异性和酶的高效催化反应建立的检测方法，主要用于检测组织切片、组织化压印片及培养的单层细胞盖片中的抗原，敏感度高，在免疫检测中应用广泛。以检测组织切片中的抗原为例，在实验开始前，需要对组织切片进行预处理，一方面用过氧化氢去除细胞中的内源性过氧化物酶，排除其对后续的酶催化反应的干扰，另一方面用阴性血清（酶标抗体来源动物的血清）或牛血清白蛋白（BSA）等非特异蛋白与切片作用一段时间，将切片上容易吸附蛋白质的空间和位点封闭，即去除组织成分的非特异性吸附。随后，将处理好的切片与酶标抗体作用进行染色，常用的方法有直接法和间接法。直接法是将酶标记的抗体与组织切片直接作用，然后在含有底物和显色剂的反应液中显色，最后根据颜色反应鉴定抗原，其缺点是不同的抗原需要制备各种不同的相应抗体。间接法与间接 ELISA 方法类似，将组织切片先与特异性抗体孵育，经过充分洗涤后加入酶标记的针对上述抗体的抗抗体，即酶标二抗，洗涤之后在底物和显色液中进行颜色反应，观察颜色的变化，从而判定组织样品中的抗原。该方法只需要用酶标记二抗，因此应用范围非常广泛。在免疫组织化学实验中，与 ELISA 方法一样，可使用不同的酶标记抗体，需注意的是不同的酶所用底物和供氢体不同，常用 3，3′-二氨基联苯胺（DAB）作为辣根过氧化物酶的底物，颜色反应为棕黄色，反应后的切片等样品可在普通光学显微镜下观察。

2．酶联免疫吸附测定（enzyme linked immunosorbent assay，ELISA）试验　酶联免疫吸附测定试验是酶标抗体技术之一，同时利用了抗体和抗原的高度特异结合反应及酶的高效催化反应进行检测，是免疫诊断中应用最广、发展最快的一项新技术。

目前，该技术已成功地应用于多种病原微生物所引起的传染病、寄生虫病及非传染病等方面的免疫诊断，也已应用于大分子抗原和小分子抗原的定量测定。

ELISA 是将抗原和抗体的免疫反应和酶对底物的高效催化作用有机结合而发展起来的一种综合性技术。其基本原理是：①抗原或抗体能物理性地吸附于固相载体表面，并保持其免疫学活性；②抗原或抗体可通过共价键与酶连接形成酶标抗原或抗体，而此种酶标抗原或抗体仍能保持其免疫学和酶的活性；③酶标抗原或抗体与相应抗体或抗原结合后，酶能催化无色底物转化为有色物质，可根据加入底物的颜色反应来判定是否有免疫反应的存在，而且颜色反应的深浅是与标本中相应抗原或抗体的量呈正相关的关系。此种有色产物可通过肉眼或显微镜观察到，也能用分光光度计或酶标仪进行检测。因此，可根据底物的颜色判定阴性或阳性反应及反应强度，从而用于受检物质的定性或定量分析。ELISA 技术中常用的标记酶有辣根过氧化物酶（HRP）、碱性磷酸酶（AKP）和 β-D-半乳糖苷酶（Gal）等，除此以外还有葡萄糖氧化酶（GO）、青霉素酶（PNC）、脲酶及生物素标记。其中以 HRP 应用最广，以戊二醛法或过碘酸钠氧化法标记于抗体分子上制成酶标抗体。由于酶的催化效率很高，故可极大地放大反应效果，从而使测定方法达到很高的敏感度。

ELISA 技术可用于检测抗原，也可用于检测抗体。在这种测定方法中有三个主要的试剂：包被于固相载体上的抗原或抗体；酶标记的抗原或抗体；酶反应的底物。根据检测目的不同可设计出各种不同类型的检测方法。

以下主要介绍几种常用的方法：双抗体夹心法、间接法、竞争法和阻断法等。

双抗夹心 ELISA⊙

1）双抗体夹心法　用于测定大分子抗原。该方法是将纯化的抗原免疫兔、山羊等动物获得抗体，将该特异性抗体吸附到固相载体上，孵育后洗涤除去未吸附的抗体。加入含有待测抗原的样品，使之与吸附于固相载体上的特异性抗体反应，孵育后洗涤除去未反应的样品。再加入酶标记的特异性抗体，洗涤除去未结合的酶标抗体结合物，最后加入酶的底物溶液，生成可显色的产物进行检测（图 8-5）。样品中含抗原越多，出现颜色越快越深。

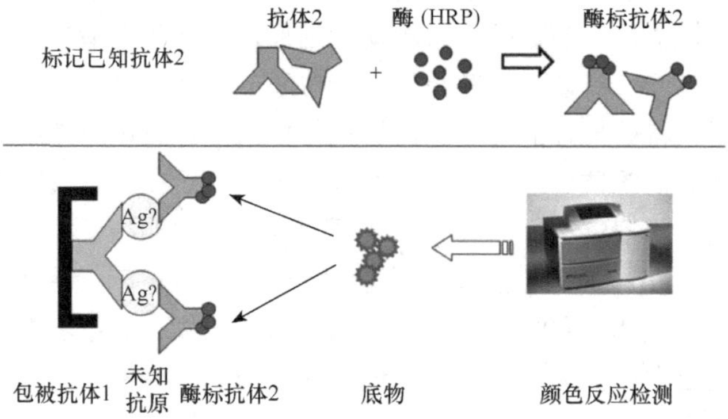

图 8-5　双抗体夹心法 ELISA 示意图

间接 ELISA⊙

2）间接法　间接法是检测抗体最常用的方法。其原理为利用酶标记的抗抗体（二抗）检测已与固相抗原结合的受检抗体。该方法是用抗原包被固相载体，洗涤除去未结合的抗原及杂质，然后加入待检血清样品，经孵育一定时间后，若待检血清中含有特异性的抗体，即与固相载体表面的抗原结合形成抗原抗体复合物，经洗涤后，固相载体上只留下特异性抗体，其他免疫球蛋白及血清中的杂质由于不能与固相载体结合而被洗去。加入酶标记的二抗，与固相复合物中的抗体相结合，从而使该抗体通过二抗间接地标记上酶，经过充分洗涤后，加入底物，在酶的催化作用下底物发生反应，产生有色物质（图 8-6）。颜色的深浅与样品中的抗体含量成正比。间接法中使用的二抗是针对某种动物 IgG 的二抗，如所检测的是兔的血清，则加入的二抗是针对兔抗体 IgG 的酶标抗体，因此这类酶标记的二抗应用非常广泛，并且通过抗体与二抗的结合，免疫反应被放大，因此提高了方法的敏感性。

3）竞争法　用于测定小分子抗原及半抗原，也可用于测定抗体。以测定抗原为例，用特异性抗体将固相载体致敏，加入含待测抗原的溶液和一定量的酶标记抗原共同孵育，使之与固相抗体反应，这时待测抗原和酶标记抗原竞争与固相抗体相结合。样品中抗原量越多，则酶标抗原与固相抗体的结合量就越少，反之则越多。对照管中仅加酶标抗原，孵育后，酶标抗原与固相抗体的结合可达最充分的量。洗涤后加入酶底物显色（图 8-7）。被结合的酶标记抗原的量由酶催化底物产生有色产物的量来确定。对照管中由于结合的酶标抗原最多，故颜色最深。对照管颜色深度与待测样品颜色深度之差，代表待检抗原的量。若待检溶液中颜色越淡，表明标本中抗原量越多。此法的缺点是每种抗原都需要进行酶标记，而且不同结构的抗原需用不同的结合方法，试验中应用酶标抗原的量也较大。

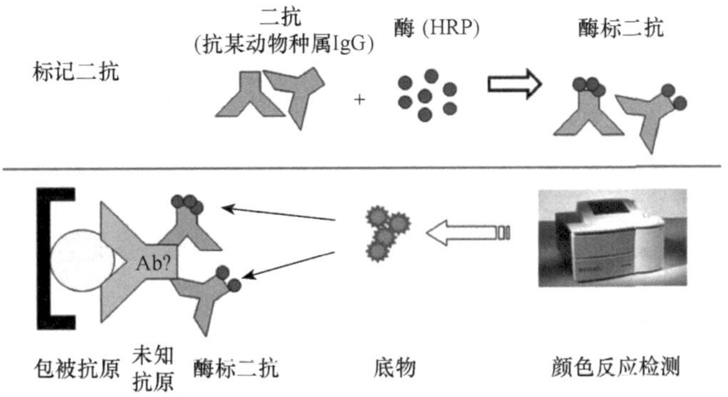

图 8-6　间接法 ELISA 示意图

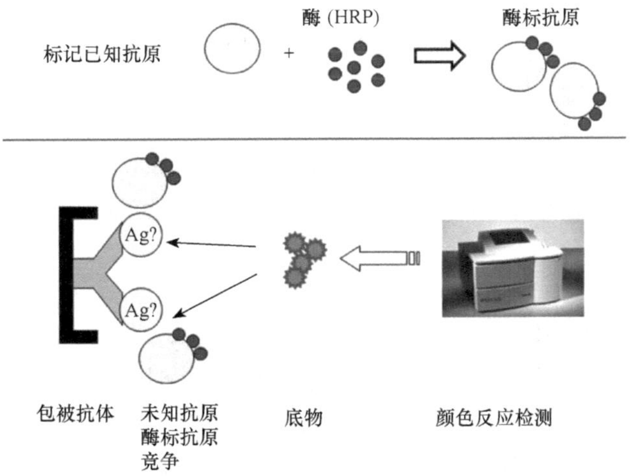

图 8-7　竞争法 ELISA 示意图

4）阻断法　　主要用于测定抗体。其原理是利用两种抗体与已知抗原的竞争性结合，观察样品中抗体对已知抗体的阻断效果。实验基本流程是将已知的抗原包被在固相载体的表面，加入待检血清，与固相载体上的抗原作用一段时间后，当血清中存在相应的抗体，则能够与抗原形成复合物，经充分洗涤后加入酶标记的针对同一抗原的抗体，再经过反复几次洗涤后加入底物，在酶的催化作用下显色并测量颜色深浅（图 8-8）。血清中特异性抗体含量越高，与之结合的抗原则越多，与第二次加入的已知抗体结合的抗原越少，因此最后的颜色反应深浅与检测血清中的抗体含量成反比。在阻断法中，第二个抗体通常使用针对包被抗原的单克隆抗体（单抗），因此提高了检测反应的特异性。

5）SPA-ELISA　　SPA-ELISA 为用辣根过氧化物酶标记 SPA 代替酶标二抗的 ELISA 方法。SPA 是葡萄球菌 A 蛋白，是金黄色葡萄球菌细胞壁中分离的一种表面蛋白。由于 SPA 能够非特异性地结合多种动物 IgG，因此酶标 SPA 的使用范围更广，可以代替多种动物的酶标二抗。此外，SPA 可以结合多个 IgG 分子，提高了 ELISA 反应的敏感性，且 SPA 容易提纯和标记，性质稳定，操作更加方便。

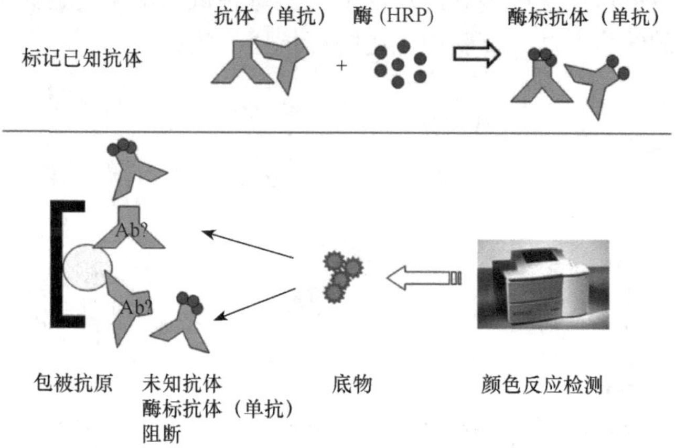

图 8-8　阻断法 ELISA 示意图

6）生物素-亲和素 ELISA（BA-ELISA）　BA-ELISA 为用生物素标记抗体和酶标记亲和素建立的 ELISA 方法。由于生物素和亲和素有高度亲和力，且 1 个亲和素分子能够结合 4 个生物素分子，因此使用了生物素和亲和素系统的反应被多级放大，很大程度上提高了 ELISA 方法的敏感性。

7）斑点 ELISA（Dot-ELISA）　其基本原理与 ELISA 相似，不同点在于使用的固相载体是硝酸纤维素膜，且其显色底物具有不可溶性，从而能在膜上出现稳定的斑点。

（二）免疫荧光技术

免疫荧光▶

免疫荧光技术（immunofluorescence assay，IFA）利用化学方法将抗体标记上荧光素，基于荧光素的高度灵敏性及抗原和抗体结合的特异性，通过观察荧光对抗原进行鉴定，通常对组织或细胞中的抗原进行定性和定位检测。该技术又叫作荧光抗体技术，其特点是灵敏度和精确度高，能够对病原感染和增殖的部位进行定位检测，广泛应用于传染病的快速诊断。该技术中，抗体的纯度、荧光染料的标记、样品切片的制作质量都是决定该方法敏感性与特异性的基础。免疫荧光技术中常见的荧光染料有异硫氰酸荧光素（FITC，发出黄绿色光）、四甲基异硫氰酸（TMRITC，发出橙红色光）、Cy3（indocarbocyanine，发出绿光）和 Cy5（indodicarbocyanine，发出红光）。

根据试验原理，免疫荧光技术可以分为直接法和间接法。直接法的基本步骤是直接把标记好的荧光抗体加到检测样品中进行染色，作用足够时间后，使得抗体和样品中的抗原结合，然后充分洗涤去掉未结合的荧光抗体，最后在荧光显微镜下观察荧光，发出荧光的位置即抗原存在的位置。直接法能够对病原进行快速检测并定位，但是需要制备针对不同抗原的多种荧光标记抗体，应用范围有限。间接法是用荧光标记针对抗体的二抗，该荧光二抗是针对某一动物种属 IgG 的抗体，能够与结合在抗原上的一抗进行结合，随后再进行洗涤和染色，用荧光显微镜观察荧光。间接法不需要针对不同抗原制备多种荧光标记的抗体，因此荧光二抗使用面更广泛，并且抗体和标记的二抗结合后将原有的抗原抗体反应放大，使得间接法更加敏感。这种方法已广泛用于一些传染病病原的定位检测，如猪瘟病毒的检测。

（三）放射免疫测定技术

放射免疫测定（radioimmunoassay，RIA）技术的原理是将放射性同位素检测的高度敏感性和抗原抗体反应的特异性结合起来，用放射性同位素标记抗原（或抗体），随后与相应抗体（或抗原）结合，通过测定抗原抗体复合物的放射活性来定性和定量检测抗原或抗体。该技术中用于标记的同位素有 ^{125}I、^{32}P 和 ^{3}H，其检测灵敏度可达纳克（ng）至皮克（pg）水平，主要用于分析痕量的物质，已在动物传染病、内分泌疾病、心血管疾病、激素水平和药物监测中得到广泛应用，其缺点是放射性物质对环境易造成污染。

根据实验原理，常用的放射免疫测定技术有竞争法、固相夹心法等。竞争法的原理是同时在反应液中加入同位素标记的抗原、待检非标记样品和相应的同一种抗体，如果样品中含有抗原，则与标记的抗原竞争性地与抗体结合，然后测定同位素的放射性强度，根据免疫沉淀物中标记抗原和抗体复合物的减少量或增加量来测定待检样品中非标记抗原的含量。固相夹心法是将已知抗体包被在反应管或聚苯乙烯球珠上，然后加入系列稀释度的待检抗原，最后加入同位素标记的相同的特异性抗体，测定反应后的抗原抗体复合物的放射活性，并可根据标准样品绘制的标准曲线对待检抗原进行定量。

（四）免疫层析技术

免疫层析（immunochromatographic assay）技术是建立在层析技术和抗原抗体特异性反应基础上的一项免疫学快速检测技术。其原理是将已知的抗体或抗原以条带的形式先固定于硝酸纤维素膜的检测区上，将标记物吸附在结合垫上，当检测样品加到试纸的样本垫上后，由于毛细管作用，样品将沿着膜向前移动，同时结合垫上的标记物将结合上样品随之一起移动，当移动到有抗原或抗体的区域时，如果样品中含有相应的抗体或抗原，则在检测区形成免疫复合物并聚集，由于标记物随着待检样品一起移动到了检测区，阳性者会出现颜色反应，以此鉴定样品中的抗原或抗体。在该技术中用来做标记物的材料有胶体金、量子点、上转换发光材料、超顺磁性纳米颗粒等，这些方法在疾病诊断、食品安全检测、药物残留等领域都有应用，其中胶体金技术的应用最为广泛和成熟。

胶体金是氯金酸（$HAuCl_4$）在还原剂作用下聚合成的一定大小的金颗粒，是带负电荷的疏水胶溶液，在静电作用下形成稳定的胶体状态。胶体金免疫层析技术以胶体金为标记物，通过金表面的负电荷与待检样品结合，随着毛细管作用迁移，遇到特异性抗原或抗体后沉积在检测区域中，根据颜色反应判定样品中是否存在相应的抗体或抗原（图 8-9）。该方法又可分为夹心法、间接法和竞争法等。夹心法有双抗体夹心法和双抗原夹心法。前者是将金标记针对待测抗原的单克隆抗体，固定在结合垫上，而针对同一抗原的另一种单抗固定在检测线上，将针对金标记单抗的多克隆抗体固定在质控线上。该方法用来检测抗原，主要检测大分子蛋白质，其阳性结果表现为检测线和质控线上都出现条带，如用于早孕检测的 hCG 试纸条。双抗原夹心法与双抗体夹心法原理类似，用金标记已知抗原，在检测线上固定另一个抗原，用来检测血清中的抗体。间接法是用金标记二抗，将已知的抗原固定在检测线上，用来检测血清中的抗体，如梅毒的检测。竞争法是用胶体金标记抗体，在检测线上固定抗原，质控线上固定抗金标记抗体的二抗，待测样品中的抗原与检测线上的抗原竞争性结合金标抗体，结果判定与上述几种非竞争法相反，当检测结果为阳性时，检测线不显色，同时质控线显色，当结果为阴性时，检测线与质控线都显色。竞争法主要用于小分子抗原的检测，如毒品、药物和小肽的检测。

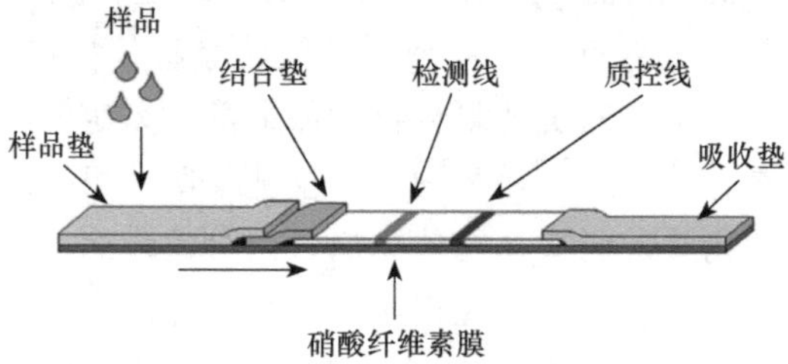

图 8-9　胶体金试纸条示意图

（五）其他免疫标记技术

1．免疫磁珠分离技术　将纯化的抗体与磁珠偶联，随后与组织样品匀浆孵化，利用抗原抗体结合的特异性，捕获样品中的病原（抗原），形成磁珠-抗原抗体复合物，随后将此复合物涂布于相应的培养基上，置于温箱中培养，可获得大量的目标病原。本法可富集样品中少量的病原，灵敏度高，因而广泛应用于食品中病原微生物的检测。

2．PCR-ELISA　其为将 PCR 与 ELISA 相结合的抗原检测技术，主要用于检测激素、病毒和细菌等。以链霉素包被微孔反应板，样本经 PCR 扩增，PCR 缓冲液中含有一定比例的地高辛标记的 dUTP，并加入生物素标记的探针进行液相杂交，体系中生物素与链霉素结合，探针与 PCR 产物杂交，然后加入 HRP 标记的抗地高辛抗体，抗地高辛抗体识别 PCR 产物中的地高辛，这样形成了 PCR 产物-探针-HRP 标记抗地高辛抗体复合物，最后加入底物（如 TMB）显色，进行 ELISA 检测。

3．免疫电镜　本方法将电镜观察与抗原抗体反应结合在一起。主要包括两个方面的应用：一是在被检的病毒样品中加入血清，孵化后形成抗原抗体复合物，经过超速离心或琼脂过滤浓缩后，将抗原抗体复合物滴加于铜网上，负染后在电镜下观察；二是在组织切片或细胞样品上，用酶或铁蛋白胶体金标记的抗体进行染色，在电镜下直接观察，可对组织中的抗原定位。

4．蛋白质芯片　蛋白质芯片即蛋白质微点阵（阵列）技术。将大量纯化的纳克级含量的蛋白质分子按一定的排列规律固定于玻片上，形成密集的微阵列，再利用抗原或抗体进行特异性识别，根据荧光信号的强弱，对结果做出判断。这种高通量的检测方法为多种抗原的同时检测提供了方便，也可用来筛选抗体。

五、现代抗体技术（基因工程抗体技术）

基因工程抗体（genetically engineered antibody）是继多克隆抗体、单克隆抗体之后的第三代抗体，是利用 DNA 重组技术和蛋白质工程技术对免疫球蛋白分子进行切割、拼接或修饰，组装成新型的抗体分子。基因工程抗体的改造目的主要是保留天然抗体的特异性和生物学活性，去除无效结构，比天然抗体有更加广阔的应用前景。

目前，基因工程抗体的发展方向主要是功能化和人源化抗体。功能化是指保留、改进或增加抗体的结合部位，去除无功能的片段，并减少鼠源抗体的成分。其种类包括 Fab、

Fv、单链抗体、双链抗体、微型抗体、双特异性抗体、抗体-药物偶联物等。这些小型化和双特异性抗体分子不具备 Fc 片段，一般用于小分子药物载体和诊断试剂的开发。大多数双特异性抗体和抗体-药物偶联物包含完整的抗体形式，成功应用于疾病的治疗。由于人抗鼠抗体（HAMA）对诊断和治疗造成的干扰，人源化抗体代替鼠源抗体是诊断和治疗性抗体的主要发展方向，随着鼠源性成分的减少，基因工程抗体从鼠源抗体、人鼠嵌合抗体已经发展到人源化抗体和全人源抗体。

（一）功能化抗体

1．小型抗体　小型抗体指分子质量较小但具有抗原结合能力的抗体分子片段，包括 Fab、Fv 及单链抗体（single chain fragment of variable region，scFv）、单区（域）抗体（single domain antibody）及最小识别单位（minimal recognition unit，MRU）。其制备的基本原理是利用大肠杆菌表达小分子抗体蛋白，在细菌信号肽的引导下分泌到细菌细胞周质，信号肽被降解，蛋白质在周质区完成折叠和组装。相对小分子抗体片段而言，完整的大分子抗体无法在细菌的细胞周质区正确地表达、折叠和装配。Fab 由抗体重链 Fd 片段和完整的轻链组成，以一个二硫键连接，只有一个抗原结合位点，相对分子质量约为完整抗体的 1/3。Fv 是抗体分子中抗原结合部位的最小功能片段，包括轻链可变区和重链可变区，以非共价键结合在一起，相对分子质量约为完整抗体的 1/6。因为缺乏 Fab 中的二硫键连接，Fv 在低浓度时极不稳定，容易发生解离。因此，为了使 Fv 更加稳定，用含 4～25 个氨基酸的肽链接头将轻链可变区和重链可变区连接起来则形成了单链抗体（scFv）。Fab 和 scFv 分子小，易于穿透血管或组织达到靶部位，且不含 Fc 片段，不与相应受体结合，副反应小，半衰期短，常用于毒素的中和及清除。

2．特殊功能抗体　特殊功能抗体是指利用基因融合表达或体外分子连接等手段，在原有的单价抗体片段或功能单一的完整抗体基础上增加抗体的额外功能，包括酶切功能、导向功能和增加靶标等，其类型包括双特异性抗体、抗体融合蛋白和抗体-药物偶联物等。双特异性抗体是指用化学耦联或二次杂交瘤技术制备的包含两个不同的抗原结合部位的抗体。这种抗体的一个抗体分子可以分别结合两种不同的抗原，设计上使其具有导向功能，如靶向特异的病毒、肿瘤等细胞，发挥抗体的效应。抗体融合蛋白是改造了抗体恒定区的抗体，使抗体的一部分具有其他非抗体序列，增加了额外的功能，如将 DNA 聚合酶Ⅰ、Klenow 片段、金黄色葡萄球菌核酸酶等序列替代抗体的恒定区，使抗体同时具备了核酸酶活性。抗体-药物偶联物是将治疗用的同位素、化学药物或毒素等有细胞毒性的物质通过抗体的高度特异性运送到靶细胞，避免了药物分子特异性差、对非目标细胞也毒性强的缺点，实现精准靶向治疗。

（二）人源化抗体

人源化抗体根据其人源化程度，分为部分人源化抗体和全人源化抗体。

部分人源化抗体是从已有的鼠单克隆抗体杂交瘤细胞基因组中鉴别并分离出可变区基因，连接人源抗体的恒定区序列，再插入适当的载体中构建重组抗体，转染细胞表达抗体。这类抗体主要包括嵌合抗体和改型抗体。嵌合抗体是将鼠源抗体的可变区基因与人源抗体的恒定区基因相连接的抗体，保持了鼠源单克隆抗体的特异性和亲和力，同时人源的恒定区可减少人抗鼠抗体（HAMA）现象，还能介导产生补体依赖的细胞毒性、抗体依赖性细胞介导的细胞毒作用及免疫调理作用。改型抗体的原理是用鼠源抗体的可变区中的互补决定区（超变区）序列代替人源抗体相应的互补决定区序列，使人源抗体获得鼠源单克隆抗体的特异性，并最大限度地减少鼠源单克隆抗体的异源性。但是仅具备互补决定区不能保证获得的人源化抗体对特异性抗原有高度亲和力，维持超变区构象的鼠源抗体骨架区的部分氨基酸残基对保持改型抗体的抗原亲和力有重要作用。

全人源化抗体是通过转基因或转染色体技术将人类编码抗体的基因全部用基因工程改造的抗体基因缺失动物表达获取的抗体。制备人源化抗体的技术包括人杂交瘤技术、EB 病毒（Epstein-Barr virus，EBV）转化 B 细胞技术、单个 B 细胞抗体制备技术、转基因小鼠制备抗体技术和抗体库技术等，这些技术也可根据使用目的来制备人源以外的其他动物源化抗体，是目前基因工程抗体技术的主要方向。

（三）新型抗体制备技术

1．人杂交瘤技术 人杂交瘤技术是在鼠杂交瘤技术的基础上发展的一种抗体制备技术。将免疫过的人或鼠 B 细胞与人骨瘤细胞融合，从而获得无限传代且能分泌抗体的杂交融合细胞。该技术虽然克服了鼠源抗体在人体内产生免疫原性等不足，但也有较多局限，如人骨髓瘤细胞系非常有限，细胞融合成功率低且容易造成染色体丢失。

2．EB 病毒转化 B 细胞技术 在 EB 病毒和 CpG 寡核苷酸作用下，在体外使 B 淋巴细胞永生化，形成淋巴母细胞样细胞系，获得可分泌抗体的 B 细胞克隆，然后用抗原处理 B 细胞，筛选获得分泌目的抗体的细胞。该技术比较成熟，其局限性在于 EB 病毒转化的 B 细胞不是恶性肿瘤细胞，克隆比较困难，并且容易出现染色体不稳定导致抗体产量低的问题。

3．单个 B 细胞抗体制备技术 该技术是单细胞 RT-PCR 技术在免疫学领域的应用，是从人的 B 细胞中直接获取全人源的单克隆抗体，即将免疫后的细胞在体外通过分选获取目标细胞，用单细胞 RT-PCR 克隆和表达单个抗原特异性的 B 细胞抗体。该方法快速、方便，易于实现高通量，获取的抗体亲和力和特异性高，但目前特殊抗原特异性的 B 细胞来源有限，且抗体分选前的识别方法比较单一。

4．转基因小鼠制备抗体技术 该技术通过基因敲除使小鼠的内源性抗体基因失活，转入人的抗体基因，制备出具有人的抗体轻链和重链基因簇的转基因小鼠，进一步用目标抗原免疫转基因小鼠，在其体内表达获取人源抗体。转基因技术已发展得比较成熟，因此转基因小鼠制备抗体技术也发展较快，是目前抗体药物制备的重要手段之一。转基因小鼠产生的抗体产量和亲和力较高，但其主要问题在于转基因可能造成的体细胞突变序列及抗体在小鼠体内装配时带有的鼠的糖基化修饰特征。

5．抗体库技术 该技术是将人体重链和轻链可变区克隆出来连接到原核表达载体，通过大肠杆菌表达抗体分子的片段，经过筛选获得特异性的抗体。抗体库筛选获得的抗体可以完全人源化，彻底避免了其他基因工程抗体制备过程中存在的鼠源性问题。同时，与单克隆抗体制备技术相比，抗体库技术不需要免疫动物和细胞融合等过程，并能分离得到几乎所有抗原的人源抗体。抗体库技术经历了组合抗体库技术、噬菌体抗体库技术和核糖体抗体库技术三个发展阶段。组合抗体库技术是采用 RT-PCR 从淋巴细胞克隆出全部的抗体轻链基因和重链 Fd 片段基因，获得基因库并随机重组到 λ 噬菌体表达载体中构成组合抗体库。用噬菌体感染大肠杆菌的方法将表达的抗体片段释放于噬菌斑内，再转印到膜上，用带有标记物的抗原筛选获得特异性抗体。这种技术的筛选容量有限，随后被噬菌体抗体库技术替代。噬菌体抗体库技术是将丝状噬菌体的外壳蛋白基因与抗体基因融合表达，使抗体展示于噬菌体的表面，通过筛选获得与目标抗原特异性结合的噬菌体颗粒，再将获得的噬菌体感染大肠杆菌以获得噬菌体颗粒的扩增。该技术在抗体库技术中发展最为成熟，在抗体药物制备中应用广泛。核糖体抗体库技术则完全在无细胞翻译系统中建立抗体筛选体系，PCR 扩增构建抗体基因文库，体外进行转录和翻译，使抗体片段展示在核糖体表面，用特定抗原筛选出能与之结合的"mRNA-核糖体-蛋白质"三元复合物，回收 mRNA 进行 RT-PCR 获得特异性抗体的 DNA。该技术不需要克隆和转化，效率高，在库容量和抗体的多样性方面优势显著。

6. 骆驼重链抗体及其应用 研究者发现骆驼体内能同时产生针对靶抗原的正常抗体和只有重链的抗体，其中只有重链的抗体是天然抗体，能像完整抗体一样与抗原结合，与完整抗体的亲和力相当，并且能结合一些较小的靶标，如酶的活性部位和细胞膜的裂隙，这些靶标往往不能与完整的抗体结合。同时，骆驼重链抗体不会像双链抗体和单链抗体一样具有黏性，不易在体内凝集成块。从骆驼的血样本中，研究者成功分离出了只有重链的抗体，其分子只有几纳米长，分子质量只有完整抗体的 1/10，但具有完整的抗体功能。获取针对特异性抗原的骆驼重链抗体的基本步骤包括：用特定的抗原免疫美洲骆驼或阿拉伯骆驼，可使骆驼产生完整抗体和重链抗体，然后从血液样本中分离出能产生与抗原有高度亲和力且只有重链的抗体的细胞，获得编码这个抗体基因的 DNA 序列，进一步把这一 DNA 片段修剪成只编码单一重链可变区的部分，获得纳米抗体。纳米抗体与靶抗原的结合力不亚于常规抗体，还可结合到酶的活性位点，靶向性更强。其分子质量小，化学结构简单，更容易用微生物合成。此外，纳米抗体不具有化学疏水性，抗热性和抗碱性更强，在常温下稳定，经过动物的消化系统也能保持稳定性和活性。这些都是常规抗体不具备的优势。总之，这种纳米抗体拥有抗体的完整功能，被认为是生产更容易、成本更低的新型抗体，有良好的应用前景。

第四节 基因工程疫苗

一、基因工程疫苗概述

疫苗接种是预防和控制传染病的有效手段之一。传统的疫苗主要通过天然或人工致弱的活疫苗和用理化方法灭活而成的灭活苗，这些疫苗在预防和控制畜禽传染病过程中发挥了重要作用，但却存在毒力返强等安全问题和免疫反应不全面等问题。

基因工程疫苗（gene engineered vaccine）也称为遗传工程疫苗（genetically engineered vaccine），是利用重组 DNA 技术，将病原微生物的毒力基因删除，或将保护性抗原基因插入合适的载体，用重组微生物或其表达产物制成的疫苗。与传统疫苗相比，基因工程疫苗具有以下优点：从病原生物基因组信息中获得的保护性抗原基因插入载体，该载体既能表达抗原基因，还兼有活疫苗和灭活疫苗的优点，即更好的安全性和免疫保护性能；易于喷雾或气雾免疫，方便临床中大规模使用；生产费用相对较低；对于一些不能或难以用常规方法培养获得高产抗原的病原微生物，以及一些具有潜在致癌性或免疫病理作用的微生物，基因工程疫苗技术能提供疫苗研制的更有效途径。

基因工程技术在兽用疫苗研制中的应用具有广阔的前景，许多疾病的控制可能被安全而高效的基因工程疫苗所替代。目前已研制出多种动物基因工程疫苗，为我国的畜禽生产和疫病防控做出了巨大贡献。利用基因工程技术已开发的和正在研制的新型疫苗包括：基因工程亚单位疫苗、活载体疫苗、核酸疫苗、合成肽疫苗、转基因植物疫苗等。

（一）疫苗的发展历史及前景

人们一提到疫苗的发展历史，往往是从预防天花的发展过程谈起的，这个发展过程也为今天的免疫接种和疫苗的开发奠定了最原始、最重要的基础。据记载，天花在公元前就已流行于亚洲东部，通过人与人之间的传播而蔓延到中国、中东等地区。无数经验的积累使人们意识到“天花的幸存者不再患天花”这一免疫学现象。1742 年，中国清代医学著作《医宗金鉴》列举了 4 种自 1695 年以来中国预防天花的接种方法：将患者身上的痘痂研磨成粉，吹进健康者的鼻孔；把磨成粉的痘痂用水调匀，用棉花蘸后塞入鼻孔；用棉花蘸取天花疱浆液后塞入鼻孔；让健康儿童穿天花患儿的衣服。1796 年，英国乡村医生爱德华·琴纳（Edward Jenner）经长期观察后发现人感染牛痘后，极少会感染天花。为进一步验证观察结果，琴纳从感染了牛痘的挤奶女工身上采集牛痘脓疱，并植入一名 8 岁健康男孩的手臂上，结果试验成功，表明接种一种危害较小的疾病（如牛痘）病原，可以对另一种危害大得多的疾病（如天花）提供保护。后来通过接种牛痘病毒来预防天花的方法席卷欧洲乃至全球，最后于 1977 年在全球消灭了天花。

19 世纪 70 年代晚期，法国人路易斯·巴斯德用降低了毒力的鸡霍乱弧菌、炭疽菌注射动物之后，这些动物就能获得对相应强毒菌感染的免疫力。后来，用狂犬病固定病毒预防狂犬病也获得了成功。这些都属于人工减毒的同种弱毒株用于预防接种的实例。巴斯德为纪念琴纳的贡献，将为预防传染病而接种的弱毒微生物的过程称为“免疫接种”（vaccination），接种的制剂命名为“疫苗”（vaccine）。*vacca* 是母牛的拉丁语，vaccine 一词源于 *vaecinia*（牛痘）。

巴斯德还在禽霍乱疫苗、炭疽疫苗和狂犬病疫苗的研究方面做出了杰出的贡献，其影响是极其深远的。不仅对疫苗的研究，而且对整个医学和兽医学都产生了革命性的作用，特别是对预防兽医学和微生物学的发展影响最深。后来，人们发现这些早期的活疫苗由于具有残留强毒和弱毒返强的危险，又开始研制灭活疫苗，尤其当有了理想的免疫佐剂之后，品种不断增加，如猪丹毒灭活氢氧化铝疫苗、禽霍乱灭活氢氧化铝疫苗等。20 世纪以来，人类通过大规模接种疫苗，消灭了自然感染的天花，脊髓灰质炎病例也减少了 99%，还有包括白喉、破伤风、黄热病、百日咳、b 型流感嗜血杆菌病、麻疹、流行性腮腺炎、风疹、伤寒及狂犬病等均在世界范围内得到有效控制。

随着免疫学理论及相关技术的发展和突破，疫苗产品也在不断更新。对于某些病原微生物的特殊性质，开发常规的传统疫苗有更大的困难和更高的技术要求，如病原的抗原性不断变化，出现多种不同的血清型；病毒感染后的基因组整合到动物染色体中；某些病原不能在体外大量增殖，因而不适用于制备常规疫苗；病毒感染后损伤免疫器官或免疫细胞造成的免疫功能缺陷等。以基因工程为基础的现代生物技术理论及技术的快速发展，为新型疫苗的研发打下了基础。新型疫苗的标志性产品是以重组酵母菌制备的乙型肝炎疫苗，其结合了重组 DNA 技术和蛋白质纯化技术，被称为“二次疫苗革命”的分水岭，开创了新型疫苗研制的新时代。新型疫苗技术的开发更加重视研制纯化疫苗、发展长效的油佐剂灭活疫苗、新材料和新技术的应用等方面。基因组学技术的发展促进了测序技术的进步，1995 年第一个病原微生物——流感嗜血杆菌的全基因组测序完成，迄今，快速获取病原体的全基因组序列，辅以生物信息学计算机软件分析，可快速预测蛋白质的分子质量、等电点、可溶性、膜定位等；通过与已知致病性蛋白质序列的比对，可快速预测疾病相关毒力因子，实现快速筛选和预测功能性靶抗原。由此而发展了反向疫苗学策略，即从病原体全基因组序列出发，借助计算机模拟分析比对手段，确定在多个毒株中共存的保护性靶抗原，特别是那些介导毒力的、分泌型或膜外蛋白，再通过实验动物免疫筛选予以确定。

（二）疫苗免疫学基本理论

免疫系统（immune system）是机体执行免疫应答及免疫功能的一个重要系统，是由动物机体内具有免疫功能的器官、组织、细胞和免疫分子组成的完整网络。免疫器官按其发生时间和功能不同，可分为中枢免疫器官和外周免疫器官。中枢免疫器官包括骨髓、胸腺和法氏囊，是免疫细胞发生、诱导分化、成熟的场所。外周免疫器官包括脾脏、淋巴结和其他淋巴组织，如扁桃体、呼吸道、消化道及泌尿生殖道的黏膜下层淋巴组织，鸟类还有哈德腺。其中脾脏是动物体内最大的免疫器官，并且是体内产生抗体的主要器官。外周淋巴器官是成熟 T 淋巴细胞（T 细胞）和 B 淋巴细胞（B 细胞）定居场所，也是针对外来抗原刺激后启动初次免疫应答的主要部位。免疫细胞是指所有参与免疫应答的细胞及其前身，包括在免疫应答过程中起核心作用的淋巴细胞、提呈抗原的单核巨噬细胞系细胞及以其他方式参与免疫应答的细胞。在免疫细胞中，淋巴细胞受抗原刺激后会发生特异性免疫应答、产生抗体或淋巴因子，主要有 T 淋巴细胞和 B 淋巴细胞。B 细胞是参与适应性免疫应答中的主要细胞之一，主要介导特异性体液免疫。T 细胞可介导适应性细胞免疫应答，也在胸腺依赖抗原诱导的体液免疫应答中发挥着重要的辅助作用。

抗原（antigen，Ag）是指能刺激机体免疫系统产生抗体或致敏淋巴细胞，并能与之结合引起特异性免疫反应的物质。抗原的抗原性包括两个方面：免疫原性和反应原性。免疫原性是指能刺激免疫系统产生抗体或致敏淋巴细胞的能力。抗原对机体的免疫效应既可引起免疫保护作用（如疫苗接种），也可导致病理损伤。抗原的反应原性（或称免疫反应性），是指与特异性免疫应答产生的抗体或致敏淋巴细胞发生特异性结合反应的能力。抗体（antibody，Ab）是介导体液免疫的重要效应分子，是指在抗原刺激下由 B 淋巴细胞增殖分化的浆细胞产生，并能与抗原特异性结合的免疫球蛋白（immunoglobulin，Ig），通过与相应抗原特异性结合来发挥体液免疫功能。抗体主要存在于血液及其他体液和外分泌液中，还可分布于淋巴细胞表面。但要注意的是，虽然所有抗体都是免疫球蛋白，却并非所有免疫球蛋白都是抗体。

免疫应答是机体免疫系统识别病原微生物等各种异物，并将它们杀死、降解和清除的过程。根据其进化程度、识别能力和清除效率可将免疫应答分为天然免疫和适应性免疫。天然免疫（innate immunity）是机体识别和抵抗感染的第一道防线，具有反应快速、非特异性、普遍性和多样性等特点。天然免疫系统由多种免疫细胞构成，主要有树突状细胞、具有吞噬功能的巨噬细胞、自然杀伤细胞、NKT 细胞、肥大细胞、嗜酸性粒细胞、嗜碱性粒细胞等。这些细胞各司其职，相互协作，在机体初次与外来异物接触时起着第一线的防御作用。当微生物在机体建立感染，就会诱发有效的适应性免疫反应。适应性免疫（adaptive immunity）是机体受到抗原刺激后，淋巴细胞选择性地活化、增殖和分化，并产生免疫效应的特异性应答过程。抗原物质进入机体后激发的特异性应答过程一般经过三个阶段。首先是识别阶段，进入机体的抗原，在感染局部引流淋巴结启动，在天然免疫中被激活的树突状细胞在感染部位摄取病毒抗原，传递抗原信息给免疫活性细胞。然后是活化阶段，接受了抗原刺激的淋巴细胞克隆被活化，并增殖、分化形成各种效应细胞群的阶段。B 细胞成熟分化为浆细胞，合成和分泌大量特异性抗体，表现为体液免疫反应。T 细胞增殖后形成致敏淋巴细胞，或者释放淋巴因子，或者直接杀伤靶细胞，从而表现细胞免疫反应。另有一部分 T 细胞形成辅助性 T 细胞、抑制性 T 细胞，参与调节体液免疫。还有一部分 B 细胞和 T 细胞在分化过程中形成记忆淋巴细胞，从而为适应性免疫的再次应答奠定了基础。最后是效应阶段，是产生的抗体、淋巴因子和各种免疫细胞发挥排斥外来抗原功能的阶段。

通过疫苗刺激免疫系统对机体产生保护作用是个复杂的过程。疫苗诱导产生的免疫效应物主要是 B 淋巴细胞产生的抗体，它能够与内毒素或病原发生特异性结合。接种疫苗后产生的抗体通过以下几种方式预防或降低感染并清除胞外病原体：结合到内毒素的酶活性位点或防止其扩散；防止病毒结合并进入细胞，从而使病毒无法复制；促进对胞外细菌的调理吞噬作用，如通过巨噬细胞和中性粒细胞强化清除作用；通过激活补体级联效应而产生的多肽促进清除作用。另一个重要的效应物是细胞毒性 $CD8^+T$ 淋巴细胞（cytotoxic T lymphocyte，CTL），它通过释放穿孔素等识别并杀灭受感染的细胞，或通过分泌特异性抗病毒细胞因子间接杀死受感染细胞。辅助性 $CD4^+T$ 淋巴细胞（T helper，Th）通常细分为 T 辅助细胞 1（Th1）和 T 辅助细胞 2（Th2）两个亚群，它们提供生长因子和信号以支持 B 细胞和 $CD8^+T$ 淋巴细胞应答的产生和维持。Th1 细胞产生 IFN-γ、TNF-α/β、IL-2、IL-3 等，支持 B 细胞、$CD8^+T$ 淋巴细胞和巨噬细胞的激活和分化；Th2 细胞产生 IL-4、IL-5、IL-13、IL-6、IL-10 等，支持 B 细胞的激活和分化。效应物还受调节性 T 细胞（Treg）的控制，这些调节性 T 细胞与维持免疫耐受有关。但要注意，大多数抗原和疫苗可以诱发 B 细胞应答和 T 细胞应答两种效应，两种免疫方式互相影响，$CD4^+T$ 淋巴细胞对大多数抗体应答都是必需的，而抗体反过来影响针对细胞内病原体的 T 细胞应答。

（三）免疫佐剂的作用及分类

免疫佐剂（immunologic adjuvant）是在疫苗制剂中加入的能够增强疫苗免疫原性的物质，其通过加强抗原提呈或共刺激信号（免疫调节剂）起作用。

佐剂的免疫调节作用可以分为 Th1 型和 Th2 型，二者相互拮抗，Th1 应答为机体对细胞内寄生病原体及肿瘤产生保护性免疫所必需的，而 Th2 免疫则对预防大多数细胞和某些病毒的感染有效。据研究发现，常用的铝胶佐剂、弗氏不完全佐剂和弗氏完全佐剂主要诱导 Th2 型免疫应答。某些佐剂能够保持抗原构象的完整性，并且将其提呈给合适的免疫效应因子。当佐剂与抗原以更有效的保持构象表位的方式结合时，可提高抗原的体内作用，延长抗原屏蔽时间。免疫佐剂有时还可以发挥诱导细胞毒性 T 细胞应答作用，但前提是它必须能将合适的肽类物质嵌入或固定到 MHC Ⅰ类分子上。佐剂具有储存作用，分为长期和短期储存库两种，如铝盐佐剂和油包水的乳剂是典型的短期储存库。

应用于动物传染病的传统佐剂有铝盐佐剂和矿物油，它们与灭活疫苗、弱毒疫苗及亚单位疫苗配合应用，可很好地提高动物机体的免疫能力。基因工程疫苗相比传统疫苗，通常需要佐剂以增强其免疫原性，因此筛选合适的候选佐剂的研究必不可少。植物佐剂包括一些皂苷类、蜂胶佐剂、植物多糖类等。蜂胶内含多种生物活性物质、氨基酸和维生素等，具有广谱抗病毒、抗细菌和霉菌作用，作为佐剂具有增强补体功能、增加免疫功能细胞及吞噬细胞数量，促进抗体产生，从而增强免疫功能，被广泛应用于兽用疫苗中。细菌佐剂，是指一些微生物（如布鲁氏菌、沙门氏菌和结核杆菌等）和微生物产物，具有较强的佐剂活性，如弗氏完全佐剂（Freund's complete adjuvant，FCA）中结核杆菌细胞壁的应用和商品化的单磷酸脂质 A（MPL）中有来源于沙门氏菌的脂多糖。合成的胞壁酰二肽（MDP）的相似物和衍生物有数百种，它们对蛋白质类抗原和碳水化合物抗原都具有增强体液免疫和细胞免疫的功能。其他的一些细菌毒素或类毒素也具有免疫增强作用，如霍乱毒素、大肠杆菌不耐热肠毒素、百日咳类毒素等。矿物油佐剂中，最经典的是油乳剂弗氏完全佐剂（FCA）和弗氏不完全佐剂（FIA）。FCA 是标准的能诱导体液免疫和细胞免疫的良好佐剂。后来又开发了降低毒性的 MF59 佐剂。另外还有矿物类佐剂，其中以氢氧化铝被最广泛地应用。这种佐剂使抗原滞留，缓慢释放，并可引起局部炎症反应，从而募集淋巴细胞，增强免疫应答，还可激活补体系统。铝佐剂主要引起体液免疫而非细胞免疫，需要低温运输保存。细胞因子是指由活性细胞分泌的具有生物学活性的多肽或蛋白质，其生物学活性侧重于对细胞生长的调节，常用的具有佐剂效应的细胞因子有干扰素、白细胞介素和肿瘤坏死因子（TNF）、粒细胞-巨噬细胞集落刺激因子（GM-CSF）等。细胞因子具有明显的免疫佐剂效应，且能在体内缓慢而持久地释放，不会对机体产生毒性作用。最后一类是核酸佐剂。随着核酸疫苗的研究，发现某些核酸本身还具有佐剂作用，如免疫刺激序列 CpG 基序。CpG 基序是具有以下特点的 6 个碱基序列：中间为 2 个非甲基化的胞嘧啶和鸟嘌呤，5′端为 2 个嘌呤，3′端为 2 个嘧啶，其公式为：5′-X1X2CpGYY-3′（X 表示嘌呤，Y 表示嘧啶）。在核酸佐剂中以人工合成的 CpG DNA 最为常用。人工合成的 CpG 寡核苷酸在 18 个碱基以上，但一般不超过 30 个碱基，其中以含有 1～2 个 CpG 作用最佳。

新型疫苗的研发也促进了新型佐剂的设计与开发，这些新型疫苗佐剂组成形式多样，来源也不同，包括油/水乳剂型、颗粒型、微生物衍生物型佐剂等。

二、基因工程疫苗的分类

（一）重组活载体疫苗

随着重组 DNA 技术的发展和应用，疫苗的研制和开发取得了快速的发展，其中最有发展前景的是以病毒和细菌为载体的活疫苗。基因工程活载体疫苗是借助基因转移载体，根据同源重组原理将病原微生物的保护性抗原基因插入低（无）致病力的病毒或细菌（常为疫苗弱毒株）制成的活疫苗。这类疫苗的优点是能模拟自然感染时诱导宿主做出的免疫反应，可诱导产生多种免疫应答，包括体液免疫和细胞免疫，甚至还有黏膜免疫，避免了亚单位疫苗和灭活疫苗的很多缺点，同时还不存在毒力返强的问题。第二大优点是活载体疫苗可同时表达多种抗原，制成多价或多联疫苗，一针多防，减少制造工艺难题，也给临床应用带来了方便，是当今与未来疫苗研制和开发的主要方向之一。

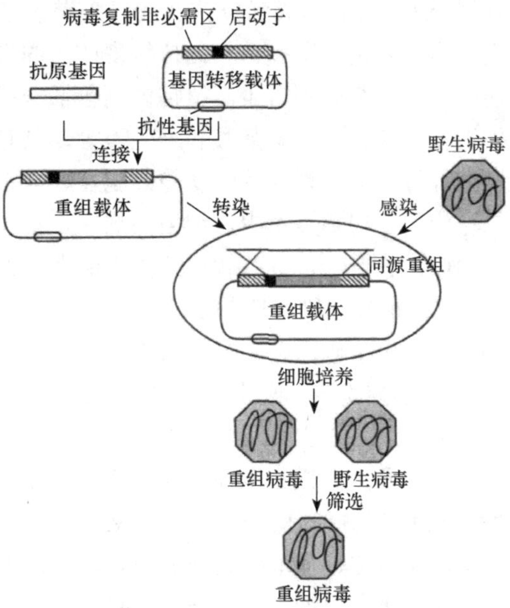

图 8-10　重组活载体疫苗制备流程

重组活载体疫苗的制备过程主要包括抗原基因的克隆、基因转移载体的构建和重组微生物的获得（图 8-10）。常用的病毒载体有两种：一种是具有复制能力的病毒，如疱疹病毒、腺病毒和痘病毒，它们都可作为外源基因的载体而保持其传染性。另一种是复制缺陷型载体病毒，只有通过特定转化细胞的互补作用或通过辅助病毒叠加感染才能具有传染性，无传播的风险，同时又可表达目的抗原，产生有效的免疫保护。

重组活载体疫苗的设计主要遵循以下几个原则。

1．抗原的选择　保护性抗原基因的选择是活载体疫苗设计中最为关键的一步，所选择的抗原蛋白必须能够有效地诱导保护性免疫反应，这对于那些结构复杂的病原微生物来说尤为重要。一般选择病原体结构蛋白作为抗原，对于易变异的病毒可选择各血清型共有的核心蛋白保护区段作为候选抗原，同时，一些非结构蛋白亦可作为备选。当然，还可以对候选抗原基因进行改造以达到更好地诱导免疫反应、去除有害作用和副反应的目的。

2．活载体的选择　选择理想的载体是活载体疫苗研制及成功应用的关键。在载体选择方面应考虑：作为疫苗的载体须具备足够的安全性，包括对接种动物个体的安全性及其在同种动物群体中毒力返强问题，还要考虑它对公众健康、生态环境及全球生物圈安全性可能产生的影响，如人类已经不再接种痘苗预防天花，使用牛痘病毒作为载体会有潜在的危险；理想的病毒载体应当减少载体蛋白的表达量，限制载体病毒自身组装完成的自带病毒；活载体的组织嗜性应与其所表达外源抗原所属微生物的组织嗜性相同或接近，如利用乳酸菌载体表达肠道嗜性病毒的保护性抗原就很合适，因为乳酸菌是肠道的常见菌，其可以寄生于肠道内，还有利于刺激肠道黏膜免疫反应；活载体要能容纳外源基因的大小问题；有利于饮水或喷雾免疫，便于推广应用；基因工程技术的发展，对于重组病毒载体的构建奠定了丰富的理论基础，提供了技术支撑。

3．转移载体的构建　成功地构建一个转移载体，利用其通过同源重组机制将外源基因整合于载体的基因组中。一个转移性能良好的转移载体应该具备：足够长的同源臂序列以满足同源重组的要求，一般要求 800～1000bp；适宜的启动子，能启动抗原基因的表达，最好是载体病毒自带的启动子序列。

4．外源基因插入位点的选择　外源基因插入不应该影响载体病毒或细菌自身的复制，所以应插入载体病毒或细菌基因组的复制非必需区，甚至可插入载体的毒力基因中以降低其致病力。

接下来主要介绍常用活载体疫苗的应用，包括重组细菌活载体疫苗和重组病毒载体疫苗，后者介绍常用的痘病毒、禽痘病毒、疱疹病毒、腺病毒载体疫苗。

1）重组细菌活载体疫苗　减毒沙门氏菌是最早用作活疫苗载体的病原菌之一。重组减毒鼠伤寒沙门氏菌疫苗的优点明显，能通过口服、鼻饲、直肠或阴道免疫等手段在哺乳动物宿主诱导强烈的特异性免疫应答，甚至包括黏膜免疫应答。BCG 是一种弱化的牛型分枝杆菌，是目前预防结核病最有效的疫苗。进一步研究发现 BCG 不仅是一种活疫苗，还可以作为外源基因的表达载体。重组 BCG 载体由此而来，其主要优势在于，BCG 既是活疫苗，又可以作为免疫佐剂，因此将外源基因插入该载体后可以实现一次接种就获得强而持久的多种特异性免疫。恒河猴 SIV 与人的 HIV 核苷酸序列类似，感染后引起的临床症状也相似，因此可利用 SIV 来探讨艾滋病的免疫机制。科学家将恒河猴的 SIV 抗原基因序列插入 BCG 载体获得重组 BCG 疫苗，结果发现其能诱导恒河猴的体液和细胞免疫应答。其他研究比较多的细菌载体还有乳酸菌载体、弧菌载体、志贺菌载体、李斯特菌载体和枯草芽孢杆菌整合载体等。

2）*痘病毒活载体疫苗*　痘病毒活载体疫苗是研究最早的一种重组病毒活载体疫苗，其具有下列特征：大分子基因组；重组病毒构建相对简单；细胞型选择广泛；在细胞质内表达；能有效表达外源基因。目前已有多种抗原基因获得成功表达（如牛流行热病毒的 G 蛋白基因、乙肝病毒 SSI 蛋白基因、麻疹病毒 HA 和 F 蛋白基因、狂犬病毒 G 蛋白和 N 蛋白基因等），临床试验都显示不同程度的免疫保护效果，其中狂犬病毒糖蛋白 G 重组载体疫苗，已广泛应用于北美洲和欧洲野生动物狂犬病的防治。为了增强痘病毒安全性，主要的研究方向集中在选择自然宿主范围较窄的痘病毒作为载体和研制致弱或非复制性痘病毒载体两个方面。

3）*禽痘病毒载体疫苗*　禽痘病毒具有严格的宿主范围，限定在特定的禽体内复制，因此对哺乳动物而言，禽痘病毒是一个十分安全而又能高效表达外源基因的非复制型载体，成为使用最为广泛的禽类疫苗表达载体之一。目前已构建的表达新城疫病毒 *F* 基因和 *HN* 基因的重组鸡痘病毒苗在美国商业化生产，表达传染性喉气管炎病毒 *gB* 基因和表达 H5 亚型禽流感病毒的重组鸡痘病毒苗已获得我国农业农村部的批准，并在全国推广使用。其他如传染性法氏囊病毒（IBDV）*VP2* 基因、马立克病毒 *gB*、*gC* 等基因也已被构建成重组鸡痘病毒苗，临床试验发现具有良好的免疫原性。

4）*疱疹病毒载体疫苗*　几乎所有动物都存在疱疹病毒，其病毒基因组较大（约 150kb），含有多个复制非必需区，因此适合构建多价基因工程苗。疱疹病毒活载体中研究较多的有单纯疱疹病毒、伪狂犬病毒、火鸡疱疹病毒、I 型牛疱疹病毒等。其中，伪狂犬病毒（PRV）活载体疫苗是研究比较活跃的领域。四川农业大学郭万柱等以 PRV 闽 A 株为载体构建了 PRV 的 *TK*/*gE*/*gI* 3 基因缺失株（SA215 株）并获得国家新兽药证书，是我国第一株动物病毒基因工程疫苗。目前，*gE* 缺失的伪狂犬基因缺失疫苗已被广泛应用，针对该基因还可以进行疫苗接种动物和野毒感染动物的鉴别诊断。利用 PRV 活载体已表达了多种疾病抗原基因，如猪瘟病毒的 *E2* 基因、猪细小病毒的 *VP2* 基因、口蹄疫的 *P1* 基因和乙脑病毒的 *NS1* 基因等。

5）*腺病毒载体疫苗*　腺病毒作为活载体具有多种优势，包括安全性好、外源基因插入后较稳定、宿主范围广、易制备、对外源基因表达效率高且具有天然蛋白活性，还可通过多途径免疫诱导系统免疫和局部黏膜免疫。这些优点使腺病毒成为目前应用最广泛的疫苗载体之一，已有许多病毒的抗原基因在腺病毒载体上成功表达，如 PRV 的 gP50 蛋白、狂犬病毒 G 蛋白、HIV env/gag 和 gp160 蛋白、轮状病毒 VP4 和 VP7 蛋白、鸡 IBDV VP2 蛋白等。自新型冠状病毒感染发生以来，世界各国科学家在疫苗研发上各显神通，我国陈薇院士团队利用腺病毒载体将新冠病毒的刺突糖蛋白（S 蛋白）基因重组到复制缺陷型的人 5 型腺病毒基因内，基因重组腺病毒在体内表达新冠病毒 S 蛋白抗原，诱导机体产生免疫应答，成为首个获批的国产腺病毒载体新冠病毒疫苗。

（二）亚单位疫苗

20 世纪 80 年代初，第一个利用真核表达系统生产的基因工程疫苗——乙肝病毒（HBV）亚单位苗被大规模生产应用于人类乙肝的预防接种，其将 HBV 的 *S* 基因（835bp）克隆至表达载体，然后转到酵母中表达出了 HBsAg 蛋白。基因工程亚单位疫苗（subunit vaccine），又称为生物合成亚单位疫苗或重组亚单位疫苗，是用 DNA 重组技术，将选定的具有良好免疫活性的病原体基因，借助大肠杆菌、酵母菌和杆状病毒等体外表达系统，高效表达出相应的保护性抗原蛋白而制成的疫苗。该类疫苗由于仅包含细菌、病毒或寄生虫的抗原蛋白成分，不仅具有良好的安全性，而且便于工厂化生产；还能针对一些不能或不易进行体外培养增殖的病原体进行疫苗的研制，扩大了疫苗防控疫病的范围，是动物基因工程疫苗的主要发展方向之一。目前已研制出许多亚单位疫苗，有针对病毒性疾病和细菌性疾病的，也有激素类的，有的已开始临床应用，如仔猪病毒性腹泻、口蹄疫、狂犬病、禽流感和鸡传染性法氏囊病等。

亚单位疫苗的研制步骤为：①选择合适的抗原基因，这也是研制亚单位疫苗最为关键的一步。一般选择病原体表面抗原或表面糖蛋白，对于易发生变异的病毒则选择各亚型共有的核心蛋白的主要保护性抗原基因；②通过 DNA 重组技术将这些保护性抗原的基因插入合适的表达载体；③将插入外源基因的重组表达载体导入相应的宿主细胞；④进行表达条件的优化，以实现目的蛋白的高效和稳定表达；⑤将目的蛋白进行纯化，添加适合的佐剂制成疫苗，进行免疫效力的评估以获得高效亚单位疫苗。

基因工程亚单位疫苗的研制，必须要选择合适的表达系统用于生产抗原蛋白。可选择的表达系统可分为以大肠杆菌为主的原核表达系统和包含酵母、昆虫细胞、哺乳动物细胞在内的真核表达系统。大肠杆菌表达系统是最早被采用的表达系统，其具有操作简便、成本低廉、培养周期短、易于大量获得外源蛋白等特点，已被广泛应用于亚单位疫苗的研发中。但该表达系统存在许多难以克服的缺点，如通常使用的表达系统无法对表达时间和表达水平进行调控；翻译后加工修饰体系不完善，表达产物常以包涵体形式表达，生物活性较低。酵母是一种单细胞真核生物，构建的表达系统是一种真核表达系统，不仅具有原核生物操作简便、细胞生长快速，能大规模发酵生产，而且能对重组蛋白进行相对正确的折叠和翻译后的修饰。由于这些优点，已开发出几种商业化生产的工程酵母菌，如甲醇酵母、酿酒酵母菌等，其中由于甲醇酵母的 *Pichia pastoris* 表达系统具有可利用甲醇作为碳源和能源的独特优势，被认为是表达外源基因的成功的表达系统。当然，酵母表达系统也存在一些蛋白质的表达量不高的问题。昆虫杆状病毒表达系统是利用杆状病毒作为载体，通过感染昆虫细胞或昆虫幼虫来表达保护性抗原蛋白的系统。该表达系统的产量较高，而且具有与真核细胞类似的蛋白质加工修饰能力，但生产成本相对较高。哺乳动物细胞表达系统作为表达平台具有明显的优势，它能指导蛋白质的正确折叠，提供复杂的 *N*-糖基化和准确的 *O*-糖基化等多种翻译后修饰功能，因此表达产物的结构和生物学功能更接进入天然的生物蛋白分子。该表达系统中常用的载体有反转录病毒载体、腺相关病毒载体、单纯疱疹病毒载体和慢病毒载体等。但该系统也存在细胞培养成本高、蛋白质纯化困难等问题。

（三）基因缺失疫苗

基因缺失疫苗，是一种利用重组 DNA 技术将病毒的毒力相关基因完全缺失或发生突变从而使该病毒的毒力减弱，但仍能感染宿主并诱发免疫保护作用的疫苗。这种疫苗免疫原性较好，不易返祖，而且缺失的基因及其编码产物可以作为鉴别野毒和疫苗毒株的标志，便于野生毒株感染的鉴别诊断和传染病的净化，因此是前景较好的一类基因工程疫苗。目前成功研制的基因缺失疫苗不多，主要有伪狂犬病毒基因缺失苗和牛传染性鼻气管炎病毒基因缺失苗等。代表性的例子是猪伪狂犬病毒的双基因缺失苗。猪伪狂犬病毒糖蛋白 *E* 基因（*gE*）及胸腺核苷酸激酶基因（*TK*）缺失后，使该病毒的致病性显著减弱，尤其是 *gE* 基因的缺失，使这种双基因缺失疫苗免疫的猪不产生抗 gE 抗体，而自然感染的带毒猪具有 gE 抗体，这一特殊的优点有利于临床中进行疫苗株和自然感染的鉴别，在欧盟甚至要求只能使用这种 *gE* 基因缺失的伪狂犬基因工程缺失苗。我国在猪伪狂犬病毒基因缺失苗上研究较多，四川农业大学郭万株构建的是 *TK/gE/gI* 三基因缺失株，华中农业大学陈焕春构建了 *TK/gG* 双基因缺失株，中国农业科学院哈尔滨兽医研究所童光志等在猪伪狂犬病毒缺失载体上构建了表达猪繁殖与呼吸障碍综合征病毒 *GP5* 基因的基因工程疫苗，这些研究成果都最终被不同程度应用于临床疾病防控中。

（四）核酸疫苗

核酸疫苗（nucleic acid vaccine），又名基因疫苗或 DNA 疫苗，是将一种或多种病原保护性抗原基因克隆到真核表达载体上，然后将构建的重组载体直接注入机体内，以在体内表达抗原蛋白而诱导保护性免疫应答。DNA 疫苗的构建方法可分为以下几个步骤：选择合适的抗原目的基因和载体；构建重组 DNA 疫苗；通过序列优化及载体改造等手段提高抗原蛋白表达量和免疫原性；验证抗原蛋白的表达情况；免疫效果评价；安全性分析。

目前，用于构建 DNA 疫苗的载体主要有两个：美国 Invitrogen 公司制造的 pcDNA3 质粒和在此基础上根据美国 FDA 的 DNA 疫苗指导性意见改造的 pVAXl 质粒。DNA 疫苗的载体在本质上是一种细菌的质粒，它除了有可以克隆外源基因的多重限制性内切酶的位点以外，主要有如下 4 个方面的特点：①真核细胞启动子。由于 DNA 疫苗要在哺乳动物细胞内表达目的基因，因此必须使用真核细胞的启动子。病毒的启动子在 DNA 疫苗的载体中使用得最为广泛，主要有巨细胞病毒（CMV）、呼吸道合胞病毒（RSV）和猿猴病毒（SV40）的启动子。②CpG 核苷酸基序。DNA 疫苗载体中的未甲基化 CpG 核苷酸基序具有强烈的佐剂作用，故 DNA 疫苗使用时可以不需要外加佐剂。③用于选择的标记。DNA 疫苗载体中用于选择的标记主要有氨苄青霉素或卡那霉素，它们的作用主要是克隆了外源基因的重组质粒的筛选和保证 DNA 疫苗的制备质量。④载体的复制基因。为了用大肠杆菌来大量地制备 DNA 疫苗，DNA 疫苗的载体要有可在大肠杆菌中复制的 *ColE1* 或 *pMB1* 基因。

DNA 疫苗的发明被称为疫苗史上的第三次革命，与传统疫苗相比，DNA 疫苗拥有亚单位疫苗和灭活疫苗的安全性，又具有弱毒疫苗或重组疫苗才有的诱导多种免疫应答的特点。

但是 DNA 疫苗出现的历史毕竟较短，还有许多问题需要解决。表 8-1 对 DNA 疫苗主要优点和存在的主要问题进行了整理。

表 8-1　DNA 疫苗主要优点和目前存在的主要问题

DNA 疫苗的主要优点	DNA 疫苗的主要问题
免疫效果好，可诱导产生广泛的细胞免疫和体液免疫	免疫原性不如传统疫苗强
免疫应答持久，并能产生免疫记忆	外源基因是否会与宿主的基因发生整合而致瘤
可制成多价或多联疫苗，一针防多病	外源基因在体内持续高水平表达是否会导致免疫耐受，最终导致免疫抑制
制备简便、成本低、性质稳定，便于储存运输	DNA 接种后会不会产生抗 DNA 抗体，而引起机体的免疫功能发生紊乱
安全稳定，无散毒风险	持续的抗原表达激起的强烈 CTL 效应可能对宿主细胞有毒性杀伤作用
免疫原的单一性，无杂质蛋白的干扰和毒性	对人体的不良反应
有同种异株的交叉免疫保护作用	DNA 进入机体后的最终去向不确定
质粒 DNA 无免疫原性，可以反复使用	
适于规划生产	

目前在动物核酸疫苗方面主要集中在对养殖业威胁严重的传染性疾病上，包括禽流感病毒、新城疫病毒、鸭乙型肝炎病毒、口蹄疫病毒、猪繁殖与呼吸综合征病毒、猪流感病毒、牛疱疹病毒、犬细小病毒、狂犬病毒等。已有数十种表达病毒、细菌或寄生虫抗原的 DNA 疫苗进入临床试验阶段。在生物安全性问题上，主要是从人的健康考虑，对动物多无实际意义，对动物更多倾向于注射质粒的直接伤害及其在动物体内的残留，相信随着人类疾病 DNA 疫苗的突破，动物用 DNA 疫苗也将会迎来相应产品的爆发期。

（五）转基因植物疫苗

转基因植物疫苗（transgenic plant vaccine）是将病原微生物的保护性抗原基因导入植物，用从转基因植物提取的重组蛋白制成的口服疫苗，或直接用转基因植物加工而成的饲料饲喂动物使其获得免疫力（图 8-11）。利用植物生产重组蛋白主要有两种系统，一种是用重组蛋白基因直接转化植物的稳定表达系统；另一种是由植物病毒介导的瞬时表达系统。稳定表达系统是把抗原基因与根癌农杆菌含有 T-DNA 序列的 Ti 质粒连接，获得重组质粒后转化进入农杆菌，再利用农杆菌与植物愈伤组织共培养侵染植物，从而将外源基因整合到植物细胞基因组中。瞬时表达系统是利用基因工程植物病毒作为载体，将编码疫苗抗原决定簇基因序列插入植物病毒基因组中，再用该病毒接种植物，抗原基因随病毒在植物体内复制装配而得以高效表达。这种将抗原组装成病毒样颗粒，既能增强抗原蛋白抵抗胃肠道消化作用的能力，又能提高黏膜免疫系统摄取抗原蛋白的量，增强抗原的免疫原性，从而增强免疫反应。

转基因植物主要适用于肠道病原微生物或能耐受肠道环境抗原的表达，目前已经有将乙型肝炎病毒表面抗原、变异链球菌表面蛋白、大肠杆菌热敏肠毒素 B 亚单位、霍乱毒素 B 亚单位、狂犬病毒糖蛋白、猪传染性胃肠炎病毒、口蹄疫病毒、兔出血症病毒在植物中进行表达的报道。转基因植物疫苗的突出优点是具有可食性、使用方便、可避免病原体污染、易获得多价疫苗和成本较低。当然，转基因植物疫苗还处于发展阶段，仍存在诸多问题，如受体植物不理想、重组抗原蛋白表达量低、植物大量表达外源基因时出现长势变弱、转基因植物疫苗的免疫原性弱、口服抗原易发生降解或产生口服耐受、提纯问题和安全性问题等。但无论如何，转基因植物是一个廉价的蛋白质生产系统，且可食用植物疫苗使用方便，易于推广使用，相信将来会有更多的疫苗能投入临床应用。

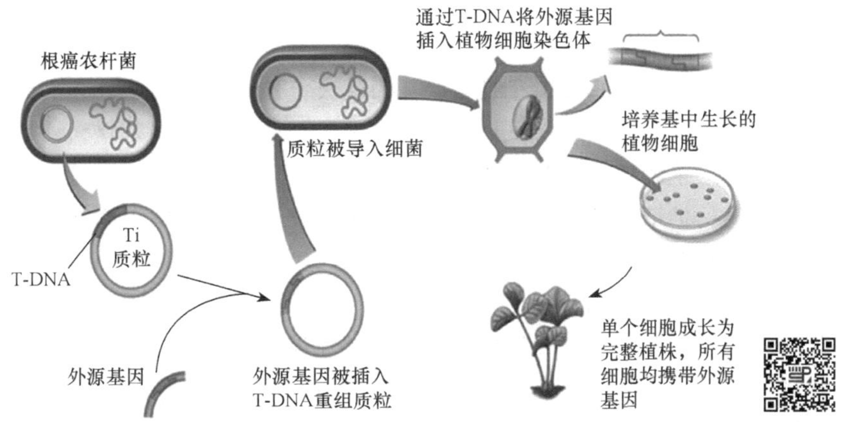

图 8-11　转基因植物疫苗的制备过程（引自 Girma et al.，2019）

（六）合成肽疫苗

合成肽疫苗（synthetical peptide vaccine），也称为表位疫苗（epitope vaccine），是用化学方法人工合成类似于抗原决定簇的小肽（20～40 个氨基酸），再配以适当的佐剂制成的疫苗。合成肽疫苗分子是由多个 B 细胞抗原表位和 T 细胞抗原表位共同组成的，大多还需要与一个载体骨架分子偶联。随着抗原表位作图技术的发展，能将抗原表位精确定位于某几个氨基酸残基上，促进了合成肽疫苗的设计和筛选。这种疫苗的特点是安全性好，可根据流行毒株的变化及时进行调整，主要缺点是合成肽技术成本过高。目前动物传染病防控主要在口蹄疫病毒（FMDV）合成肽疫苗上进行了尝试，采用 FMDV 的单独 B 细胞抗原表位或与 T 细胞抗原表位结合而制备的合成肽疫苗。当前研制成功的合成肽疫苗不多，除了 FMDV 多肽苗外，还有乙肝和疟疾合成肽疫苗的报告。合成肽疫苗免疫效果不佳，其主要原因有：这种多肽缺乏足够的免疫原性，很难如蛋白质抗原那样诱导机体的多种免疫反应；B 细胞和 T 细胞抗原表位联合很难发挥协同作用；缺乏足够多的 B 细胞抗原表位的刺激，免疫应答不够。针对这些问题，开展了许多研究，通过与载体偶联，或以融合蛋白的形式制成，如热休克蛋白-肽复合体疫苗、细胞因子-肽复合体苗等，从而增强其免疫原性。

小　　结

本章介绍了动物疾病分子诊断技术的概念、主要任务、发展历程、策略和应用，描述了动物疾病核酸检测技术的主要方法和原理，举例说明了其在感染性、遗传性等疾病中的应用；介绍了动物免疫学诊断技术的概念，说明了其中几种常用技术的原理和应用，重点阐述了常用的免疫标记技术的原理、步骤和结果判断方法；简要介绍了现代抗体技术的概念和几种新型抗体技术的原理；梳理了基因工程疫苗的发展历史，介绍了疫苗学相关的免疫基础理论知识，描述了基因工程活载体疫苗、基因缺失疫苗、亚单位疫苗、核酸疫苗、转基因植物疫苗等基因工程疫苗。

思 考 题

1. 名词解释：抗体、基因工程疫苗、基因缺失疫苗、核酸疫苗、合成肽疫苗。
2. 试述常用的疾病分子诊断技术有哪些，其检测的原理分别是什么。
3. 什么是免疫学诊断技术？常用的类型有哪些？
4. 常用的免疫标记技术有哪些？简述其作用原理、步骤和结果判断方法。
5. 简述疫苗的发展历史。
6. 免疫系统有哪些组成部分？
7. 疫苗是如何刺激免疫系统对机体发挥保护作用的？
8. 试述基因工程疫苗的种类及其优缺点。
9. 重组活载体疫苗的设计要遵循哪些原则？
10. 简述重组活载体疫苗的分类及各种疫苗的优缺点。
11. 什么是亚单位疫苗？其优点有哪些？
12. 亚单位疫苗的常用表达载体有哪些？说明各自的优缺点。
13. 简述稳定表达系统的转基因植物疫苗的制备流程。

第九章　动物营养生物技术

学习要点：了解动物营养生物技术和分子营养学的概念；掌握基因工程、细胞工程、酶工程和发酵工程在动物营养中的应用；掌握营养遗传学、营养基因组学以及各类组学在动物营养中的应用。

第一节　动物营养学与营养生物技术

随着生物技术的广泛应用，现代生物技术已经逐步渗透到动物营养学领域。将生物技术与动物营养学相结合，改造和提高饲料原料的品质、产量和利用率，培育高生产性能和抗逆性强的动物品种，阐明营养与基因表达的互作关系，有助于提高动物对饲料的利用效率，最终达到节约粮食、提高动物的生产性能及减轻养殖业造成的环境污染的目的。

一、动物营养与营养生物技术概述

动物营养学是揭示营养物质在体内的代谢机理、规律及其功能，研究畜禽发挥最大遗传潜力对各种营养素的适宜需要量，以及评定饲料营养价值的科学，最终目标是为畜禽饲养科学配制全价平衡饲粮、提高饲料利用率、改善畜禽健康和动物福利，同时为控制畜牧生产对环境的污染和保护生态平衡提供理论指导。传统的营养学研究主要在群体和个体水平对畜禽表观的代谢机理和饲料利用效率给予宏观解释。随着分子生物学技术的发展，尤其是基因工程、细胞工程、酶工程和发酵工程等生物技术的迅猛发展，其理论与实验技术业已渗透到生命科学的各个领域，并孕育了许多新兴的边缘学科，如营养生物技术、分子营养学、饲料组学等。

动物营养生物技术是以饲料和饲料添加剂为对象，以生物技术为手段，改善饲料作物的品质、开发新型饲料资源和生物饲料添加剂等动物营养物质，调控动物的生长和代谢，从而提高饲料利用率、改善和提高畜禽生产性能和产品品质、降低养殖业的环境污染，主要研究利用基因工程技术改善饲料作物品质，利用细胞工程技术生产动物食用的营养物质，利用基因工程、酶工程和发酵工程生产饲料酶制剂、益生素和氨基酸，处理饲料中有毒有害物质（图 9-1）。

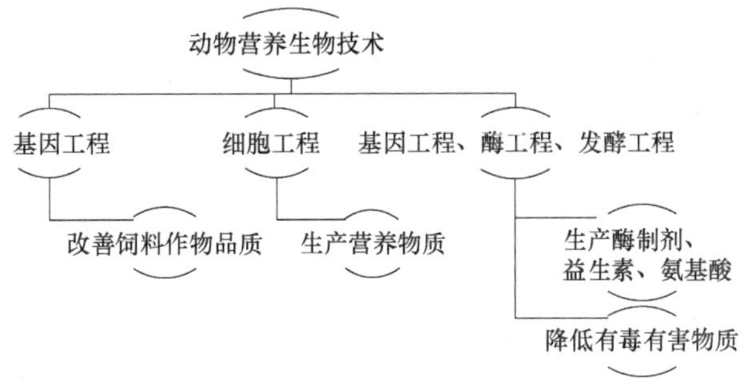

图 9-1　动物营养生物技术

二、分子营养学概述

将分子生物学应用于传统的动物营养学研究，利用分子生物学技术改造或生产动物性营养物质；从基因水平上研究如何提高动物生产性能，在分子水平上研究营养物质与基因表达、调控的关系，从根本上阐明营养物质对机体的作用机制，分子营养学学科应运而生。分子营养学的研究内容遍及营养科学的各个领域，当前的研究热点主要有营养遗传学和营养基因组学等。营养遗传学是研究不同基因型如何对特定的营养物质产生不同的应答反应，营养基因组学是研究营养物质对基因表达的作用，以分子生物学技术为基础，应用 DNA 芯片、组学等技术来阐明营养素与基因的相互作用（图 9-2）。

图 9-2　营养遗传学与营养基因组学示意图

动物机体的生长发育、新陈代谢、遗传变异、免疫与疾病等生理和病理变化，本质上都是基因的表达和调控发生变化的结果，这些生命现象的彻底阐明需要在分子水平上详细解释。日粮营养不能改变中心法则中遗传信息传递的方向和规律，但是可以通过特殊的途径改变编码动物代谢中关键酶的基因表达而控制动物体内的代谢，日粮营养对动物体内复杂的代谢调控机制是动物在长期进化中形成的，为适应生存、尽量维持体内内环境稳态及正常代谢的能力，从动物营养学角度讲，这种营养性适应实质上是动物机体的自我营养调控功能。因此，现代分子营养学的研究应着眼于从分子水平上解释营养物质在机体内的利用机制和对基因表达的调控机制，从而实现对动物机体自我营养调控功能最大限度地激发、调动和强化，在细胞和分子水平上研究动物的营养代谢规律，通过预测营养过程、调控营养途径来提高动物产品质量和饲料转化效率是当今动物营养学研究热点。另外，分子营养学的研究也着眼于利用现代生物技术改造动物和饲料性状（如转基因动物、高赖氨酸玉米、双低油菜籽、外源基因在乳腺中表达对乳成分的提高和改变、基因启动类添加剂的研制、利用基因工程技术开发饲料资源等），以期更好、更高效地满足现代动物优质生产的需要。

第二节　生物技术在动物营养中的应用

现代生物技术的发展和应用已渗透到生命科学的各个领域，动物科学发展带来的诸多问题（疾病、能源、环境污染等）也要求和依赖现代生物技术的发展和应用（图 9-3）。在动物营养领域，利用现代生物技术开发饲料资源、提高饲料利用效率和生产性能及降低环境污染等方面都具有重要的应用价值。生物饲料是指以饲料和饲料添加剂为对象，以基因工程、蛋白质工程、发酵工程等现代生物技术为手段，利用微生物工程发酵开发的安全高效、环境友好、无残留新型饲料资源和饲料添加剂总

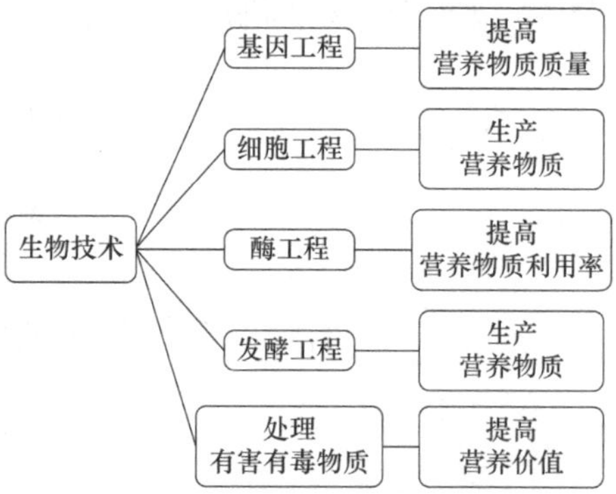

图 9-3　生物技术在动物营养中的应用

称，主要包括饲用酶制剂、微生物饲料添加剂、功能性蛋白肽、功能性氨基酸、有机微量元素、植物与微生物提取物、益生素、发酵和酶解饲料及其他生物技术相关产品。生物饲料分为生物饲料添加剂及生物发酵饲料，其技术价值体现在降解抗营养因子、养分预消化、微生物及代谢产物、减少废物排放等。本节主要介绍基因工程技术、细胞工程技术、酶工程技术和发酵工程技术在动物营养科学中的应用。

一、基因工程与动物营养

（一）利用基因工程技术提高动物营养物质的质量

1．提高饲料作物的质量　农作物种子中含有丰富的蛋白质，如豆类蛋白质含量高达20%左右，但是作物种子蛋白中必需氨基酸的组成不平衡（如玉米及其他谷物缺乏赖氨酸，豆科作物种子缺乏含硫氨基酸），从而降低蛋白质的营养价值。目前，许多国家相继研究和培育出了一些高赖氨酸玉米品系，如我国培育出的有‘中单 206’‘新玉米’‘农大 107’等品系，其饲料价值是普通玉米的 1.5～1.6 倍。巴西坚果富含甲硫氨酸的白蛋白已被成功用于转基因试验，当菜豆蛋白与巴西坚果白蛋白嵌合基因在油菜籽中表达时，转基因油菜籽中积累大量的巴西坚果白蛋白，导入基因的编码蛋白占种子蛋白的 4%，使种子蛋白中氨基酸的含量增加 34%。

澳大利亚科学家利用基因工程技术培育了富含蛋白质的苜蓿新品种。20 世纪 70 年代末到 80 年代初美国等开始了牧草基因工程研究，并取得了突破，1991 年转基因苜蓿植株已移到田间。在许多国家，大麦是粮食的主要种类，但蛋白质含量偏低。英国科学家对大麦蛋白质合成基因进行重组，以获得高品质的大麦品种。许多植物含有抗营养因子或含有影响该植物品质的物质，这些因子或物质对植物本身蛋白质的合成及家畜对饲料物质的吸收有不利影响。通过采用生物技术选育出不含或少含抗营养因子的植物，可以降低或减少不利影响。通过对木质素生物合成的遗传操作可提高牧草消化率，玉米、高粱及谷子等作物中有褐色中脉突变体，该突变体的特征是在木质化组织中呈红褐色，降低了木质素的含量，增加饲料作物的消化率。

2．提高饲用作物种子含油量　植物籽实中的饱和脂肪酸含量过低一直是影响动物胴体品质的重要因素。利用植物基因工程技术，可控制脂肪酸的不饱和程度。由于发育的种子中存在着活性极高的去饱和酶，故饱和脂肪酸在大多数植物的贮存脂类中极为罕见，用反义核酸技术抑制十八碳脂酰-酰基载体蛋白（acyl carrier protein，ACP）去饱和酶的表达，使其脂肪酸组成发生了很大变化。由于十八碳脂酰-ACP 去饱和酶的活性下降，故饱和脂肪酸的浓度明显增加，从不足 2%增加到 40%，同时也降低了油酸含量。我国已培养出高油玉米，进一步提高了玉米的营养价值。但是我国的高油玉米的培育主要是通过杂交育种手段产生，据估计控制玉米油量的基因在 30 对以上，传统的育种周期很长，利用转基因技术则可以取得快速进展。

3．培育低毒饲料作物　中国传统的油菜含有硫代葡糖苷（简称硫苷，在饼粕中含7%～9%）和芥酸（占脂肪酸的 50%以上），硫苷本身无毒，但它在动物体内经芥子酶的催化生成纤维素唑烷硫酮、异硫氰酸酯、硫氰酸盐等有害物质，可引起动物代谢紊乱，以致中毒死亡。芥酸含量高，油酸、亚油酸等脂肪酸含量低，使传统的菜油营养价值大大降低。我国科学家首次发现并采用“波里马油菜细胞质雄性不育系”培育出双低油菜（低芥酸、低硫苷），其水平处于世界先进水平，如‘湘油 11’‘浙优油 2 号’‘河南 3-227’‘贵优油 21’‘华中 3 号’等。‘华中 3 号’较传统品种芥酸降低 90%以上，硫苷降低 80%，产量提高 10%左右。另外，国内已有多家公司成功地利用微生物单菌或多菌发酵工艺，使棉饼中游离棉酚含量降至 0.04%以下，菜饼中异硫氰酸酯、恶唑烷酮含量降至 0.045%以下。

（二）转基因动物在动物营养中的应用

动物机体的生产主要受生长发育、新陈代谢、遗传变异、免疫与疾病等方面的影响，从根本上来说，都是基因表达调控发生改变的结果。可以通过基因工程技术在动物体内导入新的代谢途径，采用外来基因加工后用于哺乳动物的表达。例如，半胱氨酸是羊毛合成的限制性氨基酸，由于半胱氨酸在羊瘤胃内降解，在饲料中添加半胱氨酸并不能提高其在血清中的水平，如果羊自身能合成半胱氨酸，将会提高羊毛质量。将大肠杆菌中编码丝氨酸转乙酰酶、乙丝氨酸硫化氢酶基因和金属硫蛋白启动子连接，并在 3′端装上 *GH* 基因的序列，然后通过转基因技术导入羊体内，转基因羊胃上皮细胞能利用胃中的硫化氢合成半胱氨酸。

二、利用细胞工程技术生产动物营养物质

单细胞蛋白（single cell protein，SCP）饲料又称为微生物蛋白或菌体蛋白，是利用各种基质大规模培养一些微生物而获得的微生物蛋白，如利用酵母、非病原性细菌、霉菌和藻类等所生产的蛋白酶、纤维酶、脂肪酶、乳酸酶和植酸酶等，是现代饲料和食品工业中重要的蛋白质来源，从而大幅度提高饲料转化率和动物生产力，减少排泄物对环境的污染，已被广泛添加于饲料中。我国在单细胞蛋白研究生产中，主要产品有饲料酵母和螺旋藻蛋白等。单细胞蛋白饲料有许多优点，首先其营养丰富，蛋白质含量高达 80%，若加入限制性氨基酸甲硫氨酸后可达 90%以上，所含氨基酸组分齐全平衡，且含有多种维生素，消化利用率高达 80%。利用微生物生产 SCP 可以缓解蛋白质资源的缺乏。其次是原料来源广，微生物繁殖快，成本低，效益高。生产 SCP 的主要原料有造纸工业的纸浆废液，制糖业的糖蜜及废弃物，酿酒业的酒糟及废弃物，各种植物秸秆、壳类、糖渣尖、木屑等的纤维素，石油的衍生物如甲醇、乙醇、甲烷和多链烷烃等。利用农副产品加工下脚料生产 SCP，如以糖渣为原料可制成含蛋白质 44%～49.02%的菌体蛋白；以果渣为原料培养丝孢酵母菌，经过固态发酵研制出粗蛋白含量 30%的 SCP；用淀粉副产物的混合物为原料，通过固态发酵法也能生产单细胞蛋白。原料配比对酵母菌的生长有影响。固态发酵的最佳工艺条件为温度 30℃，水分 60%，接种量 15%，发酵后饲料的粗蛋白含量提高了 8%～10%。利用藻类（如小球藻、蓝藻）也可生产 SCP。光合细菌是能进行光合作用的细菌，具有的极高的营养价值，蛋白质含量高达 65.45%，富含叶酸、B 族维生素、氨基酸等多种营养成分。每千克 SCP 可使奶牛产奶量增加 6%～7%，用含 10% SCP 的饲料饲喂蛋鸡，产蛋量增高 21%～35%。据统计，1t SCP 可节约饲粮 5～7t。利用特异生物技术还培育成了能富积微量元素的微生物，如硒酵母、锌酵母等。

三、利用酶工程技术提高动物营养物质利用率

在畜禽饲料中添加酶制剂可补充内源酶的不足，消除某些饲料中抗营养因子，使营养

物质更易于被吸收，提高不易被吸收利用的饲料成分的营养价值等。饲料用酶主要包括蛋白酶、纤维素酶、脂肪酶、乳糖酶、植酸酶、非淀粉多糖酶、果胶酶等，这些酶绝大多数是利用微生物中酵母、曲霉菌和其他细菌来生产的。目前，工业化生产主要采用微生物发酵工程和基因工程技术，通过新的生物技术的应用，各种饲料酶的活性、稳定性及耐热性都有很大提高。

植酸酶是一种水解植酸的磷酸酶类，它能将植物磷降解为肌醇和无机磷酸。植酸酶广泛存在于动物、植物和微生物中。而在谷类、豆类和油料等作物籽实中，磷的基本贮存形式是植酸磷，其含量高达 1%～3%，占植物总含磷量的 60%～80%。但是以植酸磷形式存在的磷却因单胃动物体内缺乏能分解植酸的酶而难以利用，因此造成了许多问题，如饲料中的磷得不到有效利用，而为了满足动物机体生长所需，又不得不在饲料中添加无机磷，这样不仅提高了饲料成本，而且又因高磷随粪便排出污染了环境。但若利用植酸酶，可使植物性饲料中磷的利用率提高 60%，粪便中磷的排出量减少 40%，同时还可降低植酸的抗营养作用。β-葡聚糖酶、戊聚糖酶添加于以大麦、小麦、黑麦、燕麦和次粉为主的饲粮中，能分解饲粮中的抗营养因子葡聚糖和戊聚糖，提高养分消化利用，改善了非淀粉多糖的消化率，降低了肉仔鸡和仔猪肠道内的黏性。木聚糖酶、蛋白酶和淀粉酶的混合物可改善低黏性谷物如玉米、高粱的消化。

具有合成植酸酶能力的微生物种类很多，包括枯草芽孢杆菌、假单胞杆菌、乳酸杆菌、大肠杆菌、酵母、曲霉、隔孢伏革菌。其中以曲霉属中黑曲霉产生植酸酶的活性最高，已经分离克隆了 10 多个植酸酶编码基因，而唯一植物来源的植酸酶基因是从萌芽的玉米种子中分离得到的，它与微生物来源的植酸酶没有氨基酸序列同源性。利用分子生物学技术从微生物中鉴定、分离出生产植酸酶的基因，然后将这些基因扩增后整合到曲霉菌表达载体，一旦重组植酸酶开始表达，曲霉菌的天然分泌结构就能保证把产生的酶转出细胞外而进入培养基中然后即可从培养基中收集并纯化植酸酶，利用这种方法生产植酸酶与常规植酸酶生产菌株或野生菌株生产相比，产量可提高 50～100 倍。我国于 1998 年用异源受体——毕赤氏酵母（*Pichia pastoris*）作为生产反应器高效表达了来源于 *A. niger* 963 的植酸酶基因 *phy A*。

粗饲料在结构上主要是由植物细胞壁组成，细胞壁的基本成分是纤维素、半纤维素和木质素，纤维素及半纤维素可以通过瘤胃微生物的作用被反刍动物消化利用。影响纤维营养价值的因素主要有消化道的纤维消化程度、消化率和瘤胃纤维消化率。通过增加微生物对木质素的水解和饲喂前对饲料进行预处理或经育种改变细胞壁结构能提高纤维消化率。纤维素是由葡萄糖 β-1,4 键结合成的长链高分子化合物，其中的木糖较其他组分难降解。处理秸秆所选用酶制剂有纤维素酶、半纤维素分解酶、果胶酶，甚至还有淀粉酶、蛋白酶、糖化酶等酶，能把饲料中大分子的纤维素、半纤维素等分解成易消化吸收的小分子物质，从而提高饲料利用率，改善饲料品质。纤维素分解酶能把废弃的高纤维素类物质分解为易被家畜消化吸收的低分子化合物和葡萄糖。饲用酶制剂可提高家禽对营养物质的消化吸收、改善断奶仔猪的增重，提高奶牛产奶量，帮助幼年反刍动物消化吸收营养物质，促进生长。对梅花鹿，在日粮中添加酶制剂，可提高鹿茸产量，增加鹿茸中有效成分含量。在饲粮中添加纤维素复合酶，可提高瘤胃中玉米秸秆的干物质、中性洗涤纤维、酸性洗涤纤维、木质素、纤维素、半纤维素的消化率。

四、发酵工程与动物营养

发酵工程是将微生物学、生物化学和化学工程学的基本原理有机地结合起来，是一门利用微生物的生长和代谢活动来生产各种有用物质的工程技术。该技术可用于生产抗生素、维生素等常用药物和人胰岛素、乙肝疫苗、干扰素、透明质酸等新药，用于微生物蛋白、氨基酸和一些食品添加剂（如柠檬酸、乳酸、天然色素等）的生产，用于生物固氮、微生物饲料的生产，可用微生物来净化有毒的高分子化合物，消除有毒气体和恶臭物质以及处理有机废水、废渣等。利用发酵法或半合成法生产的维生素有维生素 C、维生素 B_2、维生素 B_{12}、维生素 D 及 β-胡萝卜素等。

（一）生产氨基酸

日粮中添加氨基酸可以平衡氨基酸的比例，提高饲料蛋白质的利用效率，减少氮排出造成的环境污染。目前，利用发酵工程技术和基因工程技术将合成特定氨基酸基因克隆到细菌质粒中，借助微生物的增殖活动生产所需氨基酸。在 L-赖氨酸、L-苏氨酸的生产中成功使用了基因转导技术。随着理想蛋白质氨基酸模式的深入研究和建立，将生产不同氨基酸的菌种或其基因按理想蛋白质氨基酸模式进行组装，以期在体外或体内生产出满足动物营养需要的理想氨基酸复合制剂，将会成为今后研制生产氨基酸的趋势。

（二）生产酶制剂

饲料酶制剂是由微生物通过特定生产工艺加工而成的包含单一酶或混合酶的工业产品。工业化生产酶主要采用微生物发酵工程技术，有些也结合基因工程技术。通过生物技术的应用，改造出新的菌种，其产生的酶活性、稳定性及耐热性和产量都有很大提高。动物消化系统中分泌的淀粉酶、胃蛋白酶等内源性酶对饲料的利用能力有限。为了充分利用现有饲料资源，开发新的非常规饲料，同时也为减少动物排泄物对环境的污染，必须研制和生产外源性饲料酶。酶制剂主要通过直接杀死肠道菌、刺激特定肠道微生物增殖、干扰微生物网络三种主要途径影响肠道微生物群落构成而提高动物饲料消化率和生长性能。世界上已发现的酶品种有 1700 多种，生产用酶已达 300 多种，但是饲料用酶只有 20 多种。我国公布了批准使用的饲料酶制剂（《饲料添加剂品种目录（2013）》）。随着人们生活水平的提高及环境意识的增强，饲用酶制剂因其不产生残留、无抗药性、不污染环境等优势会进一步推广应用。

（三）生产益生素

益生素（probiotic）又称益菌剂，是将微生物菌体或其相应物质直接饲喂动物，参与动物胃肠道微生物群的生态平衡及维护胃肠道的正常功能，从而达到动物保健及提高生产性能的目的。益生素的主要菌种有乳酸杆菌、双歧杆菌、粪链球菌、酵母菌、枯草杆菌等。益生素能够产生乳酸、过氧化氢等抑制、杀灭病原微生物的物质；能够抑制、排除消化道内有害菌，增加有益微生物的数量；产生各种消化酶及合成微生物，从而提高饲料转化率；提高动物抗体水平和巨噬细胞的活性，增强机体免疫功能；间接促进生长和提高饲料利用率的作用。用抗生素作对照，添加产酸型活菌制剂到 60 日龄时仔猪平均增重提高 14.3%，肉料比提高 46%，对腹泻的治愈率达 98.62%，产蛋率提高 4.38%，死亡率降低 3.81%，肉仔鸡生长速度提高 5.35%，饲料消耗降低 5.34%。复合菌制剂较单一菌株益生素的作用效果更好，更符合生态环境友好的需求；复合菌制剂一般都具有协同作用，因此有单一菌株的益生素逐渐向复合益生素发展的趋势，如肠道共生复合菌、瘤胃复合菌等；从医用益生素逐渐向适合动物生理生化特性的益生素品种开发；同时在饲用益生素发展的基础上，逐渐向农业、医疗保健及环境改良等方面发展。

五、利用生物技术处理饲料有毒有害物质

应用生物技术脱毒是一种有发展前景的方法。橙色黄杆菌能在体外消除黄曲霉素。酵母细胞壁能吸收毒素和致病细菌。啤酒酵母培养物可降低日粮中毒素对鸡产生的影响。模拟肉鸡消化道理化环境，将从酵母培养物中提取具有抗原活性的物质和黄曲霉毒素的饲料在 pH 6.5，37℃条件下，温育 3h，发现提取物对黄曲霉毒素、玉米赤霉烯酮和赭曲霉素结合率分别为 82.5%、51.6%和 26.4%。

运用物理或化学方法可降低棉籽饼粕和菜籽饼粕中的棉酚和硫代葡萄糖苷分解物的含量。然而利用微生物发酵技术，可使棉酚含量下降至饲用水平，李延云等筛选出脱毒素达 91%的菌种，使棉籽饼的饲用价值得到明显的提高。杨景芝等培养出的 B 菌，使棉酚脱毒素率为 60%左右，使可溶性蛋白含量提高 3～11 倍。

木质素与纤维素间形成的坚固酯键，阻碍了瘤胃微生物纤维素的降解。英国 Aston 大学研究人员从秸秆堆中分离出一种白腐真菌，只降解木质素，不降解纤维素，用白腐真菌发酵切碎的麦秸，5～6 周后，蛋白质含量不仅得到提高，而且秸秆的体外消失率从 19.63%提高到 41.13%。在适宜的条件下，白腐真菌的菌丝首先用其分泌的超纤维氧化酶溶解表面蜡质，然后菌丝进入秸秆内部并产生纤维素酶、半纤维素酶、内切聚糖酶、外切聚糖酶进行降解木质素和纤维素，使其成为含有酶的糖类，从而使秸秆饲料变得香甜可口，易于消化吸收。

饲料中的抗营养因子、毒物等广泛存在于各种饲料原料，直接或间接影响饲料营养物质的消化、吸收及代谢，降低饲料的营养价值及可利用性。生物技术在消除饲料中的抗营养因子、毒素及在畜禽代谢过程中产生的有害物质等方面起着越来越重要的作用。应用生物技术进行排除或抑制饲料中抗营养因子及在畜禽代谢过程中产生的有害产物具有下列优点：处理效率高；没有残留，应用比较安全；与物理化学方法比较，生物技术处理对饲料营养成分的破坏和影响较少。

第三节　动物基因表达的营养调控

营养物质对动物的基因表达进行调控，基因多态影响营养物质的吸收和代谢。本节主要介绍营养与蛋白质、氨基酸、碳水化合物、脂肪与脂肪酸、矿物元素、维生素等营养因子对相关基因表达的作用、基因多态性对营养物质吸收与代谢的影响及组学在动物营养中的应用。

一、营养物质对动物基因表达的调控

营养物质是生物进行新陈代谢的物质基础，只有获得平衡充足的营养物质，生物才能正常生长发育，顺利完成繁衍后代的生命过程。随着分子生物学的发展及其在营养学

中的应用，从分子水平上弄清养分的代谢过程和规律，确定动物群体及个体的营养需要，掌握养分摄入过量及缺乏的后果，预防和治疗营养代谢疾病及解决其他营养问题已成为可能。人们从分子水平逐步认识到营养物质与动物的基因表达存在密切的相互作用关系，也就是说营养物质影响动物生长、发育、繁殖、健康等众多途径，有些是通过影响基因表达来实现的，可以通过对营养物质的适当摄取促进有利于动物健康基因的表达，而抑制与疾病相关的基因表达。营养物质也许并不能完全消除某一遗传缺陷，但是它能改变这种缺陷的出现时间以及表现程度。因此，营养与基因相互作用对提高动物的生产效益都具有重要意义。

（一）营养物质与基因表达之间的关系

基因表达受到严格的调控，而养分是核酸、蛋白质的合成原料、能量物质、辅酶等，或者是某一环节的激活剂或抑制剂，或者为代谢提供能量，对每一个基因调控点都起着直接或间接的调控作用。营养物质对基因的表达调控是指动物摄入的营养物质经过一系列的转运及信号传递过程，将信号传递到细胞质或细胞核，与其他要素一起调控染色质的活化、基因的转录、mRNA 的稳定性及其翻译过程。

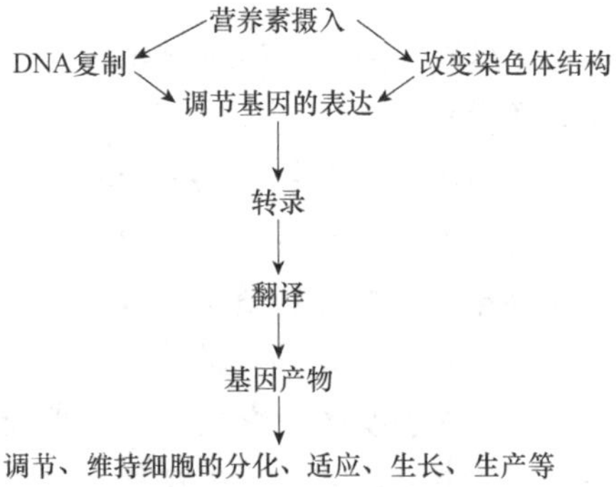

图 9-4　营养物质对基因表达的影响示意图

基因表达的调控可以在不同的层次、不同的水平上进行（图 9-4），大致可分为以下 5 个方面：①转录调控。细胞可以通过控制基因转录 mRNA 的拷贝数来调控基因的产物，如细胞中组成血红蛋白的 A 和 B 多肽基因快速、大量地转录，产生大量的 mRNA 分子，形成大量的血红蛋白分子。其他任何一个细胞都有这些基因，但不转录。②转录后调控。有些 mRNA 在从细胞核内输送到细胞质中翻译之前，必须要经过化学修饰。没有经过修饰的 mRNA 与核糖体不能结合，因而就不能被翻译成为蛋白质。③翻译调控。细胞可以通过限制核糖体与 mRNA 的结合，或限制多肽链的生长，来调节 mRNA 的翻译速率。④翻译后调控。对于一些具有特殊功能的蛋白质，还要有翻译后的修饰。多肽链上的一些氨基酸要去掉或加上其他一些化学基团，如糖类、磷酸基团等。例如，胰腺最初产生的消化酶——糜蛋白酶原是没有活性的，糜蛋白酶原离开胰腺进入小肠后，被其他的酶裂解，去掉一部分氨基酸，就成为能分解蛋白质的有活性的糜蛋白酶。这种机制有效地限制了糜蛋白酶对自身内脏的分解活性，防止糜蛋白酶对自身的消化。⑤蛋白质调控。环境因子影响酶的功效，如生物合成途径中的最终产物，通过与途径中早期的酶结合，降低合成活性。

（二）营养水平对基因表达的影响

生长激素（GH）是动物出生后控制生长的主要激素。GH 对生长的控制必须通过 GH 受体（GHR）及类胰岛素生长因子-Ⅰ（IGF-Ⅰ）的作用才能实现。除 GH 外，营养状况是调控 IGF-Ⅰ的重要因素。较长时间的饥饿将导致肝脏中 GHR 水平下降，而饥饿过程血液中 GH 水平反而上升。营养不良导致的生长受阻往往伴随有血浆 GH 水平的升高。蛋白质和能量不足时，生长受阻，同样伴随 IGF-Ⅰ的合成量下降。营养不良对 *GHR* 和 *IGF-Ⅰ* 基因的表达具有直接的抑制作用，该作用与激素水平无关，且是 GH 受阻的重要原因。能量（以葡萄糖形式）似乎主要调控 GHR 的表达，而蛋白质（以氨基酸形式）主要调控 *IGF-Ⅰ*基因的表达。从组织的作用来看，肝脏是营养及代谢状况的感受器，是营养与基因互作的主要位点。

激素或营养对基因表达的调控作用具有组织特异性和基因种类特异性。只控制能量水平时，生长速度与肝脏 IGF-Ⅰ和 GHR mRNA 的表达量有关，但与眼肌中的 IGF-Ⅰ和 GHR mRNA 表达量无关。在反刍动物，α-淀粉酶原是启动 α-葡萄糖水解的原酶。改变日粮中淀粉和能量的含量对 α-淀粉酶原的 mRNA、蛋白质表达和酶活性均产生影响。喂高能量/高淀粉日粮的绵羊趋向于有更高的 α-淀粉酶原表达和高的酶活性，同时还表现为血浆中葡萄糖浓度上升。但空肠中麦芽糖酶活性不受日粮变化的影响，表示 α-淀粉酶与麦芽糖酶活性水平的调节分属于不同的调节系统。反刍动物中日粮对 α-淀粉酶原表达的影响是复杂的，可能是转录和转录后水平的调节。

（三）营养物质对基因表达的调控

1. 蛋白质与氨基酸对基因表达的调控

1）*蛋白质对基因表达的调控*　蛋白质影响许多基因的表达，如白蛋白、神经肽 Y（NPY）。NPY 是由 36 个氨基酸组成的肽，富含于中枢和周围神经系统，可刺激动物采食。注入 NPY 可导致饮食过度和体内脂肪堆积增加。禁食或限食可导致室旁核 NPY 水平上升，同时 *NPY* 基因在下丘脑的表达也上升。在限能和限蛋白质试验组的大鼠中，其下丘脑 *NPY* 基因表达上升。限能组下丘脑 *NPY* 基因的 mRNA 表达与自由采食的对照组相比升高了约 75%。蛋白质限制组 *NPY* 基因表达的增加量与限能组相当，两组间无明显差别；而限制碳水化合物组与限制脂肪组的 *NPY* 基因表达与对照组无差别。饲喂高蛋白质日粮可降低脂肪组织脂肪酸合成酶 mRNA 的数量但不影响肝脏组织脂肪酸合成酶的 mRNA 数量，利于体脂肪的沉积减少。

2）*氨基酸对基因表达的调控*　氨基酸与多种基因表达的调节有关。氨基酸缺乏或低浓度，会导致 C/Ebp-homologous protein（CHOP）的基因表达，但其基因表达的改变并不是氨基酸本身的作用，而是氨基酸浓度下降导致异常蛋白质合成的结果。低浓度氨基酸诱导 CHOP 的表达，这不是细胞应激的结果，而是氨基酸本身的直接作用。

在必需氨基酸缺乏时，可提高转录率而诱导多种基因的表达，如 C-myo、C-jun、鸟氨酸脱羧酶、天冬氨酸合成酶、核糖体蛋白 L-17 等与氨基酸代谢有关的基因，在氨基酸缺乏时，氨基酸转运载体 A 的表达率增加。上述现象可能是动物对营养变化的一种适应性机制。

哺乳动物的成肌细胞融合时，是由一种 DNA 结合蛋白——myoDl 协调控制的。如果 myoDl 被导入其他类型的细胞（如上皮细胞和脂肪细胞）中，也会被表达，从而使这些细胞也具肌细胞的特性。但是，当细胞中存在肌肉合成所需的所有基因及主要调控因子时，如果食物中缺乏一种或一种以上的肌肉蛋白合成所需的必需氨基酸时，肌肉蛋白就不能合成或合成量有限，抑制了肌肉的生长。同样，如果主调控因子——myoDl 畸变或编码肌细胞蛋白合成酶的一个或多个基因发生突变而导致这些酶无法发挥其功能或功能不全，肌肉发育停止或发生障碍。

2．脂肪与脂肪酸对基因表达的调控　脂肪主要影响与脂肪代谢有关的酶含量，如胰脂肪酶。胰脂肪酶受日粮脂肪的调节，胰脂肪酶是日粮中甘油三酯的主要水解酶，在有脂肪酶胆汁盐的存在下将甘油三酯水解为脂肪酸和单酸甘油酯，然后被逐渐吸收。不同水平的脂肪导致不同的反应，升高日粮中不饱和脂肪会导致胰脂肪酶的合成，其 mRNA 浓度和翻译相应增加。脂肪含量在翻译水平上调控脂肪酶的基因表达，脂的类型可能在翻译和翻译后水平上调控其基因表达。脂肪饱和度影响脂肪酶，尤其是高度不饱和脂肪诱发胰脂肪酶的活力。不同饱和度的脂肪（多不饱和脂肪酸：饱和脂肪酸比例为 0.1～7.9）和链长（C_{12} 和 C_{18}）在消耗高脂肪日粮后对脂肪酶的激发作用相当，但在中等脂肪日粮中（占能量的40%），只有高度不饱和脂肪酸激发脂肪酶的活力。中等脂肪组比低脂肪组大鼠胰脂酶-1（rPL1）和大鼠胰脂酶 3（rPL3）的 mRNA 水平高，而在低脂肪组中，红花油组（不饱和脂肪酸）比猪油组大鼠 rPL1 和 rPL3 的 mRNA 水平高。

高等动物体内脂肪的合成，是通过脂肪酸合成酶系来完成的。研究表明，饲料中脂肪酸对脂肪合成酶的基因表达都有不同程度的调控作用。日粮中脂肪酸通过改变基因的表达而对细胞的功能有巨大的调节作用，通过对核激素受体的激活与反激活作用降低或限制了不同基因的 mRNA 的表达，其中 3 种转录因子：过氧化物酶受体、肝脏 X 受体和胆固醇调节因子连接蛋白 lc 直接影响 DNA 转录。

饲料中脂肪酸对脂肪合成的影响是通过两个方面来实现的。一方面，调控磷酸戊糖中的葡萄糖-6-磷酸脱氢酶和葡糖酸-6-磷酸脱氢酶的基因表达，使 NADPH 的含量降低，从而控制脂肪酸的合成。另一方面，直接调控脂肪酸合成酶（fatty acid synthetase，FAS）基因的表达。饲料中多不饱和脂肪酸降低了肝脏中脂肪酸合成酶 mRNA，鱼油比红花油更有效，而软脂酸甘油酯和三油酸甘油酯无影响。*n*-6 和 *n*-3 多不饱和脂肪酸（PUFA）能抑制的生脂酶包括脂肪酸合成酶、乙酰辅酶 A 羧化酶（ACC）、6-磷酸葡糖脱氢酶、硬脂酰 CoA 脱饱和酶、L-丙酮酸激酶（L-PK）和 S14 蛋白。大鼠日粮中添加脂肪酸使脂肪酸合成酶 mRNA 下降 70%～90%，表明基因的转录受到了抑制。脂肪酸抑制作用的大小与链长和饱和程度有关：饱和脂肪酸和单不饱和脂肪酸没有效果，而鱼油中的脂肪酸抑制作用最强；18：2（*n*-6）和 18：3（*n*-3）必须经过脱氢作用分别转化为 18：3（*n*-6）和 18：4（*n*-3）后才具有抑制作用，脂肪酸控制基因转录的能力取决于碳链长度、双键位置和数量。饱和脂肪酸和 *n*-9 脂肪酸不能抑制脂肪合成酶的基因表达，*n*-6 和 *n*-3 是这些基因的强抑制剂，而 *n*-3 比 *n*-6 抑制作用更强。

因而用不饱和脂肪酸代替饱和脂肪酸可提高畜禽瘦肉比，减少体内脂肪沉积。不饱和脂肪酸是脂肪酸合成酶基因的有效抑制因子，鱼油含有高水平的 C20：n-6 和 n-3 脂肪酸，海生动物油脂抑制因子的作用高于植物油脂。不饱和脂肪酸只有连续食入才具有这种抑制作用，而与日粮碳水化合物水平无关，这对肉鸡和猪是可行的。不饱和脂肪酸在反刍动物瘤胃内会很快被氧化，只有很少被吸收。因此需使用过瘤胃保护技术保护不饱和脂肪酸。

3．碳水化合物对基因表达的调控

1）对磷酸烯醇式丙酮酸羧化激酶（PEPCK）基因表达的调控　磷酸烯醇式丙酮酸羧化激酶（PEPCK）是肝脏和肾脏中糖原异生的关键酶，它的基因转录区起始位点上游 500bp 内含有许多调节单元，可与代谢信号相呼应，该基因的表达可受到日粮营养成分的调控。当动物进食含大量糖类的日粮时，肝中 PEPCK 水平大幅度下降，而如果禁食或给以高蛋白质低糖的日粮时，则可使其水平提高。胰高血糖素、甲状腺激素、糖皮质激素、视黄酸也可诱导该基因的转录，而胰岛素则抑制它的转录。营养成分对 PEPCK 的调控主要是通过与其启动子作用而实现的。通过对大鼠 *PEPCK* 基因的分析，表明该基因启动子位于－460～＋73bp 的片段内，它包含了大多数组织特异性和基因转录激素调控所必需的元件。*PEPCK* 基因转录的调控区相当复杂，它包含着 3 个功能区，每一个区由蛋白质结合位点群构成。区域Ⅰ包含了基本必需的元件和 cAMP 调控区；区域Ⅱ由一系列蛋白质结合位点组成，它可以通过与结合区域Ⅰ上的转录因子相互作用来调节 *PEPCK* 基因的转录，其中被命名为 P3（Ⅰ）的调控元件对 *PEPCK* 肝脏特异性表达具有重要意义，并为 *PEPCK* 启动和 cAMP 充分作用所必需，区域Ⅱ含有一套复杂的调控元件，包括糖皮质激素、视黄酸对基因转录的正调控和胰岛素的负调控作用。在上述调控元件中，最主要的有 CRE（－87～－74bp）和 P3（Ⅰ）（－248～－230bp），如 cAMP 的诱导和胰岛素的抑制作用就是通过这两个元件。当日粮中含有大量糖类时，由于胰岛素的作用从而抑制了 *PEPCK* 基因的转录，导致其水平下降。当禁食或日粮中含低糖时，情况则刚好相反。

2）对脂肪酸合成酶基因表达的调控　高碳水化合物饲粮通过基因转录、mRNA 的加工和稳定性，促进脂肪的合成。用大鼠分别测定饲喂高碳水化合物日粮、饥饿状态、禁食后再饲喂高碳水化合物 3 种情况下 FAS mRNA 的丰度。饲喂高碳水化合物日粮的大鼠，肝 FAS mRNA 丰度增加，饥饿显著降低，禁食后再饲喂高碳水化合物，FAS mRNA 丰度比禁食组增加 20～30 倍。生理浓度的 D-葡萄糖增加 FAS mRNA 丰度 2.7～5.4 倍，乳酸和柠檬酸也有这种效应。葡萄糖诱导 FAS mRNA 丰度增加主要是提高 FAS mRNA 的稳定性，而不是在脂肪酸合成酶基因转录水平调节其表达。但也存在不同看法，认为葡萄糖应答元件结合蛋白（GRBP）能诱导肝脂肪酸合成酶基因转录。给动物饲喂高碳水化合物，GRBP 的含量增加，而在饥饿、饲喂高碳水化合物和高蛋白质日粮时，GRBP 的含量降低，表明碳水化合物也许是通过调节 GRBP 的含量，从而在转录水平上对 FAS mRNA 丰度进行调控。仔鼠断奶前以高脂、低碳水化合物的母乳为营养源，断奶后则完全依赖日粮；此时的仔鼠体内脂肪积累迅速增加，这主要是由于高碳水化合物、低脂肪的日粮激活了脂肪合成途径中 3 个主要的代谢酶：FAS、乙酰 CoA 羟化酶（ACC）、ATP2 柠檬酸裂解酶（ATP2CL）。这些酶活性提高的同时伴随着相应的 mRNA 含量的增加，含高碳水化合物的日粮使这些酶基因的转录得到增强。如果断奶后给仔鼠饲喂高脂肪、低碳水化合物的日粮将抑制肝脏中 FAS、ACC、ATP2CL mRNA 含量的提高及酶活的增强。此外，如果在正常断奶日粮中加入肠道 α-葡糖苷酶阻断剂，将减少采食后肠道中葡萄糖的产量，从而显著降低 FAS 和 ACC 的表达。

4. 矿物质对基因表达的调控

1）锌对基因表达的调控　锌作为动物体的一种必需微量元素，具有可以增强机体免疫功能、促进细胞增殖分化、参与核酸蛋白质代谢、维持细胞周期正常进行等生物学功能。锌主要是通过对基因的转录和表达的影响而产生一系列的生物学效应。锌离子是 DNA 聚合酶的一个重要组成成分，锌对于维持 DNA 聚合酶的活性具有相当的重要性；另外锌通过影响 RNA 聚合酶活性及转录因子的作用，能够导致基因转录异常，从而使蛋白质表达也发生变化；金属硫蛋白（MT）可以结合多种金属元素，是元素转运和维持细胞中的元素平衡、防止重金属中毒所必需的蛋白质。大鼠饲粮缺锌可明显降低肝脏、肾脏和小肠 MT-1 mRNA

水平，但给大鼠注射白细胞介素 1 后，MT-1 mRNA 明显升高，且缺锌组的 MT-1 mRNA 水平显著高于加锌组。在不同生理状态下，锌对 MT-1 的调控性质完全不同。饲料中添加过量的 Zn、Cu，可促进大鼠 MT 的基因表达，使细胞内 MT 的 mRNA 水平明显上升。Sullivan 等（1997）认为可将 *MT* 基因的表达量作为体内锌状况的重要衡量指标。

2）铁对基因表达的调控　铁的吸收与转运需要转铁蛋白及其受体的参与。转铁蛋白是血清中一种运输铁元素的蛋白质，它将铁从贮存器官中运输到网状组织红细胞中用以合成血红蛋白。当饲料中缺铁时，血红蛋白合成不足，需要合成额外的转铁蛋白从而加快铁的运输。转铁蛋白受体 mRNA 的 3′-UTR 上含有铁调节区（IRE），受铁浓度的调节。血铁浓度下降时，铁调节蛋白（IRP）就与 IRE 结合，保护 mRNA 使其不被 RNA 裂解酶降解，从而提高转铁蛋白受体的水平。血铁浓度上升到一定程度时，IRP 就脱离 mRNA 分子，失去保护的 mRNA 不稳定，其翻译率下降，导致转铁蛋白受体的合成量减少，铁的吸收率下降。不同组织的基因含有不同的转录调节因子，使转铁蛋白基因的表达具有明显的组织特异性。缺铁导致肉鸡转铁蛋白 mRNA 的增加。肉鸡饲料缺铁引起转铁蛋白迅速增加，3 周后 mRNA 含量是正常的 2.5 倍，同时认为由于缺铁而引起的转铁蛋白基因表达增强是通过增加转录水平来实现的。当日粮中添加铁时，转铁蛋白基因的 mRNA 含量及蛋白质合成在 3d 内达到正常水平，肝脏中铁的储存量也同时增加。

3）其他微量元素对基因表达的调控　硒以硒半胱氨酸的形式参与硒蛋白（如 GSH-Px、碘化甲状腺氨酸-5′-脱碘酶）的组成。哺乳动物硒蛋白均为催化氧化还原反应的硒酶，如谷胱甘肽过氧化物酶（GPX1-3）、磷脂氢过氧化物酶（GPX4）、甲状腺-5-脱碘酶（D1）等。在硒蛋白翻译过程中，UGA 密码子不再作为终止信号，而是作为半胱氨酸硒的编码信号，从而在蛋白质中插入谷胱氨酸硒。日粮硒水平不但能够调节硒蛋白的含量与活性，而且可以调节相应的 mRNA 的量。但对不同组织、不同硒蛋白及其 mRNA 对不同硒水平的敏感程度存在差异。硒缺乏影响转录后调控，对转录前无影响。不同硒蛋白 mRNA 的 3′-UTR 结构的差异是决定 mRNA 翻译程度及对硒缺乏的敏感性的关键因素。胞内特定的硒源浓度，如亚硒酸盐、硒磷酸和半胱氨酸 tRNA 对 GPX1 mRNA 稳定性起特定的调节作用。硒也可调节许多含硒蛋白的酶活及 mRNA 的丰度，但作用程度明显不同，且不同组织，同一组织不同酶之间受影响程度也有所不同。

铜缺乏可使去甲肾上腺素水平降低，多巴胺水平增高，甲状腺水平没有变化。日粮中铜缺乏可以诱导脂肪合成基因的表达，导致脂肪酸合成酶基因转录速度加快，脂肪合成酶 mRNA 的含量增高。镉、铜、汞等元素的增加显著提高 *MT* 基因的表达量。

5. 维生素对基因表达的调控　脂溶性维生素主要对 mRNA 的转录水平进行调控，而水溶性维生素特别是 B 族维生素是动物体内许多代谢酶的辅酶，参与广泛的营养代谢作用。在翻译后，生物素蛋白架接酶（BPL）通过两步反应以酰胺键连接到生物素羧化酶的特定氨基酸残基上。BPL 缺乏，将使生物素羧化酶水平降低。

生物素缺乏会导致血氨过多，生物素直接参与葡萄糖异生作用的重要代谢过程、脂肪酸合成和氨基酸分解与代谢。生物素作为辅基可参与丙酮羟化酶、乙酰辅酶 A、丙酰辅酶 A 及 β-甲基巴豆酰辅酶 A 4 种羟化酶的催化。哺乳动物中生物素仅来源于饮食，日粮中的蛋白质结合生物素被肠黏膜中的生物素酶分开。缺乏生物素组大鼠氨基酸转氨甲酰酶（OTC）的活力明显低于生物素供应正常组，前者肝脏中 *OTC* 基因表达比后者低 40%，生物素缺乏导致了 OTC 活力及 *OTC* mRNA 数量的减少。

维生素 C 缺乏影响阿朴蛋白 A-Ⅰ基因表达，维生素 C 缺乏组动物血清中阿朴蛋白 A-Ⅰ浓度降低，肝脏中阿朴蛋白 A-Ⅰ的 mRNA 水平降低 40%，维生素 C 在转录后影响阿朴蛋白 A-Ⅰ基因表达。

视黄酸与细胞核的视黄酸受体结合可以调节特异基因的表达。视黄酸的 3 种受体均是转录调节的配位激活因子。生长激素基因上的甲状腺素调节区也是视黄酸受体的作用位点，用脂肪细胞体外培养研究发现，视黄酸和糖皮质激素对 *S14* 基因的表达均具有显著的促进作用，二者协同和可提高其 mRNA 的表达水平。视黄酸能够阻止未成熟脂肪细胞分化为成熟脂肪细胞，可促进肝脏、骨骼、肾脏和小肠碱性磷酸酶的表达。

二、基因多态性对营养物质吸收、代谢和利用的影响

DNA 结构在不同种类的生物体内存在很大差异，而同种生物不同个体之间，DNA 结构虽然具有很大的同源性，但也存在差异。当某些碱基突变（产生 2 种或 2 种以上变异的现象）在群体中的发生率超过 1%时，就称为基因多态性或遗传多态性。如果基因多态性存在于与营养有关的基因之中，就会导致不同个体对营养物质吸收、代谢和利用存在很大差异，并最终导致个体对营养物质需要量的不同。

1．维生素 D 受体基因多态性对钙吸收的影响　影响钙吸收的因素很多，其中遗传因素是一个重要影响因素。由于维生素 D 受体（VDR）基因多态性对钙吸收的影响，因此有可能是影响钙吸收不同的遗传因素之一。*VDR* 基因由于碱基突变，形成了 3 种基因型，即 bb 基因型、BB 基因型和 Bb 基因型。携带有不同基因型的人其钙的吸收量是不同的，bb 基因型是钙吸收较高的基因型，而 BB 基因型的人其钙的吸收率要比其他 2 种基因型的人低，所以，针对 BB 基因型人群，钙的推荐供给量（RDA）要适当高一些。

2．亚甲基四氢叶酸还原酶基因多态性对叶酸需要量的影响　亚甲基四氢叶酸还原酶（methylenetetrahydrofolate reducase，MTHFR）催化生物性可逆的还原反应，将 5,10-亚甲基四氢叶酸还原为 5-甲基四氢叶酸，同时脱去一个甲基供体给同型半胱氨酸，从而合成甲硫氨酸。*MTHFR* 基因第 677 位的碱基发生了由 C-T 的突变，产生了该基因的 3 种等位基因多态性，即 C/C、C/T 和 T/T 三种基因型，同时由 C-T 的突变造成了该基因所编码的 MTHFR 中氨基酸也发生了突变，即由 Ala（丙氨酸）变成 Val（缬氨酸），由此可产生该酶的 3 个相应表型，即 Ala/Ala（野生型）、Ala/Val（杂合型）、Val/Val（突变纯合型）。携带有 C/C 基因型的人群血液中叶酸水平最高，携带 C/T 基因型人群血液中叶酸水平较高，而携带 T/T 基因型者血中的叶酸水平最低。

3．载脂蛋白基因多态性对血脂代谢的影响　载脂蛋白是结合血脂并运输到机体各组织进行代谢和利用的蛋白质。研究发现载脂蛋白基因发生突变，形成不同等位基因型多态性，并进一步形成不同表型的载脂蛋白，可影响血脂代谢和利用，从而影响高脂血症、动脉粥样硬化及心脑血管疾病的发病率。

三、组学在动物营养中的应用

组学（omics）是指动物或微生物组中特定的可识别基因、转录成 mRNA 或蛋白质的基因以及特定细胞、组织、器官、体液或群体中存在的代谢物相关的方法学。目前饲料组学和

营养基因组学得到更多的关注。饲料组学（feedomics）是一个研究饲料和肠道变化如何影响基因表达的研究领域，旨在了解和揭示由于饲料之间相互作用而决定动物生产力、产品质量和健康的许多生物过程所涉及的机制、环境、动物遗传学、生理学及其共生微生物群。营养基因组学（nutrigenomics）侧重于营养分子在基因表达中的作用，以及通常在细胞水平上的调节机制。动物营养生物技术与组学相结合，揭示营养与基因的互作，提高饲料利用效率，减少排泄物排放（图 9-5）。

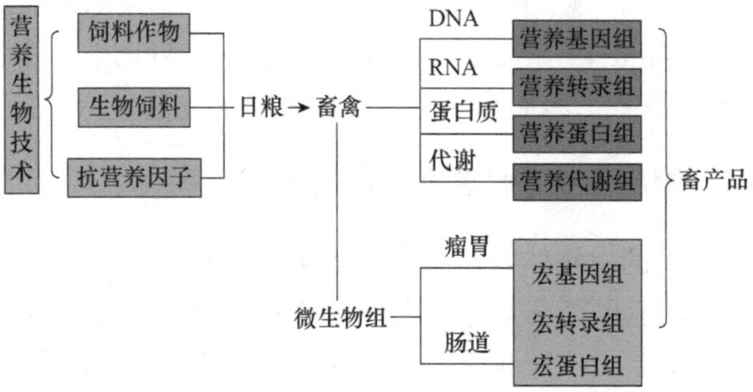

图 9-5　生物技术与组学技术在动物营养学中的应用

（一）基因组学

基因组是生物体所有遗传物质的总和。变异是导致基因组/表型差异的重要因素，从全基因组水平筛选和鉴定表型显著相关的遗传变异，解析重要性状表型遗传基础是提高表型的主要技术措施之一。提高饲料利用效率，降低饲料成本，是畜禽养殖产业经济可持续性发展的关键。剩余采食量（residual feed intake，RFI）是畜禽实际采食量与根据其维持及生产或体型大小及生长速度所计算的预期采食量之间的差值，可以有效评价动物饲料转化率、群体代谢水平及品种选育。RFI 越低意味着饲料利用效率越高，通过生物技术或育种策略，降低 RFI，可以有效降低养殖成本。在饲粮、环境、健康状况相似时，个体遗传因素是 RFI 性状的主要影响因素，通过测定个体 RFI，采用高通量测序技术测定个体基因组，结合表型和基因型信息在全基因组水平筛选与表型差异显著相关的遗传标记，可选育出饲料利用效率高的畜禽。

（二）转录组学

转录组学是一门在整体水平上研究细胞中基因转录情况及转录调控规律的学科。转录组学是从 RNA 水平研究基因表达的情况。转录组是研究细胞表型和功能的一个重要手段，是一个活细胞所能转录出来的所有 RNA 总和。通过饲喂不同营养水平日粮、在日粮中添加某种营养物质或饲料添加剂等不同处理，分析转录组基因表达水平的差异，揭示其内在转录调控规律。

（三）蛋白质组学

蛋白质组学是运用分子生物学先进的科学仪器和技术手段，对生物体细胞或组织中的蛋白质进行鉴定，并分析研究对象处于不同生长阶段或生理环境中蛋白质所发生的一系列变化，进而探讨研究环境和自身因素的改变对细胞代谢、蛋白质功能、互作及对机体整体代谢的影响，旨在从蛋白质水平解释生命的现象和本质。蛋白质组学可分为表达蛋白质组学（差异蛋白质组）、结构蛋白质组学、功能蛋白质组学，可用于动物营养原理与调控方面的研究，如动物在不同发育阶段组织、冷热应激环境条件以及饲喂不同水平的营养成分都可引起蛋白质组的变化。

（四）代谢组学

代谢组学是研究生物内源性小分子代谢物整体及其变化规律的科学，将代谢物变化规律与机体的生物学事件或过程相关联，揭示变化的本质。代谢网络处在基因调控、信号转导、蛋白质功能互作网络的最下游，能反映基因组、转录组和蛋白质组受内外环境影响后相互作用的最终结果，更能接近反映细胞或生物的表型。营养代谢组学是指系统地研究饲料与机体代谢间相互作用及其对健康的影响。与传统营养研究方法相比，营养代谢组学具有无法比拟的优点，能全面定量测量生物体体液或组织的小分子代谢产物，解析代谢通路，绘制相关代谢图谱。

（五）畜禽胃肠道微生物宏基因组学

宏基因组是指在特定环境中所有微生物的遗传物质，是在基因组基础上发展起来的用于研究样本中微生物的遗传物质总和。宏基因组可用于功能基因筛选、微生物多样化分析、与畜禽生产性能等研究。畜禽肠道内微生物可为宿主提供能量及其他营养物质，种类繁多，开展营养成分的降解酶相关微生物筛选是提高饲料利用率的重要措施之一，如在水牛瘤胃微生物中筛选出与木质素纤维降解酶有关的开放阅读框，在猪盲肠筛选到与木质素酶相关基因簇和 18 个潜在关联的碳水化合物活性酶基因。在畜禽不同生长、生理阶段和营养水平及不同宿主遗传变异条件下，研究肠道微生物多样性的差异性及与生产性能的关系，可为肠道微生物参与调控畜禽生长、营养代谢、行为等奠定理论基础，并为提高饲料利用效率和生产性能提供依据。已筛选出梭状芽孢杆菌成员在猪低 RFI 个体富集，蛋鸭盲肠厚壁菌门微生物丰度在不同 RFI 个体存在差异。

小　结

生物技术与传统的动物营养学相结合，产生了动物营养生物技术，本章介绍了动物营养生物技术和分子营养学的概念；利用基因工程技术提高动物营养物质的质量、利用细胞工程技术生产动物营养物质、利用酶工程技术提高动物营养物质利用率、利用发酵工程生产动物用营养物质、利用生物技术处理饲料中有毒有害物质，以及遗传与营养物质吸收、代谢和利用的相互关系与组学在动物营养中的应用。

思考题

1. 简述动物营养生物技术的概念及其内容。
2. 分子营养学的研究内容有哪些？

3. 营养物质与动物基因表达调控之间的关系是什么？
4. 各种营养物质对基因表达调控的主要机制是什么？
5. 基因工程技术在动物营养中的应用有哪些？
6. 酶工程技术在动物营养中的应用有哪些？
7. 细胞工程技术在动物营养中的应用有哪些？
8. 发酵工程在动物营养中的应用有哪些？
9. 组学在动物分子营养学中应用的优势体现在哪些方面？
10. 如何应用饲料组学改善畜产品质量或数量？

主要参考文献

白文林，尹荣焕，尹荣兰．2014．动物分子育种的研究与实践．沈阳：辽宁科学技术出版社

陈宏．2005．基因工程原理与应用．北京：中国农业出版社

陈宏．2020．基因工程．北京：中国农业出版社

陈杰．2012．家畜生理学．北京：中国农业出版社

崔凯，Sharon S．2020．中美公众的转基因态度差异及公众质疑转基因原因探析．华中农业大学学报（社会科学版），（6）：155-159

丁一夫，李劲松，周琪．2019．哺乳动物单倍体胚胎干细胞的建立与应用．中国科学：生命科学，49（12）：1635-1651

方玄昌．2019．转基因的前世今生．北京：北京日报出版社

冯仁青，郭振泉．现代抗体技术及其应用．2 版．北京：北京大学出版社

弗雷谢尼 R I．2022．动物细胞培养．章静波，译．北京：科学出版社

高悦悦，郭帅，顾涛涛，等．2021．胚胎干细胞在动物育种中的应用．湖北农业科学，60（S2）：50-53，57

郭晓令，刘庆，王婵，等．2014．重编程诱导多功能干细胞的研究进展．中国病理生理杂志，30（7）：1218-1222，1227

郝迪萩，赵琳，陈李淼，等．2010．克隆启动子方法的比较及应用．东北农业大学学报，41（3）：154-160

郝怀庆，刘丽丽，姚远，等．2018．分子模块设计育种技术在玉米育种中的应用及前景展望．中国科学院院刊，33（9）：923-931

霍生东，杨具田．2012．动物胚胎工程．北京：中国农业出版社

李晓琳，吴绍强，刘晓飞，等．2019．转基因动物及其产品的主要管理制度．畜牧与兽医，51（2）：130-134

李玉奎，吴常信．1991．RFLP 在动物育种中应用的前景兼对数量性状基因定位的讨论．中国畜牧杂志，（6）：59-62

刘爽，段恩奎．2008．诱导产生多能性干细胞（iPS 细胞）的研究进展．科学通报，（4）：377-385

卢军锋，李晓，杨公社，等．2018．我国转基因动物及其安全性评价发展现状．中国兽医杂志，54（2）：62-64

马越，廖俊杰．2015．现代生物技术概论．2 版．北京：中国轻工业出版社

苏玉虹．2012．动物遗传育种技术．北京：中国农业科学技术出版社

谭腾飞，程景民，杨乐．2016．转基因食品认知状况分析．中国食物与营养，22（8）：49-53

王建康，李慧慧，张学才，等．2011．中国作物分子设计育种．作物学报，37（2）：191-201

王强龙，潘阳阳，高泽川，等．2022．牦牛颗粒细胞体外培养及 FGF-10 对其 DBI 表达的影响．农业生物技术学报，30：316-324

汪以真．2020．动物分子营养学．杭州：浙江大学出版社

吴常信．2021．动物比较育种学．北京：中国农业大学出版社

邢文凯，刘建，刘燊，等．2021．猪基因组选择育种研究进展．中国畜牧杂志，57（7）：31-37

杨吉成．2001．医用细胞工程．上海：上海交通大学出版社

杨吉成．2008．细胞工程．北京：化学工业出版社

杨利国．2010．动物繁殖学．2 版．北京：中国农业出版社

杨荣武．2017．分子生物学．南京：南京大学出版社

杨新建．2013．动物细胞培养技术．北京：中国农业大学出版社

杨银凤．2016．家畜解剖学及组织胚胎学．4 版．北京：中国农业出版社

殷红．2013．细胞工程．2 版．北京：化学工业出版社

袁婺洲．2019．基因工程．2 版．北京：化学工业出版社

赵昆军，朱咸艳，刘祥，等．2008．重组 PCR 技术的应用及优化．激光生物学学报，17（3）：355-362

赵书红．2010．动物分子生物学．北京：高等教育出版社

赵兴波．2011．分子诊断与动物分子育种．北京：科学出版社

周光炎．2021．免疫学原理．4 版．北京：科学出版社

朱士恩．2011．家畜繁殖学．北京：中国农业出版社

Arias A M, Stewart A. 2006. 动物发育的分子原理．樊启昶，滕俊琳，译．北京：高等教育出版社

Robert F W. 2022. 分子生物学．郑用琏，译．北京：科学出版社

Alberts B, Johnson A, Lewis J. 2002. Molecular Biology of the Cell. 4th ed. New York: Garland Science

Birtukan G. 2017. Review on vaccine production using transgenic plants against selected animal and human diseases. Advances in Life Science and Technology, 56: 26-30

Cairns J, Davern C I. 1967. The mechanics of DNA replication in bacteria. J Cell Physiol, 70 (2): 65-76

Cortez J T, Montauti E, Shifrut E, et al. 2020. CRISPR screen in regulatory T cells reveals modulators of Foxp3. Nature, 582: 416-420

Girma B, Shegu D, Muluneh A, et al. 2019. Vaccine production in transgenic plants for animal and human diseases. Archives of Veterinary and Animal Sciences, 1(1): 17-21

Kalds P, Zhou S, Cai B, et al. 2019. Sheep and goat genome engineering: from random transgenesis to the CRISPR era. Front Genet, 10: 750

Lewin B. 1997. Genes Ⅵ. New York: Oxford University Press

Lewin B. 2000. Gene Ⅶ. New York: Oxford University Press

Park T S, Lee H J, Kim K H, et al. 2014. Targeted gene knockout in chickens mediated by TALENs. Proceedings of the National Academy of Sciences of the United States of America, 111: 12716-12721

Paul P, Nag D, Chakraborty S. 2016. Recombination hotspots: models and tools for detection. DNA Repair (Amst), 40: 47-56

Richardson A, Heydari A R, Morgan W W, et al. 1997. Use of transgenic mice in aging research. Ilar J, 38(3): 125-136

Russell P J. 1992. Genetics. 3rd ed. New York: Harper Collins Publisher

Smirnov A, Battulin N. 2021. Concatenation of transgenic DNA: random or orchestrated? Genes(Basel), 12(12): 1969

Wu J, Platero-Luengo A, Sakurai M, et al. 2017. Interspecies chimerism with mammalian pluripotent stem cells. Cell, 168: 473-486